Stadtmarketing

Kommunikation mit Zukunft

FACHBUCH IM
GMEINER-VERLAG

Michael Konken

Stadtmarketing
Kommunikation mit Zukunft

Bibliografische Information
Der Deutschen Bibliothek
Die Deutsche Bibliothek verzeichnet diese
Publikation in der Deutschen Nationalbibliografie;
detaillierte bibliografische Daten sind im Internet
über http://dnb.ddb.de abrufbar.

www.gmeiner-verlag.de
© 2004 – Gmeiner-Verlag GmbH
Im Ehnried 5, 88605 Meßkirch
Telefon 07575/2095-0
info@gmeiner-verlag.de
Alle Rechte vorbehalten
2. Auflage, 2006
Umschlaggestaltung: Lutz Eberle, Stuttgart
Bildnachweis (Umschlag): Mario Becker, Thomas Busse,
Juerg Derrer, Frank Liebsch, Rosa Lienhart, Felix Weiss
Gesetzt aus der 11/13 Punkt Stempel Garamond
Druck: AALEXX, Großburgwedel
ISBN 3-89977-105-2

Wer an den Dingen seiner Stadt keinen Anteil nimmt,
ist nicht ein stiller Bürger, sondern ein schlechter.

Perikles, 430 v. Chr.

Inhaltsverzeichnis

Abbildungsverzeichnis

Vorwort

Stadtmarketing hat in den vergangenen Jahren kontinuierlich an Relevanz gewonnen, wurde für viele Städte von grundlegender Bedeutung für zukünftige, tragbare Planungen. Die Gründe dafür waren und sind die immer stärker werdenden Spannungsfelder verschiedenartiger Interessen zwischen und in den Städten. Primär sind dies fehlende finanzielle Mittel, die damit verbundene Handlungseinschränkung von Kommunalpolitik und Verwaltung, aber auch die zunehmende Politikverdrossenheit, die sich durch extrem zurückgehende Wahlbeteiligungen dokumentiert. Stadtmarketing als kommunikatives Instrument der direkten Beteiligung der Einwohner in einem offenen Prozess. Durch die breite Beteiligung der Einwohner wird die Zukunft einer Stadt nicht zum Spielball von Minderheiten. Ein weiterer Grund ist die wachsende Konkurrenzsituation zwischen den Städten. Dazu gehören unter anderem das verstärkte Streben um Unternehmensansiedlungen, um Touristen, das bessere Kulturprogramm oder die Ausweisung von Neubaugebieten mit dem Ziel, Bevölkerung aus Nachbarkommunen in der eigenen Stadt anzusiedeln. Aber auch die Stärkung der Innenstädte ist ohne einen Stadtmarketingprozess nicht denkbar.

Stadtmarketing hat das Ziel, in einer Stadt eine optimistisch zu beurteilende Zukunft zu projektieren und wahrnehmbare, gemeinsame Anstrengungen zu unternehmen. Stadtmarketing ist nicht mehr, aber auch nicht weniger als eine Kommunikationsklammer zwischen allen Bereichen, den Handlungsfeldern einer Stadt. In dieser Funktion ist es der Moderator für eine kooperative Entwicklung. Stadtmarketing ist **keine** kommunale Öffentlichkeitsarbeit oder Standortwerbung, **keine** Public Relations oder Werbung. Stadtmarketing ist vielmehr ein umfassendes Konzept auf der Grundlage eines ganzheitlichen, an umsetzbaren Maßnahmen orientierten Leitbildes für die Entwicklung einer Stadt sowie ihrer Leistungen für Einwohner, Wirtschaft, Kultur usw.

Stadtmarketing wurde mittlerweile zu einem zukunftsweisenden Thema in vielen Städten. Die Gründe dafür sind offensichtlich: Der Wettbewerb der Städte um Kapital, Kaufkraft und Arbeitsplätze wird immer härter. Kein Ort kann sich dauerhaft dem Konkurrenzdruck entziehen. Eine Stadt ist nur dann attraktiv, wenn u.a. das Ortsbild und Ambiente, das Wohn-, Einkaufs-, Bildungs-, Wirtschafts-, Kultur-, Sport- und Freizeitangebot Qualität haben und an den Bedürfnissen der Einwohner ausgerichtet sind.

Stadtmarketing ist ein offener Kommunikations- und Entwicklungsprozess, an dem sich möglichst viele Einwohner, Institutionen, Organisationen, Verbände, Unternehmen usw. beteiligen sollten.

In einer Zeit schneller globaler Entwicklungen müssen Städte ihren Platz und ihre Ausrichtung neu definieren sowie einen neuen Kurs in der Stadtentwicklung gehen. Dieser neue Kurs kann aber nur definiert werden, wenn die derzeitige Situation exakt bestimmt wird. Städte und Gemeinden müssen eine zukunftsorientierte Identität finden, müssen sich etablieren im Wettbewerb um neue und alte Einwohner, Investoren, Käufer, Touristen und Besucher. Ein ganzheitlicher Stadtmarketingprozess, an dessen Ende eine von der Mehrzahl der Bevölkerung getragene Konzeption mit eine Umsetzung der beschlossenen Maßnahmen steht, führt zum Ziel. Ziel ist es, die verschiedenartigen Bereiche einer Stadt miteinander zu verknüpfen, ein Netzwerk zu schaffen, in dessen Mitte Stadtmarketing die Koordination übernimmt. Stadtmarketing will die Gemeinsamkeit künftiger Planungen und Entwicklungen koordinieren, will die Einwohner (auch Denker, Visionäre, Macher usw.) an einem Tisch vereinen. Koordinieren, nicht mehr, aber auch nicht weniger, ist die primäre Aufgabe. In einer Zeit immer weiter zurückgehender Wahlbeteiligungen, die Ausdruck einer wachsenden Politikverdrossenheit ist, kann Stadtmarketing zum alternativen Instrument der Einwohnerbeteiligung werden, ohne die Kommunalpolitik zu negieren.

Stadtmarketing will eine Stadt ergänzend zur Politik entwickeln. Die Einwohner, Vertreter von Organisationen, Institutionen oder Vereinen sollen an der konzeptionellen Entwicklung der Stadt beteiligt werden. Kein anderes Instrument kann sich in die Zukunft einer Stadt derart einbringen wie Stadtmarketing. Keine noch so engagierte parteipolitische Arbeit kann die Intensität der Beteiligung an einem Stadtmarketingprozess über alle Parteigrenzen hinweg ersetzen.

In den Städten kennzeichnen festgefahrene politische Standpunkte oft das Bild der Entwicklung. Die Bürgergesellschaft, losgelöst von parteipolitischem Engagement, hat in den vergangenen Jahren immer weniger Einfluss auf die Entwicklungen in den Städten/Gemeinden gehabt. Es besteht die offensichtliche Gefahr, dass sich künftig die Städte abgekoppelt von den Interessen ihrer Einwohner entwickeln und das politische Minderheitsparlamente bei sinkender Wahlbeteiligung an den Wünschen und Interessen der Einwohner vorbei regieren. Oft sind in den Städten nur ca. 2 Prozent[1] der Bevölkerung politisch in Parteien organisiert. Höchstens 0,2 Prozent beteiligen sich mehr oder weniger regelmäßig aktiv am politischen Geschehen. Diese Zahlen zeigen, wie wichtig ein Instrument ist, das den politisch nicht organisierten Teil der Bevölkerung in die Entwicklung der Stadt einbringt. Berücksichtigt man die Wahlbeteiligung bei Kommunalwahlen in den vergangenen Jahren, die teilweise nur bei knapp vierzig Prozent und maximal bei knapp über sechzig Prozent lag, dann wird deutlich, dass die Zahl der Nichtwähler mehr und mehr zur stummen Mehrheit in einer Stadt wird. Stadtmarketing will diesem Trend gegensteuern. Es versucht, möglichst viele Interessierte einzubeziehen, ohne ein Nebenparlament zu etablieren.

---

[1] Vorsichtige Schätzungen, die um wenige Prozentpunkte abweichen können.

Hinweis:

Der Terminus Stadt umfasst sowohl große als kleine Städte. Stadtmarketingprozesse wurden in der Vergangenheit in unterschiedlichen Stadtgrößen umgesetzt. Das Verfahren kann dementsprechend modifiziert werden.

1. Ausgangsbetrachtungen

Stadtmarketing ist mittlerweile in vielen Städten ein erprobtes Instrument für eine kooperative Zusammenarbeit. Stadtmarketing allein ist allerdings noch kein Garant für die positivere Entwicklung einer Stadt. Erst wenn alle in einem Ort lebenden und arbeitenden Vertreter von Interessengruppen, Organisationen, Institutionen und vor allem die Einwohner erkannt haben, dass jeder Einzelne sich in die Zukunft seiner Stadt einbringen kann – und sei es nur durch die Weitergabe von positiven Fakten und Eindrücken – wird Stadtmarketing erfolgreich sein.

Stadtmarketing ist die **Bündelung aller Kräfte** einer Stadt, die gemeinsam und parteiübergreifend an einem Ziel arbeiten, nämlich der positiven Entwicklung des Gesamtgebildes Stadt mit all seinen unterschiedlichen Facetten. Stadtmarketing stellt sich die Aufgabe, Zukunftsperspektiven in konkretes Handeln umzusetzen. Stadtmarketing löst die zentrale Aufgabenzuständigkeit der Kommunalverwaltungen.

Die Hansestadt Hamburg stellte in einem Prospekt die Frage: Braucht eine Weltstadt Marketing? Sie beantwortete diese Frage wie folgt:

> Die Eigenschaften einer Stadt, die Ansiedlung von Industrie, Dienstleistungsbetrieben und Handel zu fördern, erschöpfen sich nicht in der realen Qualität ihrer Standortbedingungen. Wesentlich dafür ist der Faktor Image, der ganz entscheidend von ‚weichen' Größen wie Bekanntheit, Ruf, Ansehen oder Flair abhängt. Wer Investoren anziehen will, muss auch ihren Arbeitskräften etwas zu bieten haben.

Wenn auch diese Aussage nicht die gesamte Anspruchsebene des Stadtmarketings wiedergibt, so enthält sie doch einige wichtige Gesichtspunkte. Fast 3,5 Millionen Mark gab die Hansestadt Hamburg allein 1991 für Stadtmarketingziele im Bereich der Imageverbesserung aus. Und die Imageverbesserung ist nur ein Bereich im Stadtmarketing, einer unter vielen. Aber nicht nur Metropolen wie Hamburg oder Frankfurt am Main, sondern zunehmend auch andere große und mittlere Städte, ja kleine Städte investieren mittlerweile in ein kooperatives Stadtmarketing.

Neben der klassischen Öffentlichkeitsarbeit, den Werbe- und Pressekonzepten stehen zu Beginn eines Stadtmarketingprozesses die Analyse der Situation, die Ideenfindung, deren Umsetzung in realisierbare Maßnahmen und die Erarbeitung einer Konzeption im Vordergrund. Im Stadtmarketing geht es nicht primär um traditionelle Themen wie Wirtschaftsansiedlung, höheres Steueraufkommen oder Arbeitsplätze. Stadtmarketing stellt alle Bereiche einer Stadt als Handlungsfelder gleichrangig nebeneinander, entwickelt sie in eine Richtung, erkennt und schafft Synergien.

Hamburg ist ein Musterbeispiel für erfolgreiches Stadtmarketing. Zweifellos wirkte sich die Öffnung zum Osten wie ein Glücksfall zusätzlich positiv aus. Doch grundlegend für den Erfolg der Stadt war und ist der ganzheitliche Ansatz.

Noch vor einigen Jahren prägten Hamburg nicht wirtschaftliche Superlative, sondern rote Zahlen. Fakten waren der Niedergang der Hafenwirtschaft, Arbeitslosigkeit und das Image der berüchtigten Hafenstraße sowie das Aushängeschild Reeperbahn. Kaum zu glauben, dass sich die Stadt einmal zum *shooting star* unter den deutschen Großstädten entwickeln würde. Doch ein geschicktes Stadtmarketing, das zu einem grundlegenden Imagewandel führte, war die Voraussetzung für die Weiterentwicklung der Stadt zu einer europäischen Wirtschafts- und Kulturmetropole.

Hamburg ist heute stolz darauf, dass jeder zweite Euro, der beispielsweise in seinen Bewirtungsbetrieben ausgegeben wird, von auswärtigen Besuchern stammt. Wertschöpfung also, die für viele Bereiche zusätzliche Verdienstmöglichkeiten schafft. Auch die Übernachtungszahlen sprechen für sich. Verzeichnete man 1988 noch 3,4 Millionen Übernachtungen, so stieg die Zahl nach dem Beginn der Marketingphase und spürbaren, nachvollziehbaren Veränderungen von 2 Millionen im Jahr 1990 auf über 2,5 Millionen im Jahr 2000. Die Auslastung der Beherbergungsbetriebe lag stieg von 1997 (knapp über 40 Prozent) auf über 45 Prozent im Jahr 2000. Die Konkurrenzstadt Bremen hat in den vergangenen Jahren durch einen intensiven Stadtmarketingprozess, der auch in der Art der Beteiligung von Öffentlichrechtlichen und Privatrechtlichen mustergültig ist, mittlerweile erheblichen Boden gut gemacht.

Zur Frage »Warum Stadtmarketing?« sagt Ulrich Pfeifle, ehemaliger Oberbürgermeister von Aalen im Vorwort zum Stadtleitbild Aalen: »Unsere Zeit des Umbruchs erfordert ganzheitliches Denken und eine Gesamtkonzeption auch für Städte. Unsere Stadtkonzeption ist keine zu einem bestimmten Zeitpunkt abgeschlossene Angelegenheit, sondern ein spannender, fortlaufender Prozess zur positiven Entwicklung unserer Stadt.«

Der fließende Stadtmarketingprozess der vergangenen Jahre zeichnet mittlerweile feste Konturen hinsichtlich der Ziele, Vorgehensweisen, Inhalte und Realisation. Ein im Jahr 1991 durchgeführtes Stadtmarketing-Symposium in Kassel verabschiedete Grundsätze für ein erfolgreiches Stadtmarketing, ohne eine genaue Definition vorzunehmen. Diese Grundsätze sind geeignet, den Begriff auch heute noch einzugrenzen:

- Strategien und Maßnahmen lassen sich nur zielgerichtet entwickeln und umsetzen, wenn die Ansprüche und die Situation eindeutig formuliert und analysiert wurden.

- Stadtmarketing muss genauso professionell geplant und umgesetzt werden wie unternehmensbezogenes Marketing.

- Ziel ist eine strategische Positionierung mit vielen Besonderheiten.

- Stadtmarketing muss seinen Ausdruck in einer Stadtidentität nach innen und außen finden.

- Stadtmarketing ist als Begriff und Inhalt den Einwohnern in einer frühen Phase zu verdeutlichen.

- Stadtmarketing muss alle wichtigen Gruppen der Bevölkerung einbeziehen.

Den in der Gründerzeit des Stadtmarketings entstandenen Zeile sind folgende zum besseren Verständnis hinzufügen:

- Stadtmarketing wird nicht im Rathaus gemacht.

- Die politische Szene ist gleichberechtigt beteiligt.

- Es soll ein Konsens über alle Parteigrenzen hinweg erzielt werden.

Stadtmarketing ist Aufbruch

Stadtmarketing steht für Neues schaffen und Altes beleben. Es signalisiert Aufbruch, soll einen positiven Ruck in der Stadt erzeugen, die Aufbruchstimmung. Aufbruch bedeutet für eine Stadt, mit den Einwohnern eine optimistisch zu beurteilende Zukunft zu projektieren und wahrnehmbare Anstrengungen in einer zeitlichen und räumlichen Begrenzung mit allen Kräften zu unternehmen.

Oft verlaufen verschiedenartige Prozesse in einer Stadt unkoordiniert oder zumindest nur teilkoordiniert. Ein gemeinsames Handeln ist nicht möglich, einzelne Bereiche arbeiten mit unterschiedlichen Zielen aneinander vorbei. Stadtmarketing hat das Ziel, alle Abläufe in einer Stadt zu koordinieren.

Dabei geht es darum, sich bietende Chancen zu nutzen. Offenheit für neue Gedanken und Ideen, für Tüftler und Querdenker sowie überregionales, nicht provinzielles Denken sind wichtige Grundlagen für erfolgreiche Stadtmarketingschritte. Je mehr Menschen derartige Ziele in den verschiedensten Bereichen einer Stadt verfolgen, andere nach und nach mitreißen und zum Mitmachen und Handeln bewegen, umso eher treten die ersten Erfolge ein. Überall wird es aber auch ‚Bremser' geben, Menschen, die mit dem Vorhandenen zufrieden sind und Änderungen ablehnen. Auch diese gilt es in den Stadtmarketingprozess einzubeziehen.

Wenn es gelingt, Stadtmarketing in die Tat umzusetzen, zahlt sich die Investition in unsere Zukunft aus. »Stadtmarketing ist eine Chance für Städte – wenn sie bereit sind, diese Chance konsequent zu nutzen.« (Schweinfurt Marketing).

Abb. 1   Vernetzung einer Stadt durch Stadtmarketing

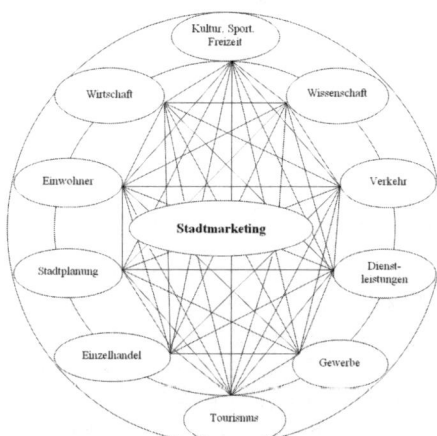

Quelle: eigene Darstellung

Die Stadt im Spannungsfeld

Auch wenn das Modewort in der Zusammenarbeit von Städten und Landkreisen »Gemeinsamkeit« heißt, wenn es um die regionale und überregionale Zusammenarbeit in den verschiedensten Bereichen geht, so werden Regionen und Städte immer in Konkurrenz zueinander stehen.

Das gemeinsame ganzheitliche Denken endet an den Stadtgrenzen. Diejenige Stadt ist erfolgreich, der es z.B. gelingt, Wirtschaftsunternehmen anzusiedeln, bedeutende Sport- oder Kulturveranstaltungen im Programm zu haben oder als Tourismusort einen besonderen Ruf zu genießen. Jede Stadt wird versuchen, zum eigenen Vorteil, also zum Wohl ihrer Einwohner, besser zu sein als andere Städte oder Gemeinden. Genau wie privatwirtschaftliche Unternehmen miteinander in Konkurrenz stehen, so stehen auch Städte miteinander in Konkurrenz. Ein gesunder Wettbewerb, der für die Stadtentwicklung nicht negativ zu bewerten ist.

Diese Wettbewerbssituation untersuchte die Forschungsgruppe Management + Marketing aus Kassel unter der Leitung von Prof. Dr. Armin Töpfer und Dipl.-Oec. Andreas Mann. 361 ost- und westdeutschen Städte über 20.000 Einwohner nahmen an der Befragung 1993/94 teil. Die Rücklaufquote lag bei 63 Prozent. Auf die Frage, wie die gegenwärtige und künftige Wettbewerbssituation der Städte eingeschätzt wird, bezeichneten 57 Prozent der befragten Städte die Wettbewerbsintensität als stark oder sehr stark. Lediglich 4 Prozent der Städte spürten keinen oder nur einen geringen Konkurrenzdruck.

57 Prozent der Städte bewerten die Wettbewerbsintensität unter den Städten als stark oder sehr stark.[2]

78 Prozent der Städte, so die Studie, gehen auch künftig von einer weiteren Wettbewerbszunahme aus. Lediglich 5 Prozent rechnen mit einer Abnahme der Konkurrenzintensität. Als Gründe für die zu erwartende Wettbewerbsverschärfung wurden Veränderungen durch den Europäischen Binnenmarkt (14 Prozent) sowie die weiterhin angespannte wirtschaftliche Lage der Städte (13 Prozent) und damit eine Verschlechterung der Finanzsituation angegeben.

Es stellt sich die Frage, ob auch kleine Städte sich diesem Wettbewerb stellen oder ob erst eine gewisse Größenordnung für eine Wettbewerbssituation erreicht werden muss. Die Untersuchung der Forschungsgruppe Management + Marketing bezog Städte ab 20.000 Einwohner ein. Dabei wurde deutlich, dass bereits in dieser Größe eine Wettbewerbssituation vorhanden war. Doch auch noch kleinere Städte können in eine Wettbewerbssituation geraten, wenn sie über eine gewisse Bedeutung verfügen oder sich eigene Ziele gesetzt haben. Gerade kleinere Städte haben oft spezifische Vorteile, die einen Wettbewerb mit anderen Städten erforderlich machen. Die vergangenen Jahre haben gezeigt, dass auch in kleineren Gemeinden erfolgreich Marketingprozesse umsetzbar waren.

In kleinen Städten gibt es hinsichtlich des Stadtmarketingprozesses Vorteile, denn je kleiner eine Stadt ist, umso einfacher wird es sein, den Marketinggedanken umzusetzen, also ein größtmögliches gemeinsames Handeln zu erreichen. Umgekehrt bedeutet dies: Je größer eine Stadt, umso schwieriger ist es, die Stadtmarketingidee zu installieren.

Abb. 2   Die Stadt im Spannungsfeld

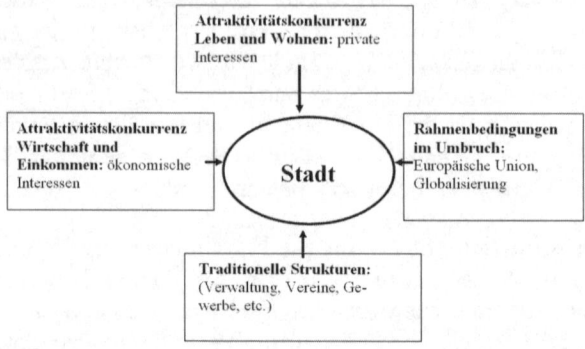

Quelle: eigene Darstellung

---

2   Forschungsgruppe Management + Marketing aus Kassel unter der Leitung von Prof. Dr. Armin Töpfer und Dipl.-Oec. Andreas Mann.

Historische Betrachtung

Die Geschichte unserer Städte beginnt mit dem 9./8. Jahrhundert vor Christus in Palästina. Eine der ersten Städte war Jericho, damals allerdings ohne Merkmale städtischer Strukturen. Biblisch gesehen soll es Abel gewesen sein, der als erster Stadtgründer gilt. Seit dem 5. Jahrtausend vor Christus entstanden städtische Zentren in den Tälern des Nil, wie in Theben, sowie die Harappakultur an Euphrat und Tigris.

In Europa kennen wir Stadtgründungen seit dem 3. Jahrtausend vor Christus im östlichen Mittelmeerraum, so in Griechenland, Karthago und Rom. Griechische Städte entwickelten sich aufgrund ihrer verkehrsgünstigen Lage zu Verbindungsachsen zwischen Metropolen. Straßen, Handelswege, Handel und Kultur waren die Folge. Im 1. Jahrtausend erreichten römische Stadtgründungen den Rhein. Der Begriff der Stadt bedeutet nach der Definition im Brockhaus[3]: »Siedlung mit meist nicht landwirtschaftlichen Funktionen, gekennzeichnet durch eine gewisse Größe, Geschlossenheit als Ortsform, hohe Bebauungsdichte und zentralen Funktionen wie Handel, Kultur und Verwaltung.«

Die Römer waren es, die Stadtmauern zum Schutz der Einwohner errichteten, zum Schutz, zur Sicherheit der Menschen. Dies galt auch und besonders für die wichtigsten römischen Gründungen Köln, Mainz und Trier. Die 1715 gegründete Stadt Karlsruhe wurde, wie viele andere Städte übrigens auch, mit einer engen räumlichen Beziehung zum Grundriss des Schlosses gebaut. Interessant ist, dass die Römer ihre Städte immer nach dem gleichen Prinzip bauten. Neben zwei sich rechtwinkelig kreuzenden, nach den Himmelsrichtungen ausgerichteten Hauptstrassen, lagen rechteckige und quadratische Baublöcke, in der Stadtmitte das Forum, in dessen Nähe öffentliche Gebäude. Diese Ausrichtung ist noch heute die Basis der Städte in Europa.

Neben Burgen und Pfalzen wie Dortmund und Nürnberg sowie Domburgen als Bischofssitze wie Bremen und Münster entstanden in Anlehnung an Burgen und Klöster auch Kaufmannssiedlungen. Erste Anzeichen neuer Ausrichtungen von Städten. Marktrecht, Zunftrecht, Recht auf Selbstverteidigung waren die Privilegien der Städter. Das Recht der Freiheit, erste Gedanken und Schritte in eine liberalere Welt. Persönliche Freiheit, Rechtsgleichheit und bessere wirtschaftliche Möglichkeiten zogen nun auch die Landbevölkerung in die Städte.

Die Konzentration von Handeln und Gewerbe und die Erschließung neuer wirtschaftlicher Absatzräume beherrschten zunehmend das Umland von Städten, erste Schritte also auch in eine regionale Denkweise. Städtebünde, hier sei besonders der Schwäbische Städtebund von 1376 erwähnt, dem später 89 Städte vom

---

[3] Brockhaus.

Elsass bis Bayern angehörten, sicherten den Städten Einfluss auf die Reichs- und Territorialpolitik.

Bereits im 16. Jahrhundert hatte Köln 50.000 Einwohner. Mit Nürnberg und Augsburg war dies die größte Stadt dieser Epoche. Mitte des 17. Jahrhunderts suchten Epidemien unsere Städten auf, Menschenansammlungen wurden zu Krankheitsfallen, die Bevölkerungszahl ging zurück, man fing an, sich auch über die Verhütung derartiger Ereignisse Gedanken zu machen. Zum ersten Mal stand nicht der Schutzgedanke im Vordergrund menschlichen, städtischen Zusammenlebens, sondern die Angst vor weiteren tödlichen Epidemien, die es ohne das geballte Zusammenleben so in ihrem Ausmaß nicht gegeben hätte. Ab dem 19. Jahrhundert, kam es zu einer explosionsartigen Entwicklung der Städte, weil die Bevölkerung wuchs, mussten Städte sich über ihre Stadtmauern ausdehnen.

Die Städte waren und wurden mehr und mehr Mittelpunkt des öffentlichen Lebens, politische, kulturelle und wirtschaftliche Zentren. Wasserversorgung, Kanalisation, Müllabfuhr, Gas- und Elektrizitätsversorgung, Nahverkehr, Sozialfürsorge und Schulen wurden zu weiteren Aufgaben, der immer größer werdenden Städte. Die Konzentration von Handel und Verwaltung und steigende Mieten verdrängten nach und nach wieder die Einwohner aus den großen Städten.

Dazu kam nach dem 2. Weltkrieg der schnelle, aber kalte und unpersönliche Wiederaufbau. Erst in den letzten zwanzig Jahren haben wir wieder gemerkt, dass Menschen ein anderes Wohnumfeld benötigen und haben Themen wie die Altstadtsanierung, aber auch den Bau stadtnaher Eigenheimmöglichkeiten forciert. Mehr und mehr rückte die Innenstadt als Puls einer lebendigen Stadt in den Mittelpunkt politischen Denkens. Ansiedlungen von Einkaufszentren auf der »grünen Wiese« nahmen zwar den Trend der Zeit auf, sorgten aber auf der anderen Seite für eine erhebliche Schwächung der Innenstädte, mit deren Folgen wir heute noch kämpfen. Die Ausweisung von Neubaugebieten am Rande der Stadt sorgte zunehmend für ein Zurückgehen des Faktors »Wohnen« in der Innenstadt. Handel, Wohnen, Gastronomie und Leben, sind aber, wie wir heute wissen, wichtige Faktoren für das Funktionieren von Innenstädten, die auch durch einen kurzfristigen Veranstaltungsaktionismus nicht aufgefangen werden können.

Philosophische Betrachtung

„Wenn Du ein Schiff bauen willst, dann trommle nicht Männer zusammen, um Holz zu beschaffen, Aufgaben zu vergeben oder die Arbeit einzuteilen, sondern lehre sie die Sehnsucht nach dem weiten, endlosen Meer."
Antoine de Saint-Exupéry

»99,9 Prozent unserer Vorfahren kannten keine Stadt. Dann plötzlich heißt es: Stadtluft macht frei«, sagt der Architekt Daniel Libeskind und sieht in der

Zukunft der Städte seine ganze Hoffnung. Stadtgründungen waren, dies zeigte der Blick in die Historie, eine Art von Kolonialismus. Siedeln war der Weg in eine Kolonie, allerdings mit der gewollten Absicht von Sicherheit und der Erfüllung der Basisbedürfnisse, also Maslows Bedürfnispyramide in seinen untersten zwei Stufen. Später kamen weitere Stufen wie soziale Bedürfnisse und Möglichkeiten der Selbstverwirklichung der Einwohner hinzu, also Möglichkeiten des freien Auslebens von Visionen und der freien Gestaltung des Lebensraumes.

»Ohne Menschen würde es keine Städte geben. Menschen handelten gemeinsam, um in der Gemeinschaft Aufgaben besser zu bewältigen, bzw. für Sicherheit zu sorgen«, sagt Libeskind weiter. Als Beispiel und Muster der neuen Welt steht New York als Rasteranlage, eine Stadt im Schachbrettmuster. Eine Architektur, die modernen Städten Tiefen geben sollten, Tiefen, die allerdings zu endlosen, unpersönlichen Tiefen wurden, die Menschen zu Sklaven ihrer Städte machte, die die natürliche Rolle der Stadt aufhob«, meint Libeskind. Er sieht in Raster-anlagen, Verlangen nach Kontrolle und damit Sicherheit. Runde Stadtplanungen, wie wir sie aus dem Mittelalter kennen, seien eher die Grundlage für Chaos, da die Überschaubarkeit leide. Heute sind wir seiner Ansicht dabei, Straßenachsen wieder aufzubrechen, um Erlebnisräume für Menschen zu schaffen. »Die Stadt ist wie ein großes Haus. Die Anlage einer Stadt muss mehr zu tun haben mit Traum und Verlangen und nicht mit der Analogie des Wohnens und Arbeitens. Men-schen in Städten müssen Visionen haben, müssen ihre Visionen zur lebenswerten Stadt werden lassen.«

Libeskind sieht in Städten Zeichen von Hoffnung, veränderbar und menschlich planbar, ein Gehirn topologischer Struktur, der Ruhe und Kommunikation. Eine Stadt sei kein Zusammenspiel von linearen Ereignissen, sondern eine Welt von unterschiedlichen Erfahrungen, die immer neue Möglichkeiten fordere. Stillstand sei dabei gleichgesetzt mit Rückschritt. Um diesem Stillstand entgegen zu wirken, benötigen die Menschen zeitgemäße Verfahren, in denen wieder die Menschen selbst eine Rolle spielten. Nicht das amerikanische Down town, in dem abends die Menschen die Zentren verlassen, um in Vororten zu leben, könne das Ziel unserer Visionen sein. Wir müssen Menschen in die Zentren bringen und durch eine neue Art des Wohnens die Vielfältigkeit von Städten wieder herstellen.

Der Begriff Stadt steht für Kommunikation. Die dort lebenden Menschen wollen Nähe und keine Einsiedlerideologien ausleben. Neue, geplante Zentren schaffen es mit der richtigen Dosierung primär im Unterhaltungssektor neues Leben zu entwickeln. Beispiel der jüngeren Zeit ist hierfür Bochum, aber auch die Belebung von Berlin-Mitte, die aber wiederum einhergeht mit einer schleichenden Ver-ödung des Kurfürstendamms. Eine Stadt, so eine These von Daniel Libeskind, ist auch ein »apokalyptisches Symbol, das sich stetig verändern muss«. Die Mitte einer Stadt war immer das Zentrum der Begegnung, die Lebensader einer Stadt. Die Innenstadt ist das Herz einer Stadt.

Bundesweit sorgt man sich um die Kaufkraft in den Innenstädten, versucht man durch Veranstaltungen und Attraktivitätsverbesserungen die Krankheitssymptome zu bekämpfen. Doch – es sind fast immer nur kosmetische Versuche. Es muss überlegt werden, wie Innenstädte wieder dass werden, was sie einst waren – Orte der Begegnung. Natürlich spielen weniger Kaufkraft, Fernseh- und Freizeitangebote eine Rolle, aber, durch grundlegende Änderungen der Funktion der Innenstädte, lassen sich Verbesserungen erzielen.

Die von bestimmten Richtungen versuchte Innenstadtberuhigung durch überdimensionale Fußgängerzonen hat zum Bau von Zentren auf der grünen Wiese geführt. Niemand würde dort auf die Idee kommen, Parkplatzgebühren zu nehmen oder Parkplätze aufzulösen. Es muss darüber nachgedacht werden, ob Fußgängerzonen in Teilbereichen wieder verantwortungsvoll aufgelöst werden müssen, um die Verkehre in die Stadt zu bekommen. Das Ziel, Menschen für den Personennahverkehr umzuerziehen, ist gescheitert. Neben verkehrlichen Maßnahmen, müssen finanzielle Anreize geschaffen werden, um Existenzgründungen in Innenstädten in allen Bereichen zu fördern. Eine zukunftsweisende Aufgabe von öffentlicher Hand und Privaten wie Banken, also Stadtmarketing als Privat Public Partnership.

Ein Mix von Einzelhandel, Gastronomie, Cafes, Restaurants, Veranstaltungen und Wohnen muss zur kommunikativen Einkaufzone werden. Mit nur einigen Ideen, die diskutiert werden müssen, wollen wir einer Verödung unserer Innenstädte entgegenwirken.

Es muss zu einer Vitalisierung und Attraktivitätssteigerung in den Innenstädten als Zentrum von Einzelhandel, Dienstleistungen, Wohnen und Kultur kommen. Kulturelle Ereignisse sowie Sport-, Freizeit- und Erlebnisaktionen müssen zu einer bunten Aktions- und Themenvielfalt zusammengefasst werden.

Schwerpunkte sind:

• die Stärkung der kulturellen Identität einer Stadt

• Erhalt bzw. Aufbau einer Multifunktionalität der Innenstadt

• Öffnung der Zentren für ein breites Besucherspektrum

• Vernetzung von Handel, Gastronomie, Kultur, Wohnen und Freizeit

• Schaffung neuer Impulse für Erlebnisqualität und Verweildauer

Der Mensch selbst muss wieder die Möglichkeit bekommen, seinen Freiheits- und Erlebnisraum in den Städten selbst zu planen. Ansonsten werden sich Städte zu modernen Hotelanlagen entwickeln, die nur noch Grundbedürfnisse des zeitweiligen Wohnens, Schlafens und Essens erfüllen.

Stadtmarketing soll in Städten das gemeinsame Arbeitsprinzip aller Einwohner sein. Stadtmarketing ist die Einsicht, dass eine Stadt von ihrer Bevölkerung, der Wirtschaft, der Kultur, dem Tourismus usw. lebt. Die Einwohner sind die Existenzberechtigung einer Stadt. Stadtmarketing ist nach innen und außen zu orientieren, für jede Maßnahme und jedes Projekt.

Stadtmarketing ist nicht nur ein erwägenswertes, sondern heutzutage ein grundlegendes, auf die Entwicklung einer Stadt ausgerichtetes, erforderliches Arbeitsprinzip aller Einwohner. Städte müssen in einer Zeit globaler Veränderungen ihren Platz neu bestimmen. Stadtmarketing ist ganzheitlich, partnerschaftlich und prozessorientiert angelegt.

Stadtmarketing will eine optimistisch zu beurteilende Zukunft projektieren und wahrnehmbare gemeinsame Anstrengungen unternehmen. Stadtmarketing ist kooperative Entwicklung in allen Bereichen. Es ist ein umfassendes Konzept auf der Grundlage eines Leitbildes für die Entwicklung einer Stadt und ihrer Leistungen für Bürger, Wirtschaft, Kultur usw.

> **Stadtmarketing** ist ein Analyse-, Planungs-, und Realisationsprozess im Hinblick auf die Schaffung von Angeboten, Gütern, Dienstleistungen und Attraktivität. Es beinhaltet die Kommunikation, Gestaltung und Zielfestschreibung aller relevanten Handlungsfelder einer Stadt, mit der Prämisse, möglichst große Teile der Bevölkerung an der künftigen Entwicklung zu beteiligen. Im Ergebnis muss Stadtmarketing zu einem Austauschprozess zwischen Individuen und Organisationen führen, der eine gemeinsame Gestaltung des Lebensraumes Stadt in partizipativer und kooperativer Zusammenarbeit ermöglicht.

Aufgaben des Stadtmarketings sind:

- Die z.T. deutlichen Identifikationsdefizite der Einwohner des jeweiligen Ortes müssen abgebaut werden.
- Die Vorstellung der Einwohner von der Situation der Stadt muss mit der Realität in Einklang gebracht werden.
- Das Selbstbewusstsein der Bevölkerung muss gestärkt werden.
- Eine intensive Aufklärungs- und Motivationsarbeit muss geleistet werden.
- Erforderlich ist eine umfassende Kommunikation mit den Meinungsführern am Ort (Innenmarketing).

Die konkreten Aufgaben und Zielvorstellungen werden kurzfristig, mittelfristig oder langfristig definiert. Ebenso werden die relevanten Zielgruppen bestimmt und konkrete Maßnahmen festgelegt.

Stadtmarketing ist:

- Offenheit und eine aktiv innovative Haltung gegenüber neuen Entwicklungen; prinzipielle Bereitschaft, neue und evtl. auch andere Wege zu gehen;

- verantwortungsethische Grundhaltung und neues Fortschrittsdenken vom quantitativen zum qualitativen Wachstumsdenken und der Wille, einen Fortschritt in der Befriedigung der Bedürfnisse zu erzielen;

- Konflikt bejahendes Demokratieverständnis mit dem »Grundrecht auf Dissens«, pluralistische Interessen- und Wertorientierung sowie Dialog- und Kompromissbereitschaft;

- ganzheitliches und langfristiges Denken;

- Aufgeschlossenheit gegenüber dem Wandel sowie Gespür für Folgewirkungen, weg vom statischen Strukturdenken und hin zum dynamischen, strategischen Prozessdenken;

- Bereitschaft zur Selbstkritik bis hin zu einer »Fundamentalkritik«, die auch vor traditionsbeladenen »heiligen Kühen« nicht halt macht;

- Gespür für erforderliche Gratwanderungen und Trends. Dazu gehören Risikobereitschaft zwischen Experimentierfreude und Orientierungs- Wandel vom Entweder-oder- zum Sowohl-als-auch-Denken;

- Abkehr von der Macher- und Beherrschbarkeitsideologie, Relativierung des kurzsichtigen Zahlen- bzw. Faktendenkens.

2. Stadtimage

„Es ist leichter ein Atom zu teilen, als eine vorgefasste Meinung zu ändern."
Albert Einstein

Der gute Ruf einer Stadt – sicherlich kann sich niemand davon frei sprechen gerne in einer Stadt zu wohnen, die in der Öffentlichkeit einen guten Ruf genießt. Wer möchte schon gerne in einer öden Stadt leben? Boomende Metropolen wie Hamburg, Köln, München oder Berlin ziehen die Menschen an, ob als Arbeitnehmer, Arbeitgeber, Tourist oder Besucher, doch was ist dieser (vermeintliche) Reiz dieser Städte, den andere vielleicht nicht, oder nur nicht so ausgeprägt haben. Das Image, das in uns klare Wert- und Vorstellungsbilder hervorruft, ist es letztendlich der Schlüssel zum Erfolg? Auf jeden Fall spielt das Image bei der Zielformulierung im Stadtmarketing eine ganz herausragende Rolle, es ist dabei wichtig, die Imagebildung als einen dauerhaften Prozess zu verstehen, der einen umfassenden, ganzheitlichen Ansatz erfordert.

Jede Stadt hat eine Identität, die sie in eine bestimmte Kategorie einordnet. Eine Stadt ist schön oder hässlich, lebhaft oder langweilig, attraktiv oder nicht attraktiv, hat Sehenswürdigkeiten oder keine, Wirtschaftskraft oder nicht, ist beliebt bei Urlaubern oder kein Urlaubsort, kann auf eine interessante Historie verweisen usw. Das Image einer Stadt kann subjektiv empfunden werden, es kann aber auch auf objektiven Tatsachen beruhen. Jede Stadt hat eine andere Identität, für deren Einordnung Imagefaktoren verantwortlich sind. Die Identität einer Stadt soll durch den Stadtmarketingprozess transparenter werden, aufbauend auf vorhandenen und neuen Imagefaktoren. Der Stadtmarketingprozess geht einher mit dem Wort Image, will im Laufe des Verfahrens das vorhandene Image positiv verändern. Daher muss die Analyse auch eine Untersuchung des derzeitigen Images beinhalten.

Die Identität einer Stadt soll durch einen Stadtmarketingprozess transparenter werden, aufbauend auf vorhandenen und neuen Imagefaktoren.

Das Wort Image kommt aus dem Englischen und bedeutet wörtlich übersetzt Bild. Das Bild also, das sich Menschen von einer Person oder einer Sache machen. Eine Stadt in ihrer Gesamtheit stellt ein solches Bild dar. Das Bild, das andere von weitem oder nahem sehen, kann schlecht oder gut sein. Ist es schlecht, müssen Verantwortliche in der Stadt versuchen, dieses Bild positiv zu verändern. Unternehmer, Touristen, Kulturschaffende oder -suchende und Käufer aus dem Umland lassen sich von dem Image in ihren Absichten negativ oder positiv beeinflussen. Das Image einer Stadt entscheidet über Beurteilungen, macht für Menschen und Unternehmensführungen Orte interessant oder uninteressant. Image beeinflusst z.B. die Entscheidung, ob Menschen eine Stadt besuchen oder ob Unternehmer sich dort ansiedeln. An einem positiven Image müssen alle, also **die gesamte Bevölkerung**, stetig arbeiten. Folgende Gedanken zu dem Thema Image von Elke Heidenreich spiegeln Ansatzpunkte wider, die in der täglichen Bewertung immer wieder anklingen:

Welche Stadt man warum liebt

»Von mir weiß ich, dass ich Berlin nicht ausstehen kann, und natürlich ist das eine lange persönliche Geschichte, und natürlich ist das auch nicht so ganz wahr. Aber die Kriterien, warum wir eine Stadt mögen und die andere nicht, sind sowieso mehr als sonderbar – schließlich, wie spricht der Dichter F. K. Waechter: ‚Blöde gibt es viele/am Rhein und auch am Nile', will sagen: Überall sind nette und weniger nette Menschen, überall sind langweilige und gute Lokale, schöne und schreckliche Geschäfte, angenehme und scheußliche Wohngegenden. Es ist Ansichtssache, mehr als das: es ist Erlebnissache. [...]

Ich bin sicher, dass es über Bad Oldesloe, Winsen an der Luhe oder Osnabrück ähnlich ergreifende Geschichten gibt, und es soll Menschen geben, die in Karlsruhe, Dortmund oder Düsseldorf leben und glücklich sind, wohingegen sie in einer Kölner Kneipe den Namen ‚Düsseldorf' nur aussprechen müssen, um Lokalverbot zu riskieren. Und so geht's weiter – vom subjektiven Stadt- zum objektiven Landempfinden.«[4]

Antonoff bezeichnet das Image einer Stadt als »ihr Vorstellungsbild, das durch die Aussendung von Informationen entsteht und von dessen Existenz man nur durch indirekte Meinungsäußerungen erfährt.«[5] Ein Image ist also unsichtbar, unfühlbar und unhörbar. Lalli[6] stellt dagegen die Dynamik des Images aus der Verarbeitung von Informationen in den Vordergrund. Geht man grundsätzlich davon aus, dass sich ein Image aus der Verarbeitung von Informationen bildet, die in einem Kommunikationsprozess übermittelt, vom Empfänger bewertet, interpretiert und in den persönlichen Erfahrungsschatz eingeordnet werden, so wird deutlich, dass sich ein Image bewusst aufbauen und verändern lässt.

Beim Stadtimage treten die Stadt bzw. die am Stadtmarketing Beteiligten als Sender von Informationen auf. Empfänger sind die jeweiligen Zielgruppen. Stadtmarketing will erreichen, dass auch die Einwohner der Stadt zu Sendern eines positiven Images werden. Je nach der Gestaltung der Sendeinformationen ist das Image einer Stadt über Kommunikationsinstrumente zu bilden, zu lenken und zu korrigieren. Vor allem bauliche Veränderungen oder große Veranstaltungen (Events) sowie

---

[4]   Heidenreich, Elke, in Brigitte, 8/1997.
[5]   Antonoff, R., Wie man seine Stadt verkauft – kommunale Werbung und Öffentlichkeitsarbeit, Düsseldorf 1971, S. 126.
[6]   Lalli, M./Plöger, W., Corporate Identity für Städte – Ergebnisse einer bundesweiten Gesamterhebung, in Marketing, 4/1991, S. 240 ff.

besondere Aktivitäten können ein Image kurzfristig positiv (aber auch negativ) verändern.

Das Image-Know-how bildet den Hintergrund für die im Stadtmarketing verfolgte Strategie der Imageprofilierung. Das Image von Städten und Gemeinden entsteht bei ihren Einwohnern durch persönliche Erfahrungen, Erlebnisse und Anschauungen. Bei externen Zielgruppen spielen hingegen Berichte Dritter sowie Berichterstattungen in den (Massen-)Medien eine wichtige Rolle. Hinzu kommt, dass die Wahrnehmung des Images immer subjektiven Kriterien wie Launen, Moden und Stimmungen unterliegt. Das Image wird auch von politischen, gesellschaftlichen, kulturellen oder wirtschaftlichen Trends beeinflusst.

Das Stadtimage lässt sich über Stadtmarketing beeinflussen und sogar planen. Dies geschieht im operativen Bereich durch unterschiedliche Kommunikationsmaßnahmen sowie durch die reale Absicherung des kommunizierten Zielimages und durch die Gestaltung der Facetten des Produktes Stadt, um das angepeilte Image auf nachweisbare Fundamente zu stellen.[7] Neben diesen beiden Instrumenten hat die von den internen und externen Zielgruppen wahrgenommene Leistungskompetenz einer Stadt eine zentrale Bedeutung. Die Transaktionsparameter der am Prozess Beteiligten, der Medien sowie sonstiger Meinungsmultiplikatoren prägen ebenfalls nicht unerheblich das Image in direkter Weise.

Die Imageprofilierung sollte auf einen konkreten Teilmarkt, eine bestimmte Zielgruppe hin ausgerichtet sein. Hat eine Stadt z.B. das Ziel, sich für einen bestimmten Bereich ein neues Image aufzubauen, eignen sich für die Initiation des Profilierungsprozesses vor allem Veranstaltungen (Events), Kongresse u.ä. So kann eine Stadt ein neues Image für den Freizeitbereich z.B. über eine Bundes- oder Landesgartenschau (Cottbus, Lünen, Gelsenkirchen, Rostock, Potsdam) aufbauen.

Für die Imageprofilierung gilt die **Drei-Komponenten-Theorie**. Danach ist Image immer ein System von Teildimensionen, bestehend aus

1. dem subjektiven Wissen einer Person über die Stadt, das Produkt usw.;

2. aus den Gefühlen der Person;

3. ihren Handlungsabsichten (der Ort wird wegen einer bestimmten Veranstaltung besucht).

Wichtig ist die Komplexität des Images, das heißt eine möglichst große Personenzahl aus vielen Bereichen (z.B. Kultur, Sport, Wirtschaft) muss positiv dazu beitragen, um so eine möglichst große Spannweite zu erzielen.

---

[7] In Anlehnung an Lalli/Plöger, a.a.O., S. 240 ff.

Besondere Vorsicht ist geboten, wenn es um die Erfüllung des Imageanspruches geht. So kann z.B. ein durch alle Instrumente des Kommunikationsprozesses und mit hohem finanziellem Aufwand vermitteltes Image als »Ort der erlebbaren Historie« ins Gegenteil umschlagen, wenn die Ansprüche in dem Ort nicht erfüllt werden, sobald Besucher den Imageanspruch live erleben wollen. Die Kommunikation eines falschen oder nicht erfüllbaren Images kann so nachhaltige Schäden für die Stadt verursachen, dass eine Korrektur nur schwer und nur sehr langfristig möglich ist. Der entstandene Imageschaden dürfte einen Stadtmarketingprozess fast zum Scheitern bringen.

Mit dem Image werden synonyme Verwendungen in Verbindung gebracht. Dazu gehören:

- das **Ansehen** einer Stadt, also der Ruf
- das **Charakterbild** (stereotyp usw.)
- der **Nimbus**, also das Vorstellungsbild
- das **Renommee** (negativ z.B. Katastrophen, Ausschreitungen u.ä.; positiv z.B. wohlhabende Bevölkerung u.ä.)
- der **Ruf**, also das Markenbild
- die **Reputation**, also der Markenstil
- das **Bild**, also das Markenprofil
- das **Prestige**, also das Markengesicht
- das **Leitbild**, also der Markencharakter
- das **Vorurteil**, also die Markenpersönlichkeit
- der **Typ**, also das Markenerlebnis.

Die Stadt Köln hat vor einigen Jahren eine sehr aufwendige Imagekampagne gestartet, die unter dem Motto »**Stadt-Image ist Firmenimage**« steht. Dabei handelt es sich um eine vorbildliche Imageoffensive im Sinne von Stadtmarketing. Gemeinsam setzen Unternehmen und die Stadt Köln positive Signale. Sie wollen dazu beitragen, Köln als progressiven Wirtschaftsraum zu profilieren. Einige Beispiele:[8]

---

[8]   Aus Köln macht Zukunft, Arbeitskreis der Kölner Image-Initiative.

Köln macht Zukunft ...
als Wirtschaftsfaktor mit erprobter Lebensart. Die Kölner Image-Initiative
– ein Profil vitaler Wirtschaftskraft mit engagierten Unternehmen und
Institutionen.

Köln ist offen ...
Deutschland wäre ohne Köln nicht dasselbe. Eine Stadt der Weltoffenheit,
der Toleranz, der Kontaktfreude – das Tor zum europäischen Westen:
Eigenschaften, die wir, wie die Geschichte zeigt, auch heute brauchen. Dies
gilt gleichermaßen für den Medienstandort Köln.

Köln tut besser ...
denn diese alte, hoch lebendige Stadt am Rhein heißt Handel und Wandel
seit ihrer Gründung. Wir vom Kaufhof sind seit über 100 Jahren in Köln.
Von hier aus steuern wir 134 Warenhäuser, 30.000 Beschäftigte und 10 Mil-
liarden Umsatz in ganz Deutschland.

Köln macht Zukunft ...
Die Ford Werke AG ist seit 1930 in Köln zu Hause. Mit über 20.000 Mitarbeitern sind wir heute einer der größten Arbeitgeber der Region. Und wir
investieren weiter in unseren Standort.

Köln ist wertvoll ...
Für gute Produkte war Köln immer ein erstklassiger Nährboden.
Deutschlands berühmtestes Naturarzneimittel – Klosterfrau Melissengeist
– ist hier geboren und groß geworden.

Attraktivitätskriterien

Der Wiener Stadtplaner und Urbanist Camillo Sitte, der im 19. Jahrhundert lebte,
näherte sich einer Stadt, die er noch nicht kannte, immer auf die gleiche Art und
Weise. Kam er in eine Stadt, so ließ er sich zunächst vom Bahnhof zum größten
Platz der Stadt fahren. Dort besuchte er die beste Buchhandlung, stieg auf den
höchsten Turm, aß und übernachtete im besten Hotel. Danach konnte sich Sitte ein
erstes Bild der Stadt machen, ein Bild, das ihm wichtige Aufschlüsse über die Stadt
gab. Im Einzelnen: Der Bahnhof einer Stadt ist als Visitenkarte genauso wichtig wie
die Einfallstraßen einer Stadt. Der erste Eindruck bestimmt das Handeln und Denken in der nächsten Zeit. Ein schlechter erster Eindruck ist nur schwer und lang-
wierig zu korrigieren. Städte, die etwas auf sich halten – denken wir an Baden-
Baden, Leipzig oder Berlin –, bauten in ihren Gründerjahren prunkvolle Bahnhöfe,
erkannten bewusst oder unbewusst, dass der erste Eindruck bei neuen Besuchern
einer Stadt wichtig ist für das weitere Verhalten.

Besucher einer fremden Stadt fühlen sich wohl, wenn sie in einem angenehmen Ambiente empfangen werden. So ist beispielsweise ein Taxifahrer, der einen fremden Gast vom Bahnhof zum gewünschten Ziel bringt, der erste wichtige Multiplikator. Er hat eine kaum nachvollziehbare Verantwortung dafür, ob er dem Gast vom ersten Moment seines Besuches an den Ort positiv näher bringt und durch sein Verhalten und seine Freundlichkeit dafür sorgt, dass Gäste den Ort positiv kennen lernen. Eine negative Verhaltensweise sorgt dafür, dass die Annäherung an die Stadt vertan wird und nur langsam korrigiert bzw. nicht mehr korrigiert werden kann.

> **Beispiel: Negative Eindrücke**
>
> Der für Marketing Verantwortliche der Stadt S., einer Stadt mit 140.000 Einwohnern, holte seine wichtigen Gäste, darunter auch ansiedlungswillige Unternehmer, nie vom eigenen Bahnhof ab. Denn der DB-Bahnhof machte einen sehr verwahrlosten Eindruck. Deshalb holte er seine Besucher aus der nächsten größeren Stadt mit dem Pkw ab. So vermied er erste negative Eindrücke, die seines Erachtens die Entscheidung der Besucher für Ansiedlungen oder Aktivitäten stark beeinträchtigt hätten.

Ein Ort erschließt sich Besuchern zuerst in der Mitte. Dies erkannte auch Camillo Sitte. Der größte Platz im Stadt- oder Ortszentrum ist zugleich der Mittelpunkt, hier treffen sich die Menschen, spiegelt sich das Leben am Ort wider. Stadtplaner sehen nach wie vor den zentralen Schwerpunkt der Stadt in deren Mitte. Dort entstanden und entstehen Rathäuser, Kirchen, Geschäfte, Restaurants und Hotels, Einkaufsstraßen und Kommunikationszentren. Ausgestorbene Innenstädte und Ortszentren stoßen ab, signalisieren fehlendes Leben. Die Innenstädte sind erste Anzeichen für eine gesellige oder zurückhaltende Stadtbevölkerung. Eine Innenstadt wie die in Freiburg strahlt Gemütlichkeit und Wohlgefühl aus, weil sie zum Treffpunkt von Einheimischen und Besuchern wurde und weil sich die Stadt erst aus einer kommunikativen Zentralität entwickelte.

Doch zurück zu Camillo Sitte. Die Bücher in der besten Buchhandlung am Platz gaben ihm erste Aufschlüsse über das Bildungsniveau der Stadt. Welche Bücher wurden gelesen? Sie lagen in der Buchhandlung aus. Umfangreiche Fachliteratur ließ Rückschlüsse auf Studenten zu, aber auch das Niveau der Allgemeinliteratur gab Hinweise zum Bildungsgrad der Bevölkerung. Der Blick vom höchsten Aussichtsturm der Stadt verschaffte Sitte einen Überblick über die Stadtstruktur, über Grünflächen, gab ihm visuelle Hinweise auf Gewerbe, Industrie oder eine eher landwirtschaftliche Ausrichtung. Er erkannte Möglichkeiten für den Tourismus und die Erholung, erkannte die Infrastruktur und die Lage der Stadt.

An der Ausstattung des besten Hotels erkannte er, wie hoch die Ansprüche der Besucher waren. Dies ließ wiederum Rückschlüsse auf die Zahlungskraft zu. Gleiches galt für die Anzahl sehr guter, guter oder mittelmäßiger Restaurants, denn die

Qualität des Essens gab Hinweise auf die Ansprüche und damit zur Zahlungskraft der Bevölkerung.

Selbst wenn wir diese Rituale nicht bewusst wahrnehmen, so zeigen wir selbst ein ähnliches Verhalten, wenn wir eine unbekannte Stadt besuchen oder neu entdecken. Aus unseren Wahrnehmungen ziehen wir Rückschlüsse auf den Ort und seine Bewohner. Nach und nach, wie in einem Mosaik, lernen wir eine Stadt näher kennen, können uns ein Bild von der Kultur, vom Wohnen, der Wirtschaft, Freizeit, Wissenschaft oder vom Sportangebot machen. Je intensiver wir einen Ort kennen, umso intensiver wird sich das Bild entwickeln. Dieser Prozess bewirkt eine Verdichtung vom Fern- zum Nahbild.

Bedeutung der Imageforschung

Erste Untersuchungen zum Thema Image gab es in den fünfziger Jahren. In amerikanischen Untersuchungsberichten sprachen Gardener und Levy 1955 von *„…einem komplexen Symbol, das eine Vielzahl von Komplexen und Attributen repräsentiert"*[9] Schon damals wiesen sie auf die Dynamik dieses Begriffes hin, dessen Bedeutung und Inhalt es gilt zu erforschen.

Laut Seitz gibt es in der deutschen Tourismuswirtschaft eine Diskrepanz zwischen der Wichtigkeit des Images und den tatsächlich dokumentierten Ergebnissen dieses Forschungsbereiches in der Öffentlichkeit.[10]

Die Erforschung des Images ist für Wirtschaftsunternehmen unumgänglich, denn die Produkte lassen sich immer weniger differenzieren – Image ist zu einem wichtigen Teil des Kaufentscheidungsprozesses geworden. Deshalb ist es bedeutend zu wissen, welches Vorstellungsbild die Öffentlichkeit, insbesondere die kaufrelevante Öffentlichkeit, von dem Unternehmen und dessen Produkten hat.

In der Literatur wird auf die Wirklichkeitsverzerrung hingewiesen (die viel zitierte Betriebsblindheit), mit dem Hinweis, sein Selbstbild des Unternehmens mit dem Fremdbild externer Betrachter regelmäßig zu vergleichen. Daraus entstehende Abweichungen müssen analysiert und beseitigt werden. Ein gängiges Mittel der Imageforschung ist die Imageanalyse, die nur Ausschnitte aus einem Imagesystem erfassen kann. Das genügt aber, um die Mittel des Marketing-Mix, auf Basis der Verbrauchereinschätzung, optimieren zu können.

---

[9] Vgl. Gardener/Levy, The Product and the Brand, in: Harvard Review, 1955.
[10] Vgl. Seitz, Erwin; Meyer, Wolfgang: a.a.O., Seite 271 f.

Image als Informationsfilter

Das Image besteht aus vielen Einzelimages die vom Betrachter zusammengefügt werden. Gerade im Tourismus sind die Einzelimages von großer Bedeutung.

Images machen Märkte transparenter, vor allem auch die Reisemärkte. Das Bild, was ein potentieller Gast von einem Reiseunternehmen hat, zählt zu den wesentlichen Antrieben, eine Reise mit diesem Veranstalter zu unternehmen. Stört den Reiseinteressenten dabei lediglich ein einziges Teilimage (z.B. das Produktimage), kann er von seiner gesamten Reiseentscheidung abgebracht werden.[11]

Imagebildung in Städten

Das Image umfass teilweise Vorstellungen und Einstellungen (auch Vorurteile), die relativ starr und stereotyp[12] sind. Damit ist ein Image sehr langlebig. Dadurch bedürfen Imageaufbau, aber auch gewollte und gezielte Imageänderungen, ausreichend Zeit.

Es gibt kein Image im luftleeren Raum. Es entsteht z.B. im Laufe von Vergleichsprozessen mit anderen Städten, Regionen. Imagebildung hängt stark von der PR-Arbeit der Stadt und ihrer Organisationen ab. Wer neu am Markt ist oder noch kein Image besitzt, muss mit ständig wiederkehrenden Botschaften, über möglichst viele Medien, die Image-Information senden. Man benötigt demnach für die Umsetzung ergänzend Kompetenz und Ausdauer.

Der Aufbau eines positiven Images beginnt in der eigenen Stadt: In der Informationspolitik, der Beziehung zur Öffentlichkeit, dem Auftreten der leitenden Persönlichkeiten, der Kommunalpolitik, der Forschung, bei den Gebäuden, dem Stadtbild, den Einwohnern etc. Entscheidend für das Image sind auch die Stadtprodukte selbst, deren Nutzen, Preis, und dem heutzutage immer wichtigeren Aspekt des Service, denn die Produkte ähneln sich fortwährend immer mehr. In vielen Branchen, v.a. auch in der Tourismusbranche, kann nur noch über den Service eine erfolgreiche Markenpolitik betrieben werden.

Eine große Rolle bei der Imagebildung spielt die Presse, die sich gern von Tatsachen, die schlechtes Image hervorrufen, nähren. Daher ist eine professionelle Pressearbeit unverzichtbar, wenn durch einen Stadtmarketingprozess das Image positiv verändert werden soll. Daneben suchen natürlich Konkurrenten ständig Angriffspunkte, das Image zu partizipieren, zu beschädigen, zu kopieren oder zu

---

[11] Vgl. Freyer, Walter: Tourismus – Einführung in die Fremdenverkehrsökonomie, München/ Wien: R. Oldenbourg Verlag, 7. Auflage, 2001, Seite 254 f.

[12] Feststehend, unveränderlich.

beeinflussen. Fakt ist, eine mit Erfolg gekrönte Imagearbeit braucht ständige und sanfte Pflege. Sind negative Unternehmensschlagzeilen erst einmal entstanden, verlangen sie schnelle und ehrliche Aufklärung in der Öffentlichkeit.

Bedeutung eines positiven Images für eine Stadt

Die Städte treten immer mehr in nationale und internationale Konkurrenz zueinander, z.B. um die Ansiedlung zukunftsorientierter Unternehmen, um die Anziehung qualifizierter Arbeitskräfte, Touristen, Kongresse, Kultur- und Sportveranstaltungen sowie Fördermittel für Wissenschaft und Technik. Diese Situation wurde durch die Wiedervereinigung und den gemeinsamen europäischen Binnenmarkt noch verstärkt. Die Städte müssen ihre vorhanden Potentiale besser nutzen bzw. neue Potentiale entwickeln, um in diesem Wettlauf mitzuhalten und Erfolge zu erreichen. Neben den klassischen harten Standortfaktoren (Boden, Arbeitskräfte etc.) spielt das Image als weicher Standortfaktor (neben Umweltqualität, Freizeitangebot etc.) bei der Entscheidungsfindung der Ortswahl von Unternehmen eine immer bedeutendere Rolle. Gerade weil sich das Image über einen langfristigen Zeitraum charakterisiert und kurzfristige Einflüsse normalerweise eine untergeordnete Rolle bei der Imagefindung spielen, nimmt der (objektive) Ruf einer Stadt einen wesentlichen Anteil am subjektiven Gesamtbild eines Betrachters ein. Ist eine Stadt im Auge des Betrachters erst einmal be- liebt, d.h. hat sie erst einmal ein gutes Image, dann treten andere faktische Werte, wie teure Grundstückspreise, hohe Lebenshaltungskosten etc. in den Hintergrund, sie werden dann mit dem guten Image der Stadt gerechtfertigt.

Image als Bewusstseinssteuerung

Die Reizüberflutung nimmt in unserer heutigen Zeit in immer größerem Ausmaß zu. Ob wir beim Einkauf im Supermarkt noch immer rationale Gründe bei der Auswahl bestimmter Artikel heranziehen oder bei Reisentscheidungen wirklich nach unseren persönlichen Vorlieben urteilen, oder ob man bei einem einfachen Urteil über einen Sachverhalt ganz auf das eigene Wissen und die eigene Überzeugung baut, bei all diesen Entscheidungsprozessen ist der Mensch oftmals von spontanen Gedanken gesteuert, die ihm nicht unbedingt bedacht in den Sinn kommen. Gerade in der Spontaneität, in dem unbewussten Handeln, liegt der Sinn eines Images, das sich, zumeist über einen längeren Zeitraum, soweit verfestigt hat, dass bei dem einfachen Gedanken an etwas, ein positives oder negatives Gefühl ergibt und so als Entscheidungshilfe fungiert.

Wahrheitsgehalt, Aussagekraft, Vorurteil

Ein gutes Beispiel, um den Wahrheitsgehalt und die Aussagekraft eines Images zu verdeutlichen, zeigt eine Umfrage des Magazins »Focus« in seiner Ausgabe vom 11. Dezember 2003, wo in einem Vergleich alle bundesdeutschen Städte mit mehr als 100.000 Einwohner bewertet wurden. Dabei erfasste die Untersuchung unter den Einzelwertungen Zukunftspotenzial, Wirtschaftskraft und Lebensqualität insgesamt 45 Bewertungsindikatoren. Obgleich die Hauptstadt Berlin in der Gesamtwertung »lediglich« den achten Rang 11 belegt, schafft sie es in der Image-Wertung hinter München auf Platz zwei. Hier ist gut erkennbar, dass Berlin, trotz ökonomischer und finanzieller Schwierigkeiten, im In- und Ausland nach wie vor sehr beliebt ist und auch die Einwohner äußerten sich bei der Frage nach dem Wohlfühlfaktor eindeutig: 83% der Berliner antworteten, sie lebten gerne in ihrer Stadt. Dadurch, dass die Einwohner selbst hinter ihrer Stadt stehen, bringen sie dieses positive Bild glaubhaft nach Außen und machen Berlin dadurch interessant. Den Einwohnern wird eine hohe Glaubwürdigkeit zugesprochen, die eventuelle Vorurteile im Fernbild zu überwinden vermag und somit positiven Einfluss auf das Fernbild nimmt.

Imagetransport

Der wichtigste Transporteur des Images ist der Mensch. Das Image wird direkt oder indirekt über Freunde, Mitarbeiter, Nachbarn, Meinungsbildner usw. in einer Stadt weitergegeben. Der Mensch ist zudem der glaubwürdigste Transporteur. Bezeichnet wird dieses Verfahren als **Input/Output-System.** Der wichtigste Transporteur, besonders für das Fernbild, sind die (Massen-)Medien, die je nach Art ihrer Seriosität glaubhaft oder nicht glaubhaft sind. Untersuchungen haben ergeben, dass negative Eindrücke zehnmal, dagegen positive nur dreimal weitergegeben werden. Bei einer Haushaltsgröße von drei Personen und einem Bekanntenkreis von zehn Personen pro Haushaltsmitglied ergibt sich im Durchschnitt rechnerisch eine Input-Chance von dreißig Menschen.

Diese Werte sind besonders für die Beurteilung des Images und damit auch für den Verlauf des Stadtmarketingprozesses von großer Bedeutung. Für das Handlungsfeld Einzelhandel kann z.B. die negative Weitergabe von Erfahrungen mit der Freundlichkeit des Verkaufspersonals, dem Service oder der Qualität von Waren schnell zu erheblichen Umsatzeinbußen führen.

Durchschnittliche Weitergabe von Meinungen:	
Negative Meinungen:	10 x
Positive Meinungen:	3 x

Imageveränderung

Wie ist nun Image zu verändern? Welche Einstellungen müssen bei den Zielgruppen verändert werden? Aus der Wirkungsforschung wissen wir, dass unterschiedliche Wirkungstypen zu unterschiedlichen Zielveränderungen führen. So
sind unter dem Aspekt der menschlichen Kognition Veränderungen im Image nur
schwer zu erreichen, wenn bei den Zielgruppen/Zielpersonen ein hoher Grad an
Wissen über eine Stadt vorhanden ist. Fakten also, denen die Imageveränderung
nur mit Fakten entgegnen kann. Leichter ist es im emotionalen Bereich. Gefühle
wie Freude und Spaß lassen sich schnell durch affektive Maßnahmen erreichen.
Fast unmöglich ist eine Imageveränderung, wenn Verhalten und Einstellungen
vorhanden sind, die über Generationen weitergegeben wurden, bzw. durch unterschiedliche Ursachen eine stereotype Verfestigung von Einstellungen geprägt
haben.

Die Erkenntnis, dass das Image einer Stadt sowohl in seiner Entstehung, als auch
in seinem Fortbestand als dauerhafter, strategischer Prozess verstanden sein soll,
ist von elementarer Bedeutung. Ein positives Image zu erreichen darf (und soll)
Ziel in einem Stadtmarketingprozess sein, sich aber dann nach der Zielerreichung
auf dem positiven Image ausruhen ist töricht.

Die Art und Anzahl der einzelnen Imagefaktoren einer Stadt sind maßgeblich für
das Gesamtbild, das eine Stadt abgibt. Jede Stadt hat gute und auch schlechte Seiten, wichtig ist, dass die guten die schlechten dominieren.

Bei aller Verbundenheit und regionaler Kooperation ist es für eine Stadt unerlässlich eine eigene Identität zu finden, diese kann in ihrer Außenwirkung für den
subjektiven Betrachter durchaus unterschiedlich sein, in ihrer objektiven Ausstrahlung aber eindeutig.

Imagearbeit bedarf immer auch psychologisches Verständnis. Faktoren wie Mar-
kenbildung, Persönlichkeitsfindung und Alleinstellungsmerkmale sind dabei
Faktoren, die hilfreich und unterstützend bei der Imagefindung fungieren.

Image im Corporate Identity

Natürlich ist es aus Kundensicht wichtig, ein gutes Produkt-Image zu haben.
Daneben erhält das Vorstellungsbild über ein Unternehmen einen bedeutenden
Platz. Aus Marketing-Sicht definiert sich Image über das Corporate Identity, d.h.
alles, was man von einem Unternehmen sehen kann, prägt sein Erscheinungsbild
und somit sein Image. Dazu gehören zahllose Faktoren, wie in nachfolgender
Abbildung vereinfacht dargestellt wird:

Abb. 3   Einflussfaktoren auf das unternehmerische Erscheinungsbild

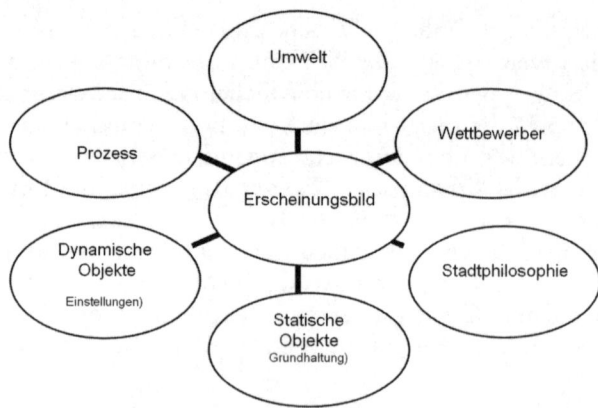

Quelle: Eigene Darstellung in Anlehnung an Antonoff, Roman, Methoden der Imagegestaltung
          für Unternehmen und Organisationen, Eine Einführung, Verlag W. Girardet, Essen,
          1975, Seite 28.

In Beispielen ausgedrückt, sind es die Produkte des Unternehmens, Gebäude,
Dienstwagen, Briefe und Prospekte, Geschäftsberichte, Stellenanzeigen u.v.m. Sie
werden bewusst oder unbewusst, wie Mosaiksteinchen, zum Firmenimage zusammengefügt.

Dabei spricht die Literatur vom Corporate Image – ein so genanntes Spiegelbild
des Corporate Identity im sozialen Feld – das Fremdbild vom CI. Dieses und das
Produkt-Image können nicht voneinander getrennt betrachtet werden, ganz im
Gegenteil wirken sie gegenseitig aufeinander ein.[13]

Einen gewissen Zielkonflikt gibt es dagegen zwischen den Unternehmenszielen
Image und Rentabilität bzw. Image und Bekanntheitsgrad. Je mehr image-gestal-
tende Mittel (z.B. Werbung) eingesetzt werden, desto mehr Kosten kommen auf
das Unternehmen zu. Ziel ist es zwar, durch die Imagewerbung den Produkten
eine Präferenzstellung am Markt zu erarbeiten, damit sie mittel- oder langfristig
eine vergleichsweise hohe Rentabilität sichern. Derweil muss das Unternehmen
aber Rentabilitätseinbußen in Kauf nehmen, um z.B. durch erhöhte Werbung
dieses Ziel zu erreichen.

Gleichermaßen verhält es sich mit dem Bekanntheitsgrad. Ein überdurchschnitt-
liches Markenimage wird nicht durch einen überdurchschnittlich hohen Bekannt-

---

[13]   Vgl. Birkigt, K.; Stadler, M. M.; Funck, H.J.: Corporate Identity, Grundlagen, Funktionen,
       Fallbeispiele, Landsberg am Lech: 5. Auflage, Verlag Moderne Industrie, 1980, Seite 23.

heitsgrad gesichert. Eine Präferenzstellung der Produkte hebt sie von der Konkurrenz ab, die Produkte erhalten ein Markenimage, können sich vom Preiswettbewerb ausschließen. Verfolgt man andererseits einen hohen Bekanntheitsgrad, ist eine Positionierung des Produktes auf möglichst vielen Märkten unumgänglich. Hier kommt man nicht um den Preiswettbewerb herum, was schädlich für das Image ist. Um die oberen Ziele (Gewinn und Rentabilität) zu erfüllen, muss man ein ausgewogenes Verhältnis zwischen Rentabilität, Markenimage und Bekanntheitsgrad finden.

Abb. 4   Image

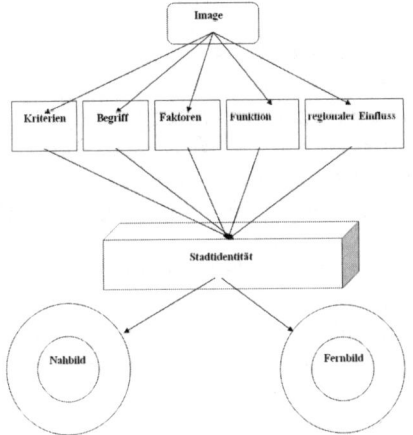

Quelle: eigene Darstellung

Imagekriterien

Das Image beinhaltet folgende Kriterien:

- Es ist das Vorstellungsbild von Individuen oder Gruppen.
- Es wirkt verhaltenssteuernd im sozialen Feld.
- Es weckt positive und negative Erwartungshaltungen.
- Es hat kognitive Komponenten, die auf das Erfassen, Erkennen und Wahrnehmen von Gegebenheiten bezogen sind.
- Image ordnet wenig Bekanntes zu, schätzt ein, erspart die mühsame Auseinandersetzung mit fremder, schwer überschaubarer Wirklichkeit, erleichtert den Zugang zu Fremdem oder die Ablehnung.
- Image ist ein mehrdimensionales, verfestigtes System, stellt sich als ganzheitlich dar.

- Image durchläuft verschiedene Entwicklungsstufen bis hin zu einer stereotypen Verfestigung.

- Image besteht aus objektiven und subjektiven, aus »richtigen« und »wahren«, aber häufig auch aus »falschen« Vorstellungen und Erfahrungen.

- Image bildet Vorurteile.

Oft verfügen Städte nur über ein monostrukturiertes Image. Dies kann sich aus der Historie, aber auch zufällig oder bewusst entwickelt haben. Ergänzende Imagefaktoren sind nicht dazu gekommen, haben somit das Bild einer Stadt nach außen nicht verändert. Meppen, Wattenscheid, Neubrandenburg (Leichtathletik-hochburg in der ehemaligen DDR) oder Rosenheim wären kaum bekannt, wenn diese Städte nicht durch sportliche Leistungen (Fußball oder Eishockey) auf sich aufmerksam gemacht hätten. Ein solches Image geht aber einher mit den Erfolgen oder Misserfolgen des sportlichen Aushängeschildes. Aufstieg, Meisterschaft, Weiterkommen im Pokal sorgen für Öffentlichkeit und positives Image. Nieder-lagen, Abstieg oder das Ausscheiden aus Wettbewerben für negatives Image. Eine Ausnahme scheinen da nur der SC Freiburg und der FC St. Pauli zu sein.

Positive Imagefaktoren müssen von den Städten für Entwicklungswellen genutzt werden, mit denen andere, noch nicht so bekannte Imagefaktoren transportiert und in der Öffentlichkeit bekannter gemacht werden. Gerade der Profisport ist oft ein erster Schritt für Gemeinsamkeiten in einem Ort. Sponsoren finden sich, um gemeinsam sportliche Erfolge herbeizuführen und zu sichern. In der Phase des Erfolges gilt es, andere Faktoren des Ortes herauszustellen, die Öffentlichkeit in Form des »stolz Seins« auf sportliche Erfolge zu nutzen, dadurch ein Wir-Gefühl zu forcieren und in einen Stadtmarketingprozess einzubinden.

In einem Stadtmarketingprozess muss die Frage gestellt werden, wie aus sportlichen Erfolgen z.B. Synergien für den Wirtschafts-, Kultur- oder Tourismusbereich abge-leitet werden. Warum den anreisenden Fans anderer Vereine nicht die Möglichkeit eines Stadt- und Einkaufsbummels oder eines Kurzaufenthalts offerieren? Dies ist allerdings nur dann möglich, wenn Vereine, Wirtschaft, Einzelhandel, Hotellerie, Gastronomie und kommunale Stellen eng zusammenarbeiten. Das Stadtmarketing kann so auf bereits vorhandene oder entstehende Imagefaktoren zurückgreifen. Aber auch der Kulturtourist könnte so mit anderen Angeboten einer Stadt bekannt ge-macht werden.

Die Historie von Heidelberg, die Lage Grindelwalds oder die Ausstrahlung Gstaads wären als Imagefaktoren für die Entwicklung dieser Orte ohne wirtschaftliche Bedeutung, wenn nicht die Synergien in vielen Bereichen genutzt worden wären. Aus vorhandenen einzelnen Faktoren entwickelten sich weitere, die heute fast oder ganz gleichberechtigt sind. Heidelberg hat seinen Ruf nicht nur aufgrund seines Schlosses und seiner Innenstadt. Heidelberg steht auch für seine Universität, seine Lage und den Wohnwert. »Heidelberg hat viele Seiten«. Der Slogan belegt eindeutig eine breit angelegte Ausrichtung, basiert aber auch auf vorhandenen bekannten Faktoren.

Wie schwer es ist, den Verlust von Imagefaktoren zu verkraften, zeigt z.B. die Stadt Neunkirchen im Saarland. Bis in die 70er Jahre ein Begriff für Wirtschaftskraft, ließ dieses Image nach der Schließung der Grube König im Jahr 1968, der letzten im Stadtgebiet, langsam nach. Heute versucht die Stadt, sich auf vielen anderen Gebieten ein neues Image zu erarbeiten.

Aber auch kurzfristig, meist zeitlich in der Deutung des Images abnehmend, können plötzliche Ereignisse ein Stadtimage beeinflussen. Städte wie Lübeck oder Solingen, bisher bekannt durch ein starkes Image im wirtschaftlichen Bereich (Solingen) oder durch ein interessantes Stadtbild und Sehenswürdigkeiten (Lübeck), können schnell durch Einflüsse von außen Image-Einbußen hinnehmen bzw. ein negatives Image erhalten. Die rechtsradikalen Anschläge in Lübeck und Solingen in den 90er Jahren haben lange Zeit das Image dieser Städte belastet. Während Solingen offensiv mit der Ausländerfeindlichkeit umging und somit das Thema kritisch aufarbeitete, sorgten die starken Imagewerte Lübecks dafür, dass dieses Thema schneller vergessen wurde als in Solingen. Die Stadt Eschede dagegen wird wohl noch über Jahre das Synonym für einen der schwärzesten Tage der deutschen Eisenbahngeschichte sein. Die Stadt Bautzen negierte jahrelang seine Gefängnisanlage, obwohl sie das Image der Stadt mehr als prägte. Mit derartigen Negativfaktoren muss aktiv im Image gearbeitet werden. Verschweigen führt nicht in eine positive Imagegestaltung. Erst die Einbindung der ehemaligen Gefängnisanlage in Bautzen als Kultur- und Museumsbereich half, das Image langsam zu verändert.

Je größer eine Stadt und umso reichhaltiger verschiedene positive Imagefaktoren sind, umso schneller können plötzliche negative Imagefaktoren verarbeitet werden. Das tragische Bahnunglück in London im Jahr 1999 sorgte nur für wenige Wochen für eine negative Berichterstattung. Das Image Londons und die damit verbundenen Entwicklungsziele der Stadt wurden in keiner Weise beeinträchtigt. Eschede dagegen wird in den kommenden Jahren wohl genau abwägen müssen, ob geplante Ziele der Ortsentwicklung realisierbar sind, ohne dass dabei das Empfinden der Menschen schmerzlich berührt wird.

In einer Selbstdarstellung geht die Stadt Eschede in der Rubrik »Kleines Kommunalbild« bereits im ersten Satz auf das Unglück ein mit den Worten: »Seit dem tragischen 2. Juni 1998 kennt ganz Deutschland den Ortsnamen Eschede. Das Heidedorf zwischen Hannover und Hamburg wurde durch das ICE-Unglück aus allen Träumen gerissen. Noch lange Zeit werden sich ‚harte' Bilder der zerstörten Brücke in denkwürdigen Kontrast zu ‚weichen' Erinnerungen an die ‚Helfer von Eschede' bewegen.«[14]

---

[14] Schwartzsche Vakanzen-Zeitung, 11. November 1999.

Imagebegriff

Anfang der 50er Jahre erschien der Begriff Image zum ersten Mal in der Diskussion und in Untersuchungsberichten der amerikanischen Absatzforschung. Eine grundlegende Veröffentlichung zu dem Thema erfolgte 1955 mit einer Abhandlung von Gardener/Levy, die zu der Auffassung kommen, dass Image »ein komplexes Symbol ist, das eine Vielzahl von Ideen und Attributen repräsentiert.«[15]

Kropf betrachtet das Image »als die Summe aller Vorstellungen, Gefühle, Einstellungen und Vorbehalte.«[16] Boulding spricht bei Image von einem subjektiven Wissen, in dem eine starke emotionale Komponente bei der Imagebildung zum Ausdruck kommt. Er sagt, dass subjektives Wissen durch Raum, Zeit, persönliche Beziehungen, Wertmaßstäbe etc. determiniert ist und verschiedene Dimensionen des Bewusstseins bzw. Unterbewusstseins aufweist.[17]

In diesem Zusammenhang hat das psychologische Marktmodell Spiegels eine besondere Bedeutung. Spiegel erläutert, dass Image entscheidend ist für das Verhalten des Individuums im sozialen Feld. »Das Individuum«, schreibt Spiegel, »richtet seine Entscheidungen gegenüber einem Meinungsgegenstand nicht danach, wie dieser ist, sondern wie es glaubt, dass er wäre.«[18] Er sieht Images als komplexe Vorstellungen, die von ähnlich vielschichtiger Art sind wie Phantasiegebilde oder stark emotional fundierte Sachverhalte (Vorurteile, Gerüchte etc.), was auch der Auffassung anderer Autoren über den starken emotionalen Gehalt von Images entspricht.

Einen wichtigen Beitrag zur Erfassung des Imagebegriffes leistet die Psychologie. Wellek[19] beschreibt relevante psychologische Komponenten der Imagebildung und Entstehung. Er unterscheidet nach:

- einer kognitiven Komponente; dieses ist die Tendenz in der Wahrnehmung und Vorstellung von Individuen, die zur Vereinfachung, Verallgemeinerung, Klassifizierung und Typisierung drängt, wobei auf diese Weise versucht wird, komplizierte, unüberschaubare Zusammenhänge, Gebilde und Meinungsgegenstände zu bewältigen;

- einer affektiven Komponente, die den Einfluss meint, den starke persönliche Bedürfnisse, Motivationen und wertende Gefühle auf Wahrnehmung und Verhalten haben, wobei die psychische Begründung u. a. in der von Struktur und Biographie geprägten Persönlichkeit liegt;

---

[15] Gardener/Levy, The Product and the Brand, in Harvard Review, 1955.
[16] Kropf, H. J., Konkrete und abstrakte Bilder in der Werbung, Berlin 1960, S. 297.
[17] Boulding, K., Die neuen Leitbilder, Düsseldorf 1958, S. 9 ff.
[18] Spiegel, B., Die Struktur der Meinungsbildung im sozialen Feld, Bern 1961, S. 21 ff.
[19] Wellek, A., Ganzheitspsychologie und Strukturtheorie, Bern 1995, S. 94 ff.

- einer konativen (soziale) Komponente, die besagt, dass Image meinungs-, verhaltens- und handlungsbestimmend im sozialen Feld wirkt, wobei dem Einfluss der Gesellschaft und Gemeinschaft auf Erleben, Denken und Handeln des Individuums ein wesentlicher Stellenwert zukommt. Ein weiterer Aspekt in diesem Zusammenhang ist die Sozialisationsforschung, die das Erleben gesellschaftlich sozialen Verhaltens in den Mittelpunkt stellt.[20]

Imagefaktoren

Das Image wird von natürlichen und künstlichen Faktoren bestimmt. Zu den **natürlichen**, von Menschen nicht veränderbaren oder sich nur im Lauf von Jahrhunderten ändernden Faktoren gehören:

- Klima
- geographische Lage
- hydrologische Gegebenheiten
- Volkstum
- Religion
- Sitten

Zu den **künstlichen**, von Menschen geschaffenen und veränderbaren Faktoren zählen:

- Sehenswürdigkeiten (Vergangenheit/Gegenwart)
- kulturelle, sportliche und sonstige Veranstaltungen mit überregionaler Ausstrahlung
- Vergnügungen
- Events

Zum Imagefaktor Event sind zusätzliche Ausführungen nötig, da gerade über diesen Weg kurzfristig ein positives Image aufgebaut werden kann (Musicals, Open-Air-Veranstaltungen, Sportveranstaltungen usw.)

Ein Event (englisch »Ereignis«, »Veranstaltung«) ist **natürlichen** oder **künstlichen** Ursprungs. Sein Hauptmerkmal ist, dass es entweder willentlich geschaffen wird oder ein (Natur-)Ereignis ist. Aus dem Blickwinkel des Besuchers oder Veranstalters, bzw. beider, sind Events einmalig, haben eine begrenzte Dauer von mehreren Tagen bis zu Wochen (z.B. Open Air-Festivals, Olympische Spiele). Events haben Auswirkungen auf andere Bereiche, z.B. die Hotellerie, Gastronomie und

---

[20] Wöhrle, M., Imagebildung als Ziel von PR-Prozessen, in pr-magazin, 8/1997.

den Einzelhandel. Im Kern der Bedeutung ist ein Event ein einmaliges Ereignis aus der Sicht des Besuchers oder des Veranstalters.

Arten von Events:

a) künstliche Events:

- gesellschaftliche (Gipfeltreffen/Eröffnungsfeiern)
- Hochkultur (Theater/Musikfestivals)
- kommerzialisierte Kultur (Medienveranstaltungen)
- kommerzielle/wirtschaftliche (Messen/Promotion/Verkaufsausstellungen)
- kulturelle (Bräuche/Folklore/kulinarische Veranstaltungen)
- Kunstkultur (Ausstellungen/Literatur)
- religiöse (Papstbesuch/Pilgerfahrten)
- Sport (Olympische Spiele/ATP-Tournee/Breitensport)

b) natürliche Events:

- regelmäßig wiederkehrend oder einmalig (z.B. Heideblüte, Vulkanausbruch, Sonnenfinsternis)

Imagefunktionen

Im Stadtmarketing muss das Image einer Stadt als eine der entscheidenden Varianten für die Wahrnehmung des primären Stadtproduktes angesehen werden (Annahme von Angeboten, Dienstleistungen und Service, Attraktivität etc.). Der Konsument richtet seine Entscheidung für oder gegen ein Angebot nicht danach, wie dieses ist, sondern danach, wie er glaubt, dass es sei.[21] Images haben die Funktion von:

- Umweltbewältigung
- Selbstbestätigung
- Wertausdruck
- Anpassung
- Produktpersönlichkeit

---

[21] Spiegel, a.a.O., S. 29.

Die Funktion der **Umweltbewältigung** bedeutet, dass Image die Umweltsituation (Marktsituation) strukturiert und eine Orientierung bei der Bewertung von Alternativen gibt. Images ersetzen fehlendes oder unvollständiges Wissen.

Die **Selbstbestätigungsfunktion** eines Images wird dadurch deutlich, dass Interessenten die Facetten eines Stadtproduktes wahrnehmen (buchen, kaufen usw.), die zur Stützung des eigenen Selbstbildes beitragen. In diesem Fall hat das Stadtprodukt ein besonders positives, teures Image. Beispiel: ein Winterurlaub in St. Moritz oder ein Sommerurlaub in St. Tropez. In diesem Fall wird das Produkt zum Statussymbol.

Mit der **Wertausdrucksfunktion** des Images will man mit dem Konsum eines bestimmten Stadtprodukts der Umgebung zeigen, wer man ist. Insofern gibt es Parallelen zur Selbstbestätigungsfunktion. Dies gilt z.B. wiederum für die Urlaubswahl und wird deutlich am Aufenthalt in mondänen Urlaubsorten. Eine Kombination von Selbstbestätigungsfunktion und Wertausdrucksfunktion ist möglich, oft sogar die Regel.

Die **Anpassungsfunktion** des Images signalisiert das Bemühen um Akzeptanz durch die Umwelt. Dazu gehört die Zugehörigkeit zu bestimmten Gruppen, wie im Handlungsfeld Tourismus z.B. Spanienurlauber, Wintersporturlauber, alpine Skiläufer. Auch in diesem Fall sind Kombinationen möglich.

Produktpersönlichkeit heißt, dass der Wert eines Markenartikels auf dem Bekanntheitsgrad des Verbrauchers mit dem Gesicht des Markenartikels beruhe. Image wird in diesem Fall mit der Persönlichkeit gleichgesetzt, welche die Produkte haben. Dies bedeutet, dass sich Marken vor allem durch ihre Unterschiede zu anderen Marken spezifizieren. Eine Markenpersönlichkeit ist dann erreicht, wenn es einer Marke gelungen ist, im Wettbewerb eine Alleinstellung zu erreichen. Durch diese kann sie sich deutlich von anderen Marken abheben.

Regionaler Imageeinfluss

Das Image von Städten wird beeinflusst durch deren regionale Zugehörigkeit. In diesem Fall wird das Image einer Region für das Image einer Stadt genutzt. Insofern wird ein Imagetransfer vollzogen. Viele Regionen rufen pauschale Assoziationen hervor, sowohl im negativen als auch im positiven Sinn.[22]

Für viele ist z.B. das Ruhrgebiet keine Urlaubsregion, dafür aber ein Garant für wirtschaftliche Stärke. Der norddeutsche Raum steht für eine weniger wirkungsvolle Wirtschaftskraft, Schleswig-Holstein und/oder die Nordseeküste für Tourismus,

---

[22] In Anlehnung an Dettmer, H./Hausmann, T./Kloss, I./Meisl, H./Weithöner, U., Tourismus Marketing Management, München/Wien 1999.

genauso wie Oberbayern. Die Schweiz steht für viele Menschen für Zuverlässigkeit, Uhren, Berge, Banken und Reichtum, Italien für Unzuverlässigkeit, Lebensfreude und Unsicherheit, das Rheinland für Lebensfreude und Lockerheit, Schwaben für Sparsamkeit, Franken für guten Wein usw.

Das Image einer Stadt wird also auch von den regionalen Gegebenheiten, vom regionalen Image stark oder weniger stark beeinflusst. Je größer eine Stadt ist, umso mehr kann sie sich aus dieser imagemäßigen Umklammerung lösen, da sie über eine Vielzahl eigener Imagefaktoren verfügt (z.B. München in Relation zu Oberbayern). Die Imagelehre unterscheidet verschiedene Faktoren:[23]

- Eigenschaften der Bevölkerung
- landschaftliche Gegebenheiten
- kulturelle Aspekte
- Wahrzeichen
- Essen und Trinken
- berühmte Persönlichkeiten
- Kompetenz des Landes/der Region als Hersteller von Produkten[24]
- für das Land repräsentative Produkte.

Stadtidentität

„Identität ist ein Phänomen auf drei Ebenen: der logischen, der psychologischen und der parapsychologischen.[...] Menschen entwickeln am meisten Identitätsenergie, wenn eine Sache religiöse Dimensionen hat. Mit anderen Worten: wenn man auf der parapsychologischen Ebene operiert. Hier ist nicht nur das Wissen, hier ist vor allem der Glaube gefragt.“
Roman Antonoff

Als vor einigen Jahren eine Stadt eine Konzeption zur Öffentlichkeitsarbeit – von Stadtmarketing war damals noch keine Rede – vorlegte, war die Ausgangslage mehr als deprimierend. Die Studie stellte fest, dass sich viele Einwohner ihrer Stadt schämten. Auf die Frage nach ihrem Wohnort hatten die Einwohner oftmals geantwortet: »In der Nähe von X und Y«. Die selbstbewusste Aussage »aus der Stadt A« wurde, so jedenfalls die Studie, in sehr wenigen Fällen genannt.

Festzustellen war, dass Auswärtige die Stadt positiver sahen als die Einheimischen. In vielen Städten sehen die Bewohner ihren Ort negativer als die Besucher, Touristen

---

[23] Mayerhofer, W., Imagetransfer, Wien 1995.
[24] Anmerkung des Autors: Regionalprodukt.

oder Geschäftsreisende. Dieses Beispiel zeigt, dass eine Imageverbesserung bei den Einwohnern am Ort ansetzen muss.

Die Aussage der Einwohner bergen mehr an Glaubwürdigkeit als der schönste Image-prospekt. Während ein noch so bunter Prospekt die Vorteile eines Orts in den schönsten Farben anpreist, wird die Aussage einer Einwohnerin diesen überflüssig machen, wenn sie behauptet: »Hier ist überhaupt nichts los, und Urlaub würde ich hier nie machen«. Die Einwohner sind die glaubwürdigsten und wichtigsten Imageträger des Orts. Wenn die Bevölkerung von ihrer Stadt überzeugt ist und diese Überzeugung nach außen trägt, dann wird sich das Image der Stadt schnell positiv verändern.

Allerdings wird sich eine Imageänderung nicht von heute auf morgen vollziehen. Es dauert Jahre, bis sich ein schlechtes Image in ein gutes oder weniger schlechtes wandelt. Auch an einem positiven Image muss kontinuierlich gearbeitet werden, denn Ereignisse der Vergangenheit zeigen, wie schnell sich ein positives Image nega-tiv verändern kann. Umso dynamischer sich ein Image in den stereotypen Bereich entwickelt hat, umso länger wird es dauern, Image zu verändern.

Die Identität einer Stadt besteht aus folgenden Faktoren:

- Eigenart

- Besonderheit (Einmaligkeit)

- relevante Aspekte

Die Faktoren einer Stadt-Identität ermöglichen eine Identifizierung, also ein Er-kennen bzw. Wiedererkennen der Stadt, – kurz: sie befreien die Stadt aus ihrer neutralen Anonymität.[25]

»Identität wird im Kopf derjenigen gebildet, welche die Stadt wahr-nehmen, und ist – wenn man so will – ein spezifisches Muster bestimm-ter Merkmale. Das Stadtbild ist also die Gesamtheit einzelner Bild-sequenzen und Assoziationsmuster. Das heißt: Jede Stadtidentität ist zunächst völlig subjektiv und nicht repräsentativ, abhängig von äußeren Faktoren. Nur durch die Überschneidung mit anderen Erfahrungs-mustern ergibt sich ein nahezu objektives Bild einer Stadtidentität. Stadtidentität beschreibt sowohl das Vermögen, eine Stadt **als eine bestimmte** zu identifizieren, als auch die Möglichkeit, sich **mit einer Stadt** zu identifizieren.«[26]

In jeder gewachsenen und persönlichen Stadtidentität steckt für die Menschen ein verlässlicher Kern.

---

[25] M. Beyrow, Mut zum Profil, Stuttgart 1998, S. 29.
[26] Ebenda.

Eine begonnene Kampagne, die zum Ziel hat, eine Imageveränderung herbeizuführen, ist nicht der steile und unangefochtene Weg zum Ziel. Immer wieder
werden Rückschläge die Verantwortlichen zu neuen konzentrierten Maßnahmen
zwingen. Rückschläge sind nicht planbar und treten auch dann ein, wenn Erfolge
den Weg zum Ziel weisen. Der Konkurs einer großen Firma, die schlechte Haus-
haltslage einer Stadt, Unglücksfälle oder andere Negativmeldungen sind Rückschritte bzw. Verzögerungen auf dem Weg zum Ziel. Jede negative Beeinflussung
erfordert mehrere positive Meldungen, um den eingeschlagenen Kurs zielstrebig
weiterzugehen.

Am Beispiel einer Stadt in Norddeutschland wird deutlich, wie eine stetige
Imageverbesserung, basierend auf nachvollziehbaren Maßnahmen in Form von
baulichen Veränderungen und einer Erweiterung im Veranstaltungsangebot, jäh
unterbrochen wurde, als vor den Toren der Stadt ein großes Unternehmen
schloss. Obwohl dieses Werk nicht zur Stadt gehörte – hier wird auch die Wir-
kungsweise der Region deutlich – begann jede bundesweite Medienberichterstattung mit dem Namen der Stadt.

Trotz der Neugründung eines Technologiezentrums in den alten Firmengebäuden,
das nach kurzer Zeit fast zwei Drittel der Beschäftigtenzahl des geschlossenen
Unternehmens erreichte, hat der Name der alten Firma immer noch Einfluss auf
die wirtschaftliche Bewertung der Region. Zahlreiche positive wirtschaftliche Entwicklungen und ein Investitionsvolumen wie seit Jahrzehnten nicht mehr vermögen nur langsam, das Negativimage dieser Werksschließung zu verdrängen.

Ein weiteres Beispiel zeigt, wie die Medienberichterstattung einen laufenden
positiven Prozess beeinflusst. Mitte der 90er Jahren berichtete das ARD-Magazin
Monitor über eine Häufung von Fehlbildungen bei Neugeborenen in einer
bestimmten Region. Die von Monitor genannte Zahl und auch der genannte
Grund konnten durch intensivste Recherche von Wissenschaftlern und anderen
Medien nicht bestätigt werden. Obwohl die Berichterstattung keine nachvollziehbaren Fakten enthielt und andere Medien die Monitor-Darstellungen als nicht
belegbar darstellten, führte sie zu erheblichen Einbußen im Tourismus. Spontane
Stornierungen und Nichtbuchungen brachten einen Einbruch in der sich bis dahin
stetig nach oben entwickelnden Tourismuswirtschaft. Erst ein Jahr später konnte
dieser Abwärtstrend gebremst werden. Ein Beweis dafür, wie intensiv und nachhaltig Medien als Imagemultiplikatoren auftreten und Menschen subjektiv beeinflussen können.

Abb. 5   Identität eines Unternehmens Stadt[27]

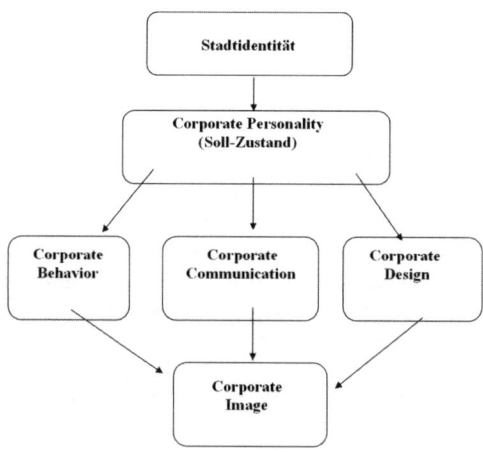

Quelle: eigene Darstellung

Das Stadtimage geht einher mit dem Begriff der Stadt-Identität. Ist das Image gut oder wird es besser, identifizieren sich die Einwohner mit ihrem Ort und tragen das positive Image nach außen. Daher ist es wichtig, langfristige Entwicklungsstrategien und perspektivische Leitbilder zu entwickeln, die Rückschläge einbeziehen. Um das Image zu verändern, muss sich in der Stadt etwas sichtbar ändern. Krane signalisieren Bautätigkeit und Bewegung in einem Ort. Sie dokumentieren eindrucksvoll, dass etwas geschieht. Auch große neue Veranstaltungen verbessern kurzfristig den Imagewert einer Stadt. Hamburg schaffte es über Musicals sein Image nachhaltig zu verbessern.

Das Image einer Stadt kann nicht allein durch Werbeaktionen und andere Maßnahmen verändert werden. Das positive Image entwickelt sich in dem Ort. **Imagearbeit** ist ein **dauernder, nie endender Prozess**, der als Auftrag an alle Einwohner zu verstehen ist.

Nur wenn das Leben in einem Ort und der Ort selbst attraktiver und interessanter werden, erhöht sich der Bekanntheitsgrad auch überregional, prägt das positive Image die Werte einer Stadt nach innen und außen.

Positiv- und Negativwerte liegen in den Städte oft nah beieinander und bestimmen das Image. Diese Bilder einer Stadt werden als **Nah- und Fernbilder** bezeichnet. Ein Stadtmarketingprozess muss die positiven Faktoren besonders herausarbeiten, muss negative reduzieren, wenn möglich negieren.

---

[27] In Anlehnung an M. Beyrow, a.a.O.

Das positive Image der Stadt muss so stark gewichtet werden, dass negative Faktoren untergehen. Zum Bild eines Ortes gehört es aber auch, mit allen Imagefaktoren zu arbeiten. Es gibt Faktoren, die nicht abgewertet werden können bzw. auch nicht abgewertet werden sollen.

Standen z.B. für Köln vor einigen Jahren nur Faktoren wie Dom, Karneval und Fröhlichkeit, so hat sich dieses Image mittlerweile stark gewandelt. Zwar ist auch heute noch die Mentalität der dort lebenden Menschen ein wichtiger positiver Faktor, aber neben den bisherigen Imagefaktoren werden heute immer mehr Begriffe wie Medienstadt, Kulturhochburg oder attraktive Einkaufsstadt genannt. In der Summe aller einzelnen Faktoren wird Köln, genau wie Freiburg oder Hamburg, als überaus positiv und liebenswert gesehen. Selbst der »Kölner Klüngel«, eigentlich ein Negativfaktor, wird bei Köln zur positiven Assoziation.

Abb. 6   Gesicht einer Stadt

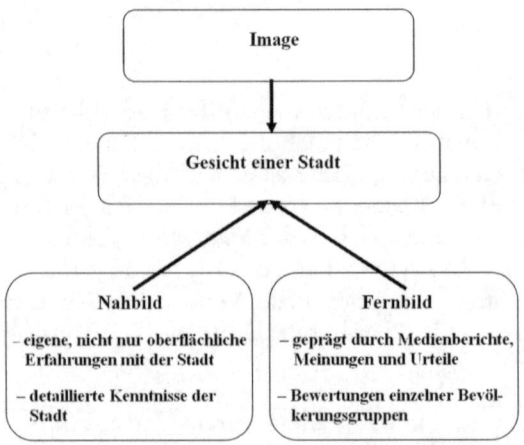

Quelle: eigene Darstellung

Gesichtsprobleme

Positiv- und Negativwerte liegen oft nahe zusammen. Die richtige Akzentuierung verschiebt das Bild in die gewünschte Richtung.

Es gibt Städte, die mit dem Image ihrer Vergangenheit leben müssen. Dieses zu negieren, wäre eine Imageverfälschung, die nicht akzeptiert wird. Die Stadt Dachau wird und darf das Konzentrationslager nicht aus ihrer Geschichte streichen. Sie muss daher aktiv mit diesem Faktor umgehen, da der Name der Stadt für ein unrühmliches Kapitel der Vergangenheit steht, der auch für die Zukunft Mahnung sein muss. Schon in dem Editorial ihrer Internetpräsentation macht die Stadt darauf aufmerksam und geht offensiv damit um. Dort heißt es:

> Die Jahre 1933 bis 1945 haben dann allerdings genügt, um aus dem rechtschaffenen Dachau einen Schauplatz grausamer Verbrechen und es damit zum Inbegriff aller KZ-Verbrechen in der ganzen Welt zu machen. Auch 50 Jahre danach ist das Leben in der Stadt geprägt von der zeitgeschichtlichen Erinnerung und der Erhaltung derselben. Ein Unterschied zu den ersten Jahrzehnten nach dem Krieg zeigt sich allerdings immer deutlicher. Die Dachauer Bevölkerung hat mittlerweile ein anderes Verständnis für diese Problematik entwickelt. Mit Ernsthaftigkeit, aber auch Aufgeschlossenheit und Selbstvertrauen bekennt sich Dachau heute zur Geschichte der KZ-Gedenkstätte, werden Austausch und Begegnung mit Gleichgesinnten offensiv gesucht. Vorbei ist die Zeit des Verdrängens und der Resignation ob der jahrelangen Isolation. Dachau versteht sich heute als Ort der Begegnung, Versöhnung und des Austausches untereinander, der die Stadt und ihre Bevölkerung mit ihren Gästen aus aller Welt eint.
>
> Das begangene Unrecht insbesondere auch den nachfolgenden Generationen wahrheitsgemäß darzustellen, zu vermitteln und die Erinnerung an die Leiden der Opfer lebendig zu erhalten, ist eine fortwirkende Verpflichtung für Dachau. Aus diesem Grund wurde zusammen mit dem Freistaat Bayern und dem Landkreis Dachau ein Jugendgästehaus errichtet, welches in erster Linie als Ort der Begegnung Jugendlicher aus aller Welt, die sich mit der Gedenkstätte und seiner Thematik beschäftigen möchten, zur Verfügung steht.

In diesen Zusammenhang passt auch die Anfrage an die Pressestelle einer anderen Stadt, warum es denn in der Internetpräsentation keinen Hinweis auf ein ehemaliges KZ-Außenlager gebe. Dies, schrieb die Besucherin der Internetseite, gehöre zu der Stadtdarstellung, weil es Teil ihrer Geschichte sei.

Anfang der 90er Jahre machten zwei Studierende eine Imageuntersuchung der Stadt Bautzen. Das Image Bautzens war und ist geprägt durch das wohl bekannteste Gefängnis der ehemaligen DDR. Der Name der Stadt ging mit einem ebenfalls unrühmlichen Kapitel der Geschichte einher. Auf der Basis der Imageuntersuchung entwickelten die Studierenden eine Konzeption, die vorsah, die mittlerweile nicht mehr genutzte Gefängnisanlage als Gedenkstätte in Verbindung mit einem Gefängnismuseum zu nutzen. Entsprechende kulturelle Veranstaltungen sollten die Anlage einer neuen, aber der Vergangenheit gedenkender Nutzung zuführen. Als den Stadtverantwortlichen das Konzept präsentiert wurde, stieß es auf großes Unverständnis. Es war nicht gewünscht, das Gefängnis aktiv in die Entwicklung der Stadt einzubeziehen. Die Vergangenheit sollte negiert werden. Der Versuch schlug fehl. Einige Jahre später, vielleicht auch mit dem nötigen Abstand zu den Ereignissen, wurde ein Gefängnismuseum geschaffen. Die Verantwortlichen gehen aktiv mit der Geschichte um.

Diese Beispiele zeigen, dass das Image einer Stadt sich aus vielen Faktoren bestimmt. Positive und negative gewichten dabei das Gesamtimage. Auch wenn es das Ziel sein muss, ein möglichst positives Image zu schaffen, wird es immer wieder Faktoren geben, die nicht positiv zu überlagern sind und auch nicht überlagert werden dürfen. In diesen Fällen muss das negative Image in einer Konzeption aufbereitet und dargestellt werden.

Nahbild

Das Nahbild einer Stadt wird bestimmt von konkreten Erfahrungen, die man mit dem Ort gemacht hat. Hierbei verfügt man über detaillierte Kenntnisse und gewichtete Urteile zu einzelnen Fakten, wie Wohnen, Kultur und Verkehr. Eine öffentliche Meinung, entstanden durch das Fernbild, ist vorhanden, wird aber korrigiert durch die persönlichen Erfahrungen mit dem Ort. Dazu ist es notwendig, eine Stadt intensiv zu kennen. Längere, intensive Aufenthalte sind notwendig, um sich selbst ein umfassendes Bild des Ortes, seiner Menschen, Einrichtungen und Angebote zu machen. Ist bereits ein Fernbild der Stadt vorhanden, so wird sich dies mit der Intensität des Kennens positiv oder negativ verändern. Allerdings kommt es besonders auf die Intensität an, wie ich mich mit der Stadt beschäftige. So können Menschen, die sich sehr intensiv mit der neuen Stadt beschäftigen, schon nach kurzer Zeit (evtl. Tage oder wenige Wochen) ein Nahbild erhalten. Andere, auch wenn sie bereits Jahre in einer Stadt wohnen, haben es nicht erhalten, weil sie sich nicht mit der Stadt beschäftigt und auseinandergesetzt haben.

Das Fern- und Nahbild unterscheidet sich aber auch aus der Sicht des Alters. Junge Menschen haben eine andere Erwartungshaltung an eine Stadt als ältere Menschen. Junge sehen Positives oft da, wo Ältere dies nie erkennen würden. Junge Menschen lieben u. a. Betriebsamkeit und Unterhaltung, für ältere Menschen bietet der Idealort dagegen Ruhe und gute Nachbarschaft. Problem: Es gibt Mensche, die seit Jahren in einer Stadt leben und trotzdem kein Nahbild ihrer Stadt haben, weil sie sich nicht mit den unterschiedlichsten Bereichen auseinandersetzen. Andere dagegen haben schon nach wenigen Tagen einen intensiven Überblick. Es kommt also auf die eigene Intensität der Auseinandersetzung mit der Stadt an, um ein Nahbild zu erlangen.

Fernbild

Das Fernbild einer Stadt wird bestimmt vom ‚Hörensagen', von Meinungen und Urteilen anderer Menschen, vor allem von Berichten in den Medien. Ein Fernbild gibt es dann, wenn eigene Erfahrungen mit einem bestimmten Ort nicht vorhanden sind oder lediglich durch kurze Besuche (Durchreise oder wenige Tage Aufenthalt) geprägt werden. Ein Fernbild verwandelt sich in ein Nahbild, sobald umfangreiche Kenntnisse über den Ort vorhanden sind.

Zum Fernbild gehören auch grundsätzliche Bewertungen einzelner Bevölkerungs-gruppen nach deren Mentalität. Berliner werden in der Mentalität anders bewertet als Bayern, Schweizer anders als Franzosen, Hessen anders als Norddeutsche. Diese Unterscheidung wirkt sich bereits grundlegend auf das Fernbild aus. Fernbilder haben einen bestimmten Schwerpunkt, z.B. Universitäts-, Dom-, Hafen- und Kultur-stadt oder Feriendorf, Kurort und Heilbad. Grundsätzlich gilt: Wer sich als Stadt gut »verkauft«, verfügt über ein positives Fernbild und somit meist über ein positives Image, hat gute Chancen in der Bewertung Außenstehender, die in diesem Ort z.B. wirtschaftlich, kulturell oder touristisch etwas unternehmen wollen.

Wer noch nicht in der Region Bitterfeld war, wird diese meiden, weil das Fernbild eine trostlose Landschaft vermuten lässt, das durch die Berichterstattung in den Medien immer wieder publiziert wurde. Dieses Bild ändert sich nach einem Besuch der Region. Natürlich sieht man Industrieruinen und Industrielandschaften. Die Region Bitterfeld hat aber auch attraktive Grünlandschaften und alte sehenswerte Städte. Das Fernbild korrigiert sich nach dem Besuch in eine positive Richtung.

Das Image der Stadt Gorleben ist geprägt durch Atommülltransporte und eine Atommüll-Lagerstätte. Die Folge ist ein negatives Image. Ein Besuch wird dieses Image korrigieren: Eine schöne Landschaft, ein Erholungsgebiet ist das, was sich dem Besucher zeigt. Die Atommüll-Lagerstätte befindet sich weit außerhalb der Stadt, inmitten eines Waldes. Trotzdem wird es wohl kaum möglich sein, Gorleben das Image eines Urlaubsorts zu geben.

Ein drittes Beispiel: Wer an Essen denkt, denkt an Bergbau, graue Häuser, In-dustrie, an eine Stadt, die gemieden werden sollte. Dieses Fernbild ändert sich, nicht zuletzt durch eine intensive Imagearbeit, in eine immer positivere Richtung. Die Spuren von Kohlegewinnung und Stahlproduktion verschwinden auch im Norden der Stadt immer mehr, so dass geschichtsbewusste Essener inzwischen bemüht sind, die letzten Zechen und Maschinenhallen, zum Teil industrie-architek-tonische Kleinodien, zu erhalten. Die südliche Stadthälfte hingegen präsentiert den staunenden Besuchern eine landschaftliche Harmonie, die in Großstädten und Bal-lungsregionen ihresgleichen sucht. Das Ruhrstaubecken Baldeneysee und seine reich bewaldeten Uferhöhen sind ein Freizeitparadies für Wassersportler und

Wanderer. Die weit gefächerten Ruhrauen haben sich ihre anmutige Natürlichkeit bewahrt und bieten zahlreichen seltenen Tierarten Schutz und Lebensraum.

Von dieser Attraktivität, die sich aus Brüchen und Kontrasten, aus dem Nebeneinander scheinbarer Gegensätze speist, wissen viele Gäste Essens nicht viel, wenn sie die Ruhrstadt besuchen. Das Essener Hotelgewerbe zählt mittlerweile fast 800.000 Übernachtungen jährlich. Ereignisse wie Wirtschaftskongresse, Messen oder bedeutende Kunstausstellungen haben das Image mittlerweile positiv beeinflusst. Essen ist eine Stadt im Grünen mit einem erstklassigen Bildungs-, Kultur- und Freizeitangebot. Die Universität mit 13 Fachbereichen, die Folkwang-Hochschule für Musik, Theater und Tanz, das Aalto-Theater (Oper), das Grillo-Theater (Schauspiel), das Museum Folkwang, das Deutsche Plakatmuseum, das Design-Zentrum NRW, die Alte Synagoge (Dokumentationsforum und Gedenkstätte), die Villa Hügel, das Naherholungsgebiet Baldeneysee, der Grugapark als einer der schönsten und weitläufigsten deutschen Stadtgärten sowie eine attraktive Innenstadt mit guten Einkaufsmöglichkeiten beeindrucken die Besucher. Die Abtei Werden und auch ehemalige Zechenanlagen, die heute als Industriedenkmäler Scharen von Besuchern anlocken, beweisen den positiven Stellenwert Essens, der nichts mehr vom Negativen einer Ruhrkohlemetropole besitzt. Das Beispiel Essen zeigt, wie erfolgreich das Image verbessert werden kann und wie sich dies positiv auf alle Bereiche einer Stadt auswirkt.

Hatte früher das Fernbild meist nur einen bestimmten Schwerpunkt, so versuchen die Orte heute mehrere Schwerpunkte zu transportieren. Alle Chancen zu nutzen, ein Ansatz, der im Stadtmarketing primäre Bedeutung hat. So will eine Universitätsstadt vielleicht auch Festspielstadt sein, die Sportstadt möchte nicht nur Sportstadt sein. In der Mulifunktionalität der Stadt liegt die Stärke für die künftige erfolgreiche Entwicklung. Mehr dann je gilt es, alle Chancen zu nutzen, die sich in einer Stadt bieten. Bezogen auf die Idee des Stadtmarketings, muss eine möglichst große Produktpalette vorhanden sein. Je größer sie ist, umso interessanter entwickelt sich das Fernbild. Dies bedeutet aber auch, das Bild der Stadt professionell nach außen zu multiplizieren. Ein wichtiger Faktor sind immer historische Bezüge, Freizeitmöglichkeiten, überregional wirkende Kulturangebote und Wirtschaftsunternehmen, Events sowie Menschen (z.B. die Geselligkeit der Rheinländer). Zur vermittelbaren Palette gehören auch die Landschaft (z.B. Alpen, Nord- oder Ostsee) und/oder die Ortsgestalt (z.B. mittelalterliche Städte).

Ein neuer Trend ist die Schaffung von Attraktionen mit überregionaler Ausstrahlung. Dies sind Sehenswürdigkeiten in einem Ort und/oder einer Region, die dauerhaft angelegt sind und deren Auswirkungen auf lange Sicht die Attraktivität der Stadt erhöhen. Diese genannten Faktoren müssen in ihrer Breite herausgehoben und der Öffentlichkeit vermittelt werden. Voraussetzung dafür ist die Kenntnis des Eigenprodukts, also der eigenen Stadt.

3. Stadtmarketing-Grundlagen

Stadtmarketingaktivitäten haben in den vergangenen Jahren eine stetig steigende Tendenz. Das Deutsche Institut für Urbanistik (DIfU) stellte im Herbst 1995 fest, dass von 323 befragten Städten (von denen 155 antworteten), immerhin 24,1 Prozent einen Stadtmarketingprozess planten, 19,9 Prozent in der Konzeptionsphase und 51,8 Prozent in der Realisationsphase waren.

Problematisch bei der Umfrage ist, dass nicht alles, was als Stadtmarketing angesehen und bezeichnet wird, auch Stadtmarketing ist. Zu oft ist die Definition von Stadtmarketing – dies beweist immer wieder die Praxis – falsch (siehe Begriffs-definition). Trotzdem kann das Ergebnis im Trend als aufschlussreich gewertet werden. Stadtmarketing wurde in Städten unterschiedlicher Größe als wichtiges Instrument gesehen. In Städten bis 20.000 Einwohner beschäftigten sich ca. 50 Prozent der befragten Städte mit dem Thema, in Städten zwischen 20.000 bis 49.999 Einwohnern 80 Prozent, von 50.000 bis 99.999 Einwohner über 90 Prozent, in Städten von 100.000 bis 199.999 Einwohner fast 100 Prozent, bei 200.000 bis 499.999 Einwohner 90 Prozent und in Städten über 500.000 Einwohner etwas über 80 Prozent. Insgesamt muss davon ausgegangen werden, dass rund 80 Prozent der Städte in Deutschland mehr oder weniger intensive Stadtmarketinginitiativen verfolgen.

Stellenwert Stadtmarketing

Stadtmarketing wurde in allen befragten Städten zu einem Erfolg. Dieses Resümee kann nach der Auswertung der Befragung gezogen werden. Wichtige Ziele des Stadtmarketingprozesses, wie die Verbesserung der Kommunikation in der Stadt, die Entwicklung realisierbarer Maßnahmen und die Entwicklung neuer Ideen sowie die Einbeziehung der Bürger wurden erreicht.

Eindeutig war bei den Befragten auch das primäre Ziel des Stadtmarketingprozesses. 75 Prozent der Befragten nannten als Ziel, die Stadt im Städtewettbewerb zu profilieren. Mit über 90 Prozent wurde als wichtigste Zielgruppe die örtliche Wirtschaft angesehen, fast gleich mit den eigenen Bürgern der Stadt. Erst danach folgten Zielgruppen, wie potentielle Besucher mit ca. 70 Prozent, die auswärtige Wirtschaft mit ca. 60 Prozent und zum Schluss die Mitarbeiter der Kommunalverwaltung mit 40 Prozent. Die folgende Aufstellung gibt einige Ergebnisse der Umfrage wieder:

Abb. 7   Umfrageergebnisse zum Stadtmarketing[28]

	trifft zu	teilweise zu	nein
Das Projekt wird in unserer Stadt auf Dauer weiterlaufen	75 %	15 %	10 %
Die Kommunikation zwischen den Gruppen wurde gefördert	70 %	28 %	2 %
Es wurden/werden realisierbare Maßnahmen entwickelt	60 %	38 %	2 %
Zentrale Maßnahmen wurden realisiert	50 %	30 %	20 %
Das Klima in der Stadt hat sich verbessert	35 %	45 %	20 %
Neue Ideen für die Stadtentwicklung	30 %	60 %	10 %
Die Bürger konnten motiviert werden	20 %	60 %	20 %

Eine Umfrage in Städten[29] zu den Erfahrungen mit Stadtmarketing unterstreicht die Bedeutung eines ganzheitlichen Ansatzes. Eine Diplomarbeit an der Fachhochschule für Druck in Stuttgart untersuchte die Initialphase von Stadtmarketingprojekten. 28 Städte in Deutschland und Österreich, die bereits Stadtmarketing veranstalteten, wurden hierfür zu ihren Erfahrungen befragt. Wichtigstes Ergebnis: 92 % der befragten Städte verstehen Stadtmarketing in erster Linie als ganzheitliches Instrument der Stadtentwicklung. Weit weniger (32 %) sehen darin auch ein Werbekonzept.

Der Auslöser für das Stadtmarketingprojekt waren in den befragten Städten vor allem strukturelle Defizite, der Wunsch nach einer Erhöhung des Bekanntheitsgrades und einer besseren Identifikation der Bürger mit der Stadt. Gerade in der Anfangsphase mussten sich die Initiatoren der Projekte aber auch Kritik gefallen lassen. Doch mittlerweile können sich die meisten einer breiten Unterstützung sicher sein. Einzelhandel und Stadtverwaltung sind in allen befragten Projekten integriert. Und vielfach engagieren sich auch Handwerk, Industrie, Gastronomie, Kammern, Vereine und Banken im Stadtmarketing. Eine öffentlich-private Kooperation, nicht zuletzt was die Finanzierung der Projekte betrifft, ist für die meisten Befragten (88 %) wichtig oder gar elementar für die Durchführung des Stadtmarketing. Völlig ohne professionelle Unterstützung führen nur wenige der befragten Städte Stadtmarketing durch. In 71 % der Städte werden die Projekte von spezialisierten Beratern betreut.

---

[28] B. Grabow/B. Hollbach-Grömig, Stadtmarketing – eine kritische Zwischenbilanz, Deutsches Institut für Urbanistik, Berlin 1998. Zahlen aus der Grafik »Einschätzung des Erfolgs von Stadtmarketing-Projekten«. Es handelt sich um interpretierte Cirka-Werte.

[29] Veröffentlicht in Cimadirekt, 1/1995.

Stadtmarketingidee

Ob Marketing auf Städte übertragen werden kann, hängt primär von der Definition und von dem auf Stadtmarketing übertragenen Verständnis des Begriffs Marketing ab. Im deutschsprachigen Raum begann Marketing in den 50er Jahren mit der Profilierung von Markenartikeln und ersten Segmentierungsmethoden im Bereich der Massenproduktion. Zu Beginn wurde Marketing als Distributionsfunktion definiert. In den weiteren Entwicklungsstufen wurden die Anwendungsgebiete und Definitionsbereiche immer mehr ausgeweitet.

Seit sich in den 70er Jahren der Wandel vom Verkäufer- zum Käufermarkt vollzog und sich der Nachfrage- in einen Angebotsüberhang verwandelte, bedeutet Marketing nicht nur Werbung und Verkauf (sowie die Einrichtung einer speziellen Organisationseinheit für die Absatzaktivitäten), sondern Marketingdenken beinhaltet einen ganzheitlichen, speziell nach außen orientierten Ansatz. Dies bedeutet, dass sich eine Organisation bzw. Institution in allen ihren Aktivitäten auf die Markt-, Absatz- und damit konkret auf die Abnehmerbedürfnisse ausrichtet.[30]

Im Vergleich zum Stadtmarketing ist festzustellen, dass sich das Angebot von Städten, also das Stadtprodukt, in all seinen Facetten ebenfalls zum Käufermarkt entwickelt hat. Stadtmarketing ist nach außen orientiert, muss aber vorher **primär** einen nach **innen gerichteten Ansatz** verfolgen.

Marketing ist zugleich Mittel, Methode und Maxime. Marketingmittel sind diejenigen Maßnahmen, durch die sich Wettbewerbsvorteile erreichen lassen, d.h., die Produkt-, die Preis-, die Distributions- und Kommunikationspolitik. Marketing als Methode umschreibt die modernen Techniken, die der Entscheidungsfindung für Marketingmaßnahmen dienen. Marketing als Maxime heißt: Der Käufer oder Kunde soll Ausgangspunkt und Ziel der Management-Philosophie der Unternehmung sein.[31]

Im Stadtmarketing kommt dem internen Kommunikationsprozess eine besondere Bedeutung zu. Das gemeinsame Produkt Stadt ist erst dann Basis für einen ganzheitlichen Ansatz, wenn **alle** Institutionen, Organisationen etc. einer Stadt die gemeinsame Zielrichtung als Stärke verstehen und sich selbst als wichtiges Zahnrad in einem komplizierten Getriebe erkennen. Dabei ist Stadtmarketing wesentlich komplexer und vielschichtiger als das Marketing für einzelne Produkte oder Dienstleistungen.

---

[30] Braun, G.E./Töpfer, A., Marketing im kommunalen Bereich – Der Bürger als ‚Kunde' seiner Stadt, Stuttgart 1989, S. 9.
[31] Nieschlag, R./Dichtl, E./Hörschgen, H., Marketing, 16. Auflage, Berlin 1991, S. 8.

Koordination

In vielen Städten verlaufen Analyse-, Planungs- und Realisationsprozesse zwischen den einzelnen Handlungsfeldern unkoordiniert. Die kommunale Entwicklungspolitik ist oft problematisiert in Detailproblemen. Häufig fehlen Konzepte für die gesamte Stadt, die diesen Bereich ganzheitlich umfassen, es fehlt der rote Faden, der für professionelle organisatorische Abläufe steht. Darüber hinaus wird die Partizipation von Einwohnern, Organisationen, Institutionen, Vereinen usw. oft nicht berücksichtigt.

Stadtmarketing will alle Handlungsfelder koordinieren, will alle künftigen Planungen und Maßnahmen in einem Gesamtkonzept zusammenzufassen. So sollen künftig z.B. die Bereiche Wirtschaft, Einzelhandel, Tourismus, Wissenschaft usw. quasi unter einem Dach gemeinsam in die Entwicklung einbezogen werden.

Die Vorteile von Stadtmarketing als marktorientierte kommunale Entwicklungspolitik liegen in der präzisen Definition der Handlungsfelder. Sie schaffen sozial verträgliche Lösungen, also Lösungen, welche die Entwicklung, Lasten und Verhältnisse der Gemeinschaft berücksichtigen. Stadtmarketing will eine möglichst breite Zustimmung aus allen Bevölkerungskreisen und lässt eine realistische Rendite aus getätigten Investitionen erwarten.

Stadtmarketing ist eine eindeutige und anhaltende Abgrenzung der gesamten Stadt mit all ihren Funktionen (wie Infrastruktur, Einkaufen, Kultur, Sport, Arbeiten, Gewerbe usw.) im Vergleich zu anderen Städte. Werden diese Einzelaspekte berücksichtigt, so werden aus unkoordinierten Aktivitäten koordinierte Handlungsfelder mit dem Ergebnis, dass alle an einem Strang ziehen. Stadtmarketing bedeutet jedoch nicht die Abkapselung vom Umland. Es muss Regionalmarketingkonzepte berücksichtigen, also auch eine Kooperation mit dem Umland in Gang setzen. Im Umkehrschluss müssen Regionalmarketinginitiativen auf vorhandene Stadtmarketingkonzepte Rücksicht nehmen.

Abb. 8 Stadtmarketing ist marktorientierte Stadtentwicklungspolitik

Quelle: eigene Darstellung

Zieldefinition

Stadtmarketing umfasst die **Analyse** sowie die maßnahmenorientierte **Konzeption** für alle Bereiche einer Stadt und schließlich die **Realisation** des Maßnahmenkataloges. Stadtmarketing orientiert sich an den Bedürfnissen und Wünschen der **Zielgruppen**. Durch den Einsatz effektiver Produkt-, Preisbildungs-, Distributions- und Kommunikationsmaßnahmen wird Stadtmarketing effektiv und zielgruppenorientiert umgesetzt.

Stadtmarketing will eine optimistisch zu beurteilende Zukunft projektieren und wahrnehmbare gemeinsame Anstrengungen möglichst vieler Einwohner, Organisationen und Institutionen ermöglichen. Stadtmarketing ist kooperative Entwicklung in allen Bereichen einer Stadt, welche die Gesamtheit aller Einzelmerkmale berücksichtigt und dadurch das Wesen und das Wesentliche einer Stadt definiert. Im Stadtmarketing wird eine umfassende Konzeption erarbeitet, dem eine grobe Analyse vorausgegangen ist, um Anhaltspunkte für die Ideenfindung zu erkennen.

Stadt im Sinne von Stadtmarketing sind Städte unterschiedlicher Größe.

Stadtmarketing ist Ausdruck eines konzept- und zielorientierten Denkstils. Eine Stadt in ihrer Gesamtheit soll nicht mehr auf Entwicklungen reagieren, sondern selbst aktiv werden, um Märkte zu schaffen, zu beeinflussen und zu sichern.

Stadtmarketing ist eine Denkweise, die zu einer Philosophie der kommunalen Entwicklung im Hinblick auf alle Handlungsbereiche einer Stadt geworden ist. Berücksichtigt werden alle gegenwärtigen und künftigen Erfordernisse der Märkte, Umweltbedingungen, Wettbewerber und Zielgruppen. Die Zielgruppen (in unternehmerischer Definition die Kunden) einer Stadt sind z.B. Touristen, Investoren, Konsumenten für verschiedene Angebote in den Bereichen Kultur, Sport, Soziales, Freizeit usw.

Stadtmarketing will ein markt- bzw. kundenorientiertes Handeln strategisch vorbereiten und umsetzen. Es hat den Anspruch, eine Stadt in allen Bereichen in die Lage zu versetzen, in einem durch verschiedene Interessengruppen und Märkte geprägten Umfeld zu überleben und zu wachsen. Ziel es, dieses Umfeld nicht nur zu analysieren, sondern auch zu konzipieren und zu beeinflussen sowie Entwicklungstendenzen zu prognostizieren und in Gang zu setzen.

Nach Raffee ist Marketing eine »Managementkonzeption zur zielorientierten Gestaltung von Austauschprozessen mit betriebsinternen und -externen Partnern, insbesondere mit Partnern auf Absatz- und Beschaffungsmärkten sowie im Bereich der allgemeinen Öffentlichkeit«.[32] Diese Definition lässt sich auch auf die unterschiedlichen Transaktionen des Stadtmarketings übertragen. In Anbetracht der Tatsache, dass sich das Gesamtprodukt Stadt aus einer Vielzahl von Produktfacetten (Infra-, Wirtschafts-, Einwohner-, Wissenschafts-, Kultur-, Sport- und Bildungsstruktur) zusammensetzt, wird der »ganze Kosmos unterschiedlicher Transaktionen«[33] deutlich. Dem Stadtmarketing kommt in besonderer Weise die gestalterische und innovative Aufgabe zu, die verschiedenen Produktfacetten in Abhängigkeit von den Bedürfnissen spezifischer Zielgruppen anzubieten und dadurch die einzelnen Abnehmer zu konkreten Reaktionen und Transaktionen zu veranlassen.

Beteiligte

Die am Stadtmarketing Beteiligten sind Einwohner, Vertreter von Interessenverbänden, Organisationen u.ä. Heißt: Alle in einer Stadt wohnenden und/oder arbeitenden Menschen sind verantwortlich für einen erfolgreichen Prozessverlauf. Möglichst viele Menschen sollen daher aktiv beteiligt werden. Sie können sich in verschiedener Weise von Fall zu Fall, oder aber kontinuierlich einbringen.

Über den Erfolg des Stadtmarketings entscheidet letztlich die Beteiligung an der Realisation der beschlossenen Maßnahmen. In dieser Phase kann jeder zum Erfolg des Stadtprodukts beitragen, sei es z.B. in der Freundlichkeit gegenüber

---

[32] Raffee, H./Fritz, W./Wiedemann, P., Marketing für öffentliche Betriebe, Stuttgart 1994, S. 45.
[33] Meffert, H., Städtemarketing – Pflicht oder Kür?, in Planung und Analyse, 8/1989, S. 275.

Gästen, dem Erscheinungsbild und der Sauberkeit von Privateigentum (evtl. auch öffentlichem Eigentum) oder als Multiplikator von positiven Aussagen über die Stadt.

Nicht der Fingerzeig in Richtung Kommunalverwaltung ist die gewünschte Handlungsweise im Stadtmarketing. Initiative in allen Bereichen zur Verbesserung der Stadt muss das Credo im Stadtmarketing sein. In den verschiedenen Phasen sind **alle,** sowohl initiativ als auch finanziell gefordert.

Positionierung

Die Positionierung der Stadt ist ein entscheidender Arbeitsschritt im Rahmen des Stadtmarketingprozesses. Die Positionierung geht in das Leitbild der Stadt ein und ist somit die strategische Grundlage für alle weiteren Schritte. Die Positionierung hat das Ziel, den weitgehend austauschbaren Produkten eine Eigenständigkeit zu verleihen. Die Positionierung des Produkts soll dessen Vorteile oder den Nutzen für die Zielgruppen herausarbeiten und darstellen. Eine Stadt kann grundsätzlich nur eine einzige *unique selling proposition* (USP) haben. Einzigartigkeiten haben aber nicht alle Städte zu bieten. Oft haben Einzigartigkeiten nicht die Relevanz, um entsprechend große Zielgruppen anzusprechen. Besser ist es daher auf Besonderheiten zu setzen. Der Superlativ der relevanten »Einmaligkeit« können nur wenige Städte aufweisen (Kölner Dom, Eiffelturm in Paris, Frankfurter Römer etc.).

Jedes Stadtprodukt lässt sich subjektiv und objektiv beschreiben, das heißt, jedes Produkt hat sowohl eine rationale als auch eine emotionale Dimension.[34] Bei der Positionierung geht es darum, solche Erlebnisse zu vermitteln, die konkurrierende Orte nicht bieten. Die Positionierung will die subjektive Wahrnehmung der Zielgruppen beeinflussen. Da ein Stadtprodukt ein sehr komplexes Leistungsangebot ist, muss es in der Positionierung ganzheitlich betrachtet werden. Eine Stadt muss versuchen, mit ihrem Produkt eine Position im Reigen der Städte untereinander zu bestimmen.

Mit der Positionierung wird angestrebt, die Kompetenz einer Stadtmarke so zu gestalten, dass sie für die Zielgruppen bessere Lösungen bietet als konkurrierende Städte. Das Stadtprodukt wird folglich in die Gedankenwelt der Zielgruppen hinein positioniert.[35]

---

[34] Kroeber-Riehl, W., Strategie und Technik der Werbung, Stuttgart 1993, S. 123.
[35] Ries, A./Trout, J., Positioning, Hamburg 1986.

Die Positionierung muss folgende Regeln beachten:[36]

1. die Besonderheit des Produktes herausstellen

Diese können sowohl in den objektiven und funktionalen Eigenschaften liegen, wobei selbst Nebensächlichkeiten Unterschiede verdeutlichen können. Besteht keine Möglichkeit zu einer rationalen Argumentation, so ist auf subjektive, emotionale Werte abzuheben, die im Wege einer emotionalen Konditionierung mit dem Produkt in Verbindung stehen.

2. für die Zielgruppen attraktiv sein

»Der Köder muss dem Fisch schmecken und nicht dem Angler.«[37] Die Zielgruppen nehmen keine Eigenschaft des Produktes an, sondern den Nutzen, den sie davon haben. Da die Nutzungserwartungen der Zielgruppen Trends unterworfen sind, muss eine Positionierung immer zukunftsorientiert sein und versuchen, die künftigen Werte der Zielgruppen zu erkennen.

3. sich von konkurrierenden Städte abheben

Hierbei geht es darum, verbraucherrelevante Positionen zu finden, welche Konkurrenzkommunen nicht besetzen. Das eigene Produkt muss als eine eigenständige Alternative gesehen werden.

4. langfristige Positionen aufbauen

Kurzfristig wechselnde Positionierungen haben es schwerer, sich im Verbraucherbewusstsein festzusetzen, da sie immer wieder neu erlernt werden müssen. Eine langfristige Positionierung bedeutet Kontinuität.

Die Positionierung der Stadt muss fixiert werden. Besonders der operative Bereich muss die Positionierung aufbauen und sichern. Eigene Positionierungsüberlegungen orientieren sich überwiegend auch an den Positionen der Konkurrenzstädte. Dies ist die Voraussetzung, um eine eigene Positionierung zu finden. Das klassische Positionierungsmodell geht davon aus, dass in den Vorstellungen der Zielgruppen auf jedem Markt eine Idealposition existiert (z.B. die beste Ansiedlungsmöglichkeit, die beste Urlaubsmöglichkeit, das beste Kulturangebot). Die Positionierung hat das Ziel, dieser Idealposition möglichst nahe zu kommen.[38]

---

[36] In Anlehnung an Kroeber-Riehl, a.a.O., S. 46 f.
[37] Ebenda, S. 47.
[38] In Anlehnung an Kroeber-Riehl, a.a.O., S. 45.

Abb. 9   Positionierung gegenüber Konkurrenzorten

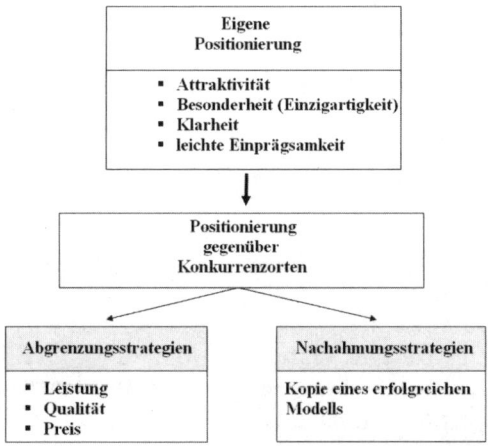

Quelle: eigene Darstellung

Bei den klassischen Positionierungsmodellen wird die Position der eigenen
Stadtmarke relativ zu den Positionen der Marken der Konkurrenzstädte und
relativ zu den Positionen der idealen Stadtprodukte aus der Sicht der Zielgruppe
in einem mehrdimensionalen Eigenschaftsraum eingetragen.

Abb. 10 Positionierung des Stadtprodukts der Stadt X (Beispiel)

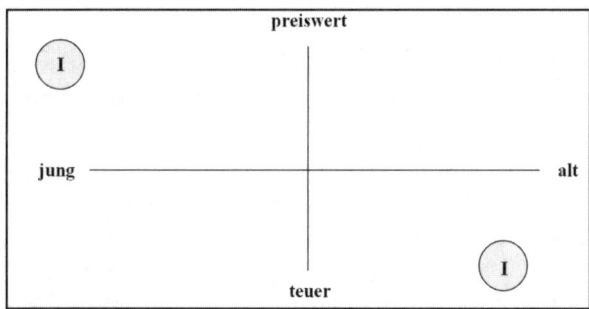

Quelle: Kloss, I., Tourismus – Marketing – Management, S. 121.

Dieses Beispiel zeigt ein einfaches Positionierungsmodell, das Zielgruppen nach
dem soziodemographischen Kriterium ‚Alter' und als konsumrelevantes Kriterium
den ‚Preis' definiert. Die beiden mit »I« bezeichneten Idealpositionen unterstellen,
dass der ältere Teil der Zielgruppe über eine höhere Kaufkraft verfügt und in der
Lage ist, hohe Preise zu zahlen. In dieser Überlegung würden die Quadranten ‚preis-

wert/alt' und ‚teuer/jung' keine Idealposition einnehmen.[39] Für die Positionierung der Stadt als Urlaubsort würde folglich die Idealpositionierung Angebote für ältere Urlauber beinhalten, die sich teure Angebote leisten können.

Beispiel: Positionierung als Kulturstadt

Die österreichische Stadt Bruck an der Mur positionierte sich als »Kulturstadt im Obersteirischen Raum«. Im Einzelnen beinhaltete die Positionierung folgende Aussagen:[40]

Kulturelle Alleinstellung der obersteirischen Stadt Bruck an der Mur.

Die Positionierung ist der wichtigste Arbeitsschritt im Rahmen einer Stadtentwicklungsstrategie. Unter Positionierung versteht man den auf eine kurze Formel gebrachten differenzierenden und allein stehenden Inhalt der Marketingkommunikation,[41] der bei der Zielgruppe durchgesetzt werden soll. Diesen gestrafften Inhalt nennt man USP (unique selling proposition).

Eine Stadt kann grundsätzlich nur einen einzigen USP produzieren. Die Strategie zur Positionierung der Stadt Bruck an der Mur als Kulturstadt lautet also: sechs Inhalte gemeinsam gewährleisten den Alleinstellungscharakter in der Obersteiermark (= USP). Sechs Bereiche bestimmen also die Bandbreite des kulturellen Angebotes der Stadt. Die Positionierung der Stadt in kultureller Hinsicht erfolgt über diese Schienen, wobei Qualität und Vielfalt des Dargebotenen das Erreichen der relevanten Zielgruppen bestimmt.

- **Bereich I**: Die Stadt bietet den Einwohnern ein vielfältiges Kunst- und Kulturprogramm an den verschiedensten Veranstaltungsorten der Stadt.

- **Bereich II**: Die Stadt ist Nährboden für verschiedene kulturelle und künstlerische Aktivitäten. Die Stadt unterstützt heimische Künstler durch Austausch- oder Kooperationsprojekte und durch gezielten Kunstankauf. Die Stadt stellt Probenräumlichkeiten für Bands und Theatergruppen im neuen Theater im Stadtbad zur Verfügung.

- **Bereich III**: Die Stadt ist Veranstaltungsort großer kultureller Events mit nationaler und internationaler Bedeutung und trägt auf diese Weise dem Trend nach »zielgruppenorientierten Erlebnisinhalten« Rechnung. Die Stadt zeichnet sich durch attraktive Programmgestaltung und professionelle Organisation aus. Sie bietet den nationalen und inter-

---

[39] Dettmer u.a., a.a. O.
[40] Horny, Inga, Positionierung der Stadt Bruck, Bruck an der Mur 1999.
[41] Anmerkung des Autors: gemeint ist die Stadtmarketingkommunikation.

nationalen Künstlern ein einzigartiges Auftrittsklima (im Bereich der professionellen Organisation und im einzigartigen Künstlerservice liegt der deutliche Wettbewerbsvorteil der Stadt Bruck an der Mur). Kulturtouristen nützen diese Angebote und besuchen die Stadt in organisierten Gruppen oder als Individualreisende und verweilen in der Stadt entweder einen Tag als so genannte Tagestouristen oder mehrere Tage als Kurzurlauber.

- **Bereich IV**: Die Stadt ist Veranstalterin verschiedener Workshops, Seminare, Sommerakademien und Kongresse. Sie bietet für Kongressveranstalter interessante Rahmenbedingungen, und den Kongressteilnehmern entscheidende Vorteile wie die zentrale verkehrsgünstige Lage, ein ausgezeichnetes Hotel- und Gastronomieangebot sowie angenehme und moderne Seminar- und Kongressräumlichkeiten im neu gestalteten Kulturhaus usw.

Weitere Bereiche der Positionierung der Stadt Bruck an der Mur beinhalten die Themen Kulturmanagement als Mittel zur Kulturpositionierung, der Kulturbetrieb, kulturelle Handlungsfelder der Stadt, der/die kommunale Kulturmanager/in und die Organisationsform des Kulturmanagements.

Besonderheit (Einzigartigkeit)

„Die Idee, die eine Stadt einzigartig macht, die Visionen, die sie von anderen Städten unterscheidet, die großen Vorhaben, das alles prägt die Identität in hohem Maße."
Roman Antonoff

Das Alleinstellungsmerkmal der einzigartigen Stadt wurde bereits im vorhergehenden Abschnitt angesprochen. Stadtmarketing will eine **besondere (einzigartige), unverwechselbare** Stadt schaffen. Um dieses Ziel zu erreichen und dabei auf eine bereits bestehende, bisher aber vielleicht nicht genügend beachtete Individualität der Stadt zurückzugreifen, muss auch in den einzelnen Handlungsfeldern die Zielrichtung »Besonderheit (einzigartig)« verfolgt werden. Zur Besonderheit gehört der Charakter des Ortes, welcher Gemeinsamkeiten, aber auch Trennendes beinhaltet.

Die Schaffung einer besonderen (einzigartigen), unverwechselbaren Stadt aus der Sicht der jeweiligen Zielgruppe muss bestehende Potentiale, aber auch ehemals vorhandene berücksichtigen. Ziel muss es sein, eine langfristige Sicherung der Attraktivität des Ortes zu erreichen.

Die Besonderheit der Stadt muss jeder Zielgruppe verdeutlicht werden. Dabei ist es erforderlich, eine spezifische Besonderheit für unterschiedliche Zielgruppen zu finden. Die Stadt Augsburg sieht ihre Einzigartigkeit und die damit einhergehende

Alleinstellung als »Fuggerstadt«. Eine subjektive Sichtweise, denn welche Zielgruppen kommen nur aus diesem Grund nach Augsburg, bzw. kann Augsburg mit dieser Alleinstellung eine möglichst große Zielgruppe erreichen, die sich auch ökonomisch rentiert? Aber auch eine sich positionierende Inflation von »Universitätsstädten« (Oldenburg, Göttingen, Würzburg) spricht nicht gerade von einer Positionierung, die sich von anderen Städten unterscheidet. Viele Städte bezeichnen eine Ausrichtung in alle Bereiche als »Nutzen aller sich ergebenden Chancen«. Sie verfolgen damit Aktivitäten sowohl im Tourismus wie auch in der Wirtschaft wie auch im Forschungsbereich. Dies kann in der Abgrenzung untereinander zu Problemen führen. Die Stadtmarketingkonzeption muss in diesen Fällen sehr genau differenzieren, um eine Unverträglichkeit zwischen den einzelnen Bereichen zu verhindern. Von grundlegender Bedeutung für die Besonderheit ist die Orientierung an vorhandenen oder zu reaktivierenden Potentialen.

Besonderheit kann zum Beispiel erreicht werden durch die Entwicklung einer Stadt zum Medienzentrum oder zum Zentrum für spezielle Forschungsgebiete. Dabei dürfen aber nie andere Handlungsfelder der Stadt unberücksichtigt bleiben, auch wenn nicht alle Handlungsfelder Ansatzpunkte für die Besonderheiten bieten.

Bayreuth und Bad Hersfeld profitieren von ihrer Besonderheit als Festspielstädte; Köln ist evtl. einzigartig durch seinen Stadtkern, die Lebensart der Bevölkerung und durch die Konzentration der Medien. Berlin ist einzigartig als Bundeshauptstadt und durch die Bezüge zur deutschen Geschichte. Sie sind aber im Sinne des Wortes »einzigartig« eher eine »besondere« Stadt.

Abb. 11 Projektierung einer unverwechselbaren Stadt

Quelle: eigene Darstellung

Die Besonderheit (Einzigartigkeit) im Stadtmarketing beruht nicht nur auf **einer** Sehenswürdigkeit (wie dem Kölner Dom, der Gedächtniskirche in Berlin oder der Frauenkirche in Dresden). Sie muss vielmehr in einer direkten Verbindung zu dem daraus entstehenden Nutzen eines Handlungsfeldes (also der langfristigen Sicherung der Attraktivität und eines sich daraus ergebenden wirtschaftlichen Nutzens) stehen. Heißt, dass die Dresdener Frauenkirche und die Altstadt so einzigartig sein müssen, dass davon u.a. die Handlungsfelder Tourismus und Kultur wirtschaftlich nachhaltig profitieren. Touristen müssen also in großer Zahl Dresden besuchen und wenn möglich noch die Kulturszene und den Einkaufsbereich wirtschaftlich beleben, d.h. Synergien in anderen Handlungsfeldern bewirken.

Die Hansestadt Hamburg wurde innerhalb kurzer Zeit zu einer einzigartigen Musicalstadt. Als Musicalstadt belebte Hamburg seine Tourismusszene, und dies wiederum zahlte sich in klingender Münze aus. Aus ganz Deutschland reisen täglich Menschen an, um ein Musical zu sehen. Neben dem Besuch gehören u.a. Übernachtungen, Restaurantbesuche und Einkaufstouren zu den positiven Auswirkungen. Davon profitieren die Hotellerie und Gastronomie, der Einzelhandel sowie andere kulturelle Einrichtungen. Diese Ausrichtung – vor Jahren noch eine Vision – hat sich wirtschaftlich bereits ausgezahlt. Auch wenn viele andere Städte diesen Ansatz nachzuahmen versuchen, so gilt Hamburg auch heute noch in diesem Bereich als einzigartig.

4. Begriffsdefinitionen

Stadtmarketing will für das Stadtprodukt einen Markt für die verschiedensten Handlungsfelder der Stadt aufbauen und im Hinblick auf ein nachhaltiges Wachstum neue Märkte erschließen.

Stadtmarketingbegriff

Der Begriff Stadtmarketing kommt aus den USA und wurde dort Anfang der 80er Jahre populär.[42] Unter **Stadtmarketing** ist ein auf den gesamten Stadtbereich gerichteter Kommunikationsprozess zu verstehen, der mit der Analyse beginnt und über die Erstellung der Konzeption bis hin zur Realisation führt. Alle Bereiche einer Stadt, d.h. alle Organisationen, Institutionen, Einwohner etc., sollen in ihrer täglichen Arbeit in erster Linie an die Bedürfnisse der verschiedenartigen Zielgruppen denken. Die Funktion des Stadtmarketings liegt im operativen Bereich. Dies betrifft die Festlegung von Preisen für die einzelnen Bereiche des Stadtproduktes, die Distribution und den Einsatz aller notwendigen Kommunikationsinstrumente.

International wird dieser Vorgang als **City Marketing** bezeichnet, d.h. City Marketing ist die international gültige Bezeichnung für **Stadtmarketing**. Da auch in anderen Staaten (Dänemark, den Niederlanden, Frankreich, Großbritannien und der Schweiz) Stadtmarketing zum festen Begriff für ein die gesamte Stadt umfassendes Marketing geworden ist, sollte der Begriff City Marketing nur in seiner internationalen Bedeutung benutzt werden.

Stadtmarketing hat das Ziel, in einer Stadt eine optimistisch zu beurteilende Zukunft zu projektieren und wahrnehmbare gemeinsame Anstrengungen zu unternehmen. Stadtmarketing ist nicht mehr, aber auch nicht weniger als eine Kommunikationsklammer zwischen allen Bereichen einer Stadt. In dieser Funktion ist Stadtmarketing der Moderator für die kooperative Entwicklung der Stadt. Stadtmarketing ist **keine** kommunale Öffentlichkeitsarbeit oder Standortwerbung, **keine** Public Relations oder Werbung. Diese Bereiche gehören zum operativen Teil des Stadtmarketings.

Da *city* im Englischen »(Groß-)Stadt« bedeutet, im Deutschen jedoch als »Innenstadt« oder »Stadtzentrum« verstanden wird, kommt es immer wieder zu Missverständnissen und zu einem falschen Gebrauch des Begriffs City Marketing. Deutschsprachige Benutzer dieses Begriffs bezeichnen damit in der Regel nur **Innenstadtaktivitäten**, ja oft nur die Werbung und Veranstaltungen für den Innenstadtbereich. Unter City Marketing versteht man international jedoch ein ganzheitliches Stadtmarketing. Ein **City Manager** ist international gesehen eine Person, die

---

[42] Wagner, D., City-Marketing, S. 15.

für die gesamte Koordination aller Interessen in einer Stadt verantwortlich ist, d.h. Stadtmarketing praktiziert. In Deutschland versteht sich ein City Manager dagegen oft nur als ein Werbestratege für die Innenstadt, was mit Stadtmarketing nur am Rande zu tun. Er ist in den meisten Fällen Veranstaltungsmanager.

Weitere falsche Definitionen von Stadtmarketing:

Stadtmarketing missverstanden als Standortmarketing
In einer größeren Stadt in der Nähe Wuppertals wurde das Amt für Wirtschaftsförderung umbenannt in Amt für Wirtschaftsförderung und Stadtmarketing. Was dort aber geplant wurde, war nur ein Teilbereich des Stadtmarketings, nämlich Standortmarketing, also etwas, was lediglich für das Handlungsfeld Wirtschaft Bedeutung hat.

Stadtmarketing missverstanden als Corporate Identity-Prozess
Während der Auftaktveranstaltung zu einem Stadtmarketingprozess in einer mittelgroßen Stadt in der Nähe Hannovers definierte die Mitarbeiterin einer Stadtmarketing-Agentur, so jedenfalls hatte sie sich vorgestellt, Stadtmarketing als Corporate Identity-Prozess. Kurz, sie wollte ein Logo entwerfen. Zweifellos ist dies auch ein Aspekt in einem Stadtmarketingprozess, aber nur ein kleiner, visueller. Dass sie sich dabei als Stadtmarketing-Agentur anbot, war bei der Ausrichtung ihrer Dienstleistung ein unverzeihlicher Fehler.

Diese Bespiele zeigen, dass Stadtmarketing oftmals falsch definiert wird. Die sich daraus ergebende falsche Anwendung des Stadtmarketings in der Praxis ist auf Dauer gesehen für die Entwicklung einer Stadt schädlich und kann so große negative Folgen haben, dass es zu irreparablen Schäden kommt.

Auch eine andere Stadt benutzt den Begriff Stadtmarketing, obwohl sie einen beispielhaften Analyse- und Konzeptionsprozess vollzogen hat, leider nicht richtig. Auf der Internetseite dieser Stadt heißt es sinngemäß:

Der Verein ‚Marketing e.V.' versteht sich als Motor, Interessenvertretung, Koordinator und Standortförderer. Er fördert Einzelhandel, Gastronomie, Handwerk, Industrie, Gewerbe und Kultur. Einige Aufgaben:

- Stadtführungen
- Stadtmarketing
- Verkauf von Informationsmaterial etc.
- Veranstaltungen

Hier wird Stadtmarketing fälschlicherweise als eine Aufgabe neben Stadtführungen und Veranstaltungen aufgeführt. So erhält Stadtmarketing einen Stellenwert wie der

Verkauf von Infomaterial etc. und verliert seine übergeordnete Bedeutung für den gesamten Stadtprozess. Richtig in der Aufzählung wäre der Begriff Stadtwerbung anstelle von Stadtmarketing.

Verwunderlich ist auch, dass selbst die Hauptstadt eines bedeutenden deutschen Bundeslandes eine falsche Vorstellung von dem hat, was Stadtmarketing ist und leisten kann. Nicht ein umfassender Kommunikationsprozess ist in dieser Landeshauptstadt das Verständnis von Stadtmarketing, sondern nur der Einsatz von operativen Mitteln für Veranstaltungen. Stadtmarketing erschöpft sich in dieser bedeutenden Landeshauptstadt in grotesker Weise lediglich in den Aufgaben einer Veranstaltungs-GmbH.

Das **gesellschaftliche Engagement** und die **professionelle Interessenwahrnehmung**: dies wären Idealvorstellungen für die Akteure in einem Stadtmarketingprozess. Doch manchmal werden diese Erwartungen nicht erfüllt, denn persönliches Statusinteresse, der Drang nach Anerkennung und Aufmerksamkeit sowie ökonomische Interessen können den Prozessverlauf beeinträchtigen. Die Partizipierenden an einem Stadtmarketingprozess sind gleichberechtigt und gleich gewichtet. Die Dominanz einer Interessengruppe schadet dem Erfolg. Stadtmarketing will alle Strömungen in einer Stadt deutlich machen, will ein Netzwerk aufbauen, in dem jeder Verständnis – oder besser gesagt: ein großes Maß an Verständnis – für die Anderen entwickelt.

Ein nur auf die **Innenstadt** gerichtetes Marketing, z.B. um die Aktivitäten in der Einkaufszone zu koordinieren, ist demzufolge nicht als Stadtmarketing, sondern nur als **Innenstadtmarketing**, international als **City Center Marketing** (oder **Shopping Center Marketing**) zu bezeichnen.

Für **Stadtteile** mit einer besonderen Bedeutung (St. Pauli in Hamburg, Schwabing in München oder Sachsenhausen in Frankfurt am Main) ist es möglich, zusätzlich zu dem ganzheitlichen Stadtmarketing ein Teilmarketing zu initiieren, das als **Stadtteilmarketing**, international **City Quarter Marketing**, bezeichnet wird.

Sowohl das Innenstadtmarketing (das seinen konzeptionellen Ansatz in dem Handlungsfeld Innenstadt findet) als auch das Stadtteilmarketing sind Bereiche in dem umfassenden Stadtmarketing. Entweder werden diese Teilbereiche in einem Stadtmarketingprozess als Handlungsfelder neben anderen (Kultur, Wirtschaft, Tourismus usw.) gesehen oder eine spätere analytische und konzeptionelle Aufbereitung dieser Teilbereiche orientiert sich an der verabschiedeten Stadtmarketingkonzeption. Ist für diese Teilbereiche bereits eine Konzeption vorhanden, so sollten Aspekte in dem Stadtmarketingprozess berücksichtigt werden, sofern sie in die Gesamtrichtung passen.

Standortmarketing

Standortmarketing beschäftigt sich mit den Möglichkeiten von Ansiedlungen sowie der Bestandspflege von Unternehmen. Es ist fachlich Teil des ganzheitlichen Stadtmarketings im Handlungsfeld Wirtschaft.

Standortmarketing ist die Ausrichtung eines Standortanbieters am Standortmarkt zur Gewinnung neuer und zur Sicherung bestehender Betriebsstätten durch ein systematisches Vorgehen mit den Schritten Planung, Durchführung und Kontrolle.[43] Im engeren Sinn lässt sich Standortmarketing danach als kommunale Wirtschaftsförderung verstehen, da es primär um die Sicherung von Arbeitsplätzen, die Kaufkraft der Bevölkerung und die Einnahmen aus der Gewerbesteuer geht. Diese drei Argumente sind stets an die Erhaltung bestehender Firmen oder an die Ansiedlung neuer Betriebe gekoppelt. Hervorzuheben sind die speziellen Marketinginstrumente, die im Standortmarketing eingesetzt werden können. Hierzu zählen:

- die Standortqualität (Angebotsqualität),
- die Förderung (Preispolitik),
- der persönlicher Einsatz der Wirtschaftsförderer,
- die Information (Distributions- und Kommunikationspolitik).

Stadtmarketing für Gemeinden

Wie bei Städten handelt es sich auch bei Gemeinden um Einheiten, die – anders als manche Regionen – klar definiert und von ihren Bewohnern als historisch gewachsene Orte erlebt werden. Die Größe dieser Gemeinden reicht zahlenmäßig von der Kleinstadtgröße bis hinunter zu Dörfern. Auch in diesen Orten hat sich vielfach der Stadtmarketingansatz bewährt und zu einer Verbesserung der Konkurrenzsituation gegenüber anderen Orten geführt. Zu denken ist hierbei insbesondere an Orte, die bereits ein spezifisches Produkt vermarkten (z.B. Winzerorte, Wintersportorte, Ferienorte und Kurorte), aber auch an Städte, die sich aufgrund einer Strukturschwäche neue Handlungsfelder erschließen müssen.

Auch kleine Gemeinden geraten zunehmend in eine Konkurrenzsituation. Oft haben sie spezifische Vorteile, die einen Wettbewerb mit anderen Gemeinden erforderlich machen. Erinnert sei hier zum Beispiel daran, dass in den letzten Jahrzehnten viele Menschen die Großstädte verlassen haben und »auf das Land« gezogen sind. Auch ist unbestritten, dass manche kleinen Gemeinden oft über lange

---

[43] Kolz, H./Essling, H., Standort-Marketing – Ein Konzept zur kommunalen Wirtschaftsförderung, in Der Städtetag, 10/1986, S. 677.

Zeiträume durch Spitzensportleistungen oder auch Veranstaltungen international bekannt sind. Manchmal genügt sogar eine einzige Einrichtung (ein großer Erlebnispark), um eine kleine Stadt bekannt zu machen.

Die vergangenen Jahre haben gezeigt, dass auch Gemeinden unter 20.000 Einwohnern durchaus erfolgreich Stadtmarketingprozesse verwirklichen können. In kleinen Orten gibt es sogar Vorteile gegenüber großen Städten. Denn je kleiner eine Gemeinde ist, umso einfacher wird es sein, den Stadtmarketinggedanken umzusetzen, also ein größtmögliches gemeinsames Handeln zu erreichen. Begünstigt wird dies durch verschiedene Faktoren. Oft gibt es in kleinen Gemeinden eine starke Identifikation mit dem Ort, die u.a. durch eine lange Ansässigkeit (oft über mehrere Generationen) bedingt ist. Hinzu kommen die Überschaubarkeit und die exakte Kenntnis des Ortes.

Diese besonderen Vorteile können jedoch gleichzeitig Nachteile in einem Stadtmarketingprozess sein. Die enge Bindung an den Ort kann zu einer Kritiklosigkeit führen, wie sie in Unternehmen schon lange als Betriebsblindheit bekannt ist. Deshalb ist hier eine Beratung von außerhalb besonders wichtig. Hinzu kommt, dass in kleinen Gemeinden die Zahl der Imagefaktoren begrenzt ist und oft bei Fremden weder ein Fernbild noch ein Nahbild des Ortes vorhanden ist. Auch kann der Einfluss benachbarter Städte übergroß sein. Eine Einbindung der Stadtmarketingaktivitäten in das umgebende Gebiet, d.h. in das Regionalmarketing, ist deshalb in vielen Fällen unabdingbar.

Sollte der Begriff Stadtmarketing für Gemeinden als überzogen angesehen werden, so kann ein solcher Prozess auch als Gemeinde-, Orts- oder Dorfmarketing bezeichnet werden, wenn er die Kriterien des Stadtmarketings erfüllt.

Regionalmarketing

Der Terminus **Regionalmarketing** bezeichnet einen Prozess, der in einem genau abgegrenzten Raum mehrere Städte und Landkreise umfasst.

Regional, von lateinisch *regionalis* stammend, bedeutet hier das Vertreten eigener Interessen einer bestimmten Region innerhalb eines Staates. Wie im Stadtmarketing liegt dem Regionalmarketing der Grundsatz »Gemeinsam sind wir stark« zugrunde, wenn es um die Wahrnehmung der Interessen gegenüber anderen geht.

Erfolgreiches Regionalmarketing muss ganzheitlich sein.

Regionalmarketinginitiativen entwickeln sich in vielen Regionen. Sie sollen helfen, regionale Probleme zu lösen und sich in dem Europa der Regionen zu positionieren. Daher ist es erforderlich, die Abgrenzung zum Stadtmarketing aufzuzeigen bzw. den Sinn von Regionalmarketingbemühungen zu erläutern.

Ein Ergebnis vorweg: Bisher ist es nicht gelungen, in irgendeiner Region Deutschlands ein ganzheitliches Regionalmarketing zu praktizieren. Eine Ausnahme (allerdings mit Einschränkungen) ist das Regionalmarketing des Ruhrgebiets. Einzelne Bereiche können allerdings durch **Kooperationen** ein spezielles Handlungsfeld-Regionalmarketing verwirklichen.

> Regionalmarketing **funktioniert** nur in **einzelnen Handlungsfeldern.** Denkbar und oft erfolgreich praktiziert ist das Regionalmarketing in der Verknüpfung einzelner Handlungsfelder.
>
> **Beispiele für gemeinsame Handlungsfelder im Regionalmarketing:**
>
> **Kooperation im Tourismus**
> Eine Region kooperiert im touristischen Bereich und erarbeitet aufgrund einer Analyse der touristischen Infrastruktur eine gemeinsame Konzeption, die durch eine zentrale Stelle verwirklicht wird.
>
> **Kooperation im kulturellen Bereich**
> Die kulturelle Situation einer Region wird analysiert und eine Konzeption erarbeitet. Synergien sind für den touristischen Bereich nutzbar. Dazu können die Handlungsfelder Sport und Freizeit Ergänzungen liefern.
>
> **Kooperation im Verkehrs-, Wirtschafts- und Wissenschaftsbereich**
> Nutzbar sind z.B. einzelne regionale Handlungsfelder wie Verkehr, Wirtschaft oder Wissenschaft bzw. Synergien erzeugende Kombinationen wie:
>
> • Wirtschaft/Wissenschaft
>
> • Wirtschaft/Kultur
>
> • Wirtschaft/Kultur/Wissenschaft

Regionalmarketing hat die gleichen Ansprüche und Voraussetzungen wie Stadtmarketing, allerdings auf Teilbereiche bezogen. Regionalmarketing muss alle bestehenden Stadtmarketingkonzeptionen in der Region einbeziehen, d.h., es darf sich nicht gegen vorhandene Stadtmarketingkonzeptionen richten bzw. sie negieren.

In der Praxis wird Regionalmarketing jedoch anders verwirklicht. Im Rahmen der Europäischen Union gewinnen die Regionen immer mehr an Bedeutung. Der Grund hierfür liegt vor allem in der Strukturförderung verschiedener Gebiete. Einzelne Städte haben in diesem Ensemble eine zu geringe Bedeutung. Die Einteilung in Regionen hilft, finanzielle Ressourcen gerecht für ein bestimmtes Gebiet zu verteilen. Da es Gelder nur für regionale Aktivitäten gibt, müssen gemeinsame Projekte gestartet werden, deren Voraussetzung die Förderfähigkeit ist. Auch einzelne Bundesländer sind diesen Weg bereits gegangen. So genannte Strukturkonferenzen verfolgen das Ziel eines Regionalmarketings, sind allerdings oft nicht mehr als dezentrale Geldverteilungsstellen für einzelne Handlungsfelder.

Voraussetzungen für erfolgreiches Regionalmarketing

Die Voraussetzungen für ein erfolgreiches Regionalmarketing lassen sich folgendermaßen zusammenfassen:

Voraussetzungen für Regionalmarketing:

- konkrete Abgrenzung der Region
- gleiche oder ähnliche Mentalität der Menschen
- gemeinsame Geschichte
- gemeinsame Problemlagen
- enger räumlicher Verbund
- Zusammengehörigkeitsgefühl der Bewohner

Gibt es nur in einem Punkt keine Übereinstimmung, so kann Regionalmarketing nicht erfolgreich sein.

Ideale Voraussetzungen für Regionalmarketing sind Menschen, die fast alle die »gleiche Sprache« sprechen und Mentalität aufweisen, eine Bevölkerung, die keine großen unterschiedlichen gebietsspezifischen Eigenarten aufweist und zudem mobil ist. Dies bedeutet, dass auch bei einem Arbeitsplatzwechsel Entfernungen in einer Region keine Rolle spielen, kulturelle und sportliche Veranstaltungen auch in anderen Städten der Region besucht und dort Einkäufe gemacht werden. Die Region wird von den dort lebenden Menschen folglich als Einheit gesehen und gelebt.

Oft gehören unterschiedliche Landstriche zu einer Region. Oder aber Städte gehören zu verschiedenen Regionen. Das Beispiel der Stadt Wilhelmshaven zeigt, dass eine Stadt sogar zu vier verschiedenen Regionalmarketing-Initiativen gehören kann. Ein Scheitern derartiger Initiativen ist die Folge. Eine vom Land Niedersachsen betriebene Gliederung des Landes in Regionen hatte zur Folge, dass die Stadt der »Strukturkonferenz Ost-Friesland/Wilhelmshaven« zugeschlagen wurde, die, wie sich später zeigte, in einzelnen Handlungsfeldern Elemente des Regionalmarketings entwickelte. Für Wilhelmshaven bedeutete diese Zuordnung durch das Land Niedersachsen eine Ausrichtung nach Westen, obwohl alle bisherigen Zielrichtungen eher in Richtung Süden verliefen, da die Stadt näher an Bremen als an Emden, der westlichsten Begrenzung dieser Initiative, liegt. So schloss sich die Stadt zusätzlich der Regionalkonferenz »Oldenburger Land« an, die den Raum vertritt, der bisher für die Stadt von elementarer Bedeutung war.

Die Strukturkonferenzen, ursprünglich als Geldverteilungseinrichtungen des Landes ins Leben gerufen, sollen u.a. die Aufgaben wahrnehmen, einen Gesamtraum gemeinschaftlich zu vertreten und eigene Aktionen zu starten. Gemeinsame Wirtschafts- und Tourismusausrichtungen sollten ebenso wenig fehlen wie die Verbesserung des Personennahverkehrs oder Maßnahmen in den Bereichen Kultur, Wissenschaft, Bildung usw. Bemerkenswert war dabei, dass alle Schritte ohne Analyse und Konzeption gestartet wurden, also auch aus diesen Gründen zum Scheitern verurteilt waren. Mittlerweile kann resümiert werden, dass die Strukturkonferenzen die Ebene der Geldverteilung nicht verließen und es darüber hinaus nicht zu einer gerechten Verteilung kam, da personelle regionale Gewichtungen bzw. innere Verbünde einige Bereiche besser oder schlechter versorgten.

Zu den Strukturkonferenzen kam noch die Regionalmarketing-Initiative Weser-Ems. Mitglieder waren alle Landkreise und kreisfreien Städte sowie die Initiatoren dieser Regionalmarketing-Initiative: die Industrie- und Handelskammern der Region. Genauso wie ein spezielles Wirtschaftsförderungsmarketing für die Stadt Wilhelmshaven und den angrenzenden Landkreis Friesland wurde die Regionalmarketing-Initiative nach kurzer Zeit wieder eingestellt, da die kurzfristigen Ziele nicht erreicht wurden bzw. die gemeinsame Finanzierung scheiterte.

Diese Beispiele zeigen, dass es zu einem Übersteuern im Regionalmarketing kommen kann, wenn der Regionalmarketinggedanke konzeptionslos umgesetzt wird. Eine Kooperation ist nicht möglich, da verschiedenartige Ziele angestrebt werden.

Regionalmarketing Ruhrgebiet

Eine in Deutschland einigermaßen erfolgreich funktionierende Regionalmarketinginitiative ist die Initiative des Kommunalverbandes Ruhrgebiet. Dieses Beispiel für Regionalmarketing zeigt aber auch, welche Voraussetzungen erfüllt sein müssen, um zu einer Erfolg versprechenden Ausrichtung zu kommen.

Das Ziel des Kommunalverbands Ruhrgebiet ist, die regionalen Potentiale für eine nachhaltige, sozial, wirtschaftlich und ökologisch ausgewogene Entwicklung des Ruhrgebietes zu koordinieren und optimal zu nutzen.

Dies geschieht z.B. im Bereich der Freiflächensicherung und der Entwicklung der Landschaft nach dem Prinzip des Ausgleichs ökonomischer und ökologischer Interessen. Das Regionalmarketing Ruhrgebiet will erreichen, dass Menschen als Individuen sowie die Unternehmen die Potentiale, die das Ruhrgebiet als Wirtschafts- und Lebensraum bietet, erkennen und nutzen. Hieraus ergeben sich folgende Hauptzielgruppen:

a) Bürger des Ruhrgebietes allgemein

Regionen sind heute nicht mehr ausschließlich über wirtschaftsstrukturelle Verflechtungen definiert. Sie existieren in den Köpfen ihrer Bewohner, gewachsen aus gemeinsamer Geschichte, gemeinsamen Problemlagen und enger räumlicher Nachbarschaft. Das Ruhrgebiet, in welcher genauen Abgrenzung auch immer, gilt als eine Region sowohl im Bewusstsein seiner Bürger als auch in der Sicht von außen.

5,5 Millionen Menschen auf 4.400 qkm steht ein außerordentlich vielfältiges und hochwertiges Bildungs-, Kultur-, Freizeit-, Sport- und ein durch Strukturwandel qualifiziertes Arbeitsplatzangebot zur Verfügung. Regionales Handeln bedeutet, die Angebote der Region zu kennen und sie zu nutzen. Nur eine Region, in der regionales Denken, Empfinden und Handeln selbstverständlich sind, bleibt auf Dauer als Region im Bewusstsein ihrer Bürger. Die Region im Bewusstsein ihrer Bürger zu erhalten und zu stärken, ist ein wichtiges Ziel regionaler Öffentlichkeitsarbeit, denn nur als Gesamtregion hat das Ruhrgebiet die Dimension, die es zu einer der wichtigsten europäischen Metropolregionen macht.

Informationen über die Möglichkeiten, die das Ruhrgebiet in den verschiedensten Gebieten bietet (und für die Zielgruppe »regionalinterne Öffentlichkeitsarbeit« aufbereitet), stärken das regionale Bewusstsein und führen zur »Botschafterfunktion« und damit zu zielkonformem Verhalten und Handeln in der Multiplikation der Öffentlichkeitsarbeit.

b) Multiplikatoren und Entscheider im Ruhrgebiet

Für Unternehmer im Ruhrgebiet, insbesondere überregional kooperierende, gilt, dass auch sie oft von unzeitgemäßen Vorurteilen und Fehlkenntnissen über die Möglichkeiten der Region tangiert werden.

Gleichzeitig sind sie mit ihren Unternehmen und Produkten Träger des regionalen Images, d.h. »Botschafter für das Ruhrgebiet«. Aufgabe ist es, möglichst viele regionale Akteure in ein regionales Marketing einzubeziehen, um Solidarität und Synergien zu schaffen und zu bündeln.

c) Multiplikatoren und Entscheider außerhalb des Ruhrgebietes

Die Entwicklung der Region kann durch Impulse von außen enorm beschleunigt werden. Impulse im großen wie im kleinen werden auch durch Menschen gesetzt, die in diese Region kommen, um hier zu leben, zu arbeiten und Ideen zu realisieren. Eine gezielte Ansprache, die Fehlurteile beseitigt und über Chancen informiert, kann diesen Prozess auslösen und unterstützen.

Nationale Kampagnen müssen sich daher an Entscheider, Meinungsbildner und Multiplikatoren wenden. Durch die Wahl der Medien wird darüber hinaus eine breite Öffentlichkeit im deutschsprachigen Raum angesprochen.

Investierende Unternehmen schaffen in der Region Arbeitsplätze. Arbeitsplätze sind nicht nur die Erwerbsgrundlage für die hier lebenden Menschen, sondern auch die finanzielle Basis für die verwaltungstechnische, wirtschaftliche, soziale und kulturelle Entwicklung der Region. Die spezielle Ansprache von Unternehmen außerhalb, aber auch innerhalb des Ruhrgebietes kann neue Arbeitsplätze schaffen und bestehende sichern.

Regionalmarketing versus Stadtmarketing

Stadtmarketing muss sich, ungeachtet einer Regionalmarketingkonfusion, eigenständig entwickeln. Grundsätzlich gilt, dass Städte sich selbst ausrichten müssen, um ihre spezifischen Eigenarten darzustellen. Dies ist nur durch ein umfassendes Stadtmarketing möglich. Regionalmarketing kann nur der Versuch einer Koordination sein, dem, wenn dieser Schritt erfolgreich ist, weitere gemeinsame Schritte folgen können.

Leicht vorzustellen sind die Folgen, wenn das von Städten und Landkreisen ideell und vor allem **finanziell** unterstützte Regionalmarketing im Detailbereich Wirtschaft zu der Ansiedlung eines größeren Unternehmens führt. Ein solches Unternehmen kann gebietsmäßig nur zentral angesiedelt werden, damit alle Mitgliedskörperschaften in punkto Arbeitsplätze davon profitieren. Von der höheren Gewerbesteuer und der Schaffung neuer Arbeitsplätze wird jedoch nur der Nahbereich profitieren. Da eine Verteilungsmöglichkeit der höheren Steuereinnahmen an alle im Regionalmarketing Beteiligten gesetzlich nicht gegeben ist, wird letztlich nur eine Stadt aus der Ansiedlung den Nutzen zieht.

5. Stadtmarketingprozess – strategisches Verfahren

Der Stadtmarketingprozess vollzieht sich in drei Phasen. Diese sind

1. die Analyse,

2. die Konzeption und

3. die Realisation.

Jede Phase hat die gleiche Wertigkeit und bedarf einer sorgfältigen Betrachtung. Da jede Phase bei präziser und gründlicher Vorbereitung einer erfolgsorientierten Arbeit einen gewissen Zeitraum in Anspruch nimmt, ist Stadtmarketing nicht von heute auf morgen zu realisieren.

Abb. 12 Die drei Phasen des Stadtmarketings

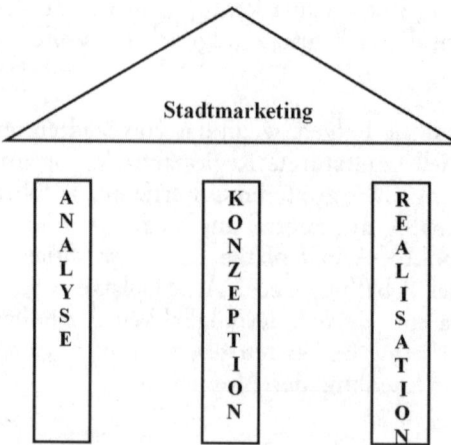

Quelle: eigene Darstellung

Stadtmarketing ist eine marktorientierte, ganzheitliche Entwicklungspolitik. Es definiert präzise die Handlungsfelder, sucht sozial verträgliche Lösungen, will eine realistische Rendite aus getätigten Investitionen gewährleisten und eine breite Zustimmung der Einwohner erreichen. Der Stadtmarketingprozess vollzieht sich in drei Phasen. Erste Phase ist die Analyse. Dieser folgt die Konzeption und dann die Realisation. Wichtige Grundvoraussetzung in allen drei Phasen ist die umfassende Beteiligung aller wichtigen Interessengruppen einer Stadt. Als Gremium eignet sich in der Analyse- und Konzeptionsphase, neben handlungsgruppenspezifischen Arbeitsgruppen, ein Steuerteam (Lenkungsgruppe), das den Prozess leitet, begleitet, unterstützt und für die nötige Öffentlichkeit sorgt.

Neues Verfahren

Bisherige Verfahren dauerten bis zur Realisation, also zu ersten Schritten der Umsetzung des Maßnahmenkataloges, oft bis zu drei Jahre. Die Folge war eine stetig nachlassende Motivation der Beteiligten. Probleme in herkömmlichen Verfahren waren die Ungenauigkeit der Prozessabläufe, unprofessionelle oder auch fehlende Moderation und die einseitige Selektion der Teilnehmer. Das Ergebnis war ein Stadtmarketingprojekt, der nicht die breite Öffentlichkeit erreichte und somit auch nicht die so wichtige Unterstützung der Mehrheit der Einwohner fand.

Das »Projekt Zukunft« wurde in einem Zeitfenster von nur neun Monaten erfolgreich als Planungs- und intensive Beteilungsphase projektiert. Von Beginn an gab es eine professionelle Moderation. In der Folge kam es zu konkreten Festlegungen und realisierbaren Ergebnissen. Die für einen Stadtmarketingprozess wichtigen Einwohner in ihrer Rolle als glaubhafte Multiplikatoren wurden gefunden und erreicht. Die beschlossnen Maßnahmen werden nach Abschluss des Kernverfahrens von einem Stadtmarketing-Forum kontrolliert werden.

Ablauf Gesamtprojekt	
1. Einwohnerbefragung	2 Monate vorher
2. Impulsveranstaltung	Start
3. Zukunftskonferenz	1 Monat später
4. Workshops	2. – 5. Monat
5. Vernetzungskonferenz	6. Monat
6. Leitbildkonferenz	7. Monat

Das Stadtmarketingmodell »Projekt Zukunft« wurde in Zusammenarbeit mit dem Land Nordrhein-Westfalen, der Stadt Troisdorf, der Kölner »Agentur für Kommunikation und Mobilität P3« und dem Stadtmarketingdozenten Michael Konken entwickelt. Die Realisierung erfolgte mit erfahrenen, professionell arbeitenden Kommunikationswissenschaftlern und Moderatoren. Zum ersten Mal in Deutschland wurde eine **Agentur** beauftragt, die sich aus Stadtplanern und Kommunikatoren zusammensetzte. Fehlte es an speziellem Fachwissen, wurden Experten hinzugezogen und in den Prozess eingebunden. Ein bisher einmaliger Vorgang.

Ziel des Modells war ein zeitlich und strukturell geplanter Prozess, der in kurzer Zeit – geplant war max. ein Jahr – erfolgreich abgeschlossen werden sollte. Im Mittelpunkt stand die Beteiligung möglichst vieler Einwohner. Der Prozess sollte offen gestaltet werden, um neue Erkenntnisse während des Verfahrens einzuarbeiten und bereits vorhandene Teilergebnisse zu modifizieren. Primäres Ziel war die kontinuierliche Motivation der Teilnehmer über den gesamten Zeitraum. Gemeinsam sollte eine innovative und nachhaltige Stadtentwicklung für eine zukunftsfähige Gestaltung des Lebensraumes Stadt erreicht werden.

Anders als in anderen Städten kam es nicht zu einer Selektion der Teilnehmer. Alle interessierten Einwohner konnten mitmachen. Gemeinsam sollte ein neues Lebensumfeld geschaffen werden. Alle Einwohner, so das Ziel, sollten sich künftig durch die Möglichkeit der direkten Einflussnahme wohler fühlen. Langfristige Perspektiven sollten zur Kontinuität einer lebenswerten Vision werden.

In nur neun Monaten wurde im Jahr 2002 im nordrhein-westfälischen Troisdorf, ca. 73.000 Einwohner, ein neues Stadtmarketingverfahren erfolgreich erprobt. Ein halbes Jahr nach der Verabschiedung des Leitbildes wurden bereits die ersten Maßnahmen umgesetzt. Eine hohe Motivation der Teilnehmer, die Kürze des Verfahrens, eine professionelle, externe Moderation und die Beteiligung breiter Einwohnerkreise als offener Prozess standen dabei im Vordergrund und wurden zu Erfolgsgaranten dieses neuen Verfahrens.

Troisdorf ist der Beweis, dass Stadtmarketingprozesse nicht bereits mit der Verabschiedung eines Leitbildes enden müssen. Erste Festlegungen des Maßnahmenkataloges, wie die Fusion zweier Sportvereine, aber auch weitere konkrete Maßnahmen wurden bereits umgesetzt. Bereits einen Monat nach der Verabschiedung des Leitbildes durch die Teilnehmer der Workshops schloss sich der Rat der Stadt Troisdorf mit großer Mehrheit den Zielsetzungen für die nächsten zehn Jahre an. Unverzüglich wurden erste Maßnahmen und Ziele des Maßnahmenkataloges angegangen. Eine bisher wohl beispiellose Initiative einer Stadt, die einen nur neun Monate dauernden Stadtmarketingprozess zur Basis einer gemeinsamen besseren Zukunft machen will.

Ideen, die in das Projekt eingebracht wurden, seien erlebbar geworden und würden an Gestalt gewinnen, schreibt der Troisdorfer Bürgermeister freudig in seinem ersten »Infoletter«. Eine Imagekampagne unter dem Motto »Troisdorf – eine Familien-Angelegenheit« wurde gestartet, der Initiativkreis City-Trio-Troisdorf trat zusammen, um sich des komplexen Themas der Dreiteilung der Fußgängerzone anzunehmen, zum Thema »Nahmobilität« wurden erste politische Beschlüsse gefasst. Bis zum Herbst sollen 114 Schilder angebracht werden, um den Inlinern eine neue Freizeitroute zwischen den Ortsteilen anzubieten. Aber auch Wirtschaftsgespräche »ohne Schlips und Kragen« werden während eines Business Brunch regelmäßig geführt, ein runder Tisch mit Vertretern aus Unternehmen, Stadtverwaltung, Politik und Wirtschaftsförderung. Entscheidungsträger aus den jeweiligen Gewerbegebieten werden zum Frühstück eingeladen mit dem Ziel, sich untereinander kennen zu lernen und das gemeinsame Gewerbegebiet zu entwickeln. Es ist aber auch ein Forum, um gegenüber der Stadt zu formulieren, »wo der Schuh drückt«. Auf Wunsch der Ortsvorsteher, die aktiv im Stadtmarketingprozess beteiligt waren, werden Info-Stellen eingerichtet.

Bereits kurz nach der Leitbildkonferenz wurde die Troisdorfer Bildungskonferenz einberufen. Controllingorgan ist das Stadtmarketingforum, das die Umsetzungsphase begleitet.

Das Stadtmarketingforum ist ein Controllingorgan derjenigen Teilnehmer, die sich aktiv in den Stadtmarketingprozess in Troisdorf einbrachten und künftig einbringen wollen. Auch in der Umsetzung soll Stadtmarketing, entgegen bisherigen Verfahren, ein Instrument der Einwohner bleiben. Keine langatmigen Sitzungen ohne professionelle Moderation, keine stundenlangen Vorstellungsrunden der Teilnehmer waren und wurden zum neuen erfolgreichen Stadtmarketingverfahren. Querdenker und kritische Interessenten wurden in einem offenen Verfahren genauso beteiligt wie alle anderen Interessenten. Keine abstrakten Festlegungen, sondern realisierbare Maßnahmen waren das Ergebnis.

Zeitlich lange, dem Zufall überlassene Prozesse ohne zeitliche und strukturelle Planung, die schnell die Motivation der Teilnehmer schwinden ließen, wurden verhindert. Das Modeinstrument und Allheilmittel Stadtmarketing wurde endlich zur Basis für eine bessere Stadtentwicklung.

Abb. 13 Der Kernprozess

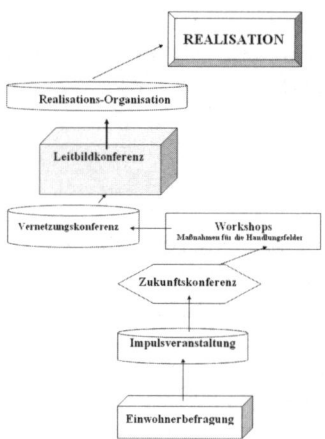

Quelle: eigene Darstellung

Vorverfahren

Bevor der Stadtmarketingprozess offiziell startet, müssen alle Fragen der Beteiligung, der Unterstützung vor Ort und der örtlichen Besonderheiten geklärt und besprochen werden. Ferner sollte schon in dieser Phase ein ziemlich genauer Zeitplan festgelegt werden, um so den Teilnehmern bereits in der Impulsveranstaltung die genauen Termine der jeweiligen Veranstaltungen zu nennen. Es hat sich bewährt, einen Stadtmarketingprozess zu Beginn eines Jahres zu starten (Februar) und ihn im November zu beenden. Der überschaubare Zeitrahmen (Menschen denken in Zeiteinheiten wie Tag, Woche, Monat und Jahr) erzeugt so bereits zu Beginn eine entsprechende Motivation.

Wichtig ist auch der Zeitpunkt, an dem die Analyse beginnen soll. In Buxtehude wurde diese im Dezember begonnen und abgeschlossen. Die Auswertung konnte im Januar vorgenommen werden. Problem: Der Dezember war in diesem Fall ein extrem kalter Monat, so dass die Face-to-face-Befragung in der Fußgängerzone sowie auf verschiedenen Plätzen darunter zeitlich litt. Besser ist ein Beginn im Herbst.

Folgende Punkte sollten beachtet werden:

1. Ansprechpartner vor Ort (Verantwortlich für Prozessunterstützung)?

2. Lenkungsgruppe vorhanden?

3. Einladungsliste mit repräsentativem Querschnitt?

4. intensive Gespräche mit der Presse (Unterstützung durch Berichterstattung)

5. Zeitplan festlegen

6. Veranstaltungsorte festlegen mit Workshoptechnik (Beamer, Metaplan, Flip-chart, Verstärkeranlage, drahtloses Mikro)

Lenkungsgruppe

Der Begriff Lenkungsgruppe ist bewusst gewählt, weil die Mitglieder dieser Gruppe den gesamten Stadtmarketingprozess kooperativ steuern sollen. Die manchmal benutzten Namen ‚Projektgruppe' oder ‚Beirat' entsprechen in ihrer inhaltlichen Bedeutung nicht der Aufgabe, welche diese Gruppe erfüllen soll. Die Lenkungsgruppe muss den beschlossenen Stadtmarketingprozess organisatorisch umsetzen und inhaltlich begleiten.

Der Lenkungsgruppe obliegt die Steuerung des gesamten Stadtmarketingprozesses. Auch in der Realisation ist die Lenkungsgruppe für den erfolgreichen Prozess verantwortlich.

Je nach der Ausrichtung oder der Größe der Stadt wird es zu einer unterschiedlichen Besetzung kommen. Zu berücksichtigen ist dabei, dass Personen ausgesucht werden, die schon in der Vergangenheit sich engagiert für die Belange des Ortes eingesetzt oder aufgrund ihrer Funktion bereits Verantwortung getragen haben. Der/die Leiter/in der Lenkungsgruppe sollte eine von allen Seiten anerkannte Persönlichkeit sein.

Je ein/e Vertreter/in der nachstehend genannten Gruppierungen ist in die engere Wahl zu ziehen. Dabei sind Interessengruppen, Organisationen oder Institutionen wie IHK, Handwerkskammer, Einzelhandelsverband, Sportbund, Sportverein, Kulturverein usw. zu berücksichtigen, da sie bereits eine große Anzahl von Interessierten vertreten. Dieses Gremium setzt sich aus Repräsentanten aller maßgeblichen Institutionen und Organisationen des Ortes zusammen. Dazu gehören z.B. je ein/e Vertreter/in der Wirtschaft, des Einzelhandels, der Wissenschaft, der Kultur, des Sports, des Tourismus, der Kommunalverwaltung, des Militärs, der Hochschule, der Stadtplanung, Hotellerie, Gastronomie u.a. Auf die spezifischen örtlichen Meinungsträger sollte Rücksicht genommen werden. So kann in stark konfessionell geprägten Orten auch ein Vertreter der Kirche/n der Lenkungsgruppe angehören. Große und wichtige Interessenvereine könnten genauso dazu gehören wie wichtige, allgemein anerkannte Meinungsbildner. In der Regel werden diejenigen Mitglieder, die bereits in der Lenkungsgruppe von Anfang an den Prozess begleitet haben, auch in der Realisationsphase in der Lenkungsgruppe ihren Sitz haben. Vertreter aus den folgenden Bereichen, nach der jeweiligen Struktur des Ortes, müssen sich in der Lenkungsgruppe engagieren:

• Banken

• Einzelhandel

• Gewerbe

• Handwerk

• Hochschule

• Industrie

• Institutionen

• Kirche

• Kommunalverwaltung

• Kultur

• Militär

• Sport

• wichtige Verbände

• wichtige Vereine

• Wirtschaft

• Wissenschaft

Die Lenkungsgruppe ist das oberste Gremium im Stadtmarketingprozess. Die Leitung sollte die mit der Realisation der Gesamtkonzeption betraute Person haben. Hat die Lenkungsgruppe allerdings eine Aufsichtsratsfunktion, sollte ein

Vorsitzender (bzw. eine Vorsitzende) gewählt oder eine Rotation vereinbart werden. Die Lenkungsgruppe tagt regelmäßig. Ihre Aufgabe ist es, die einzelnen Phasen des Prozesses zu überwachen, neue Ideen einzubringen, aber auch ggf. eine Modifizierung der Konzeption bzw. des Handlungskataloges vorzunehmen.

Die Mitgliederzahl der Lenkungsgruppe muss überschaubar, das Gremium handlungsfähig sein. Es muss darauf geachtet werden, dass eine Zahl von maximal 12 Personen,[44] die nach Einfluss und Wichtigkeit ihrer Organisation, Institution etc. ausgesucht werden sollten, nicht überschritten wird. Weitere interessierte Personen können über die Mitarbeit in verschiedenen Arbeitskreisen, die auch während der Realisationsphase als dauernde Einrichtung vorhanden sein sollten, rekrutiert werden. Die Arbeitskreise sollten Kernmitglieder haben, die für die kontinuierliche Arbeit verantwortlich sind. Darüber hinaus könnten flexibel, je abzuarbeitendem Projekt, weitere Fachmitglieder auf Zeit hinzugezogen werden. Arbeitskreise sind Unterorganisationen der Lenkungsgruppe und, sofern es keine spezielle Realisationszuständigkeit für einzelne Vorhaben gibt, für die Realisation der in ihren Fachbereich fallenden Projekte zuständig. Zu den Aufgaben der Lenkungsgruppe gehören u.a.

- Ideenkoordination (Realisationsteams)
- Ideenbewertung
- Initiativen
- Auswahl der Mitglieder in den Realisationsteams (Berücksichtigung der konzeptionellen Vorgaben)
- Überwachung des Prozessablaufes (sachlich und zeitlich)

---

[44] Laux E., »Teamarbeit«, AWV Fachbericht Nr. 24, Frankfurt/Main 1976, und Haidack/Brinkmann, Unternehmenssicherung durch Ideenmanagement, Band 2, 1983.

Abb. 14 Abstimmung und Entscheidung durch die Lenkungsgruppe

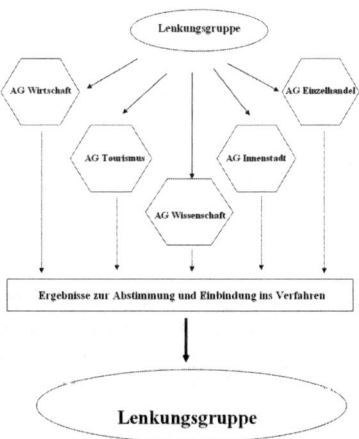

Quelle: eigene Darstellung

6. Analyse

Analyse ist in diesem Kontext weitgehend **Meinungsforschung**. Kaum ein Wissenszweig ist in den vergangenen Jahren so viel und so anhaltend in der Öffentlichkeit diskutiert worden wie die Meinungsforschung. Wohl kein anderer Wissenszweig dringt so tief in die Lebenssphäre des Menschen, bis hinunter in seine privatesten Bereiche ein. Die Haltung, die gegenüber Meinungsforschern eingenommen wird, geht von begeisterter Zustimmung über gedämpften Optimismus bis zu schroffer Ablehnung. Der Name Meinungsforschung ist eigentlich unglücklich gewählt. Das Wort »meinen«, das streng genommen »für wahr halten« bedeutet – ohne dass dabei der Meinende von der Richtigkeit seiner Meinung überzeugt sein muss –, ist durch den täglichen Gebrauch in der Umgangssprache so abgegriffen und in seiner Bedeutung so blass geworden, dass es als präziser Begriff nicht mehr benutzt werden kann.

Die Meinungsforschung untersucht nicht nur Meinungen im engeren oder weiteren Sinn des Wortes. Ihre Antworten werden die Befragten nicht als bloßes »meinen«, sondern als Ausfluss eines Wissens aufgefasst haben wollen. Andere Fragen zielen auf die Abgabe eines Urteils. Oder die Antwort soll den Willen der Befragten zum Ausdruck bringen, etwas zu tun oder zu unterlassen. Die Analyse in einem Stadtmarketingprozess muss diese Möglichkeiten berücksichtigen und durch eine eindeutige Fragestellung versuchen, zu verwertbaren Ergebnissen zu kommen.

Einwohnerbefragung im neuen Modell Zukunft

Aus Kostengründen kommt es in vielen Stadtmarketingprozessen nicht mehr zu umfangreichen Analysen, die nicht selten einen zu großen zeitlichen und finanziellen Umfang haben. Nachfolgend werden auf der einen Seite die umfangreichen Möglichkeiten einer Analyse dargestellt, auf der anderen Seite aber auch eine Einwohnerbefragung erläutert, die einen Prozess kurzfristiger und vor allem kostengünstiger ermöglicht. Erfahrungen aus den Stadtmarketingprozessen in Troisdorf, Bad Bevensen und Buxtehude haben bestätigt, dass die so gewonnenen Daten eine mehr als ausreichende Grundlage dafür waren, einen Stadtmarketingprozess zu starten. Die kurzfristige Einwohnerbefragung ist mittlerweile der Grundbaustein des »Modells Zukunft«. Bevor die verschiedenen Möglichkeiten der Analyse erläutert werden, muss der Begriff der Meinungsforschung erläutert, um so Grundlagen für die eigene Bewertung der Analyse zu erhalten.

Anstelle einer umfangreichen, zeitaufwendigen Analyse wurde im neuen Modell eine kurze Stärken- und Schwächenanalyse gestartet. Dabei standen mehr die Stärken als die Schwächen im Vordergrund, um die »Vergangenheitsbewältigung« im Vergleich zu bisherigen Prozessen auf ein Mindestmaß zurückzufahren. Die Ergebnisse waren die abstrakten Grundlagen des weiteren Verfahrens.

Vorausgeschickt sei, dass diese Art der Befragung nur durch Fachleute in der Meinungsforschung erfolgreich realisiert werden kann. Die Auswertung erfolgt durch ein wissenschaftliches Programm. Probleme bereiten den Auftraggebern immer die geringe Zahl von Befragten. Repräsentativ genügen bei einer Stadtgröße von ca. 35.000 Einwohner um die 200 Befragten. Wenn man bedenkt, dass für die Sonntagsfrage »Wie würden Sie wählen, wenn am nächsten Tag Bundestagswahl wäre?«, nur knapp 1.000 Befragte nötig sind, dann zeigt dies, dass mit dieser Zahl bereits ein Ergebnis erreicht wird, das als Basis für den Prozess ausreicht. Für eine Stadt mit ca. 70.000 Einwohnern werden in einem Stadtmarketingprozess max. 400 Probanten benötigt. Dabei lege eine möglicher Toleranzwert bei max. 5 Prozent Abweichung.

Der Fakt, dass nur wenige Einwohner befragt werden müssen, verursacht bei der öffentlichen Präsentation der Ergebnisse immer wieder auf Unverständnis und Ungläubigkeit hinsichtlich der Ergebnisse. Daher sollten vergleichende Zahlen und die heute mögliche Auswertung immer erläutert werden.

An dieser Stelle soll die Analyse aber trotzdem ausführlich dargestellt werden. Auch wenn sie im neuen Modell nicht besonders umfangreich ist, weil es auf die Entwicklung neuer Idee in einem Stadtmarketingprozess ankommt und nicht auf eine minuziöse Vergangenheitsbewältigung, so sind einzelne Schritte und Aspekte aus der nachfolgend dargestellten Analyse auch wichtig und hilfreich für eine kürzere Einwohnerbefragung. Außerdem kann es später unter Umständen immer noch zu einzelnen, detaillierten Analysen kommen.

Analysebegriff

Wörtlich übersetzt ist die Analyse eine Zergliederung des Ganzen in seine einzelnen Teile, verbunden mit der genauen Untersuchung dieser Teile. Die Untersuchung muss exakt, detailliert, ausführlich, umfassend und gründlich erfolgen. Wird die Analyse halbherzig, oberflächlich oder sogar falsch durchgeführt, kann Stadtmarketing nicht erfolgreich sein, da die objektive Grundlage fehlt. Diese Voraussetzungen bietet auch die Analyse im neuen Verfahren.

Analyseziel

Aufgabe und Zweck der Analyse ist es, vor allem alle in der Stadt vorhandenen Stärken, aber auch die Schwächen offen zu legen. Neben den Stärken und Schwächen kann auch analysiert werden, wie das Image des Ortes ist. Eine Imageanalyse macht deutlich, wie die Einwohner ihre Stadt sehen und welche Meinung von Umlandbewohnern und Menschen in verschiedenen Teilen des Landes zu dem Ort besteht. Nach einem bestimmten Zeitraum, nicht unter fünf Jahren, kann eine erneute Imageanalyse aufzeigen, ob es in einzelnen Bereichen zu einer Verbesserung gekommen ist. Die Stärken/Schwächen-Analyse besitzt Priorität. Auf die Imageanalyse sollte aber nach Möglichkeit nicht verzichtet werden. Andere Analysen unterliegen der Zielabwägung.

Die Analyse ist ein kompromissloses Offenlegen des augenblicklichen Zustandes der Stadt. Sie muss so kritisch wie möglich vorgenommen werden, denn ein Schönrechnen von Fakten hilft der Entwicklung einem Ort nicht weiter.

Die Analyse will auch eventuelle Krankheitssymptome in einer Stadt aufdecken und erkennen, sie will Wege und Möglichkeiten für eine erfolgreichere – oder zumindest nicht schlechtere – Zukunft aufzeigen. Da eine Stadt verschiedene miteinander verknüpfte Abläufe umfasst, muss einer ganzheitlichen Gesundung eine gründliche Analyse vorausgehen.

> **Beispiel:**
>
> Für das Handlungsfeld Wirtschaft könnte u.a. die Arbeitsplatz- und Gewerbesteuersituation geprüft werden, d.h. welche Unternehmen sich angesiedelt haben bzw. sich ansiedeln wollen und wollten. Weiter ist festzustellen, welche größeren Unternehmen nicht mehr am Standort vorhanden sind, warum sie den Standort gewechselt haben oder nicht mehr existieren.

Umsetzung

Die Analyse im Stadtmarketingprozess ist ohne finanzielle Mittel nicht möglich. In vielen Städte, besonders in kleineren, fehlt es aber oft an ausreichenden Geldern, die eine repräsentative Stichprobenanalyse durch ein Meinungsforschungsinstitut ermöglichen Daher erfolgt die Finanzierung der Analyse bereits gemeinsam durch die am Prozess Beteiligten.

Für die Umsetzung der Analyse bieten sich drei Möglichkeiten an. Grundsätzlich ist zu diesem Zeitpunkt bereits die Lenkungsgruppe gebildet und hat ihre Arbeit aufgenommen. Sie wird beschließen, welcher Weg zu wählen ist und wie umfangreich die Analyse gemacht werden muss. Das nachfolgend dargestellte alte Verfahren zeigt die Komplexität, führte aber besonders wegen der zeitlichen Länge dazu, dass die Motivation der Beteiligten erheblich litt, bevor es zum Kernprozess der Ideenfindung und Positionierung für die nächsten Jahre kam.

Grundsätzlich ist zu empfehlen, Meinungsforscher zu beauftragen. Auch mit dem entsprechenden Fachwissen ausgestattete Hochschulen machen Analysen. Die erste Alternative geht von dem eben erläuterten Vorgehen aus. Die Ergebnisse werden in der Lenkungsgruppe vorgestellt und diskutiert und sind später, wichtiger Programmteil der Impulsveranstaltung. Die Ergebnisse werden als Ist-Zustand festgehalten.

Eine Alternative geht davon aus, dass weder Meinungsforschungsinstitute noch Hochschulen beteiligt werden. Diese Alternative ist eine denkbar schlechte Lösung, da kein wissenschaftlicher Ansatz vorhanden ist. Die Analyse wird kaum Ergebnisse bringen, die eine ideale Grundlage für den weiteren Prozess sind. Sollte es an diesem Punkt bereits an finanziellen Mitteln fehlen, stellt sich die Frage, ob für andere Schritte im Stadtmarketing überhaupt Gelder vorhanden sind. Die Verantwortlichen in einem Stadtmarketingprozess sollten genau überlegen, ob dieser Weg die erwarteten Erfolge bringen kann.

Abb. 15 Beteiligung

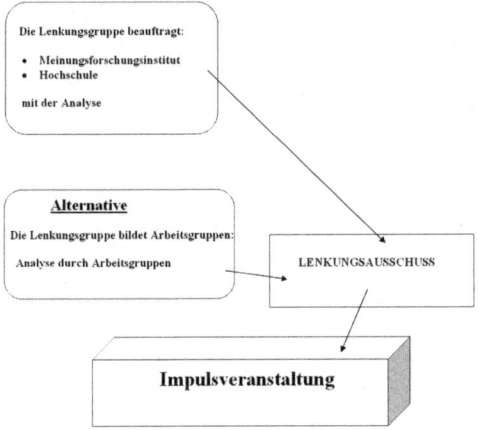

Quelle: eigene Darstellung

Primärforschung

Die Primärforschung (*field research*) ist erforderlich, wenn entsprechendes Sekundärmaterial nicht vorhanden, zu alt oder unzulänglich ist. Ist dies der Fall, müssen neue, bisher noch nicht verfügbare Marktdaten erhoben werden. Primärerhebungen können in Form von **Experimenten**, **Beobachtungen** oder **Befragungen** ermittelt werden. Die verschiedenen Möglichkeiten werden in der Folge kurz erläutert, wobei der Befragung, insbesondere der schriftlichen Form, eine besondere Bedeutung zukommt.

Sekundärforschung

Die Sekundärforschung (*desk research*) bezieht sich auf die Auswertung von bereits vorhandenen und ursprünglich für andere Zwecke gesammelten Informationen, z.B. statistische Daten und Unterlagen. Dies sind zum Beispiel betriebsinterne Statistiken, die selbst erstellt wurden, oder Daten aus externen Quellen (amtliche Statistiken etc.).

Die Sekundärforschung ist in der Regel günstiger und einfacher als die Primärforschung, denn Sekundärinformationen sind schneller und einfacher zu beschaffen. Sie ermöglicht einen Einblick in das Untersuchungsgebiet und können bei der konkreten Problemdefinition hilfreich sein oder sogar weitere Untersuchungen ersetzen.

Oft sind allerdings die in der Sekundärforschung erhobenen Daten nicht aussagekräftig und detailliert genug, da sie nicht für den zu untersuchenden Zweck erhoben wurden. Auch ist es häufig nicht möglich, Daten miteinander zu vergleichen, da sie von verschiedenen Institutionen erarbeitet wurden.

Auf Grund der unterschiedlichen Fragestellungen, Vorgehensweisen und Befragungsziele bei der Erhebung von Daten, kann es zu voneinander abweichenden und sich widersprechenden Ergebnissen kommen.

Abb. 16 Sekundär- und Primärforschung

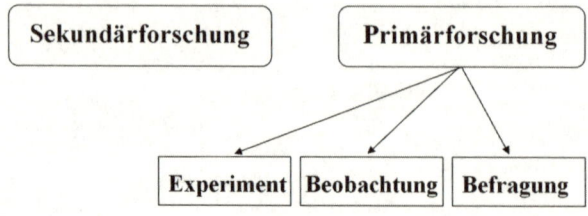

Quelle: eigene Darstellung

Durch ein **Experiment,** auch als Test bezeichnet, wird versucht »durch Veränderung der Wirkung und Größe oder mehrerer Größen die Auswirkungen aus diesem Veränderungen auf andere Größen aufzuzeigen.«[45] Mit diesem Verfahren können z.B. Produktkombinationen getestet oder die Preisakzeptanz überprüft oder die Werbewirkung kontrolliert werden.

Die **Beobachtung** kann als individuelle oder ergänzende Methode der Datengewinnung angewandt werden. Sie zielt auf die Erfassung von sinnlich wahrnehmbaren Verhaltensweisen und Gegebenheiten ab, die nicht durch eine Frage ausgelöst werden.[46] Einsatzgebiete der Beobachtung sind z.B. die Erforschung des Verkaufsverhaltens, des Kaufverhaltens oder die Analyse von Aufmerksamkeitswirkungen. Der Vorteil der Beobachtung ist u.a. die Möglichkeit der Geheimhaltung, d.h., der Beobachtete weiß nicht, dass er beobachtet wird und reagiert deshalb »normal«. Dem gegenüber stehen neben den hohen Durchführungskosten auch Schwierigkeiten bei der Ergebnisauswertung. Oft lassen sich nicht alle relevanten Sachverhalte gleichzeitig beobachten, und auch der Grund für eine bestimmte Verhaltensweise seitens der beobachteten Person bleibt ungeklärt.[47]

Eine weitere Form der Datenerhebung im Rahmen der Primärforschung ist die **Befragung.** Diese kann entweder **mündlich** (persönlich oder telefonisch) oder **schriftlich** vorgenommen werden. Die **persönliche Befragung** hat den Vorteil, dass über den Befragungsgegenstand hinaus durch die Beobachtung der befragten Person weitere Informationen gewonnen werden können. Andererseits kann sich die befragte Person bei der Beantwortung der Fragen vom Interviewer beeinflussen lassen, was zu einer Verzerrung der Ergebnisse führen kann. Die Organisation der persönlichen Befragung bedarf eines hohen Zeitaufwands und ist dadurch besonders kostenintensiv.[48] Weniger zeitaufwendig ist dagegen die Telefonbefragung. Sie erlaubt eine kostengünstige und schnelle Befragung, da keine Feldorganisation notwendig ist. Dafür können über Telefon aber nur kürzere und einfachere Fragen gestellt werden, die keiner ausführlichen Erklärung bedürfen oder durch Gegenstände bzw. Vorlagen ergänzt werden müssen.[49]

Die **schriftliche Befragung** richtet sich an im Vorfeld der Untersuchung ausgewählte Personen, die einen Fragebogen erhalten. Problematisch ist, dass Fragestellungen nicht näher erläutert werden können und der mögliche Einfluss von Dritten nicht ausgeschlossen werden kann. Des Weiteren wird mit schriftlichen Antworten häufig eine endgültige Aussage verbunden, und die Angst vor »falschen« Antworten führt häufig dazu, dass die belangloseste oder einfachste Antwort-

---

[45] Weis, H. C., Marketing, 8. Auflage, Ludwigshafen 1993, S. 114.
[46] Ebenda, S. 112.
[47] Ebenda.
[48] Meffert, H., Marketing, Einführung in die Absatzpolitik, 6. Auflage, Wiesbaden 1982, S. 165.
[49] Seitz, E./Meyer, W., Tourismusmarktforschung, S. 75.

möglichkeit gewählt wird.[50] Die schriftliche Befragung ermöglicht jedoch eine zielgruppenorientierte systematische Auswahl der zu befragenden Personen und ist
besonders dann vorteilhaft, wenn die Befragten räumlich weit voneinander entfernt
leben oder persönlich nur schwer erreichbar sind. Durch den Verzicht auf Inter-
viewkosten ist die schriftliche Befragung eine verhältnismäßig preisgünstige Befra-
gungsvariante.

Analysearten

Die empirische Forschung geht mittlerweile davon aus, dass es nicht auf die Anzahl
der Informationen ankommt, die gesammelt werden sollen, sondern auf deren
repräsentative Verteilung, also die Stichprobenbefragung. Ein immer wieder
zitiertes Beispiel aus den USA beweist dies. Im Vorfeld der Präsidentenwahlen im
Jahre 1936 wurde eine **Quotenstichprobe** unter 1.500 Befragten durch George
Gallup berühmt, weil parallel dazu eine Probeabstimmung unter rund 10 Millionen Wählern vorgenommen wurde, von denen sich 2,4 Millionen aktiv beteiligten.
Die simulierte Abstimmung erbrachte für den Gegenkandidaten von Roosevelt
einen großen Vorsprung. Doch es siegte schließlich Roosevelt, so wie es Gallup
mit seiner Stichprobe ermittelt hatte.

Nach Gallups Verfahren wurden die Wähler nach mehreren Kriterien wie Alter, Religion, Geschlecht und sozialer Status eingeteilt. So wurde die Stichprobe zu
einem Abbild der Gesamtheit der Wähler. Stichproben können methodisch als *face to
face*, telefonisch oder per Fragebogen gemacht werden. Ideal sind die beiden ersten Alternativen. Gerade die *face-to-face*-Befragung bzw. das mündliche Inter-
view zählen zu den wichtigsten und am häufigsten angewandten Erhebungs-
methoden der Informationsbeschaffung. Der direkte Kontakt zu den Befragten, die
Genauigkeit in der Beantwortung sowie mögliche Hilfestellungen bei Verstän-
digungsschwierigkeiten sind eindeutige Vorteile dieser Befragungsart.

Die Basis der Befragung muss sein, dass eine prozentual gleiche Anzahl von Ge-
schlechtsgruppen und je fünf Altersgruppen befragt werden. Ein verlässlicher Trend
sollte sich, bedenkt man die Zahl der Befragten im obigen Beispiel, an der
Gesamtzahl der Möglichen orientieren. Gallup befragte im Verhältnis zur Probeabstimmung nur 0,015 Prozent der 10 Millionen Probewähler. In einer Stadt mit
300.000 Einwohnern würden nach dieser Berechnung 45 Befragte ausreichen, um
Gallups Ergebnisse – vorausgesetzt die gleiche spezifizierte Auswahl unter den
Betroffenen wird getroffen – zu erreichen. Je geringer die Zahl der Befragten allerdings ist, umso größer ist der Abweichquotient. In der Praxis wird davon ausgegangen, dass abhängig von der Größe des Ortes mindestens etwa 100 bis 200
Personen befragt werden müssen.

---

[50] Gutjahr, G., Psychologie des Interviews in Praxis und Theorie, Heidelberg 1985, S. 42 ff.

Berechnung

Die Grundgesamtheit bilden alle Personen, die befragt werden könnten, d.h. im Stadtmarketing alle Einwohner bzw. Besucher, Touristen, Investoren usw. Bei einer Vollerhebung müssten alle befragt werden. Da dies aber einen zu hohen Aufwand bedeuten würde, wird eine Teilerhebung (Stichprobe) vorgenommen. Um hierbei ein repräsentatives Ergebnis zu erhalten, muss die Grundgesamtheit genau studiert werden, d.h. es ist wichtig die Prozentzahlen von Männern und Frauen festzustellen, welche die Grundgesamtheit ausmachen (Beispiel: die Stadt X hat 47 Prozent weibliche und 53 Prozent männliche Einwohner). Außerdem muss festgestellt werden, wie hoch die Prozentzahlen sind, die der jeweiligen Geschlechtsgruppe z.B. bis zwanzig, dreißig, vierzig etc. Jahre angehören. Entsprechend diesen Prozentzahlen ist die Stichprobe vorzunehmen. Die so errechneten Quoten sind die faktischen Grundlagen der Stichprobenerhebung. Errechnen sich in dem Ort aus der Grundgesamtheit fünfzehn Prozent der Einwohner zwischen zwanzig bis dreißig Jahren, so müssen in der Stichprobe auch fünfzehn Prozent Zwanzig- bis Dreißigjährige enthalten sein. Die Interviewer sind verpflichtet, die vorgeschriebenen Prozentsätze einzuhalten (Quotenanweisung).

Fragetypen

Ein **Fragebogen** sollte in diesem Fall **hauptsächlich geschlossene Fragen** beinhalten, um so die Auswertung zu erleichtern. Bei geschlossenen Fragen handelt es sich um Fragen, bei denen eine Auswahl an Antworten schon vorgegeben ist. Dies heißt aber nicht, dass auf offene Fragen verzichtet werden muss.

Die offenen Fragen lassen zwar umfassende Erkenntnisse zu, erschweren jedoch die Auswertung. Offene Fragen können frei, ohne Vorgaben beantwortet werden, d.h. im Extremfall gibt jeder Befragte eine andere Antwort. Dies wiederum erschwert die Auswertung einer Tendenz.

Beispiel für die Kombination von geschlossenen und offenen Fragen:

1. Wie gefällt Ihnen das kulturelle Angebot?

	sehr gut	gut	befriedigend	ausreichend
Theater				
Konzerte				
Kleinkunst				

2. Welches Kulturangebot vermissen Sie?

....

3. Welches Kulturangebot finden Sie besonders gut?

....

Die vorgegebenen Antworten bei geschlossenen Bewertungsfragen sollten in der Summe immer eine gerade Zahl ergeben. Wird eine ungerade Zahl für die möglichen Antworten zur Auswahl vorgegeben, wählen in diesem Fall viele Befragte den Mittelwert. Bei vier Antworten muss der Befragte sich entscheiden, die Auswertung ergibt später ein eindeutigeres Ergebnis.

Die Auswertung der Fragebögen kann mit SPSS (Statistical Package for Social Science) erfolgen, einem Statistikprogramm für Sozialwissenschaften. Bei diesem Programm handelt es sich um ein spezielles Auswertungssystem für die Marktforschung, das u.a. auch die Korrelation von Fragen zulässt.

Fragestellung

Die Fragestellung ist, gleichgültig welche Art der Erhebung gemacht wird, die wichtigste Voraussetzung, um zu verwertbaren Antworten zu kommen. Im Folgenden wird kurz auf verschiedene Möglichkeiten eingegangen, welche die empirische Sozialforschung vorschlägt. Es geht insbesondere darum, durch die richtige Fragestellung die für die Analyse nutzbarste Antwort zu erhalten. Der Forscher bzw. Interviewer muss sein Problem in Fragen umsetzen, die dem Bezugsrahmen des Befragten angemessen sind.[51]

1. Wie ist die Frage zu formulieren?

2. Welche Art von Frage (und Antwortvorgabe) ist angemessen?

3. Warum wird die Frage gestellt?

---

[51] Vgl. Cannell & Kahn, 1968, Maccoby & Maccoby, 1956.

Die drei Fragen werden in dieser Reihenfolge gestellt. Ausnahmen gibt es bei einem Forschungsvorhaben, wo in der umgekehrten Reihenfolge vorgegangen wird. Unterschieden wird nach geschlossenen (die Antworten werden vorgegeben) und offenen Fragestellungen. Während die grundsätzliche Fragestellung nach Möglichkeit geschlossen sein sollte – unkomplizierte Auswertung und Schnelligkeit –, dürften bei Fragen nach Gründen genaueste Antworten erforderlich sein, die nur durch eine offene Beantwortung erreicht werden kann.

Problematisch ist dabei auch die Wahl der Wörter, da eine Fachsprache des Interviewers nicht immer vom Befragten richtig verstanden wird. Auch die Allgemeinsprache[52] kann je nach Alters- und Sozialstruktur falsch interpretiert wird. Es bestehen verschiedene Möglichkeiten der sprachlichen Ausdrucksweise. Dazu gehören die unterschiedlichen **Fachsprachen** (in Wirtschaftsunternehmen, Behörden oder wissenschaftlichen Instituten), die sich grundlegend voneinander unterscheiden.

Eine weitere Sprachart ist die **Bildungssprache.** Wird ohne weitere Erklärungen vom »fünften Gebot« oder vom »Artikel 1 des Grundgesetzes« geschrieben, so werden nur wenige den Inhalt dieser Begriffe verstehen, es sei denn eine entsprechende Fachbildung ist vorhanden.

Die dritte Sprachart ist die **Umgangssprache,** eine Sprache, die im täglichen Leben vorkommt. Dazu gehören zum Beispiel »Ich bin auf Hundert«, »Er hat die Kurve nicht bekommen« oder auch neudeutsche Begriffe wie »geil« und »heiß«.

Derartige Sprachformen dürfen bei Frageformulierung im Hinblick auf die Analyse nicht benutzt werden.

Abb. 17 Spracharten

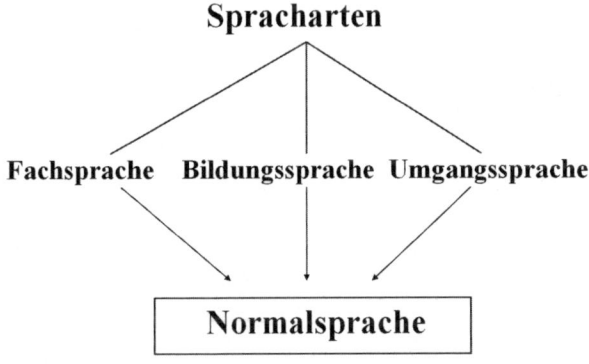

Quelle: eigene Darstellung

---

[52] Vgl. M. Konken, Pressearbeit, FBV Medien-Verlags GmbH, Limburgerhof 1998, S. 160 ff.

Die einzelnen Fragen müssen in der Gesamtheit aller Fragen gesehen werden. Den allgemeinen Fragen folgen die besonderen. Gallup spricht in diesem Zusammenhang von einem Trichter, der sich an einem fünfdimensionalen Frageplan ausrichtet.

1. Bewusstheit:
Offene Wissensfrage: »Was verstehen Sie unter Mitbestimmung?«

2. Unbeeinflusste Einstellung:
Offene Frage: »Was sollten die Gewerkschaften hinsichtlich der Mitbestimmung tun?«

3. Spezifische Einstellung:
Geschlossene Frage: »Einige sagen, die Arbeitgeber sollten im Aufsichtsrat eines Betriebes die Mehrheit haben, andere sagen, dass Arbeitgeber und Arbeitnehmer gleich stark vertreten sein sollten. Was meinen Sie?«

4. Gründe:
Offene Warum-Frage: »Warum meinen Sie das?«

5. Intensität:
Geschlossene Intensitätsfrage: »Wie sicher sind Sie Ihrer Ansicht? Sehr sicher, sicher, unsicher, sehr unsicher?«

Basisanalyse

Die Analyse und Bewertung der Historie, der Bevölkerungsstruktur und der geographischen Lage sind für alle Handlungsfelder von grundlegender Bedeutung. Diese Analyse ist als Grundlage zu sehen. Eine Bestandsaufnahme kann durch folgende Maßnahmen unterstützt werden:

- vorhandene statistische Unterlagen
- Sekundärmaterial
- Expertengespräche
- Archive

a) Historie

Zusammenschlüsse mehrerer kleiner Städte zu einer großen Stadt und das damit verbundene Zusammentreffen unterschiedlicher Strukturen sind genauso wichtig wie Rückblicke in die Geschichte des Ortes. Sie bringen unter anderem Antworten zu Traditionen, namhaften Persönlichkeiten, Brauchtum und Bevölkerungsentwicklungen.

Als die Stadt Wittenberg nach der Wende im Jahr 1990 die Chancen für die Zukunft analysierte, musste sie den Namen des Reformators Martin Luther berücksichtigen. Kein anderer hatte die Geschichte dieser Stadt so entscheidend geprägt. So war es unabdinglich, Luther zu einem zentralen Faktor in den künftigen Planungen zu machen. Dass sich die Stadt heute Lutherstadt Wittenberg nennt, verdeutlicht diesen Ansatz.

Untersuchungen zur früheren wirtschaftlichen Ausrichtung gehören ebenso dazu wie Einflüsse auf den Ort, z.B. durch Kriege. Fragen sind zu stellen wie: »Wurde nach dem Krieg versucht, zerschlagene Strukturen wieder aufzubauen?« oder »Warum ist dies nicht geschehen?«.

Schwierig wird es bei negativen Vergangenheitswerten. Kann die Stadt Bautzen, geprägt durch eine der berüchtigtsten Gefängnisanlagen der ehemaligen DDR, diese Vergangenheit verschweigen? Muss sie nicht sogar mit dieser Vergangenheit arbeiten, sie Teil für Teil positiv wandeln, auch wenn dies Jahrzehnte dauern sollte?

Fragen stellen sich nach den Fakten, durch die ein Ort bekannt wurde und einen überregionalen Ruf erlangte. Auch Entwicklungen und Erfindungen von nationaler und internationaler Bedeutung gehören dazu gleichermaßen wie namhafte Persönlichkeiten, die den Ruf der Stadt in der Vergangenheit prägten.

Die kulturelle Entwicklung einer Stadt verdeutlicht die Bereitschaft ihrer Einwohner zu Initiativen und Veränderungen, signalisiert die geistige Beweglichkeit der Bevölkerung und die Chance, neue Ideen in der Ortsentwicklung umzusetzen.

Aber auch früh entstandene soziale Einrichtungen beeinflussen das Bild eines Ortes und zeigen die Verantwortung der Einwohner im Bereich des sozialen Engagements. Die politische Grundhaltung ist für die Bewertung und die darauf folgende Veränderung wichtig. War die Bevölkerung konservativ oder liberal geprägt und wie ist dies heute?

Die Bevölkerungszahlen verdeutlichen, ob der Ort früher größer oder kleiner, bedeutender oder unbedeutender war, lassen aber auch Fragen zu, warum die Bevölkerungszahl stieg oder sank.

b) Geographische Lage

Berücksichtigt werden muss in der Analyse auch die geographische Lage. Denn wer will schon Wintersport in einer Region anbieten, in der es kaum klimatische Voraussetzungen dafür gibt? Die unterschiedlichen geographischen Standorte sind ausschlaggebend für bestimmte planerische Ausrichtungen.

Die Lage am Meer bietet Möglichkeiten für den Hafenumschlag und/oder den Tourismus. Die Lage an einem großen Fluss oder Kanal bietet Voraussetzungen für den Handel über Binnengewässer und somit auch hafenwirtschaftliche Ausrichtungen. Die Lage in den Alpen eröffnet Chancen für den Sommer- und Winterurlaub sowie für Erholung und Freizeit und ggf. den Kurbetrieb.

Ballungszentren wie das Ruhrgebiet oder der Rhein-Main-Bereich bieten ideale Voraussetzungen für wirtschaftliche Aktivitäten. Die zentrale Lage in der Europäischen Union, die Grenznähe oder die Lage an wichtigen Verkehrswegen können in der Analyse sowohl positive als auch negative Ergebnisse bringen. Gebiete, deren Bewohner eine akzentfreie Aussprache haben, bieten z.B. ideale Voraussetzungen für Call Center. So konnten in den vergangenen Jahren im Norden Deutschlands verschiedene wirtschaftlich schwache Region von diesem Zweig der Neuen Medien profitieren.

c) Bevölkerungsstruktur

Ein Ort lebt nicht von den vorhandenen Gebäuden und Anlagen, eine Stadt lebt von den Menschen, die in ihrem Gebiet wohnen und arbeiten. Die Einwohner möchten liebenswerte, interessante und attraktive Lebensbedingungen haben. Einen hohen Stellenwert haben saubere Luft, sauberes Wasser, wenig Lärm, ein breites Kultur- und Sportangebot, Einkaufs- und Erholungsmöglichkeiten, also eine gute Lebensqualität.

Der Kultur- und Freizeitbereich ist von erheblicher gesellschaftlicher Bedeutung, da hier Kontakte zwischen den Menschen geschaffen und das Ambiente sowie die Lebensweise beeinflusst werden.

Aus der Bevölkerungsstruktur ergeben sich Fragen zur Erwerbsquote, zu den Arbeitsplätzen im Dienstleistungs- oder Industriebereich, zu den berufsbedingten Ein- und Auspendlern sowie zur Erwerbsquote der Frauen. Vergleiche zu anderen Städten müssen aufgezeigt werden.

Das Durchschnittsalter der Bevölkerung, die prozentuale Aufteilung nach Lebensalter und Geschlecht erlauben Rückschlüsse z.B. für spezifische öffentliche oder private Einrichtungen. Die Zahl der Studierenden, Soldaten oder Touristen gibt

Aufschlüsse für künftige Planungen; eine »Urbevölkerung« oder eine gewachsene Bevölkerung lässt Deutungen im Imageverhalten zu.

Die Zusammensetzung der Bevölkerung beantwortet Fragen zum langsamen oder schnellen Gelingen eines Stadtmarketingprozesses. Handelt es sich in dem jeweiligen Ort um eine »Urbevölkerung«, also um Menschen, die in der Mehrzahl bereits seit Generationen in dem Ort leben? Oder ist die Bevölkerung durchmischt und die Stadt vielleicht nur vorübergehender Wohnort für eine große Zahl der dort lebenden Menschen?

Eine gewachsene Bevölkerung wird sich schneller mit ihrer Stadt identifizieren, wird positiv an neuen Zielen arbeiten und selbst initiativ werden. Dies alles wird fehlen, wenn für viele Einwohner der Ort nur Durchgangsstation ist. In einer Garnisonstadt, in der ein Großteil der Bevölkerung dem Militär angehört und somit nur für einen bestimmten Zeitraum dort wohnt, wird sich dieser Teil der Bevölkerung nur langsam eingewöhnen und ein kommunales Wir-Gefühl entwickeln.

Analyseformen

Es gibt verschiedene Möglichkeiten, eine Stadt in den unterschiedlichsten Bereichen zu untersuchen. Auf der Grundlage aller gewonnenen Informationen werden im Zusammenhang mit den Auswertungen der Situationsanalyse im Verlauf der Konzeption Maßnahmen bzw. Handlungsempfehlungen erarbeitet. Je nach Intensität, Geldmitteln und Zeit muss festgelegt werden, welche Analysen wichtig für den Stadtmarketingprozess sind. Natürlich ist die Analyse umso besser, je intensiver und breiter sie angelegt ist. In den seltensten Fällen werden aber alle Formen zur Anwendung kommen. Das neue Verfahren führt aus Kosten- und Effektivitätsgründen keine umfangreiche Analyse mehr durch. Dies heißt aber nicht, dass sie im Einzelfall erforderlich ist, bzw. einzelne Analysearten dies sind. Verschiedene Möglichkeiten werden im Folgenden dargestellt.

Die **wichtigsten** Analysen in einem Stadtmarketingprozess sind **Situations- und Imageanalyse.**

Abb. 18 Intensive Analyse Stadtmarketingprozess (intensives Verfahren)

> **Hauptuntersuchung**

Situationsanalyse:
- Stärken/Schwächen
- Imageanalyse
- Wettbewerbsvorteile/-nachteile

SWOT-Analyse:
- Gegenüberstellung der Stärken/Schwächen mit den möglichen Chancen/Risiken

Institutionsanalyse:
- (Dienst-)Leistungen (Grundnutzen)
- Service/Bürgerfreundlichkeit (Zusatznutzen)
- Leistungspotential

Zielsetzungsanalyse:
- Zielvorgaben (Politik und Verwaltung)
- Leistungsziele (Sach- und Formziele)
- Marketingziele (strategisch/operativ)

Quelle: eigene Darstellung

Situationsanalyse

Die Planungsgrundlage für die Konzeption ist ein klares Verständnis der Ausgangslage der Stadt. Im Rahmen einer Situationsanalyse müssen die Stärken und Schwächen ermittelt werden.

Die Situationsanalyse ist ein aufwendiger, aber **unverzichtbarer** Bestandteil der Planung. Zu einer gründlichen Beurteilung der Ausgangslage sollten nachfolgende Fragen im Rahmen der kommunalen Analysen beantwortet werden. Diese Fragen erheben keinen Anspruch auf Vollständigkeit und können selbstverständlich erweitert werden:

- In welchem Ausmaß besteht bereits eine Stadtmarketing-Orientierung in Aktivitätsbereichen der Stadt und in welchem Umfang soll eine verstärkte Implementierung des Stadtmarketingkonzepts angestrebt werden?
  → Soll/Ist-Profil zur Ermittlung des Stadtmarketingdefizits

- Welches Image hat der Ort bei Einwohnern, Pendlern, Geschäftsleuten, Touristen, Meinungsbildern aus den verschiedensten Bereichen (z.B. Politik, Kultur, Medien, Sport)?
  → Imageanalyse

- Welche Qualität und Attraktivität weisen der kommunale Lebens-, Arbeits- und Wohnraum, die Einkaufsmöglichkeiten, die Verkehrssituation, das Freizeit und Erholungsangebot usw. auf?
  → Qualitätsanalyse

- Welche Stärken und Schwächen weisen die einzelnen Handlungsfelder des Stadtmarketings auf?
→ Stärken/Schwächen-Profil

- Inwieweit werden die Unternehmen und Dienstleistungsbetriebe den erwerbs-
wirtschaftlichen Anforderungen einerseits und dem Versorgungsauftrag andererseits gerecht?
→ Bedarfsdeckung (Bedarfsdeckungsgrad)
→ kollektive und öffentliche Individualgüter

- Wie erfüllen die vor Ort ansässigen Behörden, insbesondere die Kommunalverwaltung, ihre Aufgaben? – Eigene Einschätzung des Leistungsvermögens im Vergleich
zur Beurteilung der Einwohner.
→ Potentialanalyse der Behörden, besonders der Kommunalverwaltung

- Wie sieht die wirtschaftliche und weitere Verflechtung (also die Bedeutung als
Arbeitsmarkt-, Tourismus-, Kulturregion usw.), die Struktur der Wertschöpfung,
die regionale Güterverflechtung usw. der Stadt mit ihrem größeren Umfeld aus?
→ Regionale Analyse

Aus den gewonnenen internen und externen Informationen lässt sich für die
weiteren Schritte des Stadtmarketingprozesses eine fundierte Planungsgrundlage
erstellen, in der die spezifischen Stärken und Wettbewerbsvorteile des Ortes im
Einklang mit den Marktchancen und Trends herausgearbeitet werden.

Basierend auf der realistischen Einschätzung der Ausgangssituation, ist zu untersuchen, ob es Faktoren gibt, die nicht veränderbar sind und somit hingenommen
werden müssen. Die Stärken müssen weiter entwickelt werden, während die
Schwächen abzubauen sind. Interessant ist dabei die Grauzone. In diesem Bereich
befinden sich in Vergessenheit geratene Stärken, aber auch Schwächen. Besonders
diese Stärken können herausgearbeitet werden. Aber auch die Schwächen dürfen
nicht ganz unberücksichtigt bleiben, da sie bei einer Nichtbeachtung später zu
einem Problem werden können.

Beispiel für eine Grauzone:

In einer mittelgroßen Stadt wurde während der Analyse im Handlungsfeld Innenstadt versucht, die Gründe für den Kaufkraftrückgang in
den vergangenen zwanzig Jahren zu finden. Dabei stellte sich heraus,
dass bis vor zwanzig Jahren zweimal in der Woche ein Wochenmarkt
veranstaltet wurde, der zahlreiche Besucher aus dem Umland anlockte.
Die Besucher nutzten den Aufenthalt in der Stadt, um in den Geschäften weitere Einkäufe zu machen, sie besuchten Restaurants und Cafés,
gingen zum Frisör oder erledigten ihre Bankgeschäfte. Was war nahe
liegender, als in den Handlungskatalog Innenstadt die Wiedereinführung
eines Wochenmarktes vorzusehen?

Dieses Beispiel verdeutlicht nicht nur eine untergegangene Stärke, es macht auch Synergien sichtbar, die sich in viele Bereiche eines Ortes erstrecken. Sie zeigen auch, dass nicht nur Marktbeschickern neue Verdienstmöglichkeiten geboten werden. Warum sollten also die anderen in diesem Beispiel erwähnten Geschäftsinhaber kein Interesse an einem Stadtmarketingprozess haben? Müssten sie nicht erkennen, dass neben einer aktiven auch eine finanzielle Teilnahme am Prozess eine entsprechende Rendite verspricht?

Mehrere Bereiche können sich je nach Art und bisheriger Ausrichtung der Stadt anbieten. Einzelne, so genannte Handlungsfelder, können zusammengefasst werden, wenn Synergien vermutet werden, bzw. schon Verknüpfungen vorhanden sind oder Artverwandtheit bestehen. Handlungsfelder können u.a. sein: Arbeitsmarkt, Bildung, Dienstleistungen, Einzelhandel, Forschung, Freizeit, Gastronomie, Gewerbe, Handwerk, Hotellerie, Industrie, Infrastruktur, Innenstadt, Kultur, Soziales, Sport, Stadtplanung, Tourismus, Umwelt, Verkehr, Wirtschaft und Wissenschaft.

Abb. 19 Wahrnehmung der Stärken und Schwächen

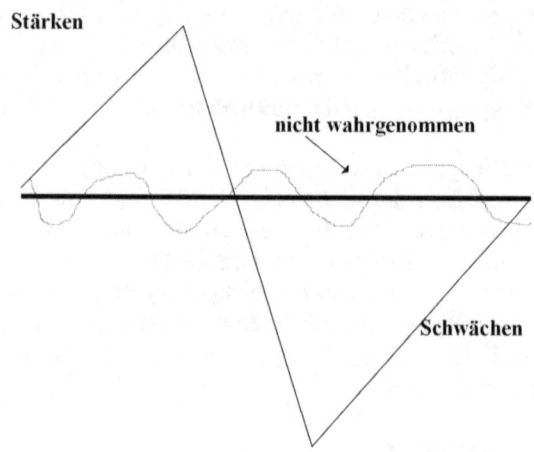

Quelle: eigene Darstellung

SWOT-Analyse

Die Situationsanalyse allein sagt noch wenig über die zukünftige Positionierung und/oder das zukünftige Potential des Ortes aus. Zusätzlich müssen die zukünftigen Chancen und Risiken abgeschätzt werden. Aus der Beurteilung und Abstimmung beider Analyseteile ergeben sich die Wettbewerbsvor- und -nachteile, die wiederum als Basis für den Zielfindungsprozess und als Eckpfeiler für

Überlegungen der normativen Ebene wie Stadtvision und Leitbild dienen.[53] Da die Chancen und Risiken aber eher im Kernprozess selbst diskutiert und abgewogen werden, ist diese Art der Analyse eher untauglich im Vorfeld eines Stadtmarketingprozesses.

Die Auswertung gibt Aufschlüsse über eventuell eingetretene und/oder erwartete Standortveränderungen und damit verbundene Probleme sowie über die Zielsetzung, Pläne, Strategien und Handlungsansätze der lokalen Zielgruppen und der regionalen Konkurrenzstädte. Durch eine SWOT-Analyse, also der Gegenüberstellung der Stärken und Schwächen (englisch *strengths and weaknesses*) mit den jeweiligen Chancen und Risiken (englisch *opportunities and threats*), können zukünftig schwerpunktartig zu entwickelnde Handlungsfelder herausgearbeitet werden.

Abb. 20 SWOT-Analyse

	Chancen	Risiken
Stärken	Ermittlung von Stärken, die durch zukünftige Chancen ausgebaut werden können.	Ermittlung von Stärken, die durch zukünftige Risiken bedroht sind oder die durch zukünftige Risiken abgeschwächt werden können.
Schwächen	Ermittlung von Schwächen, durch die zukünftige Chancen nicht wahrgenommen werden können.	Ermittlung von Schwächen, die durch zukünftige Risiken noch verstärkt werden können.

Rechtliche Einschränkungen

Alle planerischen Maßnahmen in einer Stadt unterliegen rechtlichen Voraussetzungen, die Planungen einschränken oder sogar verhindern können. So sind z.B. in einem Nationalparkgebiet Ausrichtungen auf den Massentourismus nicht möglich. Entsprechende Gesetze stehen dagegen, schränken also in rechtlicher Hinsicht die Chancen ein.

Bebauungspläne oder Landschaftsrahmenpläne können Gewerbeansiedlungen verhindern, den Aufbau einer touristischen Ausrichtung behindern bzw. sogar völlig ausschließen. Umgekehrt können touristische Aktivitäten die Ausrichtung auf Industrie oder Gewerbe verbieten.

---

[53] Meffert, H., Städtemarketing – Pflicht oder Kür?, a.a.O., S. 273-280.

Imageanalyse

Ein Imagevergleich stellt das Image der Stadt, sowohl das Eigenimage als auch das Fremdimage, dar. Das Eigenimage ist das Image, das die Einwohner von ihrer Stadt haben. Es setzt sich aus drei Komponenten zusammen:

1. aus kognitiven Komponenten, die sich aus den Besonderheiten des Ortes begründen. Diese lösen bestimmte Assoziationen aus;

2. aus einer affektiven Komponente, die durch Gefühle, Bedürfnisse und Werterhaltungen geprägt wird;

3. aus einer konativen Komponente, die durch das Verhalten gesteuert wird.

Das Fremdimage bestimmen Auswärtige. Das Fremdimage wird bestimmt durch das Fern- und Nahbild. Eine Imageuntersuchung zieht vergleichbare Städte in die demoskopische Bewertung ein und schafft Vergleiche mit in der Zielrichtung und den Grundvoraussetzungen ähnlichen Städten. Städte sind miteinander vergleichbar, aber nur dann, wenn die Einwohnerzahl und die strukturellen Gegebenheiten ungefähr gleich sind.

Meinungsumfragen zu den genannten Aspekten, in die vergleichbare Orte einbezogen werden sollten, positionieren die untersuchte Stadt im Vergleich zu anderen, ähnlichen Städten. Die Imageanalyse wird im Ergebnis den Ist-Zustand einzelner Bereiche besser oder aber auch schlechter bewerten.

In der Praxis bedeutet dies, dass das in einer Meinungsumfrage festgestellte schlechte Ergebnis in einem Teilbereich – obwohl die Stärken/Schwächen-Analyse einen besseren Wert feststellte – dazu führen muss, künftig diesen Bereich mit geeigneten operativen Maßnahmen besser zu »verkaufen«, um eine imagemäßige Annäherung an die Realität herzustellen.

Möglich ist es aber auch, dass ein Image besser ist als der Ist-Zustand. So kann eine kulturelle Einrichtung der Stadt, z.B. ein Theater, einen so guten Ruf haben, dass dieser die ansonsten völlig desolate Kulturszene überstrahlt. Abhilfe schaffen in diesem Fall keine operativen Maßnahmen, sondern die Verbesserung der Qualität in den anderen kulturellen Einrichtungen.

Die Imageuntersuchung muss sowohl die eigene Bevölkerung als auch die Bewohner des Umlandes und Personen aus dem gesamten Land einbeziehen. Das Ziel dieser, auf spezielle Bereiche fixierten Untersuchung ist, zu erkennen, wie das Image zu den einzelnen Themen in dem Ort, im Umland oder überregional ist.

In einer Imageanalyse wird primär der Bekanntheitsgrad der Stadt, sekundär das Leistungsangebot, also die Einzelaspekte, untersucht. Es empfiehlt sich, allgemeine Fragen zu dem Ort zu stellen, aber auch festzustellen, wie der Ort gesehen wird bzw. wie und wofür er überregional bekannt ist. Wichtig sind auch spontane

Äußerungen zu einzelnen Bereichen, wie Lage, Kultur, Freizeit, Wirtschaft, Einkaufen, Politik, Atmosphäre. Einzelaspekte einer Imageuntersuchung sind z.B. Fragen zu den folgenden Bereichen:

- Angebotsstrukturen im Ortszentrum / in den Nebeneinkaufszentren
- Arbeitsplatz- und Beschäftigungssituation
- Atmosphäre
- Attraktivität allgemein
- Attraktivität für einzelne Handlungsfelder
- berufliche Möglichkeiten
- Bevölkerung (gastfreundlich etc.)
- Bildungsmöglichkeiten
- Dienstleistungen
- Einkaufsmöglichkeiten
- Einkaufsstadt/-ort
- Einzugsgebiet
- Familienfreundlichkeit
- Fahrradwegenetz
- Freizeit
- Gesundheitswesen
- Individualverkehr
- Infrastruktur
- Kaufkraft bzw. Kaufkraftabwanderung
- Kindergartenplätze
- Kultur-, Sport-, Freizeit- und Erholungsangebot
- Landschaft und Grün
- Lebensqualität
- Luftqualität
- Menschen
- Preise
- Sauberkeit
- Schulangebot
- Sehenswürdigkeiten

- soziale Einrichtungen
- Stadtbild
- bauliche Entwicklungsmöglichkeiten am Ort
- Technologie
- Umland
- Umweltschutz
- Veranstaltungen
- Verkehrsanbindung und Verkehrsauslastung
- Verwaltungen
- Verwaltungsservice
- Wasserqualität von Fluss, See oder Meer, an denen der Ort ggf. liegt
- Wirtschaftsstruktur
- Wohnmöglichkeiten
- Zu- und Wegzüge der Bevölkerung

Gefragt wird aber auch nach allgemeinen Kriterien, und zwar jeweils in der positiven und negativen Wertung:

- aktiv/passiv
- attraktiv/unattraktiv
- ausländerfreundlich/ausländerfeindlich
- Besuchshäufigkeit und Gründe (täglich, wöchentlich, monatlich, unregelmäßig, gar nicht)
- beweglich/träge
- expandierend/stagnierend
- fortschrittlich/rückständig
- freundlich/unfreundlich
- gastlich/nicht gastlich
- hektisch/ruhig
- interessant/trist
- lebendig/langweilig
- liebenswert/nicht liebenswert
- neu/alt

- persönlich/unpersönlich

- sauber/schmutzig

- sympathisch/unsympathisch

- traditionsverbunden/traditionslos

- übersichtlich/unübersichtlich

- weltoffen/provinziell

- zukunftsorientiert/konservativ

Als Standardverfahren zur **Imagemessung**[54] wird das **Semantische Differential (Polaritätenprofil)** angesehen. Grundlage hierbei ist die Assoziation. Es wird allerdings keine freie Assoziation zugelassen, sondern vielmehr werden den Befragten Begriffspaare vorgegeben. Zur Messung der Assoziationsstärke werden die Assoziationen mit einer Wertskala verknüpft.

Beispiel:		
»Wie schätzen Sie das Kulturangebot ein?« [55]		
sehr gut	+ 3	(1)
gut	+ 2	(2)
weniger gut	+ 1	(3)
mittelmäßig	0	(4)
eher schlecht	- 1	(5)
schlecht	- 2	(6)
sehr schlecht	- 3	(7)

Das Semantische Differential besteht aus einer Menge von Eigenschaftsaussagen, die polar gefasst und semantisch abgestuft werden können. Die Abstufung erfolgt entweder durch die Vorgabe von semantischen Skalen oder durch eine numerische Skala. In der Regel wird eine 7er-Skala verwendet.[56]

Das Semantische Differential hat den Vorteil, dass es in der Konstruktion, Anwendung und Auswertung sehr einfach ist. Die konzeptionellen Mängel sollten allerdings nicht verschwiegen werden:[57]

- Der **Nachsichteffekt**: Die Befragten schätzen ihnen bekannte Gegenstände tendenziell günstiger als unbekannte ein.

---

[54] Vgl. Dettmer u.a., a.a. O.
[55] Hammann, P./Erichson, B., Marktforschung, Stuttgart 1994, S. 274.
[56] Ebenda, S. 281 f.
[57] Ebenda, S. 274 f.

- Der **Zentralitätseffekt:** Die Befragten neigen dazu, extreme Beurteilungen zu vermeiden.

- Der **Halo-Effekt:** Die Befragten lassen sich bei ihren Einschätzungen von übergeordneten Sachverhalten leiten (bayerisches Bier wird mit der Einstellung zu Bayern verknüpft). Im Englischen bedeutet *halo* »Lichtschein«, »Heiligenschein«.

Abb. 21 Beispiel für ein Prioritätenprofil

		+3	+2	+1	0	-1	-2	-3	
Atmosphäre	entspannend								nicht entspannend
	gemütlich								ungemütlich
Ruhe	ruhig								laut
	gelöst								hektisch
Freizeit	vielfältig								begrenzt
	attraktiv								langweilig
(weitere Aspekte)	......								.....
	.....								.....
Gesamturteil:									
Mir hat die Stadt gefallen									nicht gut gefallen
Ich würde wiederkommen									nicht wiederkommen
Ich werde die Stadt empfehlen									nicht weiterempfehlen

Konkurrenzanalyse

Zur Hauptuntersuchung gehört neben den bereits erörterten Analysearten auch die Untersuchung von Wettbewerbsvor- und -nachteilen. Diese werden nach einer genauen Untersuchung der einzelnen Handlungsfelder deutlich. Die Untersuchung muss auch deutlich machen, in welchem Bereich die Stadt eine Einzigartigkeit besitzt, die künftig als besondere Stärke herausgestellt werden soll. Dazu gehört auch die Kernpositionierung, die sich auf besondere Stärken konzentriert.

Die Analyse basiert auf eigenen Erhebungen und/oder Berechnungen nach Angaben der Laufenden Raumbeobachtung. Dies sind aktuelle Daten zur Entwicklung der Städte, Kreise und Städte. Es können einzelne Erhebungen für die zu analysierende Stadt gemacht werden, aber auch Daten der Vergleichskommunen gegenüber gestellt werden.

Die Konkurrenzsituation zwischen den Städten hat eine besondere Bedeutung, da sich jede Stadt von der anderen positiv unterscheiden will und jeder Ort z.B. mehr Unternehmen, Touristen, Kaufkraft, Kulturbesucher haben möchte. Stadtmarketing will daher besonders die Einzigartigkeit herausarbeiten, mit der sich der Ort von anderen Städten abheben kann. Ziel muss es sein, festzustellen, welchen Stellenwert die zu untersuchende Stadt im Vergleich zu anderen Orten hat und warum dies der Fall ist. Um dies zu beurteilen, müssen Fragen nach Arbeitsplätzen und Ausrichtungen der Nachbarorte, nach kulturellen, sportlichen und freizeitlichen Einrichtungen gestellt und beantwortet werden. Plant die Stadt z.B. eine neue wissenschaftliche Ausrichtung, so ist zu prüfen, ob eine derartige Ausrichtung bereits in anderen Konkurrenzstädten verfolgt wird.

Die Analyse muss darüber Aufschlüsse geben, welche Zielrichtungen in anderen Städten bereits verwirklicht wurden und somit für den eigenen Ort kaum oder nur schwer zu realisieren sind. Die Konkurrenzanalyse berücksichtigt immer gleichartige Städte gleicher Größe und gleicher Ausrichtung (Hafen-, Industrie-, Universitätsstädte, Kurorte, Fremdenverkehrsorte usw.).

Abb. 22 Konkurrenzanalyse (Beispiel im Handlungsfeld Wirtschaft)

	Stadt A	Stadt B	Stadt C	Stadt D
Strom	10,3 Ct	10,1 Ct	12,0 Ct	8,0 Ct
Müll (Tonne)	250 EUR	180 EUR	230 EUR	210 EUR
Gewerbesteuer	440 %	380 %	390 %	500 %
Wasser	10 EUR	11 EUR	10 EUR	14 EUR

Die Konkurrenzanalyse gibt auch die Möglichkeit, die verschiedenen Werte in einem **Ranking** zu vergleichen, im Handlungsfeld Wirtschaft mit einem Indikatorenvergleich von

- Lohn-/Gehaltsstruktur
- Technologietransfer[58]
- Bevölkerung mit Hochschulreife
- Umwelt[59]
- Gesamtindex Wohnen/Umwelt[60]

Wenn das Konkurrenzdenken gegenüber anderen Städten auch nicht in das Bild von immer stärker werdenden Regionalmarketingbemühungen passt, so gehört es grundlegend zum Umfang der Stadtmarketinganalyse. Um sich erfolgsorientiert

---

[58] Kriterien: öffentliche Forschungsinfrastruktur, institutionelle Forschungsförderung, finanzielle Technologieförderung, moderne Telekommunikation.
[59] Luft, Lärm, Gewässer, Boden, Abfall, Naturschutz.
[60] Kriterien: Versorgung mit Dienstleistungen, Wohnkosten, Umweltgüter.

abgrenzen zu können, muss die Wettbewerbssituation zu den Nachbarorten durchleuchtet werden. Dies heißt aber nicht, dass Stadtmarketing einen Regionalmarketingprozess ausschließt. Im Gegenteil: Eine deutliche Abgrenzung zu anderen Städten, Städte oder Kreisen schafft die Voraussetzung für eine klare Ausrichtung im Regionalmarketing.

Stellung in der Region

Für künftige Planungen und Ausrichtungen ist es wichtig, ob eine Stadt in einem Ballungsraum, z.B. dem Ruhrgebiet, liegt oder ob sich der Ort in einer Randlage befindet. Die Region, in die ein Ort eingebunden ist, lässt Rückschlüsse auf Kaufkraftsteigerungen, Arbeitsplatzpotentiale, die verkehrliche Anbindung etc. zu.

Berücksichtigt werden muss auch die Stellung der Europäischen Union, des Bundes und des Landes für die Stadt. Hat das jeweilige Bundesland der Stadt eine besondere Bedeutung zugemessen, die auch eine hilfreiche Unterstützung in der Zukunft erwarten lässt? Oder war der Ort noch nie von besonderer Bedeutung für das Land? Wie ist die Lobby in Bund und Land? Gibt es einflussreiche Abgeordnete oder sogar Regierungsmitglieder, die neue Ideen flankieren können? Ist finanzielle oder individuelle Hilfe von anderen möglich?

Die Bedeutung einer Stadt geht zuweilen über die wirtschaftliche Stellung in der Region hinaus. Der Erholungsbereich eines Ortes kann positive Auswirkungen auf die gesamte Region haben. Sportliche und kulturelle Aktivitäten können Bewohner einer gesamten Region anziehen. Dies kann die Grundlage für anspruchsvollere Planungen sein, wenn sicher ist, dass entsprechende Anstrengungen durch steigende Besucherzahlen belohnt werden. So gesehen, lassen sich anspruchsvolle kulturelle Veranstaltungen, aber auch Spitzensportaktivitäten in Gebieten verwirklichen, die nicht zu den Ballungsräumen gehören.

Von Bedeutung ist auch die Arbeitsmarktsituation in der Region. Eine hohe Arbeitslosenquote in der Region wirkt sich immer negativ auf die Stadt aus. Hiervon betroffen sind die Kaufkraft wie auch künftige Planungen. Geplante und schließlich realisierte Neuansiedlungen werden nicht nur die Arbeitslosenquote vor Ort beeinflussen, sie werden sich auch auf die Region auswirken.

Vom Umland abhängig ist auch die Wohnsituation. Einfamilienhäuser im Grünen lassen sich oftmals nur außerhalb der Stadt verwirklichen und führen dadurch zu einem Einwohnerschwund. Um Abwanderungen zu verhindern, müssen Baugebiete in der Stadt ausgewiesen werden. Bauplanerische Fehler führten in den 60er und 70er Jahren zu Umzügen in die umliegenden Gebiete und damit zu, von der Einwohnerzahl abhängigen, sinkenden Landeszuweisungen.

Es stellen sich Fragen, welche die künftige Eigenständigkeit der Stadt oder die stärkere Zugehörigkeit zu einer Region betreffen. Die Folge könnte eine teilweise Aufgabe der Eigenständigkeit und somit eine Verlagerung von Aufgaben und Angeboten in andere Städte sein.

Finanzpolitik

Gute finanzielle Rahmenbedingungen erleichtern die Stadtmarketingziele in vielen Bereichen. Mit der Gestaltung von Steuern, Gebühren, Beiträgen und Preisen haben Politik und Kommunalverwaltung Steuerungsinstrumente, die, richtig eingesetzt, viele Vorhaben effektiv unterstützen können.

Weitere Chancen und Risiken sind in der Finanzierung zu finden. Sind alle Planungen auch finanziell gesichert? Stehen entsprechende Zuschüsse Dritter wie Zuweisungen von Bund und Land zur Verfügung? Gibt es bestimmte Zielgebiete, die Zuschüsse der Europäischen Union ermöglichen, und passen die Zielsetzungen, ergänzt durch konkrete Planungen, in die Fördermöglichkeiten?

Durch die Höhe der Steuerhebesätze einer Stadt ist es z.B. bedingt möglich, Anreize für ansiedlungswillige Unternehmen zu schaffen. So kann ein im Vergleich zu den Konkurrenzorten günstigerer Gewerbesteuerhebesatz die Ansiedlungschancen erhöhen. Niedrige Grundsteuern und Grundstückspreise können Bauwillige aus dem Umland in den Ort ziehen.

Ziele, die von privater Seite realisiert werden müssen, stellen Fragen nach entsprechenden Investoren. Schlechte Aussichten in kommunalen Haushalten und in diesem Zusammenhang die finanziellen Planungen und Aussichten für die nächsten Jahre engen Realisationsmöglichkeiten ein oder verhindern sie.

Institutionsanalyse

Zur Institutionsanalyse gehört die Untersuchung der vor Ort angebotenen Dienstleistungen. Dazu gehören vor allem alle öffentlichen Verwaltungen, also nicht nur die Kommunalverwaltung, sondern z.B. auch Finanzverwaltungen, Post, Polizei, Arbeitsämter, TÜV, Dekra usw. Untersucht werden die Quantität und Qualität der angebotenen Dienstleistungen, aber auch der Service und die Bürgerfreundlichkeit. Die Leistungsfähigkeit der Institutionen (z.B. im Handlungsfeld Wirtschaft) spielt eine besondere Rolle, wenn es darum geht, Ansiedlungen von Unternehmen schnell und unbürokratisch umzusetzen. Aber auch die Mitwirkung von Institutionen bei der Planung von Veranstaltungen zeigt sehr schnell, wie leistungsstark die behördlichen Partner sind.

Die Institutionsanalyse untersucht die Dienstleistungen der Verwaltungen einer Stadt, den so genannten Grundnutzen. Berücksichtigt wird auch der Zusatznutzen, der im

Service und der Bürgerfreundlichkeit der Verwaltungen sichtbar wird. Dazu gehört auch das Leistungspotential der Verwaltungen.

Einfach dürfte es sein, eine Institutsanalyse in der Kommunalverwaltung zu realisieren. Eine große Stadt hat aber in der Regel neben den kommunalen Behörden eine Vielzahl von Bundes-, Landes- oder sogar EU-Behörden. Gerade in diesem Bereich wird es schwierig sein, derartige Behörden in den Stadtmarketingprozess einzubinden, um die o.a. Kriterien zu analysieren und evtl. Schwachpunkte abzubauen. Die Einwohner oder Gäste unterscheiden aber kaum, in der überwiegenden Mehrzahl überhaupt nicht, ob es sich um eine Verwaltung der Stadt, des Landes, des Bundes oder der Europäischen Union handelt. Die Ergebnisse der Institutsanalyse sind die Grundlagen für die Konzeption im Handlungsfeld Verwaltung, sollten aber bereits im Leitbild berücksichtigt werden.

Zielsetzungsanalyse

Untersucht werden hierbei die Zielvorgaben, die sich Politik und Verwaltung in der Vergangenheit gemacht haben. Diese Vorgaben könnten Einschränkungen für einen Stadtmarketingprozess bedeuten und sollten in einem derartigen Fall im Rahmen der Leitbilderstellung mit Politik und Verwaltung diskutiert und modifiziert werden.

Die Zielsetzungsanalyse untersucht die Leistungsziele, aber auch die von der Stadt bereits gesetzten Stadtmarketingziele sowohl strategisch als auch operativ. So kann z.B. eine bereits beschlossene und in einzelnen Bereichen umgesetzte Entwicklung der Stadt zum Industriestandort nicht ohne weiteres durch eine neue Vision mit der Zielsetzung Tourismusort geändert werden. Ergibt die Analyse bessere Voraussetzungen für neue Zielrichtungen, so können die alten Ziele nicht abrupt beendet und durch neue Stadtmarketingmaßnahmen verändert werden. In einem derartigen Fall ist zu überlegen, wie dies durch behutsame Maßnahmen am Markt geschehen kann, ohne dass es zu einer völligen Desorientierung der Zielgruppen kommt.

Umfeldanalyse

Eine Umfeldanalyse macht deutlich, welche Bedürfnisse in der Stadt vorhanden sind, die bisher nicht befriedigt werden konnten. Sie untersucht aber auch, welche Zielgruppen in den einzelnen Handlungsfeldern bisher erreicht wurden, und stellt dabei fest, welche Zielgruppen in der Vergangenheit nicht berücksichtigt wurden und berücksichtigt werden konnten.

Analysefelder

Die Analyse im Stadtmarketingprozess muss alle möglichen Handlungsfelder der Stadt berücksichtigen. Nachfolgend werden **Anhaltspunkte** für die Analyse verschiedener Handlungsfelder gegeben. Es handelt sich dabei um Denkansätze, die keinen Anspruch auf Vollständigkeit erheben.

a) Wirtschaft

Zur Sicherung der Wettbewerbsfähigkeit müssen Städte in der Wirtschaftsentwicklung neue Wege gehen und durch gezielte Strukturpolitik versuchen, ihren Standort optimal zu entwickeln. In diesen Profilierungsprozess fließen zahlreiche Faktoren ein. Neben der wachsenden Bedeutung weicher Standortfaktoren sind nach wie vor die harten Standortfaktoren für die Ansiedlung von Unternehmen ausschlaggebend.

Unter den **harten Standortfaktoren** versteht man den wirtschaftlichen Vorteil, der sich durch die Ansiedlung an einem bestimmten Ort ergibt. Zu diesen gehören z.B. die Flächenverfügbarkeit, die Nähe zu den Absatzmärkten und Zulieferern, die Höhe des Gewerbesteuerhebesatzes, Umweltschutzauflagen, Grundstückspreise und Verkehrsanbindungen. Ebenfalls wichtig sind das am Standort vorhandene Arbeitskräftepotential und die Qualifikation der Arbeitnehmer. Die Standort- oder Wohnortwahl wird von vielen Faktoren beeinflusst, die z.T. messbar, aber oft auch nur subjektiv sind.

Zu den **weichen Standortfaktoren** gehören z.B. die Freizeitmöglichkeiten, das Kultur- und Sportangebot oder die Lebensqualität, also außerökonomische Faktoren und persönliche Präferenzen. Unterschieden wird zwischen den **weichen unternehmensbezogenen** (z.B. Unternehmerfreundlichkeit der kommunalen Verwaltung, Karrieremöglichkeit in der Region) und den **weichen personenbezogen Faktoren** (z.B. Umweltqualität, Wohnen, Wohnumfeld). Die unternehmensbezogenen Faktoren sind von unmittelbarer Wirksamkeit für die Unternehmens- und Betriebstätigkeit. Zu den weichen personenbezogenen Faktoren gehören die persönlichen Präferenzen der Unternehmer.[61]

Die Betrachtung der Wirtschaftsstruktur beantwortet Fragen zur Ausrichtung als Gewerbe- oder Industriestandort, Fremdenverkehrsort, Behördenzentrum oder Einkaufsstadt. Fragen stellen sich zu den Stärken und Schwächen der Wirtschaftsstruktur in der Stadt, nach den Bedürfnissen und Entwicklungsmöglichkeiten. Einzelheiten der wirtschaftlichen Infrastruktur und ihrer Verbesserung sowie der Attraktivitätssteigerung werden ins Auge gefasst. Die Stellung in der Region – z.B. als

---

[61] Grabow B./Henckel D./Hollbach-Grömig B., Weiche Standortfaktoren, Stuttgart 1995, S. 14.

Oberzentrum, das wichtige Einrichtungen vorhalten muss – zeigt, welchen Stellenwert die Stadt in diesem Zusammenhang hat und verdeutlicht die Verantwortung für die Region.

Weitere Betrachtungen beschäftigen sich mit der Bedeutung der vorhandenen Unternehmen. Wichtig ist auch, ob es sich um nationale oder internationale Unternehmensstrukturen handelt. Bei nationalen Unternehmen kann es bei wirtschaftlichen Problemen von Bedeutung sein, ob die Unternehmensleitung die Verantwortung für Arbeitsplätze in der Region erkennt. Dies wird bei internationalen Unternehmen mit einem Hauptfirmensitz an dem Ort deutlich größer sein als bei solchen mit einem Zweitsitz.

Analysiert werden können folgende Aspekte:

- Arbeitslosenquote
- Ausbildungsmöglichkeiten
- Beschäftigte im öffentlichen Dienst
- Beschäftigte im privaten Dienstleistungsgewerbe
- Beschäftigungsveränderung
- Bevölkerungswanderungen
- Bruttowertschöpfung
- durchschnittliche Kapitalnutzungskosten
- Ein- und Auspendler
- Einkaufsmöglichkeiten
- Einwohnerdichte
- Entfernung zu den größeren Zentren
- Entfernung zum nächsten überregionalen Flughafen
- erreichbare Bevölkerungszahl
- Facharbeiter
- finanzielle Rahmenbedingungen (wie Marktzins, Abschreibungsrate, Gewinnsteuersatz, Investitionszuschuss und -zulage)
- Förderungsmöglichkeiten (EU, Bund, Land, Stadt)
- Gas- und Elektrizitätspreis (Vergünstigungen)
- Gesamtindikator zum Wohn- und Umweltwert
- Gesamtindikator zum Technologietransfer
- Gesamtindikator zum Arbeitsmarkt

- Gesamtkilometer des Öffentlichen Personennahverkehrs
- Gewerbeparks
- Gewerbesteuerhebesatz
- Güte der Verkehrsanbindungen
- hoch qualifizierte Beschäftige
- Industriebeschäftigte
- Innovations- und Technologieverbünde
- Kanal- und Wassergebühren
- Lohn- und Gehaltssumme
- Müllgebühren
- Nettokaltmiete
- neue Technologien
- Preis für Gewerbeflächen und Industrieflächen
- Preis für ein mittleres Einfamilienhaus
- Preisvergleich
- Schulabgänger mit Studienberechtigung
- sektorale Anteilswerte
- sektorale Wachstumsraten
- sozialversicherungspflichtig Beschäftige
- Standortbewertung
- Standortfaktoren
- Strompreis
- Studierende
- Technologiezentren
- Umweltindikator
- Verkehrsanbindung
- wissenschaftliches Personal

b) Tourismus

Die 10. gesamtdeutsche Tourismusanalyse[62] beschäftigte sich mit den Qualitäts-
faktoren. Diese werden nach Feststellung der Untersuchung das beherrschende
Thema der kommenden Jahre sein. Die Qualität des Angebots entscheidet dann
darüber, wohin die Reiseströme in Zukunft gehen. Die aus der Sicht der Bevölkerung zehn wichtigsten Qualitätsmerkmale sind nach den Ergebnissen der Repräsentativumfrage: schöne Landschaft (71 %), gesundes Klima (61 %), gutes Essen
(61 %), Sauberkeit (58 %), gemütliche Atmosphäre (57 %), gutes Preis-/Leis-
tungsverhältnis (57 %), Bademöglichkeit im Meer/See (56 %), Gastfreundlichkeit/
Freundlichkeit (52 %), preiswerte Unterkunft (52 %) und wenig Verkehr (49 %).
Diese zehn Qualitätsmerkmale haben für das Urlaubserleben die größte persönliche Bedeutung. Umweltschutzaspekte werden dabei wieder einmal von den Urlaubern nicht favorisiert und haben die gleiche marginale Bedeutung wie gepflegte
öffentliche Sanitäreinrichtungen (je 36 %).

Bei den Bundesbürgern rangieren Atmosphärefaktoren wie Sauberkeit (58 %), Gemütlichkeit (57 %) und Freundlichkeit (52 %) deutlich vor materiellen Angeboten,
die käuflich und konsumierbar sind. Gute Einkaufsmöglichkeiten (29 %), Sport-
möglichkeiten (27 %) oder abwechslungsreiche Unterhaltung (28 %) interessieren
nur am Rande. Schöne Freien haben mehr mit Wohlfühlen als mit Wohlstand zu
tun.

In zwei Erhebungswellen wurden repräsentativ der Idealwert (wie sich die Urlauber
idealerweise die Qualität eines Ferienziels vorstellen) und der Realwert (was die
Urlauber tatsächlich vor Ort vorfinden) ermittelt. Der Vergleich von Wunsch und
Wirklichkeit förderte bemerkenswerte Ergebnisse zutage. Teilweise übertrifft die
Wirklichkeit die Erwartung: 71 % der Bevölkerung wünschen sich im Urlaub eine
schöne Landschaft, doch 81 % haben sie wirklich vorgefunden. Andererseits machen
Urlauber auch gegenteilige Erfahrungen. Jeder zweite Bundesbürger (49 %)
wünscht sich im Urlaub viel Ruhe und wenig Verkehr, doch nur knapp die Hälfte
von ihnen (29 %) findet die Ruhe dann auch vor.

Die Jugendlichen machen den Event-Tourismus zur Erlebnismobilität der besonderen Art. Fast jeder Fünfte (18 %) im Alter von 14 bis 24 Jahren will nur noch ein
Event-Tourist sein, der seinen Jahresurlaub opfert, um die Highlights im Bereich
von Sport, Kultur und Unterhaltung nicht zu verpassen. Lifeseeing statt Sightseeing
heißt hier die Devise.

Vor dem Hintergrund dieser Erkenntnisse können im Handlungsfeld Tourismus die
entsprechenden Angebote untersucht werden. Neben den einzelnen Kriterien sollte
auch die Entwicklung der Übernachtungszahlen in den vergangenen Jahren (Zeit-

---

[62] Freizeit aktuell, Ausgabe 152, 21. Jahrgang, 14. Februar 2000.

raum nicht unter zehn Jahren) analysiert werden. Dabei ist nach Touristen, Geschäftsreisenden, Kurzurlaubern, Kurgästen oder Patienten von Reha-Einrichtungen zu unterscheiden.

Analysiert werden sollten:

* Hotels, Pensionen, Ferienwohnungen, Ferienhäuser, Privatzimmer, Jugendgästehäuser (Gästeübernachtungen, Zahl der Betten, Preisgruppen, Bettenauslastung, Dauer des Aufenthalts)
* Abendunterhaltung
* allgemeine Infrastruktur
* Atmosphäre
* Ausflugsprogramme
* Auslastung der Gastronomie (Woche/Jahreszeit)
* Breite des Speise- und Getränkeangebotes
* Cafés
* Familienfreundlichkeit
* Freizeitangebote
* Gastronomieangebot
* Gesundheitsangebot
* Kongress- und Seminarangebote
* Kulturangebote
* landschaftliche Eignung
* Museumsbesuche
* Preis-/Leistungsverhältnis
* Qualität des Essens
* Service/Personal
* Sportangebote
* Ortsbild
* Struktur des Angebots (durchschnittliche Zimmerpreise etc.)
* Unterhaltungsangebote
* Veranstaltungen
* Zahl der Ferienwohnungen, Privatzimmer, Campingplätze

Die genannten Aspekte müssen in ein Verhältnis zu den unterschiedlichen Arten von Gästen gesetzt und verglichen werden. Dazu gehören:

- Tagesgäste
- Übernachtungsgäste
- Kurgäste
- Kurzurlauber
- Patienten überregionaler Kliniken oder anderer Einrichtungen
- Urlauber

Bei allen Gäste sollten Basisdaten ermittelt werden, und zwar:

- Aktivitäten
- Wünsche
- Bedürfnisse
- Herkunft (Tagesgäste/Übernachtungsgäste)
- Aufenthaltszweck (Besichtigung, Einkaufen, Freunde oder Verwandte besuchen, Urlaub, Museum, Ausstellung, Geschäftsreise, Konzert, Theater, Fest, Rundreise, Kur etc.)

Auch sonstige Aspekte sollten untersucht werden:

- die Beurteilung des Aufenthaltes (sehr gut, gut, schlecht, sehr schlecht)
- besonders positive oder negative Aspekte
- der Bekanntheitsgrad der einzelnen Einrichtungen
- die Beurteilung der Angebote und Einrichtungen
- die Beurteilung der Unterkünfte

c) Innenstadt/Ortszentrum

Die Innenstadt muss als einheitliches Gebilde am Markt auftreten. Sie ist das Herz einer Stadt und hat wegen dieser Funktion eine besondere Priorität innerhalb des Stadtmarketingprozesses. Funktioniert in diesem Bereich das Zusammenspiel der Kräfte nicht, wird es schwer sein, andere Handlungsfelder so stark zu entwickeln, dass eine Innenstadtschwäche überdeckt wird. Ergänzend zur Analyse der Innenstadt hat für diesen Bereich Handlungsfelder wie Kultur, Veranstaltungen, Tourismus sowie Gastronomie eine besondere Bedeutung, da Synergien dieser Handlungsfelder für den Innenstadtbereich von existenzieller Bedeutung sind. Werbe- und Interessengemeinschaften erreichen nur bedingt angestrebte Erfolge, da sie nicht professionell genug organisiert und betrieben werden. In der Mehrheit handelt es sich um ehrenamtliche Zusammenschlüsse, in denen sich nur Einzelne engagieren, ohne die breite Mehrheit aktiv hinter sich zu haben. Nur in der Kooperation mit anderen Handlungsfeldern sowie mit besonderer Unterstützung anderer am Stadtmarketingprozess Beteiligter kann es gelingen, die Innenstädte attraktiver zu entwickeln. Zu analysieren sind:

- Aktionen (bereits durchgeführt)
- Altersstruktur der Käufer
- Altstadt bzw. alter Ortskern
- Angebote: Qualität, Quantität
- Art der Einkäufe
- Artikellücken
- Attraktionen
- Ausgaben der Käufer[63] als: Besucher von Bekannten und Verwandten, Besucher von kulturellen Einrichtungen, Besucher von Veranstaltungen, Geschäftsreisende, Kongressteilnehmer, Kurzzeittouristen, Einkaufstouristen, Tagestouristen, Urlauber
- Ausschilderung
- Baudenkmäler
- Beleuchtung
- Besuchszwecke: essen und trinken, Menschen treffen, bummeln, einkaufen
- Brunnen
- Cafés
- City-Card: Zahlungsmittel im Einzelhandel, Benutzung öffentlicher Einrichtungen, Bus, Parken, Telefon, Kreditkarte
- Corporate Identity der Innenstadt / des Ortszentrums
- Dienstleistung: Geldinstitute, Reisebüros, Arztpraxen
- Erreichbarkeit: mit dem Pkw, dem Bus, der Bahn, dem Fahrrad
- Eisdielen
- Fachgeschäfte: Anzahl, Art
- Fassaden
- Filialen

---

[63] a) einschließlich Übernachtung; b) ohne Übernachtung; c) Spezifizierung der einzelnen Warengruppen.

- leer stehende Geschäfte
- Funktionalität
- Gastronomie: Aussengastronomie, Qualität, Quantität, kleiner Hunger, großer Hunger, Bistros, Kneipen
- Geldverkehr: bargeldlos, Kreditkarten, Kreditkartenvielfalt
- Geschäftslagen (1a, 1b)
- Grünanlagen
- Imbiss
- Individualverkehr
- Innenstadtbesuche/Ortszentrumsbesuche: Häufigkeit, Dauer, Verknüpfung mit weiteren Aktivitäten
- Innenstadt-/Ortszentrumsgestaltung
- Kinderangebote/-attraktionen
- Käufer: aus dem Ort, aus dem Umland, aus dem weiteren Bereich
- Kaufhäuser
- Kaufkraft
- kurz- und mittelfristiger Bedarf
- Ladenöffnungszeiten: Kernöffnungszeiten, Beginn der Öffnungszeiten, Ende der Öffnungszeiten, Mittagsschließungen, Samstage
- öffentliche Verkehrsmittel (Erreichbarkeit des Zentrums)
- Parkplatzsituation: Anzahl, Parkleitsystem, Parkdauer, Gebühr, verbraucher-freundliche Erreichbarkeit, Fahrradparkplätze
- Passantenfrequenz: Schwerpunkte
- Personal: Freundlichkeit, Hilfsbereitschaft, fachliches Wissen
- Plätze
- Preisklassen
- Preis-/Leistungsverhältnis
- Ruhezonen (Sitzbänke)
- Sauberkeit: Papierkörbe, Straße, Ruhezonen, Grünanlagen, Geschäfte
- Schaufenstergestaltung
- Sehenswürdigkeiten
- Sicherheit

- Sondernutzungen

- Spezialgeschäfte

- Straßenbelag (Fußgängerzone)

- Supermarktketten: Anzahl, Art

- Toilettenanlagen

- Umsatzkennziffern

- Veranstaltungsprogramm

- Verkaufsfläche

- verkaufsoffene Sonntage

- Verkehrsberuhigung

- Verkehrsführung

- Warenangebot (Klassen etc.): Preisklassen, Vertriebsklassen, vermisste Warenangebote, Verfügbarkeit der Waren, preisgünstige Angebote, Präsentation, Neuheit

- Warenangebot (Artikel / Beurteilung: genügend, zu wenig, zu viel, ohne Angabe): Blumen/Pflanzen, Bücher, Büroartikel/Schreibwaren, Drogerie/Kosmetik/Parfümerie, Elektrowaren, Foto/Optik, Frischprodukte, Geschenkartikel, haltbare Produkte, Haushaltswaren, Lebensmittel, Möbel, Schuhe und Lederwaren, Spielwaren, Sportartikel, Textilien und Bekleidung, Uhren/Schmuck, Unterhaltungselektronik

- Wettbewerbssituation zu anderen Innenstädten/Ortszentren: Vielfalt anderer Geschäfte, Warenangebot, qualitativ bessere Waren, preisgünstigere Angebote, trendbezogene Angebote, schnellere Erreichbarkeit, alternative Bummel- und Einkaufsmöglichkeiten, größere Attraktivität

Zielsetzung der Analyse in diesem Bereich ist die Erforschung subjektiver Kriterien über die in der Innenstadt bzw. dem Ortszentrum anzutreffenden Kunden und Besucher. Im Mittelpunkt steht das innere Bild eines jeden Befragten. Qualitative Aspekte, Einstellungen und Bewertungen hinsichtlich der Attraktivität des Zentrums und der Einkaufszone werden ermittelt. Anregungen und Verbesserungsvorschläge aus Sicht der Befragten werden gesammelt. Basierend auf verschiedenen Ergebnissen, wird zur eigenen Positionierung ein Stärken/Schwächen-Profil sowie ein Nah- und Fernbild ermittelt, anhand derer auch ein Vergleich zu konkurrierenden Einkaufsorten gemacht werden kann.

Für den Bereich der Innenstadt bzw. des Ortszentrums sollte ein Einzelhandels-Entwicklungskonzept[64] verabschiedet werden, das auf einer Markt- und Struktura-

---

[64] Aus; Vgl. Markt- und Strukturuntersuchungen, Cimadirekt, 4/1998.

nalyse basiert. Dieses Konzept sollte als Plan für die Einzelhandelsentwicklung (für die nächsten zehn Jahre) angefertigt werden. Es sollte konkrete Entwicklungsempfehlungen zum Schließen von Angebotslücken im Branchen- oder Betriebstypenbesatz enthalten, Zielzentralitäten aufweisen und die Entwicklung von Standorten empfehlen. Aus diesen Daten können strategische Aussagen sowohl für den einzelnen betrieblichen Standort als auch für das gesamte Gebilde der Stadt gezogen werden. Jede Neuansiedlung sollte an dem Konzept ausgerichtet werden.

In der Planungsphase großflächiger Einzelhandelsvorhaben sind Aussagen zu der betriebswirtschaftlichen Tragfähigkeit und zu der Verträglichkeit der Vorhaben Gegenstand von Studien. Projektentwickler und Städte sind nach §11 Abs. 3 BauNVO dazu verpflichtet, die baulichen und raumordnerischen Auswirkungen eines zusätzlichen oder erweiterten Betriebes mit über 700 qm Verkaufsfläche untersuchen zu lassen. Die Berechnungen der Auswirkungen sind Bestandteil von Verträglichkeitsgutachten. Wenn keine zu starken Auswirkungen auf die zentralen Versorgungsbereiche (zentralörtliches Gefüge), die verbrauchernahe Versorgung sowie auf Verkehr und Umwelt nachgewiesen werden, kann das Vorhaben genehmigt werden.

d) Kultur

Kultur hat mittlerweile aufgrund ihrer Vielfalt eine große Bedeutung. Sie stellt einen wichtigen Freizeit- und Bildungsaspekt dar. Freizeitforscher gehen davon aus, dass die Bedeutung der Kultur weiter zunehmen wird. Innerhalb des Wertesystems ist sie allerdings von nachrangiger Bedeutung. Beachtet man die Maslowsche Bedürfnispyramide, kommt die Befriedigung kultureller Bedürfnisse erst nach dem physiologischen und dem Sicherheitsbedürfnis. Im Sinne von Stadtmarketing muss die Kulturszene einer Stadt charakteristisch für die Region sein. Die Bewertung der kulturellen Szene hat aber auch eine besondere Bedeutung in der Bewertung des Images eines Ortes.

Nicht nur Touristen, sondern auch Geschäftsreisende und Kongressteilnehmer nutzen zunehmend kulturelle Angebote, machen ihre Zielortentscheidung davon abhängig.

Kulturtourismus ist die Gesamtheit aus Reise und vorübergehendem Aufenthalt von nicht aus der Zielregion stammenden Personen, deren Motivation hauptsächlich im kulturellen Angebot der Zielregion liegt. Dazu zählen Bauten, Relikte, Bräuche, kulturelle Einrichtungen und Veranstaltungen, die das Leben und die Historie der einheimischen Bevölkerung widerspiegeln.[65]

---

[65] Kaspar, Tourismuslehre im Grundriss, Bern/Stuttgart 1991, S. 14-16. Vgl. auch Becker/Steinecke, Kulturtourismus in Europa, S. 8.

Der Begriff Kultur umfasst nicht nur Museen, Theater usw., sondern auch Besonderheiten der Sprache, Religion, Geschichte und des Handelns.

Die Analyse der Kulturszene begutachtet folgende Einrichtungen und Aspekte:

* kulturelle Einrichtungen: Büchereien, Burgen, Galerien, Jugendtheater, Kinos, Konzertsäle, Kulturzentren, Museen, Musikschulen, Opernhäuser, Schlösser, Seniorentheater, Stadthalle, Theater, Volkshochschule
* Ballett
* Bekanntheitsgrad
* Besucher (Nahbereich, Umland, weiter)
* Chöre
* Events
* Festspiele
* Industriekultur
* Kabarett
* Konzerte
* kulturelle Veranstaltungen
* Musicals
* Nutzung der Einrichtungen
* Operetten
* Opern
* Preissituation
* Programme für verschiedene Altersgruppen
* Programmvielfalt
* Revue
* Schauspiel
* Sehenswürdigkeiten
* Soziokultur
* Synergien für Touristen, Wirtschaft usw.
* Themenparks
* verkehrliche Anbindung

e) Sport

Der Sportbereich nimmt einen breiten Rahmen in unserer Gesellschaft ein. Sportliche Spitzenleistungen beeinflussen das Image positiv. Kommen die Leistungen aus dem Profisport, so bedarf es eines großen Sponsor-Ringes, um den Spitzensport in einer Stadt zu sichern. Abgesehen von dem Imagewert für den Ort, wirken sich Höchstleistungen in Verbindung mit medialer Bekanntheit auch positiv auf andere Handlungsfelder aus. Im Mittelpunkt des Interesses stehen dabei die Populärsportarten, über deren Leistungen die Medien kontinuierlich und ausführlich berichten. Aber auch ein vielfältiges Breitensportangebot trägt zur Attraktivität der Stadt bei und bereichert das Freizeitangebot. Um einen Überblick über den sportlichen Stellenwert zu erhalten, sollte die Analyse folgende Punkte berücksichtigen:

- Breitensportangebote

- Breitensportveranstaltungen

- Behindertensport

- Fitness-Studios

- Leistungssportangebote

- Leistungssportveranstaltungen

- sportliche Einrichtungen: Eishalle, Funsport-Einrichtungen, Golfanlagen, Hallen für Trendsportarten, Kartbahnen, Leichtathletikanlagen, Motorsportanlagen, Plätze für Trendsportarten, Reitanlagen, Schwimmhallen, Segelreviere, Sporthallen, Sportplätze, Sportschützenanlagen, Surfreviere, Tennisanlagen, Wassersportangebote, Wintersport (Curlingbahnen, Eisschnelllaufanlagen, Kunstschneepisten, Loipen, Skianlagen, Skifahren unter Flutlicht, Skipisten, Skisprungschanzen, Snowboard-Anlagen)

f) Bundeswehr/Militär

Ist ein Ort Garnison einer Militäreinheit, so muss auch dieser Bereich analysiert werden, da dem Militär oft ein zahlenmäßig bedeutender Teil der Bevölkerung angehört. Militärangehörige (und ihre Familien) leben und arbeiten in dem Ort. Von dem Militär profitieren u.a. Handel, Handwerk und Gastronomie. Dies bedeutet, dass das Militär je nach Größe der Stadt ein wichtiger Wirtschaftsfaktor ist. Der Stellenabbau des Militärs hat in vielen Orten gezeigt, wie negativ sich dies auf die Stadt auswirken kann. Folgende Aspekte sollten untersucht werden:

- Bewusstsein für Probleme des Militärs

- Freizeitangebote

- Integration der Militärangehörigen

- Kaufkraft der Militärbediensteten
- kostengünstige Nutzung öffentlicher Einrichtungen
- Kommunikation zwischen Politik, Verwaltung, Wirtschaft und Militär
- Vergünstigungen für Wehrpflichtige
- Verhältnis Einwohner/Militärbedienstete
- verkehrliche Anbindung
- Vorhandensein spezieller Einrichtungen für das Militär
- Wertschöpfung für Handel, Handwerk usw.

g) Bildung

Der Bildungsbereich sollte ein komplettes Angebot der verschiedenen Bildungseinrichtungen umfassen. Defizite müssen durch die Analyse dieses Bereiches aufgedeckt werden sowie besondere Stärken herausgearbeitet werden. Die Analyse
sollte das Angebot und die Qualität der folgenden Einrichtungen untersuchen:

- Akademien unterschiedlicher Träger
- Allgemeinbildende Schulen
- Berufsbildende Schulen
- Fachschulen
- Gymnasien
- Integrierte Gesamtschulen
- Internate
- Militärfachschulen
- Privatschulen
- Realschulen
- Sonderschulen
- Volkshochschulen
- Weiterbildungseinrichtungen unterschiedlicher Träger
- zweiter Bildungsweg

h) Wissenschaft

Die Wissenschaft verfügt, abgesehen von ihrer eigenständigen Attraktion, über ein Know-how, das auch für andere Handlungsfelder (Wirtschaft, Bildung) interessant ist. Bei der Analyse dieses Handlungsfeldes müssen das Vorhandensein, die Qualität, der Ruf sowie die Möglichkeiten von Ausweitungen und Neuorientierungen geprüft werden. Aber auch die Auswirkungen dieser Einrichtungen auf die Stadt und ihre Bevölkerung müssen untersucht werden. Eine steigende Zahl von Studierenden an Universitäten und anderen Hochschulen hat z.B. Auswirkungen auf verschiedene Handlungsfelder wie Wohnen, Verkehr, Einzelhandel usw. In vielen Orten ist die Hochschule ein sehr bedeutender Wirtschaftsfaktor und sogar einer der größten Arbeitgeber. Bei der Analyse wird u.a. das Vorhandensein folgender Einrichtungen geprüft:

- bestimmte Forschungsrichtungen
- Forschungseinrichtungen
- Hochschulen (inkl. Universität)
- wissenschaftliche Institute

oder die Möglichkeiten für

- standortbegünstigte Forschungsmöglichkeiten
- Technologietransfer

i) Freizeit

Unsere Gesellschaft wandelt sich immer mehr zur Freizeitgesellschaft. Die weichen Standortfaktoren erhalten dadurch eine größere Bedeutung. Die Gründe hierfür liegen in der kürzeren Tages-, Wochen- und Lebensarbeitszeit sowie in der Zunahme der Urlaubstage. Dies führt zu größeren Ansprüchen sowohl an das Freizeit- als auch das Kultur- und Sportangebot. Ergänzt wird dieser Trend durch das veränderte Anspruchsdenken der Generationen. Analysiert werden in diesem Zusammenhang folgende Aspekte:

- Erholungsfläche pro Einwohner
- Erholungsgebiete
- Erlebnisparks/Themenparks
- Fahrradwegenetz
- Feste
- Freibäder
- Freifläche pro Einwohner

- Freizeiteinrichtungen
- Freizeitaktivitäten: Abendunterhaltung, andere sportliche Aktivitäten, Einkaufsbummel, kulturelle Veranstaltungen, Nutzung gastronomischer Einrichtungen, Nutzung von Gewässern (See, Fluss, Meer), Rad fahren, sonstige Freizeitangebote, spazieren gehen, sportliche Veranstaltungen, Stadtbummel, Wandern, Wanderwege (Anschluss an Fernwanderwege)
- Freizeitparks
- Flusslandschaften
- Golf
- Grünflächen
- Hallenbäder
- Minigolf
- Parks
- Seen
- Sportstätten
- Strände

j) Infrastruktur

Gute Verkehrsverbindungen wie Autobahnanschlüsse, Flughäfen oder elektrifizierte Eisenbahnstrecken sind Vorteile für die infrastrukturelle Anbindung einer Stadt. Auch funktionierende Nahverkehrswege, die eine gute verkehrliche Anbindung von Industrie- und Gewerbeflächen gewährleisten, sind ideale infrastrukturelle Voraussetzungen. Ausreichender Parkraum in der Innenstadt, verbunden mit einer guten Erreichbarkeit, sind Voraussetzungen für die Umsetzung des Ziels Einkaufsstadt.

Bei entsprechenden Befragungen in Dortmund sprachen sich zum Beispiel nur 15,72 Prozent der Befragten für eine Förderung des Pkw-Verkehrs aus, während 84,28 Prozent den Ausbau des öffentlichen Nahverkehrs für richtig hielten. Interessant war bei dieser Umfrage: Frauen sprachen sich deutlicher als Männer für die Entwicklung des öffentlichen Nahverkehr aus, ausländische Einwohner entschieden sich unterdurchschnittlich für den Ausbau. Ältere Menschen wiederum votierten deutlich für den öffentlichen Nahverkehr, im Gegensatz zu jüngeren Menschen.

Entscheidend für derartige Voten ist immer die Lage des Ortes in der Region. Bevölkerungsarme Regionen sind aufgrund fehlender guter Nahverkehrsmöglichkeiten mehr auf den Pkw angewiesen als die Bewohner der Ballungszentren. In diesem Handlungsfeld müssen deshalb neben den Einwohnern auch die des Umlandes und der weiteren Region befragt werden. Zu den Bewertungskriterien des Analysefeldes gehören die Nutzung von:

- Auto

- Bahn

- Bahn

- Fahrrad

- Verkehrsanbindungen mit ihren spezifischen Auswirkungen und Voraussetzungen: Autobahnverbindungen, Beschilderung, Großflughafen, ICE-Bahnhof, Interregio-Bahnhof, Nähe der Autobahn, ÖPNV, Parkmöglichkeiten, Regionalbahnhof, Regionalflughafen, Stauhäufigkeit auf verschiedenen Straßen, Straßenführung (ein-/ausfahrender Verkehr), Straßenführung (Innenstadt/Ortszentrum)

k) Wohnen

Analysiert wird die Wohnsituation bzw. der Wunsch nach anderen Wohnmöglichkeiten. Zum Bewertungsbereich gehören u.a.:

- Wohngebäude insgesamt: Auslastung (leer stehende Wohnungen), Baujahr, Lage, Schwerpunkte leer stehender Wohnungen, Zustand

- Altersstruktur der Stadt-/Ortsteile

- Mietspiegel

- öffentliche Eigentümer (Auslastung)

- private Eigentümer (Auslastung)

- Sozialstruktur der Stadt-/Ortsteile

- Wohnungsgesellschaften (Auslastung)

- Umzug aus der Stadt in das Umland wegen: Arbeit, Attraktivität, geringerer Miete, keinem der o.a. Gründe, Kinder, Landschaft, Veranstaltungen, verkehrsgünstiger Lage, Sonstiges

- Umzug aus dem Umland in die Stadt

l) Verwaltungen

Untersucht wird die Arbeit in den einzelnen Fachbereichen/Ämtern, das Verhalten der Mitarbeiter gegenüber den Einwohnern und die sich daraus ergebenden positiven wie auch negativen Auswirkungen.

Die Untersuchung wird offen legen, ob die Arbeit der Kommunalverwaltung bereits modern und einwohnerorientiert ist oder ob noch vorhandene Schwellenängste in der Bevölkerung abzubauen sind.

Untersucht wird ferner, ob die öffentliche Verwaltung ein modern arbeitender Dienstleistungsbetrieb ist, der für die Einwohner einer Stadt schnell, kalkulierbar und kompetent handelt, und ob den Mitarbeitern bereits ein neues Aufgabenverständnis vermittelt wurde. Begriffe wie einwohnerfreundliches Verwaltungshandeln und Motivation sowie neue Verwaltungsstrukturen, angelehnt an die Strukturen privatwirtschaftlich arbeitender Unternehmen, sind weitere Analysepunkte für ein neues, zukunftsorientiertes Rollenverständnis der Kommunalverwaltung.

Die Bewertung der Zufriedenheit oder Unzufriedenheit mit der Kommunalverwaltung wird starke Unterschiede in der Altersstruktur und bei den soziographischen Faktoren zeigen. So stellte beispielsweise die Stadt Dortmund in einer Umfrage fest, dass das Meinungsbild über die Arbeit der Kommunalverwaltung positiver ausfällt, wenn der Kontakt – wohl wegen der engeren räumlichen und persönlichen Beziehungen – über Bezirksverwaltungsstellen erfolgt. Die genaue Auswertung der Umfrage ließ Rückschlüsse auf die Wünsche der Einwohner zu, die konzeptionell berücksichtigt wurden.

Weiter ist zu untersuchen, ob die Verwaltung die verantwortungsvolle Aufgabe wahrnimmt, gegenüber den Einwohnern sowie den verschiedenen Bereichen (Wirtschaft, Einzelhandel, Wissenschaft) ein Klima gegenseitiger Offenheit und gegenseitigen Vertrauens zu schaffen.

Zu den einzelnen Kriterien der Untersuchung gehören u.a.:

- Ausschilderung
- Bearbeitungszeit
- Beratung
- Beschwerdemanagement
- Bürgerämter usw.
- Bürgerbeteiligung
- bürgerfreundliche Verwaltung
- Bürgerkommunikation

- Bürgerservice
- fachliche Beratung
- Flexibilität
- Information
- Lage der Ämter im Ortsgebiet/Erreichbarkeit
- moderne Einrichtungen (Informationen über Internet, Antragstellung über Internet, E-Mail, Stadtinformationssystem)
- Öffnungszeiten
- persönliche Behandlung
- Verständlichkeit der Formulare
- Warteräume/Wartezonen
- Wartezeiten

7. Kernprozess (strategisch)

Impulsveranstaltung

Offizieller Startschuss des Kernprozesses ist eine Impulsveranstaltung, die alle interessierten Einwohner mit dem Thema Stadtmarketing vertraut machen soll und die Initialzündung für den strategischen Prozess ist.

Initiatoren des Stadtmarketingprozesses sind häufig Gruppen, die in einer Stadt etwas positiv für die Zukunft verändern möchten. Oft sind es Vertreter der Wirtschaft oder der Kommunalverwaltung, weniger Gruppen von Einwohnern. Wichtig ist, dass die Initiatoren das Vorhaben genau planen, alle wichtigen Gruppierungen in die Planungen einbeziehen und besonders zu Beginn keine Fehler durch übertriebene Aktionen machen.

Eine Impulsveranstaltung ist der Startschuss zum Kernprozess. Die Initiatoren binden zum ersten Mal die Öffentlichkeit in den Prozess ein. Sie müssen die Basis für den künftigen Prozess finden und den Interessierten die Ziele und den Ablauf erläutern. Es empfiehlt sich, zu der öffentlichen Auftaktveranstaltung neben der allgemeinen Öffentlichkeit viele Interessengruppen persönlich einzuladen, um so einen repräsentativen Querschnitt der Einwohner zu rekrutieren. In einzelnen Gesprächen mit verschiedenen Gruppierungen (Wirtschaft, Verwaltung, Einzelhandel, Tourismus, Hotellerie und Gastronomie) sollten vor der Impulsveranstaltung, strategisch noch besser vor Beginn des Gesamtprozesses die Zustimmung und Unterstützung eingeholt werden. Je mehr Gruppierungen Interesse und Unterstützung signalisieren, umso einfacher ist der Einstieg in den Stadtmarketingprozess.

Die Teilnehmerzahl, die Art und Weise einer konstruktiv kritischen Diskussion, ist Signal und Beweis eines vorhandenen, intensiven Interesses.

Kernprogramm der Impulsveranstaltung ist ein Impulsreferat mit Erläuterungen zum Themas Stadtmarketing, die Ergebnisse der Einwohnerbefragung und anschließend eine längere Diskussionsrunde. Begrüßung, Referat und Bekanntgabe der Ergebnisse dürfen einen Zeitrahmen von 45 Minuten nicht überschreiten. Die Veranstaltung selber sollte nicht länger als maximal zwei Stunden dauern.

Mit kurzen Grußworten beginnt die/der (Ober)Bürgermeister oder die/der für den Prozess Verantwortliche. Schon während des Stadtmarketingreferates wird der gesamte Verfahrensablauf erläutert, evtl. sollten sogar schon Termine oder Zeitschienen genannt werden. Danach folgen die wichtigsten Ergebnisse der Einwohnerbefragung. Die Präsentation der Gesamtergebnisse wäre zu lang und ermüdend und ist außerdem nicht notwendig für das weitere Verfahren. Es ist darauf zu achten, dass nicht nur negative Daten und Fakten präsentiert werden.

Der Stadtmarketingprozess soll eine positive Stimmung in der Stadt auslösen. Dazu gehören auch positive Daten und Fakten, da in der Vergangenheit immer auch Positives geleistet wurde. Hierauf muss ein neuer Prozess aufbauen. (Textpassage erscheint mir unnötig ausführlich!)

Im Anschluss an diesen Informationsblock können die Teilnehmer zu allen Referaten, Fakten und Daten Fragen stellen und bereits Anregungen zu geben. Der Moderator sollte daher auch direkt auf Teilnehmer zugehen, um durch offene Fragestellungen die Diskussion anzuschieben. Gerade diejenigen, die sich im Plenum zurückhalten, werden in diesem Teil die Möglichkeit suchen, Fragen zu stellen und Anregungen zu geben. Stadtmarketing lebt von der Beteiligung der »Nichtfachleute«, von Querdenkern und Kritikern. Diese müssen sich ohne gedankliche Schranken kreativ einbringen. Die Impulsveranstaltung ist die Möglichkeit, Einwohner für den Prozess zu interessieren, und sie für die Teilnahme an der Zukunftskonferenz zu begeistern.

Eine Impulsveranstaltung sollte an einem normalen Wochentag nicht vor 19 Uhr beginnen (Teilnahme Einzelhandel) und in einem genügend großen Raum, der Platz für rund 100 Teilnehmer bietet, stattfinden. Die Teilnehmerzahl sollte nicht zu tief kalkuliert werden. In gut vorbereiteten Prozessen, in denen auch die Berichterstattung der Medien sehr intensiv war, kamen bis zu zweihundert Teilnehmer. Ideal sind direkte Einladungen an Organisationen und Institutionen etc., Briefwurfsendungen an alle Haushalte sowie eine öffentliche Einladung in der Tageszeitung. Mit der Möglichkeit der Anmeldung, kann die Teilnehmerzahl ungefähr geplant werden. Es gilt, so viele Einwohner wie möglich anzusprechen. Wer an der Teilnehmerzahl zur Impulsveranstaltung aus Kostengründen spart, hat den Sinn und Zweck eines Stadtmarketingprozesses nicht verstanden. Es hat sich gezeigt, dass Banken vor Ort gern bereit waren, die Kosten (z. B. für einen Imbiss und den Moderator) zu übernehmen und sogar Räumlichkeiten zur Verfügung zu stellen.

Die Impulsveranstaltung muss in einem zeitlichen Zusammenhang zum folgenden Verfahren stehen. Heißt: Soll der Prozess in einem Kalenderjahr begonnen und abgeschlossen werden, sollte die Impulsveranstaltung im Februar stattfinden.

Wichtig ist, dass ein professioneller Moderator die Veranstaltung leitet. In den Prozessen in Troisdorf und Buxtehude bewährte sich der Einsatz von Fernsehmoderatoren (WDR/NDR), die in lockerer, aber trotzdem zielorientierter Moderation, der Impulsveranstaltung den professionellen Anstrich gaben. Es erübrigt sich darauf hinzuweisen, dass Mikrofone vorhanden sein sollten und die Präsentationen als Powerpoint-Version über einen Beamer umgesetzt werden.

Ziel der Impulsveranstaltung ist es, das Thema allen Einwohnern zu vermitteln und einen Ruck zu erzeugen, der bereits erste Ansätze einer künftiger Gemeinsamkeit signalisiert und der den Prozess öffentlich macht. In einem offenen Prozess wirkt die Presse stellvertretend für alle die Einwohner, die nicht direkt mitwirken wollen oder können. Intensive Gespräche mit den Medienvertretern bei denen ihnen Zweck und Ziel detailliert erläutert werden, sind deshalb unabdingbar. Kein Pressevertreter wird sich verschließen, wenn er den Sinn und Nutzen für den gesamten Ort erkennt. Ein positives Beispiel ist Buxtehude. Hier begleitete die Lokalpresse den Prozess vorbildlich, berichtete im Vorfeld und von sämtlichen Veranstaltungen. Selbst in den Workshops saßen Journalisten, um aktuell die Öffentlichkeit zu informieren. Oft sind auch Verlage bereit, durch Sonderveröffentlichungen regelmäßig umfangreich zu berichten. Auch für die Medien vor Ort hat ein Stadtmarketingprozess positive Auswirkungen. Eine wirtschaftliche Belebung in allen Bereichen bringt höhere Einnahmen durch Anzeigen sowie mehr Abonnenten und sichert Arbeitsplätze in den Redaktionen.

Abschließend sei festgestellt, dass Rahmen und Präsentation der Impulsveranstaltung höchsten Ansprüchen genügen muss. So nur kann der Prozess erfolgreich starten und Signale setzen. Für und mit den Einwohnern muss schon während der Impulsveranstaltung der Startschuss für ein neues städtisches Lebensumfeld gegeben werden, in dem sich alle wohl fühlen und Perspektiven für die Zukunft entwickeln.

Ablauf Impulsveranstaltung:

1. Begrüßung durch Projektverantwortlichen (max. 5 Minuten)

2. Referat »Was ist Stadtmarketing?« (max. 20 Minuten)

3. Ergebnisse Einwohnerbefragung (max. 20 Minuten)

4. Fragen der Teilnehmer

5. Kommunikativer Abschluss

(insg. höchstens 120 Minuten)

Das Ende der Auftaktveranstaltung muss den eindeutigen Willen der Teilnehmenden erkennen lassen, den Stadtmarketingprozess zu beginnen. Der Wille ist zugleich der Handlungsauftrag für das weitere Verfahren.

Zukunftskonferenz

»Wir starten einen Prozess, der für Troisdorf und für uns Troisdorfer eine einmalige Chance bietet: Gemeinsam etwas Neues entstehen zu lassen – nämlich aus der Mitte der Bürgerschaft ein Zukunftsbild von Troisdorf zu entwickeln. Mit dieser Zukunftskonferenz bringen wir den Stein ins Rollen.« So eröffnete Troisdorfs Bürgermeister Manfred Uedelhoven die Zukunftskonferenz. Ein Satz, der vieles über die Ziele sagt.

Die Zukunftskonferenz ist die erste inhaltliche Beschäftigung mit den Themen der Stadt. Neben eingeladenen Vertretern aus allen Bereichen der Stadt, wird auch interessierten Einwohnern die Möglichkeit zur Teilnahme gegeben werden. Interessenten hierfür melden sich oft bereits während der Impulsveranstaltung an. Dabei ist wiederum, wie bei der Impulsveranstaltung, auf einen repräsentativen Querschnitt der Einwohner- und Interessengruppen zu achten. Die Selektion der Teilnehmer erfolgt nach den Merkmalen: Alter, Beruf, wichtige Organisationen/ Institutionen, große Vereine, Parteien, Randgruppen. Die Erfahrung hat gezeigt, dass mit 80 bis 100 Teilnehmern übersichtliches und erfolgsorientiertes Arbeiten möglich ist.

Generelles Ziel der Zukunftskonferenz ist es, die Grundlagen für eine gemeinsame, lebendige, motivierende Vision für das Heute, Morgen und Übermorgen zu entwickeln. Eine Vision, die eine Stadt liebens- und lebenswert machen soll, zukunftsfähig und etwas Besonderes sein soll. Der Blick der Teilnehmer geht dabei in die Zukunft der kommenden 10 Jahre. Passend dazu sollen Eckpunkte des Konzeptes skizziert werden, die alle kommunalen Handlungsfelder einschließen. Die Vernetzung der verschiedensten Bevölkerungs- und Interessengruppen für eine neue Kommunikationsstruktur und eine neue Form der Einwohnerbeteiligung ist das Ziel.

Bester Termin für eine Zukunftskonferenz ist der Samstag von 10 bis spätestens 17 Uhr. Wichtig ist es, die Zeit genau einzuhalten und nicht von der Themenstellung abzuweichen. Nur so können um die Teilnehmer optimal motiviert werden. Die Zukunftskonferenz muss professionell moderiert werden. Nur erfahrene Moderatoren sind in der Lage den Anforderungen der Konferenz gerecht zu werden und durch den Einsatz spezifischer Assoziationstechniken, ein Höchstmaß an Ideen freizusetzen. Die Zukunftskonferenz ist der grundlegende thematische Schritt für das weitere Verfahren in den Workshops. Die straffe Moderation unter Anwendung moderner Assoziationstechniken wird zur konzeptionellen Basis des weiteren Verfahrens.

In der Modellstadt Troisdorf wurden ca. 60 Einwohner an einem Wochenende von Freitag- bis Sonntagmittag in ein Hotel nach Krefeld (ca. 100 Kilometer von Troisdorf) gefahren, um unabhängig von heimischen Einflüssen erste Ideen zu entwickeln. Mittlerweile haben optimierte Prozesse gezeigt, dass ein Tag ausreicht, um das gleiche Ergebnis zu erzielen.

Verfahren

Während der Zukunftskonferenz skizzieren die Teilnehmer ihren Traum von einer besseren Stadt. Zu den weiteren Aufgaben gehören unter anderem die Suche nach Stärken in allen Bereichen sowie das Finden von regionalen und globalen Trends. Für das weitere Verfahren, also für die Arbeit in den Workshops, werden

Eckpunkte festgelegt. Probleme und Schwächen stehen nicht primär im Vordergrund und werden eher im Verbund mit neuen Zielen und Stärken betrachtet.

Die Interessierten in den Arbeitsgruppen, die sich bereits bei der Zukunftskonferenz gefunden haben, bilden das »personelle Gerüst« der künftigen Workshops. Die Themen der Workshops kristallisieren sich bereits im ersten Teil der Zukunftskonferenz heraus, so dass danach in den entsprechend festgelegten Handlungsfeldern erste spezifische Überlegungen gemacht werden können. Die Workshopteilnehmer haben jederzeit die Möglichkeit in eine andere Arbeitsgruppe umzusteigen.

Die Zukunftskonferenz löst keine Probleme, sondern dient dem Ziel, eine zukunftsfähige Stadt zu entwickeln. Hier wird die inhaltliche Ausrichtung des Stadtmarketings festgelegt. Wichtig ist, dass die Bürger Themenschwerpunkte und Handlungsfelder bestimmen. Die Einwohner/innen sollen sich bei ihrer Zukunftsvision an den Stärken und Chancen der Stadt orientieren. Im Ansatz werden kooperativ, kommunikativ, kreativ und gut koordiniert städtische Zukunftsperspektiven angedacht. Zunächst visionär, schließlich realistisch, erarbeiten Fachleute wie Laien, Junge wie Alte die Maßnahmen. Dabei ist jede Meinung wichtig, jede Idee zählt. Nicht das Machbare oder die Kosten stehen im Mittelpunkt der Überlegungen, sondern der Traum, die Vision, das Wünschenswerte, schlicht der Blick in die Zukunft.

Arbeitsphase I : Besinnung auf die Stärken der Stadt

Der Traum von einer zukünftigen Stadt mit den Themenschwerpunkten der Stadtentwicklung wird skizziert. Eine Stadt hat Stärken, die in einem Stadtmarketingprozess besonders an Bedeutung gewinnen. Sie sind die Basis der künftigen Entwicklung. Mit der Suche nach diesen »Schokoladenseiten« startet die Zukunftskonferenz.

Was sind die Ressourcen? Was die Stärken unserer Stadt? Das sind die Fragen, mit denen sich die Teilnehmer zunächst auseinander zu setzen haben. Die Suche nach den Stärken ist als kommunikatives »warming up« die erste inhaltliche Einstimmung. Danach beteiligen sich alle an einem Ranking der aus ihrer persönlichen Sicht wesentlichen städtischen Stärken. Die Teilnehmer werden nach dem Zufallsprinzip den Arbeitsgruppen zugeordnet.

Global und abstrakt sind die ersten Ergebnisse, die in weiteren kommunikativen Arbeitsschritten herunter gebrochen werden. Immer wieder steht der Einsatz von Assoziationstechniken im Vordergrund.

Beispiel:

In der Stadt Buxtehude wurden folgende Prioritäten als herausragende
Stärken aufgearbeitet:

- die Altstadt (in diversen Varianten)
- die Stadt als Tourismusziel / als Sinnbild für Hase und Igel
- die Sportstadt (Als besondere Stärken wurden genannt: Die Verbindung zum Alten Land)
- die Altstadt-Atmosphäre, Fußgängerzone und Hafen
- Hase und Igel
- Kleinstadt in Großstadtnähe
- Ländlich, nah der Großstadt
- Märchenstadt
- Nähe zur Weltstadt Hamburg

Arbeitsphase II: Der Traum

Ein Traum wird wahr. Die Teilnehmer überlegen in dieser Phase, was sich in der
Stadt positiv verändern könnte. Es werden Visionen entwickelt, die sich an den
positiv veränderten städtischen Themen und Brennpunkten orientieren. Wie also
sieht der Traum jedes Einzelnen aus? Es gilt Wunschbilder zu entwickeln, fern
von Kosten oder sonstigen Sachzwängen, also frei von Denkblockaden. Zur Zielfindung gehören keine ausgiebigen Problemerörterungen, sondern zukunftsweisende Szenarien.

Erfahrungsgemäß ist ein innovatives Produkt meist Ergebnis eines schöpferischen
Prozesses. Gerade dies gilt es durch Innovationsmanagement zu fördern. In
lockerer Diskussion und überschaubaren Arbeitsgruppen werden spontane Einfälle und Bilder ohne kritisch einschränkende Vorverurteilung und »Killerargu-
mente« fixiert.

Aber auch Trends spielen in dieser Phase eine Rolle, wie die Chance, eine Stadt
zum Kongresszentrum zu entwickeln, Dies wird nur dann gelingen, wenn in der
Region noch Kapazitäten auf diesem Sektor benötigt werden und zudem ein aus-
baufähiger Trend zum Tagungs- und Kongresszentrum in den kommenden Jahren erkennen ist.

(Der Trend zu Freizeit- und Ferienparks ist nur dann umsetzbar, wenn in diesem
Bereich künftig Zuwachsraten zu erwarten sind. Wer immer noch im Handlungs-

feld Tourismus ausschließlich auf den sanften Tourismus setzt, hat den globalen Trend nicht erkannt und somit die Risiken nicht beachtet.)

Wer im Hafenumschlag neue Schiffsgrößen und Techniken, wie Schiffe der neuen Containergeneration, außer Acht lässt, geht am globalen Trend vorbei. So sind zum Beispiel die Öffnung zum Osten und die neuen Märkte in Asien globale Trends, die beachtet werden müssen, wenn es um wirtschaftliche Handlungsfelder geht.

(Natürlich gelten die Spielregeln der Teamarbeit, der sich alle Teilnehmer vor Beginn des Prozesses verpflichten. Dass nicht jede Arbeitsgruppe in dieser Phase extern moderiert werden muss, beweist eine offensichtlich reibungslose Selbstorganisation der parallel tagenden Arbeitsgruppen. Die Rollenverteilung und die Aufgaben werden dabei vorher genau festgelegt.)

In dieser Arbeitsphase sind Kreativität, Humor und freie Assoziationen gefragt. Launig vorgetragene Ideen und perspektivische Ansätze sind erwünscht bei der Gruppenarbeit wie beim Vortrag m Plenum. Die Anregung, gruppendynamisch entwickelte Zukunftsszenarien möglichst auch kreativ zu präsentieren, wird gern aufgegriffen in Form von Sketchen wie interaktiven Telefon- und Rollenspielen etc. In Troisdorf waren dies improvisierte Theaterstücke, lustige Sketche, oder ein Rap-Song, die bestimmt niemand vergisst.

Weiterer positiver Aspekt: Die Teilnehmer entwickeln ein Gemeinschaftsgefühl und fangen an, altruistisch über ihre Stadt nachzudenken.

Die vielen kleinen und großen Träume, die in den Arbeitsgruppen entwickelt werden, sind vielfältig auf nahezu alle städtischen Handlungsfelder ausgerichtet. Viele Visionen treffen genau die Stimmung in der Stadt (und die Wahrnehmung jedes Einzelnen). Akzente liegen auf der Stärkung des Wirtschaftsstandortes, als Einkaufs-, Ansiedlungs- und Dienstleistungszentrum, auf die Belebung der Innenstadt, einem attraktiveren Veranstaltungs-Mix in den Bereichen Sport, Freizeit und Kultur sowie dem Ausbau der Infrastruktur usw.

Beispiel:

Im Prozess in Buxtehude waren Träume und Wünsche z.B.:

Allgemein

- Menschen vor dem alten Rathaus
- schönerer Bahnhof
- überdachte Laubengänge an den Geschäften, grün berankt
- viele kleine Geschäfte
- Marchenstadt mit Hase und Igel
- Beschilderung am Bahnhof
- gute Anbindung nach Hamburg
- schönere Wohnangebote für Senioren
- verkehrsfreundliche Stadt auch für Senioren
- Belebung der Innenstadt (erweiterter Begriff)
- Ausweitung des Zentrums
- Hafen funktionsfähig ausbauen/ mehr maritimes Flair
- Offene Straßenrestaurants
- Informationscenter schaffen
- Erlebnisstadt Buxtehude (ggf. Märchenstraße)
- Sachsenmuseum ins Rathaus

Wirtschaft

- Wirtschaft & grüne Wiese in Einklang bringen
- Gastronomie und Hotellerie attraktivieren
- mehr Sponsoring
- Lockerung der Sperrzeiten / Abendshopping

Verkehr

- bessere Nutzung Parkleitsystem
- Staus abbauen
- mehr Parkplätze

Sport

- bessere Nutzung des Veranstaltungsgeländes

- Veranstaltungsarena
- Sportanlagen auch in Stadtteilen

Kultur/Freizeit

- qualitativ und quantitativ attraktivere Veranstaltungen
- Hafen und Umfeld mit Freizeit- und Kulturangeboten aufwerten (u.a. Hafenfest/Tretbote/Kanus)
- Magnet für junge Leute schaffen
- Soziales / Bildung / weiche Standortfaktoren
- Netzwerk Buxtehude bilden: verschiedene Interessengruppen verknüpfen (runder Tisch)

Arbeitsphase III : Schwächen und Brennpunkte

In dieser Phase geht der Blick zu den Schwächen. Standen bisher Träume und Stärken im Vordergrund, so sollen jetzt aus dem Blick der Zukunft die Schwächen genannt werden. Welche thematischen Brennpunkte sind aus der Sicht »zehn Jahre weiter« erledigt, welche Schwächen abgebaut? Der »Traum« wird zwar fortgesetzt, es werden aber Brennpunkte und Themen der Vergangenheit genannt. Gefordert wird eine konkrete Themenliste mit den signifikantesten Problembereichen, die in zehn Jahren aus Sicht der Teilnehmer beseitigt sein sollten. In dieser Phase werden die Teilnehmer auf den Boden der Tatsachen zurückgeholt. Die »Traumbrille« wird abgelegt, der Blick auf die Realitäten gesenkt. Die Fragestellung: »Welche Probleme haben sich aus der heutigen Sicht erledigt?«

Arbeitsphase IV: Thematische Eckpunkte des weiteren Stadtmarketings

In dieser Arbeitsphase werden die Arbeitgruppen erstmalig thematisch aufgestellt. Die bisherigen wurden zu Beginn der Zukunftskonferenz willkürlich zusammengestellt. In dieser Phase werden sie neu aufgestellt, heißt, sie mischen sich nach den speziellen Interessen der Teilnehmer. Die Handlungsfelder für die folgenden Workshops entstehen und formieren sich. Die thematische Spezifizierung hatte sich im Verlauf des bisherigen Verfahrens eindeutig herausgebildet. Dabei sollen auch spezielle Trends berücksichtigt werden. Der Blick wird wieder in die Zukunft gerichtet. Aufbauend auf den bisherigen Ergebnissen sollen die personell neu formierten Gruppen für ihr jeweiliges Themengebiet ein Zukunftsbild ihrer Stadt entwerfen. Die Eckpunkte für einen Maßnahmenkatalog werden aus der Perspektive der jeweiligen Gruppe und des Themas erstellt.

Die Teilnehmer/innen haben die Wahl, sich entsprechend ihrer Interessenschwer-
punke den Arbeitsgruppen zuzuordnen:

Beispiel:

In Buxtehude bildeten sich folgende Arbeitsgruppen (AG):

- AG Innenstadt (Einkaufen Atmosphäre, Hafen)
- AG Wirtschaft & Verkehr
- AG Sport, Freizeit, Kultur, Veranstaltungen, Tourismus, Gastrono-
  mie, Hotellerie
- AG »Mensch Buxtehude« mit den Bereichen Jugend, Soziales und
  Schule

Die Zahl der Arbeitsgruppen sollte möglichst gering gehalten werden, um Kosten
einzugrenzen (externer Moderator) und die Vernetzungsmöglichkeiten übersichtlich zu organisieren. Aufgabe der AG-Teilnehmer in der Zukunftskonferenz
ist es, zu diskutieren, welche Themenscherpunkte und Perspektiven für den
Stadtmarketingprozess zu diskutieren und die Eckpunkte für die künftige Arbeit
in den Workshops festzulegen.

Beispiel:

Die Teilnehmer an der Zukunftskonferenz in Buxtehude benannten
folgende Schwerpunkte:

AG Innenstadt: Einkaufen, Atmosphäre, Gestaltung der Fußgängerzone, Beleuchtung sowie spezielle Randbereiche der Innenstadt, aber
auch die Verkehrsführung, Parkplätze, Fahrradverkehr, Untersuchung
der Fußgängerströme und die Beschilderung. Ferner sollte sich die AG
mit dem Hafen beschäftigen, ihn schiffbar machen sowie die Sanierung
des Hafens. Auch sollten maritime Attraktionen etabliert werden.

AG Wirtschaft & Verkehr: Finanzierung der Wirtschaftsförderung
und des Citymanagers, Gestaltung und Schwerpunkte der Wirtschaftsförderung, Buxtehude als Marke zu positionieren, Angebot an
Gewerbe- und Industrieflächen, Consulting-Leistungen für Interessenten, Verkehrsbedingte Abtrennung von Stadtteilen, Rahmenbedingungen für Ansiedlungen schaffen, Akquisitionsstrategien entwickeln,
Stadt- und Steuerpolitik sowie Tourismusförderung.

**AG Sport, Freizeit, Kultur, Veranstaltungen, Tourismus, Gastro-
nomie, Hotellerie:** Veranstaltungsmanagement, Veranstaltungskalender, bessere Werbung für Veranstaltungen, mehr Veranstaltungen,
Musikwettbewerbe für die Jugend, Veranstaltungen auf dem Veran-

staltungsgelände, Open-Air-Events etc. Wichtige Themen waren aber auch die Förderung der Märchengesellschaft, das Thema für Hase und Igel und die Förderung ehrenamtlichen Engagements.

AG »Mensch Buxtehude«: Die Arbeitsgruppe kam zum Ergebnis für die Rubriken Jugend, Soziales, Schule keinen eigenen Workshop zu bilden. Ziel war es, die menschlichen Aspekte in den Stadtmarketingprozess insgesamt und in einzelne Handlungsfelder im Besonderen einzubringen. Folgerichtig verstand sich der Workshop »Mensch Buxtehude« als Schnittstelle quer zu allen Handlungsbereichen. Insbesondere sollten im Workshop folgende Themenschwerpunkte und Zielgruppen berücksichtigt werden.

Ein weiteres Beispiel: Troisdorf[66]

Vier Eckpunkte für die Innenstadt der Zukunft waren das Ergebnis der Arbeit in der Gruppe »City«. Dazu gehörte:

1. Eine funktionierende, attraktive Innenstadt/Fußgängerzone, die ein ungetrübtes Einkaufserlebnis bieten soll. Dazu sollen bessere Läden, ein vernünftiger Branchen-Mix, eine positive Atmosphäre und die familienfreundliche Erreichbarkeit beitragen. Die Mobilität in der Innenstadt soll durch einen umweltfreundlichen und kostenlosen Trollybus (»Lumibahn«) garantiert werden.

2. Belebte und erlebte City als Treffpunkt. Große Kaufhäuser und kleine Shops, viel Grün und Wasserläufe, eine Marktatmosphäre und die Aufteilung der Fußgängerzone in passive und aktive Zonen mit Kunsterlebnis und Erlebniskunst, Erlebnisgastronomie und ein »Lumipark« (Maskottchen der Stadt) für Kinder sollen die Menschen in die Innenstadt bringen und dort halten. In der Innenstadt soll gewohnt und gearbeitet werden.

3. Überdachte Fußgängerzone mit Pavillons, mediterraner Atmosphäre und Themenzonen. Der »Boulevard Europa« soll Aktivitäten für Jung und Alt, Musik und Stille bieten, soll offen sein für wetterunabhängige Tag- und Nachtaktivitäten. Als Troisdorf-typische Einmaligkeit solle auf dem Hamacher-Platz ein Turm als neues Wahrzeichen der Innenstadt entstehen.

4. Architektonische Achse vom Hertie-Gebäude bis zum Rathaus. Vom alten Hertiegebäude (»Lumitron I«) über das geplante Kaufhaus an der Ecke Hippolytus-/Kölner Straße (»Lumitron 11«) und den Campanile auf dem Hamacher-Platz bis zum Rathaus soll eine

---

[66] Dokumentation Troisdorf: Projekt Zukunft, 2001, P3 Agentur für Kommunikation und Mobilität

architektonische Achse für Signale und Orientierung sorgen. »Die Achse steht, die City lebt«.

Die Gruppe »Troisdorf in Bewegung« sah als ihren Eckpunkt für das künftige Leitbild der Stadt einen deutlich entschleunigten Individualverkehr, Spielstraßen und Tempo-30-Zonen in allen Wohnquartieren. Dadurch sollen die Straßen wieder zu Erlebnisräumen werden, die vor allem Kindern und älteren Menschen neue Bewegungsfreiheiten geben. Die Mobilität der Menschen soll durch eine Vernetzung aller Verkehrsträger, auch für die Nah-Mobilität innerhalb der Stadt sichergestellt werden.

Dazu trägt auch der weitere Ausbau des Projektes »Fahrradfreundliches Troisdorf« bei. Der Gütertransport in der Stadt wird gemeinschaftlich organisiert, Schwerlastverkehr wird sinnvoll durch die Stadt geleitet oder ganz herausgehalten (Durchgangsverkehr). Der Öffentliche Nahverkehr funktioniert optimal und die Bahnhöfe sind bestens ausgestattet.

»Troisdorf wird Tip-Top«. Dies ist das Ziel der Gruppe »Job- und Lebensforum Troisdorf'; wobei »Tip« für »Troisdorf ist prima« und »Top« für »Troisdorf ohne Probleme« stehen. Die Stadt nutzt ihre günstige Lage und die idealen Verkehrsanbindungen, um von der Globalisierung so zu profitieren, dass in Troisdorf neue zukunftsfähige Arbeitsplätze entstehen. Dazu gehört aber auch, dass die weichen Standortfaktoren verbessert werden. Verfügbare Gewerbeflächen sollen strategisch sinnvoll genutzt werden. Der Trend zur Dienstleistungsgesellschaft wird dadurch genutzt, dass Büro-Arbeitsplätze in der Innenstadt angesiedelt werden. Weitere Ressourcen werden durch die Aktivierung von Altstandorten und Reserveflächen geschaffen. Auf dem ehemaligen Kaiserbau-Areal wird ein neuer Dienstleistungspark entstehen. Die Stadt streicht ihre Standortvorteile heraus, in dem sie mit vorhandenen, innovativen Firmen wirbt. Das Angebot an familienfreundlichen Arbeitsplätzen wird ausgebaut, unter anderem dadurch, dass die Möglichkeiten zur Kinderbetreuung in der Stadt verbessert werden. Frauen werden verstärkt an zukunftsfahige Berufe herangeführt. Generell wird die Verzahnung von Wirtschaft und Bildung deutlich verbessert.

Ein zukunftsfähiges Schul- und Bildungssystem in kommunaler Regie ist der Eckpfeiler der Gruppe »Troisdorfer Bildungskonferenz. In Troisdorf wird als ständige Einrichtung eine Bildungskonferenz geschaffen, an der alle relevanten Gruppen (unter anderem Schulen, Wirtschaft, Stadt, Hochschulen) beteiligt werden. Um schnell auf Veränderungen reagieren zu können, evaluiert und beschreibt die Konfe-

renz mit Blick auf die Zukunft alle Anforderungen auf dem Troisdorfer
Bildungsmarkt. Die Konferenz entwickelt Konzepte, mit denen die
Troisdorfer Bildungseinrichtungen miteinander und im Wettstreit diese
Anforderungen erfüllen können.

Eine wichtige Voraussetzung für die Arbeit der Bildungskonferenz ist
die Verlagerung von Kompetenzen – etwa für Personal und Lehrpläne
– auf die örtliche Ebene. Um den Anforderungen der Berufswelt besser
gerecht werden zu können, vernetzen sich Schulen und örtliche Wirtschaft stärker als bisher. Die Kunst des Lebens ist nach Auffassung der
Gruppe »Good Vibration« eine der Säulen des Troisdorfer Zukunfts-
bildes. Troisdorf ist in der Zukunft eine Stadt für Menschen, die von
der Summe einer Vielzahl von Stärken geprägt wird: Arbeiten, Freizeit
und Integration, Flair und Kunst, Individualisierung und Selbstverwirklichung, Einbettung in eine prosperierende Region und Nach-
haltigkeit im Umgang mit allen verfügbaren Ressourcen. Unter dem
Motto »Daheim – in der Welt« will die Gruppe »Wir I(i)eben Troisdorf« mit fünf Projektsäulen eine zukunftsfähige Identifikation mit
Leitbildcharakter für Troisdorf schaffen. Die Projekte Familienfreundlichkeit, Verkehrsvernetzung, Sport, Selbstbestimmung und Weltoffenheit sollen dabei wie die Achsen einer Lokomotive zusammenwirken,
der Stadt Tempo verleihen und Troisdorf so sicher in die Zukunft steuern. Die Projekte sind mit einander vernetzt, bedingen sich gegenseitig
und laufen nur als Ganzes rund. Gleichzeitig wird Troisdorf als »Hei-
mat« in einer globalisierten Welt definiert und für die Troisdorfer
greifbar und erlebbar. »Daheim« in Troisdorf kann sich jeder Mensch
verwirklichen.

Troisdorf als Freizeitstadt ist der Eckpfeiler der Gruppe »Informa-
tionsverbund Freizeit«. In der Freizeitstadt gibt es viele Angebote für
Jugendliche, die Palette reicht von dezentralen Jugendtreffs über Diskotheken bis hin zu Inlinebahn und Eissporthalle. Jugendorientierte
Gaststätten und Events wie Großkonzerte sind in Zukunft völlig normal in Troisdorf. Die Freizeitangebote für Familien reichen von Festen
über Picknick-Plätze bis hin zur Unterstützung der Stadt für Initiativen
in allen Ortsteilen. In der Stadt gibt es große Freizeitflächen für
gemeinsame Aktivitäten, der Waldpark wird ausgebaut und vergrößert.
Senioren finden viele ausgebaute Wanderwege mit Ruhepunkten vor,
amüsieren sich in Tanz-Cafes, finden sich via Kontakt-Börse zu
gemeinsamen Aktivitäten, etwa zu speziell auf Senioren abgestimmten
Sportprogrammen. Der Sportstandort Troisdorf wird durch neue
Großvereine gestärkt, das Aggerstadion öffnet sich für Großveranstaltungen aller Art und überregional aktive Vereine werden besonders
unterstützt, um als Werbe- und Imageträger für die Stadt aufzutreten.
Behinderte finden in der Stadt ein breites Sportangebot. Vernetzt wird

die Sport- und Freizeitinfrastruktur durch eine Koordinierungsstelle und einen Info-Service. Für die künstlerische Freizeitbetätigung wird eine Kunstschule geschaffen.

Mit einer Vielzahl von Projekten will die Gruppe »TroArt« den vorhandenen: Kunst- und Kultur-Säulen in Troisdorf mehr Profilschärfe verleihen, um das Zukunftsbild von Troisdorf als Kunststadt zu verwirklichen. Im Mittelpunkt steht das Kulturzentrum Burg Wissem mit seiner internationalen Ausrichtung auf Buch, Kunst und Kinder. Zu den ausbaufähigen Säulen gehören Wandmalereien, Skulpturen im öffentlichen Raum, Burgfestspiele und Märchenkultur. Die Jugendkultur hat einen hohen Stellenwert und wird mit Räumen, Auftrittsmöglichkeiten und Festivals besonders unterstützt. Generationen verbindend soll eine Schreibwerkstatt für Jung und Alt wirken. Stadtbibliothek, Bürgerhäuser und Musikschule sind wichtige Säulen des Kulturangebotes, das in Zukunft durch viele Projekte ergänzt werden soll: Fassaden- und Pflastermalertreffen, begeh- und bespielbare Kunstobjekte, mobile Skulpturen in Stadtteilen und Betrieben, Märchentage (-wochen, -nächte), einen Märchenpark, einen Park der Sinne, Sommernachtskunst auf Burg Wissem.

Troisdorf als die familienfreundlichste Stadt Deutschlands ist das Zukunftsbild der Gruppe »Familie und Fun in Troisdorf«. Dazu sollen in erster Linie die vorhandene Infrastruktur, wie etwa Schulen, Horte sowie Kindergärten und -tagesstätten, ausgebaut sowie die Potenziale der Stadt genutzt werden. Bestandteile der familienfreundlichen Stadt sind unter anderem zentrale Babysitterdienste, Leihoma(-opa)-Service, Diskotheken, Jugendkneipen, große Erholungsflächen im Grünen und vieles mehr. Ein wichtiger Aspekt ist die Identifikation stiftende Eigenverantwortung der Bürger: Die Stadt stellt die Ressourcen zur Verfügung und koordiniert, die Bürger nutzen und handeln in Eigeninitiative. Das gilt auch für die Jugendangebote: Die Stadt unterstützt, die Jugendlichen organisieren sich selbst.

Workshops

Workshops zu den in der Zukunftskonferenz festgelegten Themenfeldern werden realistische Maßnahmen erarbeitet, die in den kommenden Jahren umgesetzt werden. Die Workshops sind von Beginn an offen. Auch wer nicht an der Zukunftskonferenz oder der Impulsveranstaltung teilnehmen konnte, hat jetzt die Möglichkeit, sich mit Ideen einzubringen. Wichtig ist, dass jede Arbeitsgruppe wird von professionellen Moderatoren geleitet wird. Um die Motivation zu erhalten, finden pro Arbeitsgruppe **nur** vier Sitzungen von max. drei Stunden statt. Straff, ziel- und erfolgsorientiert sollen neue, realisierbare Maßnahmen erarbeitet werden.

Grundlage für die Arbeit in den jeweiligen Arbeitsgruppen sind die Festlegungen und Eckpunkte der Zukunftskonferenz. Zielrichtung für das Vorgehen in den Workshops die Basisfrage: »Wie soll meine Stadt in zehn Jahren aussehen?«. Abschluss des Verfahrens in den Arbeitsgruppen ist das Erstellen eines konkreten Maßnahmenkataloges mit realisierbaren Maßnahmen. Diese werden konkret definiert und sind nur in der jeweiligen Stadt umsetzbar. Es werden keine Allgemeinplätze wie »meine Stadt soll fahrradfreundlicher werden« definiert. Diese Festlegung wäre zu abstrakt, da sie nicht in eine direkte Maßnahme geleitet werden kann. Es ist denkbar, auch notwendige Arbeitsgruppen oder Umsetzungsorganisationen zu benennen, da nicht alle Maßnahmen in der Kürze der Zeit konkret ausgearbeitet werden können. Sind für die Innenstadt mehre Maßnahmen festgelegt worden, die nur von den Einzelhändlern realisiert werden können, diese sich aber noch nicht organisiert haben, so muss primär erst einmal eine Werbegemeinschaft gegründet werden. Dieses Ziel wäre dann neben den Maßnahmen die konkrete Organisationszielsetzung des Maßnahmenkatalogs Innenstadt.

Handlungsfelder der Workshops

Handlungsfelder sind diejenigen Bereiche, die thematisch zusammengehören und einen bestimmten Komplex in der Innen- und Außendarstellung bündeln. Dies können u.a. die Bereiche Tourismus, Wirtschaft, Kultur oder Wissenschaft sein. Handlungsfelder ergeben sich vor allem aus den Bewertungen, Wünschen und Kritiken der Einwohner und Gäste/Besucher sowie aus den Vorstellungen der am Prozess Beteiligten. Handlungsfelder sind bereits vorhanden oder werden neu definiert, wenn dafür realisierbare Chancen bestehen.

Für alle Handlungsfelder werden nach der Verabschiedung des Leitbildes Arbeitsgruppen gebildet, wenn diese nicht schon in der Analysephase gebildet wurden. Verschiedene Handlungsfelder können in einer Arbeitsgruppe zusammengefasst werden, wenn sie zu einer bestimmten Thematik oder Zielsetzung passen.

Abb. 23 Konzeptionsentwicklung durch Arbeitsgruppen

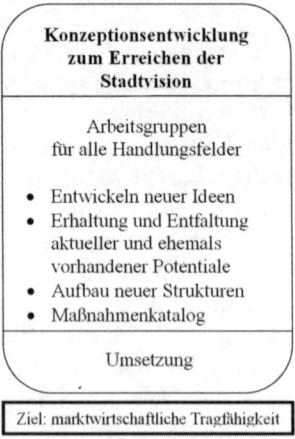

Quelle: eigene Darstellung

Die Zusammenfassung verschiedener Handlungsfelder ist besonders in kleineren oder mittleren Städte zu empfehlen. Möglich ist das z.B. für die Bereiche Kultur und Tourismus, Soziales und Jugend, Einkaufen und Verkehr oder Sport und Freizeit, wenn die Einzelthemen im Rahmen des Prozesses in einem direkten Zusammenhang stehen bzw. Synergien beabsichtigt und zu erwarten sind. Je kleiner eine Stadt ist, umso mehr empfiehlt es sich, mehrere Themen zu einem Bereich zusammenzufassen. Das wirkt sich positiv auf vorhandene personelle Ressourcen und den damit verbundenen zeitlichen Aufwand aus. So wird vermieden, dass oft dieselben Personen in mehreren Arbeitsgruppen vertreten sind. Je größer eine Stadt ist, umso mehr sollten für jedes Handlungsfeld auch spezielle Arbeitsgruppen etabliert werden, um möglichst viele Einwohner zu beteiligen.

Für jedes Handlungsfeld werden Konzeptionen erarbeitet, z.B. eine Tourismus-, Einzelhandels-, Wirtschafts- oder Kulturkonzeption. Neben den genau niedergeschriebenen Inhalten für die Entwicklung des jeweiligen Bereichs enthalten sie einen genauen Handlungsrahmen und evtl. Detailkonzeptionen (z.B. für die Gestaltung und den Ausbau der Innenstadt, die Sanierung von Stadt-/Ortsteilen oder die Erarbeitung von speziellen kulturellen Vorhaben). Die einzelnen Konzepte, die in die Gesamtkonzeption einfließen, sind nach ihrer Verabschiedung die für alle verbindliche Arbeitsgrundlage für die kommenden Jahre. Die Konzeption definiert das künftige Leistungsangebot einer Stadt, verfestigt vorhandene Strukturen und baut neue auf.

Die Konzeption nennt nicht nur die Tätigkeitsfelder, sie stellt auch einen Tätigkeitsrahmen auf und verteilt die Aufgaben an die am Stadtmarketing Beteiligten nach ihren spezifischen Qualitäten. Ideen für den Forschungsbereich haben am ehesten

die wissenschaftlichen Einrichtungen vor Ort, eine Reise von Wirtschaftsjourna-
listen wird erfolgreich von den Wirtschaftsverbänden selbst organisiert und betreut.
Die Ortssanierung projektieren und setzen die entsprechenden Fachbereiche um,
Maßnahmen für die Einkaufszone verwirklicht der Einzelhandel.

Nachfolgend sind für verschiedene Handlungsfelder einzelne Faktoren aufgeführt,
die als Diskussionsgrundlage oder Anhaltspunkte des jeweiligen Handlungsfeldes zu
sehen sind.

Das Handlungsfeld Basisvoraussetzungen gilt für alle Bereiche, da die dort aufge-
führten Punkte in jedem einzelnen Handlungsfeld vorkommen. Die nachfolgenden
Ausführungen verstehen sich als Denkanstöße und Hinweise für die Ideenfindung
und Diskussion.

a) Basis

Hierbei handelt es sich um Faktoren, die für alle Handlungsfelder von Bedeutung
sind. Die Eingangsbereiche eines Ortes vermitteln sowohl den ersten positiven
oder negativen Eindruck bei Touristen, aber auch bei Investoren, Umlandbewohner oder Konsumenten des kulturellen oder sportlichen Angebots. Dazu gehören
in erster Linie die Einfallstraßen, der Bahnhof, aber auch die Freundlichkeit bei der
ersten Begegnung mit Menschen an dem fremden Ort. Zu diesem Personenkreis
gehören u.a.:

- Taxifahrer/innen
- Hotelpersonal
- Restaurant-/Gaststättenpersonal
- Einzelhandelspersonal
- Polizisten
- Politessen
- Mitarbeiter/innen der Tourismus- bzw. Stadt-Info
- Mitarbeiter/innen an Skiliften und Stränden
- Mitarbeiter/innen in kommunalen Dienststellen
- Personal von Tankstellen- und Autowerkstätten
- Personal in Museen, Theatern und anderen kulturellen Einrichtungen
- Personal in Sporteinrichtungen
- Ärzte

Sie sind wichtige Botschafter und oft die ersten Kontaktpersonen der Besucher.

Abb. 24 Grundvoraussetzungen im Handlungsfeld Basis

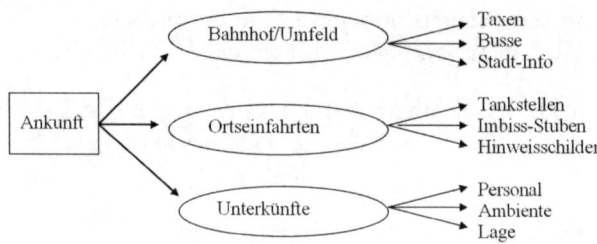

Quelle: eigene Darstellung

Wird Gästen, gleichgültig zu welchem Zweck sie die Stadt besuchen, schlechtes Essen, keine attraktiven Läden, schlechte Parkmöglichkeiten oder ein ungepflegter Strand geboten, geht das negative Erlebnis zu Lasten der Stadt. Die Folge ist eine Beeinträchtigung aller Anbieter.[67] Es müssen daher bereits im Rahmen der konzeptionellen Überlegungen Workshops für bestimmte Zielgruppen geplant werden, um Personen in diesen Zielgruppen ihre Bedeutung für den Stadtmarketingprozess zu verdeutlichen. Dies ist jedoch nicht für alle Zielgruppen möglich, so dass Informationsbroschüren in Verbindung mit einem direkten Gespräch zum Ziel führen können.

Der erste Eindruck entscheidet. Diese Aussage ist bekannt. Immer wieder machen Menschen von dem ersten Eindruck ihr weiteres Verhalten und ihr Handeln abhängig. Der erste Eindruck wird besonders deutlich beim Stadt- oder Ortsbild. Er beeinflusst, ob eine Stadt schnell, abwartend oder überhaupt nicht angenommen wird. Daher sind die Eingangsbereiche des Ortes und die Sauberkeit sowie die Pflege der Grünanlagen die primäre Aufgabe in diesem Handlungsfeld.

Probleme in diesem Bereich bereitet das Zerfließen einer Stadt ohne Übergang in die Landschaft. Ähnlich wie die Rezeption eines Komforthotels müssen die Ortseingänge auf Gäste wirken. Ein nicht klar erkennbarer Ortseingang bedeutet keinen richtigen Empfang für die Besucher. Auch verwirrende Wegweisungen, unübersichtliche Kreuzungen, eine fehlerhafte innerörtliche Verkehrsführung, schlechte Straßenbeleuchtungen, fehlende Hinweise zur Benutzung von Bussen, Taxis oder anderen Verkehrsmittel wirken negativ, ebenso wie schlecht gestaltete Zufahrten sowie unattraktive Parkhäuser und Parkplätze, fehlende Stadtinformationssysteme, architektonisch hässliche Bereiche am Zentrum.

Auch Graffiti und andere Unsauberkeiten prägen das Ortsbild negativ. Da diese Aufgabe nicht allein durch die kommunale Reinigung zu leisten ist, müssen auch Pri-

---

[67] Luft, H., Grundlagen der kommunalen Fremdenverkehrsförderung, FBV Medien-Verlags GmbH, 2. Auflage, Limburgerhof 1995, S. 2.

vatpersonen oder Firmen sich in ihrem Zuständigkeitsbereich dieser Aufgabe annehmen. Es muss versucht, besonders die Einfallstraßen, den Bahnhof und die Strecken entlang der Gleisanlagen, die Innenstadt sowie Bereiche, die im Mittelpunkt von Besuchern und Einwohnern stehen, wieder attraktiv herzurichten.

Die Verkehrsanbindung der Stadt ist ebenfalls eine wichtige Grundvoraussetzung für alle Bereiche. Die Verkehrslage unter Einbeziehung der Quantität und Qualität der Verkehrsanbindungen ist vielfach mitbestimmend für den Attraktivitätsgrad einer Fremdenverkehrsgemeinde.[68] Die bequeme und schnelle Erreichbarkeit des Zielorts rückt umso mehr in das Blickfeld der touristischen Nachfrage, wenn kürzere Reiseaufenthalte angestrebt werden.[69]

b) Wirtschaft

Im Bereich Wirtschaft reicht es nicht aus festzulegen, dass Ziele der Politik in diesem Handlungsfeld die Ansiedlung neuer Betriebe und die Bestandspflege sind. Im Handlungsfeld Wirtschaft wird zwischen interner und externer Wirtschaftsförderung unterschieden.

Abb. 25 Interne und externe Wirtschaftsförderung

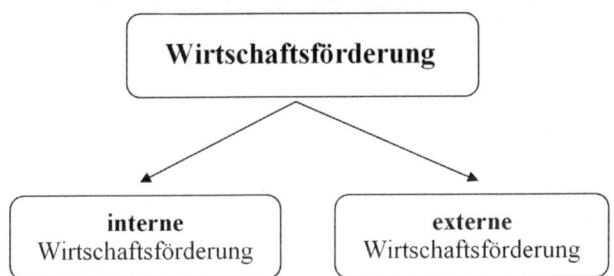

Quelle: eigene Darstellung

Die Konzeption muss die zu schaffenden Voraussetzungen, wie neue Gewerbegebiete, Gewerbezentren, Förderprogramme und die Ausweisung preiswerter Grundstücke festlegen. Zum Bereich Wirtschaft gehört die Industrie, aber auch das kleine und mittelständische Gewerbe. Bereiche wie Einzelhandel, Tourismus, Hotellerie und Gastronomie müssen aufgrund ihrer besonderen Bedeutung oder der unterschiedlichen Ziele in dem Stadtmarketingprozess als eigenständige Handlungsfelder entwickelt werden.

---

[68] Dies gilt nicht nur für den Fremdenverkehr, sondern auch für alle Handlungsfelder.
[69] Luft, H., Fremdenverkehr im Wangerland, Wilhelmshavener Schriftenreihe Tourismuswirtschaft, Band 4, FBV Medien-Verlags GmbH, Limburgerhof 1998, S. 10.

Für die überwiegende Zahl der Wirtschaftsförderer steht nach einer Untersuchung der Initiative Industriekultur GmbH[70] für Ansiedlungsvorhaben die
günstige Wirtschaftsstruktur als wichtigster Standortvorteil im Vordergrund.
Folgerichtig nennen die Ländergruppen Deutschland, Europa und USA als
zweithöchste Bewertung die Verkehrsanbindung und danach das Fachkräftepotential. Steuervorteile werden in den USA und Europa als »sehr wichtig« und
in Deutschland als »wichtig« bewertet. Umgekehrt wird der Umweltbereich in
Deutschland als »sehr wichtig« und in Europa und den USA als »wichtig« gesehen. Kultur und Bildung bilden in den drei Ländergruppen das »wenig wichtige«
Schlusslicht.

Als sehr wichtiges Argument wurden z.B. in der Schweiz, Osteuropa, den Niederlanden, Großbritannien und Skandinavien Steuervorteile im Wettbewerb mit
Deutschland bewertet. Innerhalb Deutschlands nannten die neuen Bundesländer
diesen Vorteil.

Als weitere Standortvorteile wurden in Deutschland eine Branchenkonzentration,
ein friedliches Wirtschaftsklima, hohes Fachkräftepotential und effiziente Behörden genannt. Schweizer nannten ebenfalls effiziente Behörden und zusätzlich ein
gutes Bildungsangebot, Österreicher ein hohes Fachkräftepotential. In der Art der
Institutionen und Unternehmen, die für eine Ansiedlung im jeweiligen Standort
gewonnen werden sollten, gab es für Deutschland folgende Nennungen:

	sehr wichtig	wichtig	wenig wichtig	unwichtig
Investitionsgüter	18	22	12	--
Gebrauchsgüter	18	22	12	--
Großunternehmen	11	22	15	4
Mittlere/kleinere Unternehmen	41	11	--	--
Vertrieb, Handel	10	28	10	4
Handwerk	6	24	19	3
Freiberufler	--	20	27	5
Immobiliengesellschaften	--	11	28	13
Hotellerie, Gastronomie	3	18	26	5
Sport, Freizeit	--	19	28	5
Kultur-/Bildungs-einrichtungen	1	20	25	6

Die Ansiedlung mittlerer und kleiner Unternehmen hat nach Feststellung der
Studie auf den Wunschlisten deutscher, aber auch europäischer Standortförderer

---

[70] Auswertung der Umfrage »Wie stellen Sie Vorteile Ihres Standortes dar?«, August 1998,
Initiative Industriekultur GmbH, 60318 Frankfurt.

deutliche Priorität. In allen drei Ländergruppen werden produzierende Unternehmen vor Dienstleistenden, Handel und Handwerk genannt. Weniger wichtig sind Hotels und gastronomische Betriebe, Sport- und Freizeiteinrichtungen sowie Kultur- und Bildungseinrichtungen. Schlusslicht der Bewertung bilden Immobiliengesellschaften sowie freiberuflich Tätige.

Als wichtigstes Motiv nannten die Wirtschaftsförderer in der Umfrage den Erhalt und die Schaffung neuer Arbeitsplätze. Dies wurde besonders von kleinen und mittleren Unternehmen erwartet. Auch bestand die Hoffnung, dass sich aus innovativen kleinen Betrieben einmal große Unternehmen entwickeln. Bei den bestehenden großen Industrieunternehmen wurden eher weitere Branchenkonzentrationen mit einem Abbau von Arbeitsplätzen befürchtet. Eine besondere Priorität hatte die Ansiedlung von Dienstleistenden sowie mittlere oder kleine High-Tech- und Biotechnikbetriebe.

Deutsche Städte nannten Dienstleister der Hightech und Informationstechnik sowie Neugründungen im Bereich der Biotechnik, österreichische Städte Umwelttechnik und Multimedia, Schweizer Städte Bildungs- und Kulturinstitute.

Harte und weiche Standortfaktoren

Im Handlungsfeld Wirtschaft muss zwischen **harten** und **weichen Standortfaktoren** unterschieden werden. Für Unternehmen sind die harten Standortfaktoren wie Grundstückspreise, Steuern oder Zuschüsse von besonderer Bedeutung. Die weichen Standortfaktoren wie Kultur, Bildungs-, Freizeit- und Sporteinrichtungen interessieren erst in zweiter Hinsicht, wenngleich Unternehmen bei Neuansiedlungen auch ideale Rahmenbedingungen für ihre Mitarbeiter suchen, die sich in ihrer Freizeit wohl fühlen sollen.

Die Freizeit- und Erlebnisqualität, das Bildungs- und Kulturangebot zählen zu den weichen Standortfaktoren. Diese unterliegen subjektiven Einschätzungen und persönlichen Präferenzen. Die Verkehrsanbindung wird hingegen als einer der wichtigsten harten Standortfaktoren gesehen. Oft verläuft die Grenze zwischen harten und weichen Standortfaktoren fließend und ist abhängig vom jeweiligen Betrachtungszusammenhang. So kommen z.B. den einzelnen Faktoren in Abhängigkeit von der Branche unterschiedliche Bedeutungen zu. Bei Standortentscheidungen von Industrieunternehmen sind die harten Faktoren nach wie vor ausschlaggebend, die weichen gewinnen aber zunehmend an Bedeutung.

Abb. 26 Harte und weiche Standortfaktoren

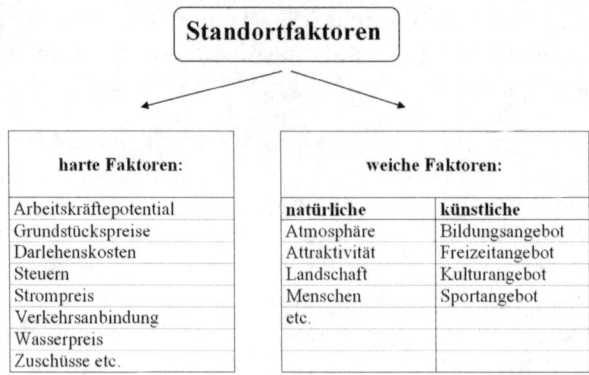

harte Faktoren:	weiche Faktoren:	
	natürliche	**künstliche**
Arbeitskräftepotential	Atmosphäre	Bildungsangebot
Grundstückspreise	Attraktivität	Freizeitangebot
Darlehenskosten	Landschaft	Kulturangebot
Steuern	Menschen	Sportangebot
Strompreis	etc.	
Verkehrsanbindung		
Wasserpreis		
Zuschüsse etc.		

Quelle: eigene Darstellung

Den weichen Faktoren wird je nach Größe der Stadt eine unterschiedliche
Bedeutung zugemessen. So bewerten Unternehmen die Kultur- und Freizeitaktivitäten von Großstädten deutlich besser als die von kleineren Städten. Die
Zufriedenheit mit der Wohnsituation nimmt dagegen zu, je kleiner eine Stadt ist. Beispielsweise wurden die harten Faktoren im Ruhrgebiet in der Vergangenheit mit
»sehr gut« bewertet, während sich die Qualität der weichen Faktoren im Laufe
der Zeit drastisch verschlechterte.[71]

Kulturförderung ist auch Wirtschaftsförderung – ein Grundsatz, den sowohl Verantwortliche in Politik und Wirtschaft als auch Unternehmen beachten, wenn es
um Standortentscheidungen geht. Zwar werden Unternehmer in erster Linie bei
einer Standortwahl auf die harten Standortfaktoren achten, sind diese aber im Vergleich zu einem anderen beabsichtigten Standort gleich, geben die weichen Faktoren den Ausschlag für eine Ansiedlung. Während die harten Standortfaktoren leicht
berechenbar sind, leben die weichen Faktoren in erster Linie vom Image, das
ihnen vorauseilt. Dies zu beurteilen, unterliegt immer der Meinung derer, die das
Image in der Öffentlichkeit zeichnen.

Maßnahmen

Im Einzelnen müssen im Handlungsfeld Wirtschaft konkrete Perspektiven in den
verschiedenen Bereichen der Stadt aufgezeigt werden. Dies muss in einem deutlichen öffentlichen Auftakt geschehen, der auch die Aufforderung an alle – Gruppen, Investoren und Initiativen – beinhaltet, etwas in dem Ort zu unternehmen. Die

---

[71] Grabow, B./Henkel, D./Hollbach-Grömig, B, Weiche Standortfaktoren, Stuttgart 1995.

konkreten Ziele werden eingebunden in einen räumlichen, zeitlichen und inhaltlichen Rahmen.

Ziel ist es, den Ort zu einem wirtschaftsfreundlichen Standort auszubauen. Priorität
haben dabei in einer Zeit, in der auch in den industriellen Ballungszentren Neuansiedlungen eher selten sind, die Bestandspflege, also der Erhalt und die Förderung der Unternehmen am Ort. Bei Neuansiedlungen sollten Unternehmen gefördert
werden, die Perspektiven bieten. Voraussetzung für die Schaffung neuer und für
den Erhalt bestehender Arbeitsplätze sind konkrete Hilfestellungen der Städte.
Hierzu gehören Gewerbeparks und Technologiezentren oder die Ausweisung von
ausreichenden, infrastrukturell gut erschlossenen Baugebieten.

Abb. 27 Synergien im Handlungsbereich Wirtschaft

Quelle: eigene Darstellung

Innovative Voraussetzungen für das Funktionieren der heimischen Wirtschaft
bietet die Zusammenarbeit mit Hochschulen sowie Forschungseinrichtungen, die eine
Kooperation von Wissenschaft und Wirtschaft ermöglichen. Maßnahmen können
im Einzelnen sein:

- Stärkung des gewerblichen Mittelstandes

- Stärkung des Handels- und Dienstleistungsbereiches

- breit anzulegende Branchen- und Betriebsgrößenstruktur

- Ausnutzung innovativer Kräfte durch Technologie- und Gewerbeparks

- Erleichterung bei Existenzgründungen[72]

- produktorientierte Dienstleistungen

- Gründerzentren, Kunsthandwerk- und Softtech-Werkstätten

- neue Stadt-/Ortsteilzentren oder Innenstadt-/Ortszentrumsanierung

---

[72] Untersuchungen zeigen, dass jeder Existenzgründer im Durchschnitt vier weitere Arbeitsplätze schafft.

Die kommunale Wirtschaftsförderung hat die Aufgabe, Detailkonzeptionen zu entwickeln:

- Ansiedlungsstrategien
- Indikatoren- und Informationssysteme zur Wirtschaftsförderung
- Einbindung aller mit der Wirtschaftsförderung befassten Institutionen und Organisationen
- Orientierung der Förderung an zukunftsträchtigen Einrichtungen

Die Gewerbepotentialsicherung umfasst die

- Bestandspflege der örtlichen Betriebe,
- Erleichterung und Hilfen bei innerörtlichen Betriebsverlagerungen,
- Entwicklung von Sanierungsstrategien für gefährdete Unternehmen,
- bevorzugte Berücksichtigung heimischer Unternehmen bei kommunalen Investitionen und Empfehlung bei auswärtigen Investoren.

Im Wirtschaftsbereich zeigen sich Ansatzpunkte, die für die Weiterentwicklung der Ortes von großer Bedeutung sind. Eine florierende Wirtschaft sorgt für Gewerbesteuereinnahmen, ermöglicht z.B. die finanziellen Voraussetzungen für Sponsoring, Public Private Partnership und neue Arbeitsplätze.

Nur auf der Grundlage einer gesunden und lebensfähigen Wirtschaft ist eine moderne, zukunftsweisende Ortsentwicklung möglich. Ziel des Stadtmarketingprozesses muss es auch sein, eine tägliche Koordination der Arbeit in den Bereichen Wirtschaft und Verwaltung zu erreichen. Reibungsverluste müssen vermieden, der Handlungskorridor vergrößert werden und die zuständigen Stellen zu Anwälten der Wirtschaft gemacht werden. Ein ständiger Informationsaustausch macht Probleme deutlich und verstehbar für beide Seiten.

Hierzu gehört das Verständnis für die Belange der Wirtschaft und Sachkompetenz in wirtschaftlichen Fragen. Ein weiterer Pluspunkt wäre die Beschleunigung von Entscheidungsprozessen in den politischen Gremien und in der Verwaltung. Dazu gehört ein professionell geplantes Projektmanagement, das im Interesse von Unternehmen alle Wege in der Verwaltung schnell und unbürokratisch ebnet.

c) Kultur

Kultur bedeutet in der Definition des lateinischen *cultura*:

> Bearbeitung (des Ackers), (geistige) Pflege, Ausbildung] Gesamtheit der geistigen (Wissenschaft, Kunst, Ethik, Religion, Sprache, Erziehung), sozialen (Politik, Gesellschaft) und materiellen (Technik, Wirtschaft) Formen der Lebensäußerungen der Menschheit, mit denen diese ihre eigene Umwelt hervorbringt und die menschliche Natur fortentwickelt, veredelt und überschreitet; in weitester Begriffsverwendung dasjenige, was der Mensch geschaffen hat, was also nicht naturgegeben ist.[73]

Kultur wird auch definiert als »pflegen, ehren, ursprünglich emsig beschäftigt sein und Zivilisation im weitesten ethnologischen Sinne als jeder Inbegriff von Wissen, Glauben, Kunst, Moral, Gesetz, Sitte und alle übrigen Fähigkeiten und Gewohnheiten, welche der Mensch als Glied der Gesellschaft sich angeeignet hat.«[74] Kultur ist also kein fester Begriff. Grundsätzlich gilt, dass Kultur das Pendant zur Natur ist und dass mit Kultur alle materiellen und immateriellen Werte bezeichnet werden, die der Mensch geschaffen hat. Für eine konzeptionelle Ideenfindung sollten vor allem folgende Bereiche von Bedeutung sein:

- bildende Kunst (Architektur, Bildhauerei, Malerei)
- darstellende Kunst (Theater, Tanz, Film)
- Musik
- Literatur
- Kommerzielle (Medienveranstaltungen)

Aus dem Handlungsfeld Kultur gibt es immer wieder Synergien in andere Handlungsfelder wie Wirtschaft, Tourismus oder Freizeit. Eine enge Zusammenarbeit und Abstimmung mit den jeweiligen Arbeitsgruppen ist daher erforderlich, um die Konzeption abzustimmen. Beispiele für eine enge Zusammenarbeit werden im Folgenden anhand der **Industriekultur** und des **Kulturtourismus** ersichtlich.

Industriekultur

Die Industriekultur wird auch als Industriearchäologie bezeichnet. Industriekultur ist kein eigenständiger Begriff wie Musik oder Malerei, sondern muss verstanden werden als ein Zusammenschluss verschiedener kultureller Aspekte, insbesondere der Architektur, Technik, Soziologie und Landschaftsplanung, aber

---

[73] Meyers, Klei - Lar, S. 232.
[74] Brockhaus, Kir - Lag, S. 580 ff.

auch in Verbindung mit bildender und darstellender Kunst sowie Musik und Literatur.

Der zeitliche Rahmen der Industriekultur reicht von den Anfängen der Industrialisierung (Mitte des 19. Jahrhunderts) bis heute. Die auffälligsten Relikte der Industriekultur sind ihre Bauwerke. Dazu können gehören Fabriken, Zechen, Hütten, Brücken, Arbeitersiedlungen u.ä. Voraussetzung ist, dass diese Bauwerke über einen langen Zeitraum das Bild des Ortes und/oder der Region prägten. Industriekultur wird nach zwei Formen unterschieden.

Abb. 28 Aktive und passive Industriekultur

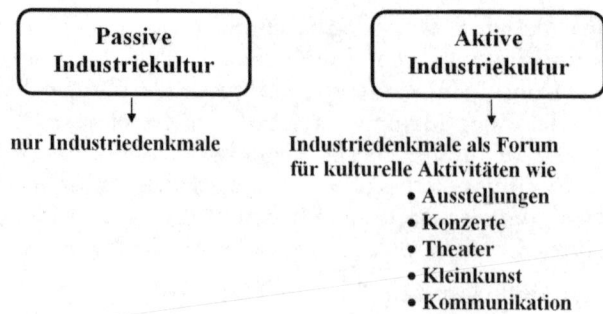

Quelle: eigene Darstellung

Im Jahr 1905 schrieb der Komponist Maurice Ravel, als er die Eisenhütten des Duisburger Nordens sah: »Wie soll ich Ihnen den Eindruck dieser Schlösser aus flüssigem Metall, dieser glühenden Kathedralen, der wunderbaren Symphonie von Pfiffen, von furchtbaren Hammerschlägen schildern, der uns umhüllt?« Die Deutsche Gesellschaft für Industriekultur (DgfI)[75] erläutert den Begriff wie folgt:

> In Deutschland hat sich der international eingeführte Begriff »Industriearchäologie« oder *industrial archaeology* nicht durchgesetzt. Er ist in England entstanden, wo in den 50er Jahren bereits begonnen wurde, den Zeugen der frühen Industrialisierung mit den Methoden der Archäologie nachzuspüren.
>
> Im deutschen Sprachraum vermittelt der Begriff Industriekultur mehr: Dieser Begriff steht für die Beschäftigung mit der Kulturgeschichte des industriellen Zeitalters: Die Geschichte der Technik, die Sozialgeschichte der Arbeit, die Architekturgeschichte der Fabriken, die Entwicklung des geographischen Raumes den wir Industrierevier oder Industriestadt nennen – all dies sind Fassetten der Industriekultur.

---

[75] http//www.industriekultur.de, Was ist Industriekultur?

Ein Schwerpunkt ist die museale Erinnerung in den neuen Industriemuseen und der denkmalpflegerische Erhalt wichtiger Industriebauten: So wie die Kathedralen der Gotik Menschen und Stadt Lebensraum und Identität vermittelten, so gaben Zechen und Hütten dies dem Industrierevier. [..]

Die zunehmende Akzeptanz für das Industriedenkmal als Bestandteil des kulturellen Erbes führte zum Schutz wertvoller Industriebauten. Nicht nur einzelne Fördergerüste oder Hallen werden jetzt als Denkmal betrachtet, sondern auch komplette Großanlagen aus dem 20. Jahrhundert. Es wurde der Erhalt exemplarisch wichtiger Anlagen erreicht wie zum Beispiel seit 1986 der Völklinger Hütte im Saarland und der Schachtanlage Zollverein XII in Essen oder seit 1987 der Meidericher Eisenhütte in Duisburg.

Nicht nur Orte der Erinnerung sind die häufig nutzlos gewordenen Hüllen einer stürmischen Vergangenheit von 200 Jahren Geschichte der Industrialisierung. Fabrikhallen und Verwaltungsgebäude überzeugen oft mit einer anspruchsvollen Architektur. Gelegentlich dient sie weiter den alten Zwecken. In ihr kann man aber auch anderes produzieren: museale Erinnerungen, Kreativität, Kunst und Kultur. Neue Nutzungen bedeuten auch ökonomische Zukunft. Und die Umnutzung als neue Produktionsstätte ist gefragt. Das Erbe des Industriezeitalters wird zunehmend auch als identitätsbildender Standortfaktor begriffen – so wie dies auch für andere historische Epochen und deren Stadtquartiere gilt.

Kulturtourismus

Der Kulturtourismus umfasst den Bereich Kultur und Bildung in verschiedenartigen Ausprägungen:

- klassische Bildungs- und Studienreisen (Länder- und Völkerkunde, Kunstreisen),
- Besichtigungsreisen (eher niedriges Anspruchsniveau, also die klassische Busreise),
- Reisen mit dem Hauptmotiv, an kulturellen Veranstaltungen teilzunehmen oder mitzuwirken,
- Bildungsreisen oder auch längere Aufenthalte im Hinblick auf die eigene Weiter- und Fortbildung (Seminare, Sprachkurse usw.).[76]

---

[76] Smeral, Tourismus 2005, S. 258.

Der typische Kulturtourismus nutzt Bauten, Relikte und Bräuche einer Landschaft, um den Touristen die Kultur-, Sozial- und Wirtschaftsentwicklung des
jeweiligen Gebietes durch Pauschalangebote, Führungen, Besichtigungsmöglichkeiten
und spezifisches Informationsmaterial näher zu bringen. Auch kulturelle Veranstaltungen dienen häufig dem Kulturtourismus.[77] Aus dieser Begriffsbestimmung
lassen sich zwei Aufgaben des Kulturtourismus ableiten:

• die Befriedigung eines möglichen Bildungsanspruchs

• die Befriedigung eines möglichen Unterhaltungsanspruches

d) Freizeit

Der Freizeitbegriff ändert sich ständig. Schaut man zurück in die 50er Jahre, so
hatte damals Freizeit die Bedeutung der Abwesenheit von der Arbeit. Heute definiert sich Freizeit als die Zeit, in der die Menschen tun und lassen können, was sie
wollen. Sie ist durch ein freies Verfügungsrecht über die eigene Zeit gekennzeichnet und hat in der heutigen Gesellschaft eine ständig wachsende Bedeutung.

Aufgrund der Reduzierung der effektiven Jahresarbeitszeit und der Verringerung der
Lebensarbeitszeit durch die vorzeitige Auflösung von Arbeitsverträgen erhöhte
sich in den vergangenen Jahren die Freizeit und damit die Bereitschaft, frei ver-
fügbares Einkommen in eine sinnvolle Freizeitgestaltung zu investieren.[78] Das
Freizeitverhalten gilt als Oberbegriff für Freizeitgestaltung, Freizeitgewohnheiten
und Freizeittätigkeiten. Diese können in Konkurrenz zueinander stehen (Sport
treiben versus Fernsehen) oder einander ergänzen (lesen und Musik hören).
Angefangen bei erlebnisreichen Sportarten wie Inline-Skating, Snowboarding,
Tauchen und Rafting über Freizeit- und Themenparks bis hin zur themen-
bezogenen Erlebnisgastronomie bieten sich den Menschen von Tag zu Tag immer
mehr Möglichkeiten.

Schon ist der Trend zu erkennen, dass aus der Freizeit eine Pflichtzeit wird, die durch
vielfältige Aktivitäten verplant ist. Je mehr freie Zeit zur Verfügung steht, desto vielfältiger werden die Wünsche. Die Schwelle der Bedürfnisbefriedigung steigt stetig
an, so dass immer stärkere Schlüsselreize erforderlich sind, um die erwarteten Anforderungen zu erfüllen. Gerade in Ballungsräumen müssen daher Städte ihre
Attraktivitätsmaßnahmen ständig erhöhen, um konkurrenzfähig zu sein.

Eine Untersuchung in Hamburg ergab, dass Tagesfreizeitaktivitäten von 83 Prozent der Befragten, Tagesausflüge von 36 Prozent und Kurzreisen (2-4 Tage) von 20

---

[77] Deutsche Gesellschaft für Industriekultur DgfI, Industriekultur, 1/2000.
[78] In Anlehnung an Opaschowski, Marketing von Erlebniswelten, 1995, S. 14.

Prozent unternommen wurden.[79] Dabei hatten 14- bis 29-Jährige die höchste Tagesfreizeitintensität mit 91 Prozent, über 60-Jährige mit 78 Prozent die niedrigste. Aktivitäten mit einer wie auch immer gearteten körperlichen Betätigung bestimmten mit 48 Prozent fast die Hälfte des Aktivitätenspektrums der Tagesfreizeit. Pro Ausflug gaben die Befragten ca. 27 Euro aus. Besonderer Wert wurde auf das Preis-/ Leistungs-Verhältnis gelegt. Mit durchschnittlich dreißig bis fünfzig Prozent war die Nutzung gastronomischer Angebote je nach Jahreszeit am höchsten. Es folgte der Bereich Einkaufen mit zehn bis vierzehn Prozent, danach die Bereiche Landschaft und Natur, Strand und Badeseen sowie Museen und Galerien.

Die ständige Reizüberflutung, mit denen die Gesellschaft täglich konfrontiert wird, hat Konsequenzen, die sich in der Angst, etwas zu verpassen, in der Sehnsucht nach authentischen Naturerlebnissen, im Freiheitsstreben und in der Lust auf Nervenkitzel sowie der Sensationslust zeigen.[80]

Der Trend zum Hedonismus (Genussorientierung: das Leben genießen, etwas unternehmen, das Spaß macht) ist unverkennbar. Die Menschen möchten Freude am Leben haben und intensiver leben. Konsumieren wird zum Erlebnis. Der Inbegriff der Lebens- und Konsumfreude ist es, wenn die Sinne der Menschen gleichzeitig angesprochen werden: Auge, Ohr, Gaumen und Geruch.[81]

Die Literatur spricht von der Erlebnisgesellschaft. Diese liebt das Geldausgeben. Anstatt selbst zu kochen, bevorzugt der Erlebnismensch essen zu gehen. Musik oder verschiedene Sportarten werden immer seltener selbst betrieben, sondern in Konzerten, Musicals und Sportstadien genossen. Dabei steht der Besuch von Freizeitparks genauso auf dem Programm wie kurze Erlebnistrips.

Von großer Bedeutung im Freizeitverhalten der Gesellschaft ist außerdem die technologische Entwicklung der vergangenen Jahre. Besucher von Messen, Vorträgen und Kunstausstellungen suchen die Abwechslung vom Alltag, Anregungen zum Nachdenken und die besondere Atmosphäre. Das Live-Erlebnis bei Open Air-Veranstaltungen und der spezielle Unterhaltungscharakter in den neuen Multiplex-Kinos in Verbindung mit anderen Rahmenangeboten (Essen, Disco usw.) sind besondere Attraktionspunkte. Dies beweisen auch Musicals wie *Das Phantom der Oper*, *Cats* oder die *Titanic-Ausstellung*.[82] Allerdings ist zu bedenken, dass in der Regel der Musicalbesuch in direktem Zusammenhang mit einer Städtereise steht, d.h., ist eine Stadt attraktiv, sind Musicals ein zusätzliches Angebot für Kurzzeittouristen. Dies mag auch erklären, warum Musicals in Hamburg

---

[79] Institut für Tourismus- und Bäderforschung in Nordeuropa GmbH, »Das Freizeitverhalten in der Metropolenregion Hamburg«, Kiel, 3/1999.
[80] Scheel, a.a.O., S. 5.
[81] In Anlehnung an Opaschowski, Marketing von Erlebniswelten, S.14.
[82] Scheel, a.a.O., S. 5.

oder Berlin gut angenommen werden, dagegen derartige Veranstaltungen in Duisburg oder Essen beendet wurden. Diese Beispiele zeigen auch die Verknüpfungen mit anderen Handlungsfeldern wie dem Tourismus, der wiederum von einem überproportionalen Freizeitangebot profitiert.

Die Freizeitindustrie hat schnell auf den neuen Trend reagiert. Zahlreiche künstliche Erlebniswelten wurden geschaffen. Virtuelle Unterwasserwelten und virtuelle Welträume sind Magneten in der Freizeitausrichtung bestimmter Städte. Derartige Freizeitgroßeinrichtungen in den unterschiedlichsten Varianten befriedigen Emotionen und bieten moderne Lebensgefühle, konzentriert auf einen kurzen Zeitraum. Der Freizeitbereich hat Auswirkungen auf den touristischen, kulturellen, aber auch den wirtschaftlichen Bereich. Aktuelle Formen der Erlebniswelten sind

* Themenparks,
* Museen und Zoos (mit Erlebnischarakter),
* Ferienparks (mit Einkaufsmöglichkeiten und Unterhaltungszentren, Center Parcs),
* Urban Entertainment Centers (überdachte Komplexe in Stadtnähe, die ihre Schwerpunkte auf Unterhaltung, Kommunikation und Gastronomie legen)
* Malls (große überdachte Einkaufszentren),
* Multiplex-Kinos.

e) Veranstaltungen

In der Literatur gibt es keine einheitliche und detaillierte Definition des Begriffs Veranstaltung. Zu verstehen sind darunter alle einmaligen oder wiederkehrenden Ereignisse, die für Einwohner und Gäste eines Ortes kostenfrei oder kostenpflichtig angeboten werden. Dabei kann es sich um Ereignisse aus allen Bereichen des Lebens handeln, wie um gesellschaftliche, sportliche, kulturelle, religiöse, bildende, wissenschaftliche, geschäftliche oder politische.

Veranstaltungen müssen im Stadtmarketingprozess in einem eigenständigen Handlungsfeld erarbeitet werden, da sie ein sehr komplexer Bereich sind und darüber hinaus kurzfristig zu organisieren und umzusetzen sind. Dieser Bereich hat also den Vorteil, sehr schnell wahrnehmbare positive Veränderungen zu bewirken. Die Planung von Veranstaltungen und die Verbesserung des bestehenden Veranstaltungsprogramms signalisieren Attraktivität und Leben in einem Ort. In der Form professionell arbeitender privatwirtschaftlicher Unternehmen müssen die Voraussetzungen für eine schnelle Umsetzung geschaffen werden. Hierzu sollte die Konzeption für diesen Bereich bereits eindeutige Festlegungen treffen. In diesem Handlungsfeld wird es Überschneidungen zu anderen Handlungsfeldern wie Kultur, Tourismus und Freizeit geben. Eine genaue Abstimmung mit diesen Bereichen ist erforderlich.

Im Zusammenhang mit Veranstaltungen wird oft nur noch von Events gesprochen. An diesen Begriff knüpfen sich allerdings enge Voraussetzungen. Hauptmerkmale eines **Events** sind:

- ein willentlich geschaffenes oder zufälliges Ereignis
- Einmaligkeit (Blickwinkel des Besuchers und des Veranstalters)
- begrenzte Dauer (ein Tag bis mehrere Wochen).
- Bedürfnisse werden angesprochen
- Auswirkungen (Übernachtung, Einkauf etc.)
- begleitendes Angebot (Kommunikation, Unterkunft etc.)

Events unterscheiden sich nach ihrem Anlass oder ihrer Ausrichtung:

- religiös (z.B. Papstbesuch/Pilgerfahrten)
- kulturell (Bräuche/Folklore/kulinarisch)
- Hochkultur (Theater/Musikfestivals)
- Kunstkultur (Ausstellungen/Literatur)
- kommerzialisierte Kultur (Medienveranstaltungen)
- kommerziell/wirtschaftlich (Messen/Promotion/Verkaufsausstellungen)
- Sport (Olympische Spiele/ATP-Tournee/Breitensport)
- gesellschaftlich (Gipfeltreffen/Eröffnungsfeiern)
- natürlich: regelmäßig wiederkehrend (z.B. Heideblüte) / einmalig (Katastrophe)

Da auch der Begriff **Attraktion** immer wieder eine Rolle in der Veranstaltungsplanung spielt, sei er an dieser Stelle ebenfalls kurz erläutert. Eine Attraktion ist dann vorhanden, wenn nachfolgende Kriterien erfüllt sind:

- Sehenswürdigkeit in einem Ort und/oder in einer Region
- dauerhaft angelegt
- Auswirkungen sind länger als bei einem Event

f) Gastronomie

Das Handlungsfeld Gastronomie lässt sich in die Versorgungsfunktion und die Erlebnisfunktion aufteilen.[83] Für den Stadtmarketingprozess sollte besonders die Erlebnisfunktion der Gastronomie von Bedeutung sein, da über diesen Bereich auswärtige Besucher in den Ort gelockt werden, wenn etwas Besonderes geboten wird.

Jeder Gast hat unterschiedliche Bedürfnisse. Diese sind z.B. abhängig von dem Bildungsgrad, Alter, Lebensstil. Meyer/Hoffmann greifen die Erklärung von Meffert auf, der anhand der **Bedürfnispyramide** von Maslow die Bedürfnisse der Gäste aufzeigt. Als erstes nennen sie die **Grundbedürfnisse** (Essen, Trinken, Schlafen, Wohnen, Sexualität), die in Bezug zur Gastronomie die unmittelbare Nahrungsaufnahme darstellen. Das zweite sind die **Sicherheitsbedürfnisse**, die im Bereich der Gastronomie das Geschäftsessen zur Sicherung des Einkommens u.ä. ist. An dritter Stelle stehen **soziale Bedürfnisse** wie Liebe, Freundschaft, Solidarität, Kontakt, Kommunikation. Übertragen auf die Gastronomie ergeben sich private und gesellschaftliche Besuche von Restaurants und Kneipen. Die **Wertschätzungsbedürfnisse** wie Anerkennung, Prestige, Macht und Freiheit spiegeln den Besuch von gastronomischen Einrichtungen aus Prestigegründen und Gründen sozialer Anerkennung wider. Die letzte Stufe der Pyramide bilden die **Entwicklungsbedürfnisse** wie Selbstverwirklichung, Unabhängigkeit, Freude und Glück. Sie sind, bezogen auf die Gastronomie, Vergnügen, Freude, Besuch einer gastronomischen Einrichtung als Selbstzweck.[84]

»Wird das Erlebnisangebot einer gastronomischen Einrichtung mit Hilfe solcher Indikatoren wie Atmosphäre, andere Gäste, Musik oder Unterhaltungsangebot subsumiert und gleichzeitig die Bedeutung dieser für die Restaurantwahl mit anderen Indikatoren wie Angebot an Speisen und Getränken bzw. deren Qualität und Preis verglichen, so lässt sich die überragende Stellung der Erlebnisfunktion in der modernen Gastronomie ableiten.«[85]

---

[83] Meyer, J.-A./Hofmann, F., Erfolgsfaktoren in der Gastronomie, S 29.
[84] Ebenda, S. 37.
[85] Ebenda, S. 38.

g) Tourismus

Voraussetzungen für den Tourismus sind nicht nur Unterkunfts- und Verpflegungsbetriebe sowie eine touristische Grundstruktur, sondern die Urlauber wollen über diese Grundvoraussetzungen hinaus eine qualitative Abstufung der Unterkünfte, Strände usw. Dieser Qualitätsanspruch wird sich in den kommenden Jahrzehnten noch deutlich erhöhen, wobei gleichzeitig das untere Preissegment anwachsen wird.

Abb. 29 Maslowsche Bedürfnispyramide

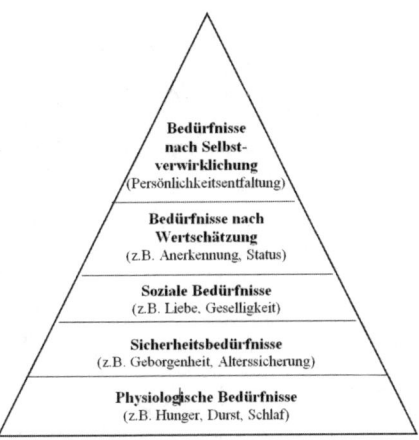

Quelle: eigene Darstellung in Anlehnung an Maslow

Städte werden nur dann als Fremdenverkehrsorte nachgefragt, wenn Gäste bestimmte touristische Bedürfnisse befriedigt sehen.[86] Die Touristen nehmen in einem Fremdenverkehrsort im Allgemeinen keine isolierten Leistungen in Anspruch, sondern ein Leistungsbündel. Es sind durchweg mehrere, verschiedene Angebotsfaktoren, die einen vollkommenen Reiseaufenthalt bewirken sollen: reizvolle Landschaft, Beherbergungs- und Verpflegungsleistungen, Möglichkeiten zur Erholung, Angebote für Kultur- und Kunstgenuss, Unterhaltungserlebnisse etc. Diese Gästebedürfnisse lösen eine Komplementärsituation aus. Die touristischen Angebotselemente sind nicht nur in einer Ergänzung zu sehen, sondern sie bedingen sich auch gegenseitig, d.h., sie sind in der Gesamtbeurteilung voneinander abhängig. Die touristische Nachfrage empfindet dementsprechend einen Fremdenverkehrsort als »ganzheitliches Produkt«.[87]

---

[86] Luft, H., Grundlagen der kommunalen Fremdenverkehrsförderung, FBV Medien-Verlags GmbH, 2. Auflage, Limburgerhof 1995, S. 3.
[87] Ebenda, S. 1.

Beispiel:

Dass ein Urlaub über Weihnachten in den Bergen nicht nur freie Tage in einer stimmungsvollen Landschaft sein muss, beweist ein Angebot eines Hotels[88] im schweizerischen Adelboden (Berner Oberland). Das Pauschalangebot, gestaffelt nach Tagen (evtl. Silvester einbezogen) bietet am Heiligen Abend eine Fahrt in den Wald mit Grillen, Glühwein, Krippenspiel und Gesang. Danach ein mehrgängiges Menü und anschließend ein gemütliches Beisammensein im Hotelfoyer. Weitere Festmenüs, Schlittenfahrten sowie eine Silvesterfeier runden den Weihnachtsurlaub ab, der die bereits definierten Faktoren beachtet.

Abb. 30 Synergien im Handlungsfeld Tourismus

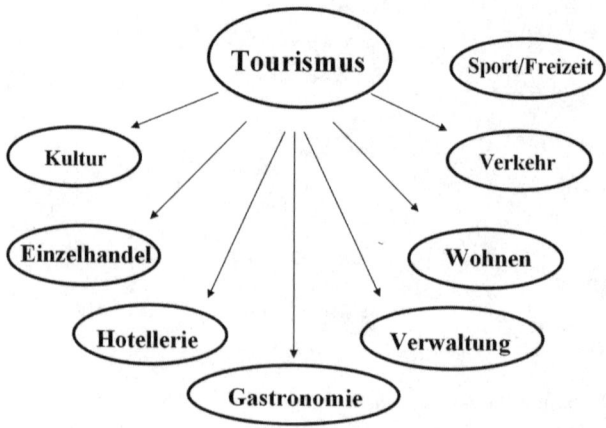

Quelle: eigene Darstellung

Das ganzheitliche touristische Produkt entspricht dem Stadtmarketingansatz, der nicht nur die Voraussetzungen für das Stadtprodukt, sondern auch die Synergien ganzheitlich betrachtet.

Besonders im Urlaub ist die Erlebnisorientierung von großer Bedeutung. Den Urlaubern müssen Erlebnisse geboten werden, die lange positiv in Erinnerung bleiben: Events, Geselligkeit, Animation, Kultur- und Sportangebote etc.

---

[88] Sporthotel Adler, Adelboden, Schweiz.

Beispiele:

- ansprechende Kulturszene (Komplettangebote)
- bedeutende Golf- oder Tennisturniere
- bedeutende Sportveranstaltungen
- bekannte Kirmesveranstaltungen
- bekannte Stadt-/Ortsfeste
- Formel-1-Rennen
- Karneval
- Konzerte
- Meisterschaften
- Musicals
- Sehenswürdigkeiten
- Stadtbild
- Stadtjubiläen
- Theater
- Weinfeste

Diesen Trend bestätigen die Ergebnisse der Reiseanalyse 1998.[89] Danach steht an erster Stelle der Urlaubsaktivitäten mit 55,6 Prozent die Teilnahme an Ausflügen und Fahrten in die Umgebung. Ausruhen und Schlafen, früher das Urlaubsziel Nummer eins, rangiert erst auf Platz vier. Die Entwicklung spiegelt auch einen Trend zum Individualtourismus wider.[90] Touristen möchten keinen Urlaub von der Stange, sondern frei und flexibel bleiben und somit ihren Urlaub individuell gestalten.

Abgenommen hat der Zeitumfang des Urlaubs. Vermehrt werden Kurzurlaube über das Jahr verteilt unternommen, um in kürzester Zeit viel zu erleben.[91] Dieser Trend bietet die Chance, in Verbindung mit Events oder anderen Veranstaltungen und Attraktionen Touristen auch für wenige Tage in den Ort zu holen.

In seiner Betrachtung »Tourismus in Deutschland: Milliardenschwerer Wirtschaftsfaktor für viele Branchen« schreibt Dr. Bernhard Harrer vom Deutschen Wirtschaftswissenschaftlichen Institut für Fremdenverkehr (DWIF) in München:

---

[89] Die Reiseanalyse ist eine Untersuchung des Urlaubsverhaltens der Deutschen. Träger ist die F.U.R. Forschungsgemeinschaft Urlaub und Reisen.

[90] Scheel, a.a.O., S. 5.

[91] Vgl. Der Markt für Urlaub und Reisen, focus medialine, 1999.

Tourismus ist nicht nur übernachten und essen gehen. Weit mehr Wirtschaftsbereiche als das Beherbergungs- und Gaststättengewerbe profitieren von der nicht zu unterschätzenden Ausgabebereitschaft der Gäste. Viel zu selten werden allerdings Kooperationsmöglichkeiten als erfolgreiches Marketinginstrument erkannt.

Erst aus der Verknüpfung interessanter Angebote entstehen attraktive Destinationen. Bei der Vermarktung der Zielgebiete sollte allerdings nicht nur an die Übernachtungsgäste gedacht werden. Die Tagesbesucher haben vielerorts eine deutlich größere Bedeutung und sorgen für eine ganzjährig zufrieden stellende Auslastung touristischer Infrastruktureinrichtungen. Grundlage für eine zielgerichtete Entwicklung ist die Kenntnis der Marktstrukturen und damit auch die Durchführung regelmäßiger Marktforschung. [...]

In den alten und neuen Bundesländern ist von mehr als zwei Millionen vom Tourismus abhängigen Beschäftigten auszugehen. Eine genaue Erfassung ist schwierig, denn der Tourismusmarkt wird angebotsseitig nicht erfasst und ist als typische Querschnittsbranche anzusehen. Allerdings profitieren nahezu alle Wirtschaftszweige von einer positiven Tourismusentwicklung.[92] Synergien entstehen aber auch in den Bereichen Freizeit, Einkaufen, Sport, Hotel und Gastronomie etc.

Maßnahmen

Eine Konzeption im Handlungsfeld Tourismus sollte sich auch mit folgenden Maßnahmen beschäftigen:

- Koordination aller Erlebnisangebote
- Intensivierung des Ausgabeverhaltens (Angebote)
- Belebung saisonschwacher Zeiten
- Pauschalangebote
- Busreisen
- Besucherlenkung
- Zielgruppenangebote (Wellness, Kultur etc.)

Zielbereiche im Handlungsfeld Tourismus können z.B. sein:

- Tagestourismus
- Übernachtungstourismus

---

[92] Cimadirekt, 1/1999.

- Kulturtourismus

- Gesundheitstourismus

- Tagungen/Seminare

- Einkaufen

- Sport

- Schulen, Studierende

- ältere Menschen

- jüngere Menschen

Auch Maßnahmen der Bestandspflege sollten in einer Konzeption im Handlungs-feld Tourismus nicht fehlen wie:

- Adressenpflege

- besondere Vergünstigungen für Stammgäste

- Geburtstags- oder Weihnachtsgrüße

- regelmäßige Umfragen bezüglich Kritik, Verbesserungen oder Wünsche der Gäste (Ort, Hotel, Restaurants oder andere Einrichtungen)

Sporttourismus

Auch wenn die üblichen Voraussetzungen als Tourismusort nicht vorhanden sind, ist es möglich, Angebote für bestimmte touristische Interessentengruppen zu gestalten. Dazu gehört der Sporttourismus. Tennis-, Tauch-, Segel- oder Golf-urlaub sind nur einige Beispiele für spezielle Angebote, die mit einer entsprechen-den Qualität und dem zu schaffenden Umfeld attraktive Angebote sein können. Besonders neue Sportarten bieten attraktive Chancen für den Sporttourismus.

Der Aufbruch in ein Zeitalter fast unbegrenzten Erlebnishungers hat begonnen. In Hobby, Sport und Urlaub scheint beinahe alles möglich und erlaubt zu sein – bloß keine Langeweile. Es wächst die Sehnsucht nach Wagnis und Risiko, nach der kleinen Flucht aus Alltagsroutine, nach Erlebnisreichtum statt Erfahrungsarmut. Bungeejumping (75 Pro-zent), Canyoning (71 Prozent), River Rafting (70 Prozent) und Free-climbing (62 Prozent) zählen nach Meinung der Bevölkerung derzeit zu den riskantesten und wagnisreichsten Extremsportarten. Die Befragung von 217 Extremsportlern, die selbst schon eine dieser Sportarten aus-geübt haben, erbringt den Nachweis, dass es ihnen mehr um Lust und Leistung als um Nervenkitzel geht. »Just for fun«, einfach Spaß haben und im Leben auch »einmal« etwas Verrücktes tun, ist das Hauptmotiv einer Erlebnisgeneration, die im »hier und jetzt« lebt und das Leben aktiv erleben und intensiv gestalten will. Gesucht wird mehr ein Leben mit Spaß als ein Leben in Gefahr. Weil die moderne Arbeitswelt immer weniger körperlich Herausforderungen bietet, leben immer mehr Menschen ihre Bewegungsdefizite in der Mobilität (z.B. beim Autofahren), beim Joggen oder Fitnesstraining im Extremsport aus.[93]

Diese Exkursion in die sportlichen Trends und Wirkungen sind auch für die Planungen im Handlungsfeld Tourismus von Bedeutung. Städte können aufgrund dieser Feststellung neue Urlaubsangebote kreieren, sei es z.B. ein bestimmtes Fun-Sport-Angebot oder Angebote für Manager, Angestellte usw. Eine Destination im Frankenwald, nahm schnell den neuen Trend Nordic-Walking in ihr Programm auf und entwickelte dafür speziell eine Kampagne, um neue Zielgruppen anzusprechen.

Wertschöpfung

Die Wertschöpfung definiert im Stadtmarketing den wirtschaftlichen Nutzen der verwirklichten Maßnahmen in den verschiedenen Handlungsfeldern. Die Ansiedlung eines neuen Unternehmens hat z.B. Auswirkungen auf ansässige andere Unternehmen, auf den Wohnungsmarkt und die Kaufkraft. Eine Steigerung der Gästezahlen in einem Ort bewirkt wirtschaftlich positive Auswirkungen in andere Bereiche. Dies wird am besten im Bereich des Tourismus sichtbar. Mehr Gäste bedeuten höhere Umsätze in Hotellerie, Gastronomie, Einzelhandel, im touristischen und kulturellen Bereich, bei Taxen und Bussen usw.

Zu jedem **Primärumsatz** in den verschiedensten Bereichen kommen also direkte Umsätze, wie in der 1. Wertschöpfungsstufe Löhne, Einkommen und Gewinne. In der 2. Wertschöpfungsstufe verdienen Dritte am Primärumsatz. So werden sich z.B. im touristischen Bereich durch mehr Gäste in der Regel die Gewinne der Beherbergungsbetriebe erhöhen. Aber auch der Handel und das Gewerbe profitieren von einer Steigerung der Gästezahlen, da sie u.a. als Zulieferer und Reparaturbetriebe partizipieren. Da sich dadurch die Wertschöpfung insgesamt erhöht, erzielt auch die Stadt zusätzliche Steuereinnahmen.

Grundlage für die Berechnung der Wertschöpfung ist der Bruttoumsatz.[94] Da der Produktionswert eines Wirtschaftszweiges in der volkswirtschaftlichen Gesamtrechnung üblicherweise ohne Mehrwertsteuer ausgewiesen ist, muss diese aus dem Bruttoumsatz herausgerechnet werden. Zur exakten Bestimmung bedarf es hierzu bestimmter Annahmen über die Anwendung reduzierter Steuersätze bzw. die Be-

---

[93] Statement bei der Eröffnungspressekonferenz der »boot düsseldorf«, 2000, Ergebnisse einer Repräsentativumfrage des BAT Freizeit-Forschungsinstituts 1999.

[94] Vgl. Andrea Ahrens, Die Wertschöpfung im Fremdenverkehr, FBV Medien-Verlags GmbH, Limburgerhof 1997.

freiung von der Mehrwertsteuer.[95] Bei der gewerblichen Zimmervermietung muss ein Steuersatz von 15 Prozent in Abzug gebracht werden. Die Privatbeherbergung ist i.d.R. von der Mehrwertsteuer befreit. Bei Ausgaben für Bekleidung, Dienstleistungen etc. werden Durchschnittssteuersätze ermittelt. Für Arzneimittel, den lokalen Transport und die Kurtaxe werden 7 Prozent in Abzug gebracht.

Um die Wertschöpfung, d.h. die von den Touristen ausgehende Einkommensbildung, zu ermitteln, muss der Primärumsatz um den Wert der Abschreibungen, indirekten Steuer sowie der Güter und Dienstleistungen, die ein Wirtschaftszweig von anderen in Anspruch genommen hat, vermindert werden. Da es jedoch nicht möglich ist, für alle Betriebe bzw. Branchen die jeweiligen Kostenstrukturdaten zu erheben, stehen hierfür globale Wertschöpfungsquoten zur Verfügung, die auf Untersuchungsergebnissen des Deutschen Wirtschaftswissenschaftlichen Instituts für Fremdenverkehr (DWIF) beruhen. Die Wertschöpfungsquoten geben an, wie hoch die Prozentzahlen des gesamten Nettoumsatzes (ohne MwSt.) sind, der direkt zu neuen Faktoreinkommen in Form von Löhnen, Gehältern und Gewinnen führt.[96] Für die verschiedenen Wirtschaftsbereiche gibt es unterschiedliche Wertschöpfungsquoten.

Für die von dem übernachtenden Fremdenverkehr ausgehende Wertschöpfung werden folgende Wertschöpfungsquoten herangezogen:

Abb. 31 Wertschöpfungsquoten im Tourismus

	gewerblich	privat
Beherbergungsbetriebe	43 %[97]	80 %[98]
Gastronomie	43 %[99]	
Einzelhandel	14,7 %[100]	
Camping, Jugendherberge	35 %[101]	
Dienstleistungen, Sport, Freizeit, lokaler Transport	45 %[102]	
Kurklinik und Kurtaxe	55 %[103]	

Die Wertschöpfung in der Privatbeherbergung fällt im Gegensatz zum Einzelhandel deshalb so hoch aus, weil hier Vorleistungen nur in geringem Maße anfallen.

---

[95] Gemäß Umsatzsteuergesetz (UstG) § 12 I, II.
[96] Vgl. Tourismus Zentrale Hamburg GmbH, Geschäftsbericht 1995, S. 3.
[97] König, R., Die GmbH im deutschen Fremdenverkehr: Bestandsaufnahme und Strukturanalyse von GmbHs in der Fremdenverkehrsförderung, Lüneburg 1997, S. 63.
[98] Luft, a.a.O., S. 63.
[99] König, a.a.O., S. 36-40.
[100] Amann, K., Finanzwirtschaft, Stuttgart 1993, S. 34-35.
[101] Luft, a.a.O., S. 69.
[102] Ebenda, S. 68.
[103] Vgl. Tourismus Zentrale Hamburg GmbH, a.a.O., S. 22.

Der Betrieb besteht bis auf Reinigung und Frühstück fast ausschließlich aus der reinen Zimmervermittlung. Auch fallen hier Abschreibungen und Kostensteuern nicht ins Gewicht.

Der aus der 1. Wertschöpfungsstufe resultierende Betrag muss hinsichtlich seiner multiplikatorischen Wirkung für die 2. Wertschöpfungsstufe beachtet werden. So werden in dieser beispielsweise die Lieferungen eines Bäckers an ein Restaurant oder die Handwerkerleistung in einem Hotel berücksichtigt, da entsprechende Leistungen an die Gäste weitergegeben werden. Die aus derartigen Vorleistungen entstehenden Einkommenswirkungen, die durch die Gästenachfrage hervorgerufen werden, sind bei der Ermittlung der 2. Wertschöpfungsstufe einzubeziehen. Im Gegensatz zur 1. Wertschöpfungsstufe ist eine detaillierte Berechnung individueller Wertschöpfungsquoten nicht möglich. Daher wird ein Mittelwert von 30 Prozent in Ansatz gebracht.[104]

Abb. 32 Nettowertschöpfung im Tourismus

Jahresgesamtumsatz[105] (Übernachtungsgäste) =	Bruttoproduktionswert ohne Mehrwertsteuer

./. **Vorleistungen anderer Wirtschaftsbereiche** (Waren und Dienstleistungen)
./. **Abschreibungen**
./. **indirekte Steuern**
+ **Subventionen**

= **Nettowertschöpfung** (Summe der Erwerbs- und Vermögenseinkommen aus dem Tourismus)

Eine Untersuchung im schweizerischen Adelboden (Berner Oberland) im Jahr 1999 durch den Fachbereich Tourismuswirtschaft der Fachhochschule Wilhelmshaven ergab, dass Übernachtungsgäste während des Winterurlaubes durchschnittlich 81 Schweizer Franken, also ca. 52 € ausgaben. In der Stadt Lüneburg wurde 1994 die wirtschaftliche Bedeutung des Tourismus durch den Fachbereich Tourismusmanagement der Universität Lüneburg untersucht. Dabei wurde festgestellt, dass Tagestouristen in Lüneburg ca. 21 € ausgeben. Übernachtungsgäste gaben ca. 70 € (einschließlich Hotel) aus.

Getätigt wurden diese Ausgaben in den Bereichen Gastronomie, Lebensmittel, Büro/Schreibbedarf, Spielzeug, Elektroartikel, Schmuck/Uhren, Lederwaren/Schu-

---

[104] Zeiner, M./Harrer, B./Bengsch, L., Städtetourismus in Deutschland, in Schriftenreihe des DFV (Hrsg.), Bonn 1995.
[105] Luft, a.a.O., S. 63.

he, Textilien, Geschenkartikel/Souvenirs, Sportartikel, Fotoartikel, Kosmetik-artikel sowie für sonstige kleinere Artikel. An der Spitze lagen die Bereiche Textilien, Büro/Schreibbedarf sowie Geschenkartikel/Souvenirs und Gastronomie.

Folgende Werte (in Euro) errechneten sich in der Stadt Lüneburg:

	Tagestourismus	Übernachtungs-tourismus
Primärumsatz	48.630.000	45.600.000
Nettoprimärumsatz	41.417.000	39.652.000
1. Wertschöpfungsstufe (Löhne, Einkommen, Gewinne)	12.425.100	16.653.840
2. Wertschöpfungsstufe (Handwerker, Handel, Bäcker etc.)	8.697.570	6.899.450
Wertschöpfung gesamt	21.122.670	23.553.290

Die Steuereinnahmen der Stadt aus diesen Einnahmen betrugen 1 bis 1,2 Millionen Euro. Zahlen, die belegen, wie hoch die Rendite allein im touristischen Bereich sein kann, und zudem deutlich machen, dass zusätzliche Anreize für eine Erhöhung der Touristenzahlen weitere Renditen in den verschiedensten Bereichen erwarten lassen.

h) Einzelhandel/Innenstadt/Ortszentrum

Die Innenstadt bzw. das Ortszentrum ist das Herz des Stadtmarketings. Positive oder negative Faktoren bestimmen nicht unerheblich das Gesamtgefüge des Ortes. Attraktive und liebenswerte Innenstädte/Ortszentren werden nicht allein von der Kommunalverwaltung geschaffen. Genauso wichtig, wenn nicht noch wichtiger, ist das Engagement von Einwohnern, Handel und Wirtschaft. Im Vordergrund muss die Kooperation und Abstimmung von privaten und öffentlichen Akteuren stehen. Das wichtigste Ziel für die Zukunft der Innenstädte muss es sein, mehr Leben in die Stadt u bekommen. Dabei muss es gelingen, die Attraktivität, Nutzungsvielfalt, Urbanität und Lebendigkeit der Innenstädte zu steigern.

Architektonische Veränderungen der Innenstadt oder Modernisierungen der Geschäfte allein reichen allerdings nicht aus. Es muss am Ort ein besseres Konsum-klima geschaffen werden. Also nicht Investitionen in bauliche Veränderungen sind das primäre Ziel, sondern eine Veränderung der Stimmung. Die Innenstädte sind gerade wegen der Zentren auf der grünen Wiese nach wie vor die historischen Mittelpunkte. Dieter Pützhofen, Vorsitzender des Vorstandes des Städtetages in Nordrhein-Westfalen sieht darin »multifunktional und emotional den Identifikationsort der Bürger mit der Stadt. Dabei müsse den geänderten Bedürfnissen, insbesondere der jüngeren Bevölkerung mit virtuellen Welten und Aktivitäten auch in den

Innenstädten Rechnung getragen werden, wenn sie nicht eine weitere Zentralitäts-funktion verlieren sollen.«

Der Wettbewerb im Einzelhandel wird mehr und mehr über Serviceleistungen und Erlebnisorientierung ausgetragen. Cimadirekt[106] schreibt dazu:

> Eine Faustregel besagt, dass die Kosten, einen neuen Kunden zu gewinnen etwa drei- bis fünfmal so hoch sind, wie die, einen Stamm-kunden zu halten. Und amerikanische Untersuchungen zum Kunden-verhalten haben ergeben, dass nur rund 2 % der unzufriedenen Kunden reklamieren, während 34 % stillschweigend zur Konkurrenz abwan-dern. In kaum einem anderen europäischen Land wird diese Formel so ernst genommen wie in England. Vorreiter in punkto Kundenorien-tierung sind die Einkaufszentren, die vor allem die jungen Familien als Stammkundschaft gewinnen wollen. »Garantien für die Kunden« nennt zum Beispiel das Meadowhall Centre bei Sheffield ein Paket von Bro-schüren mit insgesamt 56 beschriebenen, kostenlosen Dienstleistungen. Service heißt aber in England vor allem Beratung, Bedienung und Freundlichkeit. Eine fortwährende Personalschulung ist oberstes Gebot.
>
> Was die Shopping-Center vorleben, versucht auch der innerstädtische Einzelhandel, wo möglich, umzusetzen. Serviceleistungen auf betrieblicher Basis sind dabei unproblematisch. Komplizierter wird es meist, wenn es um Aktionen geht, die nur gemeinsam gestaltet und angeboten werden. Dazu ist, schon allein aufgrund der Zuständigkeiten, eine enge Zusam-menarbeit zwischen Einzelhandel und Stadtverwaltung nötig. Der City-Manager gehört in vielen englischen Städten deshalb bereits zum Alltags-bild. Er ist die Schnittstelle für gemeinsame Investitionen, infrastruk-turelle Maßnahmen und Serviceleistungen. Nur so, das haben die meisten Städte bereits erkannt, kann man im Wettbewerb mit den Einkaufszentren auf Dauer bestehen.

Lovro Mandac, Vorstandsvorsitzender der Kaufhaus Warenhaus AG, sagt zur Zukunft der Innenstädte, dass neben den Verantwortlichen in Politik und Ver-waltung auch Einzelhändler eine neue Flexibilität entwickeln müssten, die zum Ziel habe, Gewohntes und Vertrautes immer wieder auf den Prüfstand zu stellen. Dr. Walter Deuss, Vorstandsvorsitzender der Karstadt AG, sieht in der zunehmen-den Entwicklung des stationären Einzelhandels die Entwicklung zu immer größe-ren Einkaufszentren unter gleichzeitiger Vernetzung von Einzelhandels- und Freizeiteinrichtungen. Eine derartige Vernetzung gewinne unter dem Begriff Urban Entertainment Center auch in Deutschland immer mehr an Bedeutung. In den

---

[106] Cimadirekt, 3/1995.

Fußgängerzonen und im gesamten Innenstadtbereich, schreibt Deuss weiter, müsse sich eine Bündelung von Kultur, Gastronomie und erlebnisorientierten Einzelhandel entwickeln.[107]

Die Stadt Aalen legte für den Bereich der Innenstadt folgende **Aktionsfelder** fest:

Image

- Kommunikation nach innen und außen
- Kooperationsklima
- Werbekonzeption
- Gemeinschaftswerbung

Erlebnis

- Veranstaltungen
- Aktionen
- Projekte
- Stadtquartiere
- Öffnungszeiten
- Service
- Sauberkeit
- Sicherheit

Angebot

- Branchenmix
- Funktionsvielfalt
- Gastronomie
- Dienstleistungsangebot
- öffentliche Einrichtungen
- Beratungsqualität

Gestaltung

- Stadtbild
- Plätze

---

[107] Aus City-Offensive NRW, Dokumentation 1999.

- Brunnen
- Grünanlagen
- Fassaden
- Beleuchtung
- Schaufenstergestaltung
- Sondernutzungen

Erreichbarkeit

- Parkplätze (Quantität und Qualität)
- Park-and-ride-Konzept
- ÖPNV
- Verkehrsberuhigung
- Zweiradparkplätze

Card

- Aalen Card (multifunktionale Karte)
- Zahlungsmittel im Einzelhandel
- Benutzung öffentlicher Einrichtungen
- ÖPNV
- Parken
- Telefon
- Kreditkarte

Die Innenstadt wird in den meisten Städten deutlich durch die Einkaufszone geprägt, die als zentrale Anlaufstelle verschiedenen Tätigkeiten dient. Eine ansprechende Stadtgestaltung sowie eine ausreichende und quantitative Funktionsvielfalt für alle Nutzergruppen bilden dabei wichtige Determinanten. Funktioniert die Innenstadt nicht, können auch die anderen Bereiche einer Stadt nur schwer funktionieren. Zum Funktionsfeld des Einzelhandels gehören alle Aktivitäten des Verkaufs von Waren und Dienstleistungen direkt an Endverbraucher für deren persönliche, nicht gewerbliche Verwendung.[108] Priorität hat, dass der Kunde die wichtigste Rolle in diesem Gefüge spielt und seine Wünsche das Angebot bedingen.

---

[108] Kotler/Bliemel, Marketing-Management, 7. Auflage, Stuttgart 1998, S. 779.

Schwerpunkte müssen sein:

- Stärkung der kulturellen Identität der Innenstädte
- Erhaltung der Multifunktionalität der Innenstädte
- Öffnung der Zentren für ein breites Besucherspektrum
- Vernetzung von Handel, Gastronomie, Freizeit und Kultur
- Schaffung neuer Impulse für Erlebnisqualität und Verweildauer

Ein ausgewogenes Verhältnis des breiten zum tief gegliederten Warenangebot verschiedener Preisklassen und Vertriebstypen ist entscheidend, um möglichst breite Bevölkerungsschichten anzusprechen.[109] Mit kulturellen, sportlichen und traditionellen Veranstaltungen müssen Besucher über die Stadtgrenzen hinaus angezogen werden. Neben Geselligkeit und buntem Treiben lenken diese Veranstaltungen die Aufmerksamkeit auf die Innenstadt.

Zum Veranstaltungsangebot der Innenstadt können gehören:

- Abendveranstaltungen
- Frisuren- und Modenschauen
- Gaukler
- Gourmet-Tage
- Innenstadtfeste
- Kinderfeste
- Kleinkünstler
- Kunstmeile
- Laserinstallationen
- Open-Air-Disco
- Open-Air-Kino
- Open-Air-Konzerte
- Rundfunk- und Fernsehsendungen
- Schminkaktionen für Kinder
- sportliche Darbietungen
- Straßenmusikanten
- Straßentheater

---

[109] Dude, E., Blühender Handel, S. 9.

- Versuche für das Guinnessbuch der Rekorde
- Walk Acts

In einem Stadtmarketingprozess muss der Einzelhandel die Entscheidung treffen, wo und wie das Geschäft auf Kunden mit einfachen, mittleren oder gehobenen Ansprüchen abzielt. Es stellen sich Fragen wie: Wollen die Kunden Warenvielfalt große Sortimentstiefe und/oder Einkaufsatmosphäre? Solange der Zielmarkt nicht definiert und sein Profil nicht festgestellt ist, kann der Einzelhandel keine schlüssigen Entscheidungen über das Warensortiment, das Preisniveau, die Geschäftsatmosphäre, Absatzförderung und Geschäftsstandorte fällen. Der Einzelhandel muss im Rahmen der Konzeption seinen Markt eindeutig definieren.

City-Trends[110]

- Die Zahl der Besucher von Innenstädten sinkt seit Jahren kontinuierlich.
- Die Besucher von Innenstädten werden älter.
- Die Besucher von Innenstädten kommen seltener.
- Die Besucher von Innenstädten stammen immer häufiger aus dem Umland.
- Die Besucher von Innenstädten entrichten immer höhere Einkaufsbeträge.
- Der Sonnabend bleibt der bedeutendste Einkaufstag.
- Am Donnerstag und Freitag kommen die Singles, am Sonnabend die Familien.
- Die Einzelhandelsverkaufsfläche wurde deutlich ausgeweitet.
- Die Produktivität pro Fläche (Raumleistung) ist gesunken.[111]

Eine wichtige Rolle spielt dabei der Service-Mix. Die heutige Gesellschaft wird immer schnelllebiger, wobei der Technik eine große Bedeutung zukommt. Die verschiedenen Generationen haben unterschiedliche Ansprüche an das Serviceangebot. Die jüngeren Konsumenten nutzen immer mehr die Möglichkeit der Internetbestellung, um sich Waren nach Hause liefern zu lassen. Rentner hingegen sind häufig alleine und freuen sich über die persönliche Bedienung, den Kontakt zu anderen Menschen und wünschen oft eine fachliche Beratung. Gebrechliche

---

[110] Cimadirekt, 2/1998.
[111] Schuckel/Sondermann, Besucherstruktur und Besucherverhalten in der Innenstadt – Längsschnittanalyse der BAG-Untersuchungen von 1976 bis 1996, in Mitteilungen des Institutes für Handelsforschung an der Universität Köln (IfH), 2. Februar 1998.

und Behinderte sind auf fremde Hilfe angewiesen und ziehen die telefonischen Bestellmöglichkeiten und Hauslieferungen vor.

Bei den Serviceleistungen ist zwischen den Leistungen vor und nach dem Kauf zu unterscheiden. Serviceleistungen vor dem Kauf sind z.B. telefonische Bestelldienste, Bestelldienste per Post, Sonderbestellungen, Bereitstellung von Werbeinformationen, Anwendungsberatung, Warendarstellung im Schaufenster, um nur einige Beispiele zu nennen. Serviceleistungen nach dem Kauf sind z.B. das Verpacken der Ware, der Versand, die Rücknahme und der Umtausch von Waren, Maßarbeiten, Aufstell- bzw. Montagearbeiten.[112] Der Einzelhandel muss in einem Stadtmarketingprozess den Kunden wieder als König sehen. Mitarbeiter im Einzelhandel müssen die Kunden freundlich ansprechen und Hilfe anbieten. Manager sollten sich als »Leiter der Dienstleistenden« definieren und Mitarbeiter respektvoll in den Rang von »Associates« heben (vgl. Wal-Mart und Gore-Tex). Dazu gehören die Identifikation des Mitarbeiters mit seinem Verantwortungsbereich und die Stärkung des Teamgeistes.

»Der Preis muss unter Berücksichtigung des Zielmarktes, der Produkt-, Dienst-, Serviceleistungen, Attraktivität der Stadt und der Konkurrenz festgelegt werden.«[113] Der Kunde erwartet bei höheren Preisen einen entsprechend höheren Service bzw. eine hochwertige Qualität. Somit ergibt sich, dass das Preis-/Leistungs-Verhältnis stimmen muss.

Weitere konzeptionelle Ziele sind:

- einheitliche Öffnungszeiten
- gastronomisches Angebot
- gute Verkehrsanbindung
- Kundenfreundlichkeit
- Parkplätze
- Sauberkeit in der Einkaufszone
- Serviceangebote
- Straßencafés
- verkaufsoffene Sonntage
- wettergeschützte Einkaufsbereiche

In Weilburg an der Lahn wurden innerhalb eines Stadtmarketingprozesses Leitlinien für die Mitgliedsunternehmen der Wirtschafts-Werbung-Weilburg erarbeitet.

---

[112] Kotler/Bliemel, Marketing-Management, 7. Auflage, S. 797.
[113] Ebenda, S. 798.

Unter dem Motto »freundlich – aktiv – leistungsstark« haben sich Händler, Handwerker, Gastronomen, Dienstleistender und Industrieunternehmen zusammengeschlossen. Gemeinsam wollen sie die Attraktivität der Einkaufsstadt erhöhen, die Zufriedenheit der Kunden steigern und neue Kunden gewinnen.

Im Einzelnen heißt es in den Richtlinien:[114]

1. Selbstverständnis
Alle WWW-Mitglieder begrüßen, beraten und bedienen ihre Kunden nach folgenden Grundsätzen: »Herzlich willkommen. Wir begrüßen Sie mit einem Lächeln. Wir bieten Ihnen Rat und Service. Wir bieten Qualität. Sie stehen bei uns im Mittelpunkt. Fordern Sie uns!«

2. Sortiment
Alle WWW-Mitglieder bieten ihren Kunden ein zeitgemäßes und qualitativ ansprechendes Sortiment sowie einen hochwertigen Service. Eine Branchen- und Sortimentsübersicht vermittelt Anbietern und Kunden Transparenz über das Angebot.

3. Service / Umgang mit Kunden
Alle WWW-Mitglieder bieten ihren Kunden über Serviceangebote Zusatzleistungen, um sich positiv von Mitbewerbern abzuheben.
a) Im Einzelnen gehören zum Basis-Service:
   - Fachkompetenz
   - Freundlichkeit (z.B. Kunden begrüßen und mit Namen ansprechen)
   - Beratung ohne zeitliche Begrenzung
   - bargeldlose Zahlungsmöglichkeiten
   - Ware auf Kundenwunsch aus dem Schaufenster nehmen
   - problemlose Reklamation/Umtausch/Geld zurück
   - Weiterleitung von Kunden an örtliche bzw. regionale Anbieter
   - Kundentelefonate
   - Kundentoilette
   - saisonale Zugaben (z.B. ein Apfel zum Erntedank)
b) Im Einzelnen gehören zum branchenspezifischen Basisservice:
   - Lieferung von Waren nach Hause (auch zur Ansicht)
   - Zahlung mit Kreditkarte
   - Angebot der Waren/Produkte über neue Medien (fax on demand, Internet)
   - Änderungs- und Reparaturservice
   - Sitzgelegenheiten
   - Garderobe/Schminkmöglichkeiten

---

[114] Aus Leitlinien für die Mitgliedsunternehmen der Wirtschafts-Werbung-Weilburg, 3/1997.

c) Im Einzelnen gehören zum branchenspezifischen Zusatz-Service
(erhöhter Service):
- Reservierung von Waren
- Einzelbestellungen
- Zahlung gegen Rechnung
- kostenloses Getränkeangebot (Wasser, Kaffee, Eistee)
- Erstattung von Parkgebühren
- Kinderanimation
- Babyecke
- Verkauf in der Wohnung des Kunden
- Gesundheitsservice (Liege, Schnellverband, Mitarbeiter sind in
  Erster Hilfe ausgebildet)

4. **Öffnungszeiten***
Alle WWW-Mitglieder orientieren ihre Kernöffnungszeiten an den
von den WWW-Mitgliedern beschlossenen Öffnungszeiten:

Montag bis Freitag:	9.00 Uhr bis 18.30 Uhr (durchgehend)
und Samstag:	9.00 Uhr bis 14.00 Uhr

Sonderregelung für die vier Samstage vor Weihnachten: bis 16.00 Uhr
* Gilt nicht für Dienstleister, Handwerker und Industrieunternehmen.

5. **Beleuchtungszeiten***
Winterzeit

Montag bis Donnerstag:	7.00 bis 22.00 Uhr
Freitag:	7.00 bis 23.00 Uhr
Samstag:	8.30 bis 23.00 Uhr
Sonntag:	14.00 bis 23.00 Uhr

Sommerzeit

Montag bis Donnerstag:	7.00 bis 22.00 Uhr
Freitag:	7.00 bis 24.00 Uhr
Samstag:	8.30 bis 24.00 Uhr
Sonntag:	14.00 bis 23.00 Uhr
an Schlosskulturtagen immer:	bis 24.00 Uhr

Sowohl in der Sommer- als auch in der Winterzeit sollen die
Geschäfte an der B 456 und der Bahnhofsstraße ihre Beleuchtung
morgens eine Stunde früher einschalten, um den durchfahrenden
Autofahrern eine attraktive Durchfahrt durch Weilburg zu bieten.
* Gilt nicht für Dienstleister, Handwerker und Industrie-
unternehmen.

6. **Sauberkeit**
Alle WWW-Mitglieder kontrollieren täglich Sauberkeit und Ordnung im Umfeld des Geschäftes, an der Fassade, den Werbeanlagen
und der Beleuchtung und stellen sie gegebenenfalls wieder her.

7. **Fassade**
Die Fassaden der Geschäftsgebäude aller WWW-Mitglieder sind ansprechend und intakt.

8. **Schaufenstergestaltung***
Alle WWW-Mitglieder gestalten ihre Schaufenster zeitgemäß und qualitativ ansprechend. WWW-Aktionen spiegeln sich in den Schaufenstern aller wider. Schaufenster mit Trend- und Saisonwaren werden mindestens monatlich neu dekoriert. Schaufenster mit saisonunabhängiger Ware (Ganzjahresartikel) werden mindestens alle 6 Wochen neu dekoriert. Alle WWW-Mitglieder beachten bei der Preisauszeichnung die gesetzliche Regelung.
* Gilt nicht für Dienstleister, Handwerker und Industrieunternehmen.

9. **Werbung/Aktionen**
Alle WWW-Mitglieder beteiligen sich aktiv an gemeinschaftlicher Werbung sowie an gemeinschaftlichen Aktionen und unterstützen aktiv das gemeinsame Medium Weilburg live. Es wird empfohlen, Anzeigen in folgenden Medien zu schalten: Weilburg live, Weilburger Tageblatt, Nassauer Tageblatt, Wetzlarer Neue Zeitung für die Bereiche Waldsolms, Ulmtal, Leun und Grafenstein, Sonntagmorgen-Magazin, Nassauische Neue Presse und Usinger Anzeiger.

10. **Interne Kommunikation**
Alle WWW-Mitglieder tauschen aktiv und zügig untereinander Informationen aus und informieren den Vorstand des WWW bei einer Ansprache durch Dritte (z.B. bei Anzeigenwerbern). Alle WWW-Mitglieder beteiligen sich an der Ideenfindung und der Maßnahmenumsetzung in dem WWW.

11. **Gesamtverantwortung für die Entwicklung der Einkaufsregion Weilburg an der Lahn**
Alle WWW-Mitglieder nehmen ihre Verantwortung für die Gesamtentwicklung des Wirtschaftslebens in der Stadt Weilburg engagiert und konstruktiv wahr. Sie unterstützen die positive Entwicklung der Einkaufsregion Weilburg an der Lahn.

Die folgenden Beispiele sollen die unterschiedlichen Leitlinien für die Entwicklung der Innenstädte dokumentieren, die ausnahmslos nicht nur vom Einzelhandel und der baulichen Veränderung der Innenstädte ausgehen, sondern auch Symbiosen zu den verschiedenen Handlungsfeldern einer Stadt sehen:[115]

---

[115] Die City-Offensive NRW, Dokumentation 1999.

- **Dortmund**
  »Angebotsvielfalt im historisch gewachsenen Raum, Sicherheit und Sauberkeit sowie gute Erreichbarkeit mit öffentlichen Verkehrsmitteln ebenso wie per Individualverkehr – die harten Standortfaktoren der Dortmunder City stellen nur eine Seite der Medaille dar. Ihr Kultur- und Freizeitangebot ist im hohen Maße für ihre Attraktivität für die Bürgerinnen und Bürger sowie die Menschen aus der westfälischen Region verantwortlich und hat somit einen entsprechenden Einfluss auf die wirtschaftliche Entwicklung der Innenstadt.«

- **Hagen**
  »Bei diesem Projekt ging es nicht darum, Altbekanntes mit zusätzlichen finanziellen Mitteln in einen Mega-Event zu verwandeln, sondern neue Akzente zu finden und zu setzen. Deshalb war es Ziel in Hagen, das selbst definierte Leitbild ‚Revitalisierung von Straßen und Plätzen in der Innenstadt' den Bürgern und Besuchern näher zu bringen. Plätze, Orte und Straßenzüge sollten wieder stärker in das Bewusstsein gerückt und in ihrer historischen Dimension aufgewertet werden.«

- **Krefeld**
  »Eines der Hauptziele ist die Belebung der Innenstadt. Hierzu werden neben vielen anderen Marketingaktivitäten seit Jahren in Kooperation mit dem Einzelhandel Veranstaltungen durchgeführt. Bei allen Veranstaltungen wird darauf geachtet, dass sie dem hohen Qualitätsanspruch Krefelds gerecht werden.«

- **Minden**
  »Die Beteiligung Mindens an dem Projekt ‚Ab in die Mitte!'[116] resultierte konkret aus einem verstärkten Konkurrenzdruck von der grünen Wiese. Im vergangenen Jahr wurde unweit der Stadt ein großes Einkaufszentrum eröffnet, das mit erheblichem Werbedruck auch in Minden versuchte, Publikum aus der Stadt zu locken. Außerdem gab es das Bestreben, Minden allgemein in der Region und darüber hinaus als attraktive, lebhafte Stadt bekannter zu machen. Zielregion ist hier auch der angrenzende niedersächsische Raum.«

- **Münster**
  »Mit der Realisierung des Kulturprogramms ‚Ab in die Mitte!' für die Innenstadt Münsters stellte sich die Kooperationsgemeinschaft – bestehend aus Kaufmannschaft/Einzelhandel, Gastronomie, Stadt Münster und Kulturschaffenden in der Stadt – eine gemeinsame Aufgabe, deren Umsetzung die Charaktereigenschaften der Stadt auf

---

[116] Aktion mehrerer Städte in Nordrhein-Westfalen mit finanzieller Förderung des Landes.

ganz spezielle Weise sichtbar machen sollte. Münster steht von jeher
für ein kulturelles Klima von Offenheit und Internationalität, das
durch die Bürgerinnen und Bürger der Stadt in ganz besonderer
Weise getragen wird. Das entworfene Programm sollte dieses Klima
in das städtische Zentrum tragen und durch Neudefinition exponierter
urbaner Räume zeitgenössischer Kunst die herkömmlichen Sicht- und
Erlebniswelten von innerstädtischem Raum aufweichen.«

- **Neuss**
  »Für die Stadt Neuss wurden Positionierungsansätze und ein Stär-
  ken- und Schwächen-Profil erarbeitet, und es wurde ein konzeptio-
  neller Schlüssel für eine Dachmarkenstrategie des zukünftigen Neus-
  ser City-Marketings entwickelt. Die Umsetzung dieses Konzepts ist
  in Kooperation mit dem Genie-Arbeitskreis ab dem Jahr 2000 vorge-
  sehen.«

- **Recklinghausen**
  »Nachhaltig beeinflusst wird der Einzelhandelsstandort Recklinghausen durch die Veränderung des Angebotes in den umliegenden
  kleineren Städten sowie durch die Expansion der Einzelhandels-
  flächen der im Umkreis von 50 km liegenden Städte wie Münster,
  Dortmund, Bochum und Oberhausen. Das Bild der Stadt wird durch
  eine lebendige Innenstadt als Ort für Einkauf, Kommunikation,
  Sport, Kultur und Genuss geprägt. Dieses Bewusstsein galt es bei
  den Bürgern der Stadt sowie Besuchern zu verstärken. Denn Trends
  werden in den Innenstädten geboren und erlebt.«

- **Solingen**
  »Mit den baulichen Veränderungen werden zugleich Veränderungen
  in der Qualität (Mode, gehobene Gastronomie, Unterhaltung)
  erwartet. Die bisher nur unzureichende Akzeptanz der Innenstadt
  durch die Solinger Bevölkerung soll durch eine deutliche Ausrichtung auf eine neue kulturelle Mitte erreicht werden. Die gesamte
  Innenstadt wird zurzeit von dem Blick in die Zukunft geprägt, aus
  diesem Grund wurde als Motto für den Event das Thema ‚Trendmeile Solingen' gewählt. Auf der Trendmeile sollten die Solinger
  erleben, wie sich frühere Hauptverkehrsstraßen und verkehrsreiche
  Plätze nach der städtebaulichen Umgestaltung zu Fuß erobern lassen. Dabei ging es nicht nur um die bauliche Zukunft, sondern auch
  um die Bereiche Kultur, Sport, Freizeit und Erlebnis, Mobilität,
  Kommunikation, Gastronomie, Unterhaltung und Design.«

i) Mobilität

Das Spannungsfeld zwischen Verkehr und Innenstadt ist nach wie vor eines der Hauptprobleme der innerstädtischen Planung.[117] Die Bewältigung des fließenden und ruhenden Verkehrs in der Innenstadt ist wegen Platzmangels und Umweltbelastung zu einem besonderen Problem geworden. Als Einzelhandelsstandort ist die Innenstadt stark auf den motorisierten Individualverkehr angewiesen. Die Pkw-Fahrer, knapp 50 Prozent aller Innenstadtbesucher, bringen rund 62 Prozent des Gesamtumsatzes ein.[118] Von Maßnahmen zur Verkehrsentlastung und -beruhigung ist deshalb der Einzelhandel am stärksten betroffen. In den USA gibt es die Devise »No parking, no business«.

Grundsätzlich trägt die schnelle, bequeme und preisgünstige Erreichbarkeit für alle Nutzergruppen entschieden zu der Attraktivität des Stadtkerns bei, wobei das Kraftfahrzeug immer noch das wichtigste Verkehrsmittel für den Einzelnen ist. Der öffentliche Personennahverkehr (ÖPNV) kann in Akzeptanz und Nutzung nur begrenzt gesteigert werden.[119]

Wie wichtig der Innenstadtverkehr für die Akzeptanz und Anziehungskraft einer Innenstadt, zeigt eine Untersuchung der CIMA-Stadtmarketing bei den Nutzern von Innenstädten, die abhängig von der Attraktivität der Innenstadt die Erreichbarkeit als eine der vier wichtigsten Einflussfaktoren nannten.[120]

j) Bildung

Bildung ist die Grundvoraussetzung für eine berufliche Qualifikation. Bildung hat aber auch einen gesellschaftspolitischen Charakter, da sie die Entfaltung der Persönlichkeit einschließlich der freien Selbstbestimmung und sozialen Verantwortung positiv beeinflusst.

Aus- und Weiterbildungsmöglichkeiten sind Grundbedürfnisse der Stadt. Grundschulen, Haupt- und Realschulen sowie Gymnasien gehören zur Grundausstattung einer Stadt im Bildungsbereich. Berufsbildende Schulen für die verschiedensten Berufszweige ergänzen das Angebot, genauso wie Volkshochschulen (VHS) und private Schulformen.

Berufsfachschulen, Berufsakademien und Hochschulen bieten Voraussetzungen für Innovationen im Wirtschaftsbereich. Sie sind zugleich Partner bei einer Zusammenarbeit von Wirtschaft und Wissenschaft.

---

[117] CIMA-Stadtmarketing, Attraktiver Einzelhandel in Bayern, S. 28.
[118] Tietz, B./Rothhar, P., Die Zukunft des Einzelhandels in der Stadt, S. 341.
[119] Dude, E., Blühender Handel, S. 8.
[120] CIMA-Stadtmarketing, Attraktiver Einzelhandel in Bayern, S. 6-7.

k) Wissenschaft und Forschung

Forschungseinrichtungen in einer Stadt sichern eine qualitativ hohe Wertigkeit für den Wirtschaftsstandort. Gerade für die Ansiedlung neuer und den Erhalt bereits vorhandener Unternehmen bieten bestehende Forschungseinrichtungen Möglichkeiten der Zusammenarbeit. Sie sollten innovative Ziele verfolgen.

Forschungseinrichtungen bieten zudem qualitativ hochrangige Arbeitsplätze. Die Arbeit der Forschungseinrichtungen strahlt in die Region aus und sorgt für qualitative Ansatzpunkte in anderen Bereichen. In diesem Handlungsfeld müssen auch regionalbezogene Forschungsansätze gefunden werden, die Möglichkeiten der Innovation bieten.

Studenten sind eine wichtige Zielgruppe. Sie wohnen und leben in der Stadt. Maßnahmen könnten sein: Begrüßungsgeld (wer sich mit 1. Wohnsitz anmeldet), Willkommensscheckheft mit interessanten Angeboten in der Stadt, Präsent für Neubürger. Gezahlt werden aber auch Neubürgerprämien für diejenigen Studenten, die sich mit 1. Wohnsitz in ihrem Studienort anmelden. Diese rechnen sich, da sich die Zuschüsse des jeweiligen Bundeslandes an die Städte nach der Zahl der Einwohner berechnet.

l) Gesundheit

Zur Konzeption im Handlungsfeld Gesundheit gehören u.a. der Ausbau oder die Schaffung von Krankenhäusern, Zentren der Gesundheitsförderung, Einrichtungen für präventive Maßnahmen oder spezielle Klinikformen, die primär der eigenen Bevölkerung dienen, aber auch Auswirkungen in andere Bereiche haben. Das Gesundheitswesen muss allen Bedürfnissen gerecht werden und verfügbare Ressourcen wirkungsvoll einsetzen.

Einrichtungen im Gesundheitswesen können in anderen Handlungsfelder positive Auswirkungen haben. Dies wird am Beispiel der Reha-Kliniken und Kurkliniken deutlich, deren Synergien in andere Bereiche wie Kultur, Einzelhandel, Gastronomie, Hotellerie, Wirtschaft usw. ausstrahlen.

m) Soziales

Das soziale System einer Stadt wird von zwei Komponenten geprägt[121]:

1. Durch die Menschen, die in der Stadt leben und arbeiten. Sie beeinflussen subjektive Sozialfaktoren wie Mentalität, Freundlichkeit, Verhalten gegenüber Gästen etc., können aber auch objektive Sozialfaktoren wie den Bau von Altersheimen, Kindergärten, Kinderspielplätzen, Behinderten gerechte Einrichtungen etc. mitentscheiden oder sogar in die Wege leiten. Hierzu zählen auch alle Aspekte, die unter dem Schlagwort soziale Verantwortung eines jeden Bürgers verstanden werden, z.B. Spendenaktionen oder die Veranstaltung von Benefizveranstaltungen.

2. Durch die gesetzlichen sozialen Verpflichtungen, die eine Stadt im Rahmen des öffentlichen Auftrags für die Daseinsvorsorge zu erfüllen hat. Dazu gehören Schulen, Krankenhäuser, der gesetzlich gesicherte Kindergartenspielplatz, der Umweltschutz oder das Sozial- und Arbeitsamt.

Diese Vielzahl physischer und psychischer, oft interdependenter Bestandteile des sozialen Systems wächst zu einer Komplexität zusammen,[122] welche die Produktfacetten Bildung, Gesundheitswesen, Verwaltung und das soziale Image gestalten. Im Vordergrund steht jedoch der Beitrag, den die sozialen Qualitäten und Produkt-, Dienst- und Servicefacetten zum Gesamtprodukt des Ortes leisten.

Stadtmarketing hat somit auch die Aufgabe, den Anforderungen des aus der englischsprachigen Literatur übernommenen **Sozialmarketings** gerecht zu werden. Unter Sozialmarketing versteht Bruhn

> »... die Planung, Organisation, Durchführung und Kontrolle von Marketingstrategien und -aktivitäten nicht kommerzieller Organisationen, die direkt oder indirekt auf die Lösung sozialer Aufgaben gerichtet sind.«[123]

Im sozialen Bereich hat die Stadt eine besondere Verantwortung für Familien, ältere Menschen, Jugendliche, Obdachlose, ausländische Einwohner und Behinderte. Der Bau von Kindergärten, Jugend- und Seniorentreffs sowie Veranstaltungen und Aktionen in diesem Bereich sind nur einige Beispiele. Auch Ziele der Frauenförderung gehören zu diesem Thema.

Der soziale Bereich verlangt heute mehr Verantwortung denn je. Kommunale Maßnahmen müssen erreichen, dass für möglichst viele Menschen Arbeitslosigkeit und die Abhängigkeit von Sozialhilfe verhindert bzw. eine soziale Notlage

---

[121] Bruhn. M., Sozialmarketing, Stuttgart 1989, S. 21.
[122] Meffert, Städtemarketing – Pflicht oder Kür?, a.a.O., S. 275.
[123] Bruhn. M., Sozialmarketing, Stuttgart 1989, S. 21.

aufgefangen wird. Arbeitsvermittlungs- und Qualifizierungsmaßnahmen sind Aufgaben, die den Sozialhilfebereich entlasten und auch zu finanziellen Einsparungen im kommunalen Haushalt führen.

n) Planung/Entwicklung

Die Stadtplanung und -entwicklung hat seit Mitte der 70er Jahre einige Aspekte des Stadtmarketings aufgegriffen. Für das multifunktionale Gebilde Stadt wurde die integrierte Planung aller kommunalen Aufgaben und Funktionen vorgenommen. Damit sollte die Zukunft der Stadt koordinierbar und gestaltbar werden. In einem Stadtmarketingprozess hat das Handlungsfeld Stadtplanung einen besonders wichtigen Stellenwert. Im Unterschied zum heutigen Stadtmarketing hatte die traditionelle Stadtplanung und -entwicklung jedoch andere Ziele:

- Die Stadtentwicklung und -planung strebten die bewusste Einbeziehung privater Interessen und Bedürfnisse sowie eine gegenseitige Zusammenarbeit nicht oder nur in Ansätzen an. Oft kam es erst durch Bürgerinitiativen zwangsweise zur Kooperation.

- Gegenseitige Information und ein gemeinsamer Prozess der Meinungs- und Identitätsbildung nach innen wie nach außen war nicht Teil der Planungsmethode. Vor allem wurden in der Stadtplanung das Image und/oder die Identität der Stadt in der Regel vernachlässigt.

- Es wurde keine gemeinsame Ideenfindung, Koordination, Zielfindung und Zielsetzung mit anderen Interessierten, Organisationen usw. vorgenommen.

- In der Stadtplanung und -entwicklung wurde die Verwaltung nicht thematisiert. Im Stadtmarketingprozess wird dagegen die Verwaltung selbst zum Thema und Gestaltungsbereich.

Die Stadtentwicklung und -planung, wie sie in den 70er und 80er Jahren praktiziert wurde, ist heute nicht mehr zeitgemäß. Die Planung war eine Gesamtplanung, die zuwenig an Maßnahmen orientiert war.[124]

Die Bereiche Planung und Entwicklung sind in dem Stadtmarketingprozess ein wichtiges Handlungsfeld, da Stadtmarketing besonders am veränderten visuellem Bild (neue Bauten, Plätze, Sanierung von Ortsteilen, Schaffung neuer Ortsbereiche) deutlich wird. Eine enge Zusammenarbeit mit den Arbeitsgruppen, die sich mit verwandten Themen beschäftigen, ist erforderlich, um eine effektive Arbeit zu ermöglichen.

---

[124] Dieckmann, J., Voraussetzungen und Konsequenzen von Marketing in Kommunen, in Töpfer, A. (Hrsg.), Stadtmarketing – Chance und Herausforderung für Kommunen, Baden-Baden 1993, S. 81-133.

o) Ökologie

Der Themenbereich Ökologie beinhaltet den Schutz, die Pflege und die Gestaltung der Natur und Landschaft. Gute Umweltbedingungen sind nicht nur ideale Voraussetzungen für das Leben in einer Stadt, sondern sie gehören mittlerweile auch zu den wirtschaftlichen Rahmenbedingungen. Ein Nebeneinander von Wirtschaft und Umwelt ist möglich. Eine intakte Umwelt gehört zu den weichen Standortfaktoren und bedeutet zugleich Verantwortung im Hinblick auf die nachfolgenden Generationen.

Die Abwägung zwischen Wirtschaftszielen und Umweltbedingungen ist oft nicht einfach. Der Gesetzgeber hat in den letzten Jahren dem Schutz der Umwelt besondere Priorität gegeben, die den wirtschaftlichen Gestaltungswillen einschränkt und teilweise behindert. Zu den Gestaltungsmöglichkeiten der Städte gehört die Erhaltung vorhandener Biotopflächen. Auch die Planung einer ökologisch vertretbaren Verkehrs- und Energiepolitik ist Aufgabe der Städte.

Der Grünflächen- und der Landschaftsrahmenplan geben den Städten die Möglichkeit, zukunftsorientierte Weichen zu stellen. Ökologische Perspektiven bieten unter anderem

- Maßnahmen zur Verkehrsberuhigung,
- Verbesserungen des Wohnumfelds,
- ein verträgliches Nebeneinander von Wohnen und Arbeiten,
- die Neugestaltung von Erholungsgebieten.

Der Umweltschutz, heute immer noch vereinzelt kritisch gesehen und oft als wirtschaftsbehindernd oder -verzögernd bezeichnet, muss in der Konzeption sichtbar gemacht und als sinnvoll für die Zukunft dargestellt werden. Ziel muss es sein, den Umweltschutz im Rahmen der Orts- und Wirtschaftsentwicklung positiv zu verstehen. Stadtmarketing kann in diesem Zusammenhang künftige Bilder einer umweltgerechten Stadt entwerfen, Aktionen und Ereignisse planen und den Umweltbereich nach innen und außen deutlich machen.

Ökologische Ziele lassen sich durch die Stadtmarketingkonzeption hervorragend vermitteln. Ohne die aktive Mitarbeit der Bevölkerung sind sie nicht umsetzbar und bedürfen daher einer intensiven öffentlichen Diskussion. Das Umweltbewusstsein zu verbessern, erfordert ein hohes Maß an Wir-Gefühl, denn nur die Erkenntnis, dass es ohne gemeinsames Handeln nicht zu schaffen ist, bringt in diesem Handlungsfeld Erfolg.

Weitere Zielsetzungen können in der Förderung umweltfreundlicher Produkte und Produktionsverfahren liegen. Die zukunftsorientierte Abfallwirtschaft stellt die Müllvermeidung und das Recycling in den Vordergrund. Zusätzliche Detailkonzepte zur Abfallvermeidung und zu abfallwirtschaftlichen Maßnahmen sind daher unabdingbar und setzen die in der Gesamtkonzeption genannten Ziele detailliert um. Durch Einzelaktionen muss eine Reduzierung der betriebswirtschaftlichen Umweltkosten für Energie, Wasser, Abfall, Abwasser, Lärm, Flächenbewirtschaftung usw. erreicht werden. Auch diese Ziele müssen Inhalte der Detailkonzeption sein. Fragen der sanften Techniken, der ökologischen Zusammenarbeit zwischen Wirtschaft und Forschung, Technologiezentren oder sogar die Auslobung von Umweltschutzpreisen, die besondere Erfolge in diesem Bereich honorieren, sind weitere Möglichkeiten.

Auch das Wohnen im Grünen, die Begrünung von Fassaden und Dächern, die Schaffung von neuen Grünflächen und die Entpflasterung der Innenstädte, um weitere Grünzonen zu schaffen, sind lohnenswerte Aufgaben. Unpopuläre Tempo-30-Zonen sowie Lärmschutzmaßnahmen an stark befahrenen Straßen sind Themen, deren Ansätze deutlich in der Konzeption formuliert werden sollten. Dazu gehören der Ausbau von Radwegen genauso wie Maßnahmen zur vermehrten Nutzung des öffentlichen Personennahverkehrs (ÖPNV). Aufbauend auf ortsklimatischen und lufthygienischen Zielvorgaben, lassen sich ästhetische Ziele für die Architektur der Zukunft formulieren.

p) Verkehr

Ein künftiges Verkehrssystem muss allen Bevölkerungsgruppen die größtmögliche Mobilität bieten. Dabei müssen unterschiedlich strukturierten Räumen die jeweils am besten geeigneten Verkehrsmittel zugewiesen werden.

Die Innenstädte müssen künftig weitgehend vom Individualverkehr befreit werden, dabei darf es aber **nicht** zu einer Beeinträchtigung der Erreichbarkeit der Innenstadt für Konsumenten kommen. Ausreichende und gut erreichbare Parkmöglichkeiten müssen angeboten werden. Ein hervorragendes Nahverkehrsangebot muss die Erreichbarkeit aller Bereiche eines Ortes zum Ziel haben.

Busspuren, die diesem Verkehrsmittel Vorrang einräumen und somit schnelle Beförderungsmöglichkeiten schaffen, sind die Voraussetzung für das Umsteigen auf den öffentlichen Nahverkehr. Dazu gehört auch die Verknüpfung von Schiene und Bus mit einheitlichen Tarifen und Netzkarten. Das Umland, die Region, muss einbezogen werden. In diesem Zusammenhang muss es zu einer nahtlosen Anbindung des Individualverkehrs aus dem Umland an das städtische Nahverkehrsnetz kommen. Gefördert werden muss darüber hinaus der Fahrradverkehr. Entsprechende Einrichtungen, aber auch die Anbindung an den öffentlichen Personennahverkehr sind Forderungen aus diesem Bereich.

Autofrei soll und wird die Stadt der Zukunft nicht werden. Allerdings werden Hauptverkehrsstraßen die Verkehrsströme bündeln. Eine weitere Aufgabe wird es sein, die

Fahrzeuge in Parkhäusern zu parken, um so auch in Wohngebieten für einen an-
sehnlichen Wohnraum zu sorgen. Kurzzeitparkmöglichkeiten, welche die Belange der
Anwohner nicht beeinträchtigen, sind weitere Angebote. Verkehrliche Perspektiven bieten

- die Revitalisierung schienengebundener Massenverkehrsmittel wie Straßen-
  und S-Bahn,

- die Verminderung der Lärm- und Abgasemissionen,

- Bus- und Taxispuren,

- die Schaffung und der Ausbau von Fahrradwegen,

- intelligente Ampelschaltungen,

- Nahverkehrskonzepte.

q) Wohnen

Das Wohnangebot muss individuell sein. Für alle Einwohner ist ausreichender und
menschenwürdiger Wohnraum zu schaffen. Den Mietpreissteigerungen muss ent-
gegengewirkt werden, um preiswerten Mietraum flächendeckend anbieten zu
können. Hier haben die Städte mit den Wohnungsbaugesellschaften Instrumente,
um regulierend einzugreifen. Auch der soziale Wohnungsbau darf nicht vernachlässigt werden. Dem Wunsch nach Eigentum kann durch die Bereitstellung von
Baugebieten und günstigen, auch für untere und mittlere Einkommensgruppen
finanzierbaren Grundstückspreisen nachgekommen werden. Dazu gehören Möglichkeiten für:

- Eigenheime

- Eigentumswohnungen

- Komfortlagen für Eigenheime

- Mietwohnungen

- ökologische Wohnformen

- Reihenhäuser

- Stadtwohnungen

Wohnraum für ältere Menschen in einer Zeit zu schaffen, in der die Zahl der
Senioren steigt, ist eine weitere wichtige Aufgabe. Bisherige Wohnformen für ältere
Menschen, wie die derzeit üblichen Altenheime, müssen der Vergangenheit ange-
hören. Menschenwürdige Wohnformen sind zu finden, die die Bedürfnisse älterer
Menschen befriedigen. Zu berücksichtigen sind auch Wohnformen für Behinderte
und Pflegebedürftige. Seniorenwohnungen mit Betreuungs- und Verpflegungs-

möglichkeit in einem angenehmen Umfeld müssen verstärkt geplant und gebaut werden. Perspektiven bieten

- das geschützte Wohnen am Wasser,
- der Bau von Promenaden sowie Erlebnisbereiche für die Bevölkerung,
- die Einbeziehung von Grün und Wasser,
- neue kombinierte Wohn- und Geschäftsprojekte im Zentrum, welche die Urbanität von Städten sichert,
- Viertel für Kunstschaffende.

r) Verwaltungen

Das Handlungsfeld Verwaltungen bezieht sich auf alle Verwaltungen (Behörden) in einem Ort. Die Kommunalverwaltung spielt dabei eine besondere Rolle. Die Einbeziehung der Behörden, insbesondere der Kommunalverwaltung, besteht darin, eine marktorientierte Verwaltungsphilosophie zu entwickeln und nach deren Maßgabe die Beziehungen der Verwaltung zu ihren Austauschpartnern (Anspruchsgruppen) zu gestalten.[125] Im Mittelpunkt sollte ein Selbstverständnis der öffentlichen Verwaltung als wichtigster Dienstleistungsbetrieb stehen. Zu den Verwaltungen gehören u.a.:

- Arbeitsamt
- Finanzamt
- Forstbehörde
- Kommunalverwaltung
- Polizei
- Zoll

Neben der Kommunalverwaltung haben diese Behörden eine besondere Bedeutung im Bereich des Stadtmarketings. Beispielhaft sei hier nur das Verhalten von Polizeibeamten gegenüber den Besuchern erwähnt. Aber auch die Bediensteten anderer Verwaltungen haben oft den ersten direkten Kontakt zu Gästen und können durch ihr Verhalten zur Verbesserung des Images beitragen. Eine Reform der Verwaltungen ist in der Lage, diese Schritte zu erreichen. Folgende Punkte sollten dabei beachtet werden:

- Definition klarer Ziele
- Delegation von Verantwortung

---

[125] Bahrgehr, B., Marketing in der öffentlichen Verwaltung – Ansatzpunkte und Entwicklungsperspektiven, Innsbruck 1991, S. 137 ff.

- effiziente Dienstleistungen
- flexible, dynamische Organisation
- interkommunaler Leistungsvergleich
- Motivation durch Qualitätsbewusstsein
- Partizipation
- Produkt-/Marktorientierung
- Projektmanagement, Teamwork, Qualitätszirkel

s) Kommunalverwaltung

In der Kommunalverwaltung sollte zur Umsetzung der beschlossenen Maßnahmen und Motivation der Mitarbeiter ein Verwaltungsleitbild erarbeitet werden. Ein solches Leitbild ist unerlässlich, da die Kommunalverwaltung in allen Bereichen des Stadtmarketings eine große Rolle spielt. Das Leitbild der Kommunalverwaltung muss eine breite Basis haben. Es muss von unten und nicht von oben entwickelt werden. Nicht ausgesuchte Mitarbeiter, sondern eine möglichst repräsentative Auswahl ermöglichen ein von der Mehrzahl getragenes und umsetzbares Leitbild. Eine Entwicklung von oben will nur Zuständigkeiten, Machtbereiche und -zuwächse sichern. Ein so zustande gekommenes Leitbild wird von vielen Mitarbeitern nicht akzeptiert und wirkt sich negativ auf einen Stadtmarketingprozess aus.

t) Einwohnernähe

Einwohnernähe umschreibt die Forderung, dass das Verwaltungshandeln nicht nur nach Rechtmäßigkeit und Wirtschaftlichkeit auszurichten ist, sondern im Kontakt mit den Einwohnern verstärkt auf deren Bedürfnisse und Erwartungen einzugehen hat. Der Begriff der Einwohnernähe hat mittlerweile eine primäre Bedeutung gewonnen. Die Einwohner wollen heutzutage umfassend über alles informiert werden, was im Rathaus, was in ihrem Ort geschieht. Das heißt, dass die Städte keine isolierte Öffentlichkeitsarbeit betreiben dürfen, sondern durch zielgerichtete Maßnahmen die Bevölkerung informieren müssen. Dies ist nicht nur eine durch das Gesetz vorgeschriebene, sondern sogar aus dem Grundgesetz ableitbare Aufgabe. Einwohnernähe umschreibt plakativ die Forderung nach einer Verbesserung des Verhältnisses zwischen der Verwaltung und den Einwohnern.

Die Einwohnernähe ist generell abhängig von konkreten Problemlagen. Sie ist keine neue Aufgabe und auch keine Erweiterung bestehender Aufgaben oder vorgegebener politischer Ziele der Verwaltung. Sie ist vielmehr ein Konzept, das diese Ziele unterstützt. Inhaltlich gesehen, geht es darum, die Distanz zwischen der

Verwaltung und den Einwohnern abzubauen oder zumindest zu verringern. Ferner gilt es für die Verwaltung die Ungleichheit im Umgang zwischen sich und den Einwohner aufzuheben und sich verstärkt um sie bemühen und sie wie »Kunden« zu behandeln.

Im Bereich des Stadtmarketings bedeutet dies, dass die Verwaltung alle erdenklichen Maßnahmen ergreifen muss, um den Kontakt mit den Einwohnern bedürfnisgerecht zu gestalten. Dennoch ist das Bild, das sich die Einwohner von der Verwaltung machen, oft negativ. Die Distanz zwischen ihnen lässt sich auch durch eine stärkere Bürgerbeteiligung an kommunalpolitischen Entscheidungen abbauen. Im Vergleich zu den Bundes- und Landesverwaltungen ist die Kommunalverwaltung die dem Einwohner sowohl örtlich als auch von der Möglichkeit der Mitgestaltung am nächsten stehende Verwaltung. Sie wird deshalb, und dies nicht zu Unrecht, als die beste bürgernahe Verwaltung angesehen.

Einwohnerferne kann sich in unüberschaubaren und Angst verursachenden Verwaltungsgebäuden oder in einer für die Einwohner nicht verständlichen Arbeitsteilung ausdrücken. Unverständliche Vordrucke und eine ebenso schwer verständliche Verwaltungssprache, lange Bearbeitungs- und Wartezeiten, undurchschaubare Arbeitsabläufe und nicht situationsgerechtes Verhalten wirken sich negativ aus. Das Verhältnis der Einwohner zu der Verwaltung lässt sich nicht ohne weiteres verallgemeinern. Die Einwohner sind in unterschiedlichen Rollen (z.B. als Steuerzahler, Leistungsempfänger, Gewerbetreibende, Angehörige von Gruppen etc.) von den Leistungen der Verwaltung betroffen. Sie haben daher unterschiedliche Erwartungen an das Verwaltungshandeln.

Das Ideal der Einwohnernähe ist nur zu erreichen, wenn man die unterschiedlichen Sehweisen und Interessenlagen berücksichtigt. Ohne die genaue Kenntnis der Wünsche und Erwartungen der Einwohner besteht die Gefahr, dass Bemühungen um mehr Nähe ihr Ziel verfehlen. Im Mittelpunkt des internen Stadtmarketings, bezogen auf die Mitarbeiter der Kommunalverwaltung, steht das kundenfreundliche, einwohnerorientierte Verhalten.

Das Wort Verwaltung deutet nicht auf einen unternehmerischen Prozess innerhalb der Kommunalverwaltung hin. Daher stellt sich die Frage, ob dieser Begriff in einem fließenden, vorwärts gerichteten Stadtmarketingprozess der richtige ist.

Verwalten ist die Arbeit an Geschaffenem, signalisiert Stillstand. Ein Begriff wie ‚Dienstleistungsbereich Stadt' würde besser passen. Auch Begriffe wie Amt, Sachgebiet oder ähnliches sollten durch moderne Begriffe ersetzt werden. Dies kann nur dann erreicht werden, wenn es zu einer grundsätzlichen Veränderung der Verwaltungen kommt. Die Mitarbeiter in den Verwaltungen müssen mehr als bisher Verantwortung übernehmen. Die Delegation von Aufgaben, der Abbau hierarchischer Strukturen und der Einsatz moderner Technik sind erste Schritte.

Die Erarbeitung eines Leitbildes für das Dienstleistungsunternehmen Kommunalverwaltung mag im ersten Augenblick ungewohnt erscheinen und dem bisherigen Denken in den Rathäusern widersprechen. Doch schon bald werden kundenorientierte Personalschulungen, ein breit angelegtes Fortbildungsangebot, Karriereplanungen und die Belohnung für Verbesserungsvorschläge positive Effekte erzielen. Auch Leistungsprämien, die Aufhebung stupider Beförderungssysteme sowie die Schaffung eines einheitlichen Dienstrechts können erste Schritte sein. Seminare, die das einwohnerfreundliche Handeln, aber auch die verbesserte Kommunikation innerhalb der Verwaltung zum Ziel haben, müssen herkömmlich arbeitende Mitarbeiter zu kundenorientierten Dienstleistenden wandeln.

Politessen und Mitarbeiter in Publikumsbereichen sowie im Außendienst sind ständige Bindeglieder zwischen der Bevölkerung und der Verwaltung. Solange es in diesen Bereichen keine Einwohnerfreundlichkeit gibt, wird es kaum möglich sein, Stadtmarketingziele, die die Verwaltung ins Auge fasst, glaubwürdig der Bevölkerung zu vermitteln. Servicestellen mit speziell geschulten Mitarbeitern, freundlich gestaltete Rathäuser und ständige Informationen sind Voraussetzungen für eine moderne Verwaltung.

u) Einwohner

»Solange es Menschen gibt, ist die Stadt unvermeidlich, und ihr Verschwinden, ihr Zusammenbruch, ist so unwahrscheinlich wie der Verlust des eigenen Körpers. Ich werde jederzeit die Einsamkeit in der Masse allem anderen vorziehen, weil sie mir die Möglichkeit gibt, beobachtet zu werden. Ich kann mir vorstellen, dass alles, was ich tue, bemerkt und gesehen wird, dass ich ein Teil dieser Stadt bin – dieser Stadt oder irgendeiner –, dass ich also unersetzlich bin und notwendig.« Dies sagt der New Yorker Schriftsteller Peter Landesmann über die Zukunft der Städte.

Gewollt oder ungewollt rückt er mit dieser Aussage den wichtigsten Bestandteil der Stadt, die Menschen, in den Mittelpunkt. Alle Überlegungen in den einzelnen Handlungsfeldern sind geprägt von den Interessen der Zielgruppen. Die Einwohner sollten immer die wichtigste Zielgruppe sein, denn nur zufriedene Einwohner engagieren sich für ihren Ort und sind Multiplikatoren für das Stadtprodukt.

Daher sollten bei den Planungen in den einzelnen Handlungsfeldern immer die eigenen Einwohner Priorität haben. Dies bezieht sich z.B. auf das Freizeit-, Kultur-, Sport-, Arbeitsplatz- oder Einkaufsangebot genauso wie auf die einwohnerfreundliche Ausrichtung der Behörden im Sinne von Dienstleistern. Nicht nur die Einbeziehung und kontinuierliche Information der Einwohner in der Analysephase ist dabei eine grundlegende Voraussetzung, sondern auch das ständige Einbeziehen in der Konzeptionsphase im Rahmen der öffentlichen Präsentation von Ergebnissen und Zwischenergebnissen gehört dazu.

Maßnahmenkatalog

Die Stadtmarketingkonzeption enthält Maßnahmen, die nach der Präsentation umgesetzt werden müssen. Der Maßnahmenkatalog sorgt für eine klare Aufgabenverteilung und benennt die Zuständigkeit, evtl. Finanzierungsmöglichkeiten und grobe Terminvorgaben.

Inhalt:

- Bezeichnung der einzelnen Maßnahme
- Ziel, das mit dem Aktionsinhalt erreicht werden soll
- evtl. die Festlegung der Zielgruppe
- zuständige Organisationseinheit
- grober Zeitrahmen, in dem die Aufgabe verwirklicht werden soll

Abb. 33 Maßnahmenkatalog im Stadtmarketing

Idee	Maßnahme	Ziel	Verantwortlich	Zeit

Vernetzungskonferenz

Ziel der Vernetzungskonferenz ist es, festzustellen, ob es Überschneidungen in den Zielvorstellungen der einzelnen Arbeitsgruppen gibt, bzw. ob Synergien bei den Ergebnissen vorhanden sind. Die Vernetzungskonferenz sollte an einem Sonnabend stattfinden. Der Zeitrahmen sollte sechs Stunden nicht überschreiten

Jeder Arbeitsgruppe wird durch max. vier Teilnehmer vertreten, die die Ergebnisse vortragen und mit den anderen Arbeitsgruppen abstimmen. Die Mitglieder der Arbeitsgruppen checken die Präsentation mit ihren eigenen Ergebnissen. Stellen sie fest, dass Ziele konträr zu den eigenen stehen, werden diese diskutiert, um eine Übereinstimmung zu erreichen. Hauptziel der Vernetzungskonferenz ist das Erkennen von Synergien, die wiederum als Gemeinsamkeit im Sinne der Stadtmarketingphilosophie gewertet werden. Hinzugezogen werden müssen auch Fachvertreter der Stadtverwaltung oder andere Experten, die sich in der Vergangenheit mit den Themen der Workshops beschäftigt haben. Mit diesem muss im kritischen Dialog eine Lösung gefunden werden, wenn es aus der Sicht der Fachleute Realisationsprobleme gibt.

Es handelt sich um eine Harmonisierung der Ergebnisse und Zielrichtungen aus den Arbeitsgruppen. Ziel und Abschluss der Vernetzungskonferenz ist eine konsensfähige Konzeption der Maßnahmen, die Grundlage für die Arbeit der nächsten zehn Jahre ist und die nur noch durch die abstakten Festlegungen der Leitbildkonferenz ergänzt wird.

Leitbildkonferenz

Ziel der Leitbildkonferenz ist die Festlegung abstrakter Leitsätze, das Herausarbeiten einer Stadtmarke, die abschießende Beschlussfassung aller Ergebnisse und die Festlegung des weiteren Verfahrens. Das Leitbild des neuen Modells unterscheidet sich von bisherigen Leitbildern anderer Städte durch umsetzbare Maßnahmen. Die Festlegung der abstakten Ziele ist eher die einer Präambel, die den konkreten Maßnahmen vorausgeht. Die Teilnehmer sind die Mitglieder der Arbeitsgruppen sowie die interessierte Öffentlichkeit. Die Leitbildkonferenz sollte vier Wochen nach Abschluss der Vernetzungskonferenz stattfinden.

Die Arbeitsgruppen haben die Möglichkeit, ihre Leitziele und ihren jeweiligen Maßnahmenkatalog zu beraten und letzte Feinheiten in der Formulierung zu ändern.

Unveränderbare Grundlage ist das Ergebnis der Vernetzungskonferenz. Festgelegt wird auch, welche bis zu drei Maßnahmen sofort nach der Verabschiedung des Leitbildes umgesetzt werden sollen. Danach folgt die Präsentation im Plenum. Es besteht die Möglichkeit, Verständnisfragen zu stellen. Für das weitere Verfahren sollte eine als Controllingeinheit installiert werden. In Troisdorf heißt sie Stadtmarketing-Forum. Dort werden die beschlossen Maßnahmen hinsichtlich ihrer Realisierung einem Controlling unterzogen, heißt: Wie werden die Maßnahmen umgesetzt, arbeiten die verantwortlichen Organisationen daran, wird der Zeitplan eingehalten, ist es zu einer Finanzierung gekommen? Das Gremium hat auch die Möglichkeit bereits beschlossene Maßnahmen zu modifizieren, wenn es Probleme in den genannten Fragestellungen gibt. Es kann auch die alten Arbeitsgruppen wieder einberufen. Dies sollte dann geschehen, wenn es sich um eine grundsätzliche Veränderung der Maßnahme handelt, bzw., die Maßnahme nicht realisiert werden kann.

Das Leitbild soll durch die beschlossenen Maßnahmen die Identität des Ortes fest umreißen und somit für alle transparent machen. In das Leitbild fließen alle Ergebnisse der Workshops ein. Das Leitbild ist die »Navigationshilfe«[126] auf dem Weg in die Zukunft. Es ist die Arbeitsgrundlage für die Realisation. Der wichtigste Bestandteil eines Leitbildes ist der Maßnahmenkatalog, also die umsetzbaren Maßnahmen. Das Leitbild ist die Gebrauchsanweisung für die Arbeit der nächsten Jahre. In modernen Stadtmarketingprozessen werden hier die Ziele und Maßnahmen für

---

[126] Guthardt, W., Stadtleitbild Wolfsburg, Stadt Wolfsburg 1997, S. 3.

die kommenden 10 Jahre festgelegt. In einem offenen Prozess, so wie es das Modell Zukunft darstellt, beschließen alle Teilnehmer in einer abschließenden Leitbildkonferenz die abstrakten und konkreten Inhalte. Damit ist das Leitbild allgemeinverbindlich. Ideal ist es, wenn auch das kommunalpolitische Gremium die Inhalte verabschiedet und dies auch als verbindlich für die Kommunalpolitik und somit auch für Verwaltung beschließt.

Das Leitbild soll durch die beschlossenen Maßnahmen die Identität des Ortes fest umreißen und somit für alle transparent machen. In das Leitbild fließen alle Ergebnisse der Workshops ein. Das Leitbild ist die »Navigationshilfe«[127] auf dem Weg in die Zukunft. Es ist die Arbeitsgrundlage für die Realisation. Der wichtigste Bestandteil eines Leitbildes ist der Maßnahmenkatalog, also die umsetzbaren Maßnahmen. Das Leitbild ist die Gebrauchsanweisung für die Arbeit der nächsten Jahre. In modernen Stadtmarketingprozessen werden hier die Ziele und Maßnahmen für die kommenden 10 Jahre festgelegt. In einem offenen Prozess, so wie es das Modell Zukunft darstellt, beschließen alle Teilnehmer in einer abschließenden Leitbildkonferenz die abstrakten und konkreten Inhalte. Damit ist das Leitbild allgemeinverbindlich. Ideal ist es, wenn auch das kommunalpolitische Gremium die Inhalte verabschiedet und dies auch als verbindlich für die Kommunalpolitik und somit auch für Verwaltung beschließt.

Das Verfahren führt zu einem kontinuierlichen Prozessverlauf in den kommenden Jahren. Einwohner werden auch weiterhin neben der Politik die Chance haben, sich aktiv in die Stadtentwicklung einzubringen. Je ein Mitglied aus den bisherigen Arbeitsgruppen ist im Controllingorgan vertreten. Das Leitbild muss in wenigen konkreten Aussagen die Oberziele und Grundsätze der Lebens- und Entwicklungsfähigkeit des Ortes festhalten. In schriftlich formulierten Punkten sollten die Funktionen und Leistungen sowie die Verhaltensweisen gegenüber den Interessengruppen charakterisiert werden. Es ist notwendig, die ausgewählten Stadtmarketingziele mit Inhalten zu füllen, um eine inhaltliche Grundlage für die Konzeption zu haben.[128] Das Leitbild soll Antworten auf folgende Fragen geben:

- Wer sind wir?

- Was wollen wir?

- Wie kommen wir dorthin?

- Welche Maßnahmen werden beschlossen?

---

[127] Guthardt, W., Stadtleitbild Wolfsburg, Stadt Wolfsburg 1997, S. 3.
[128] In Anlehnung an Hopfenbeck, W., Allgemeine Betriebswirtschafts- und Managementlehre – Das Unternehmen im Spannungsfeld zwischen ökonomischen, sozialen und ökologischen Interessen, München 1990, S. 691.

Das Leitbild ist der rote Faden, die Messlatte für alle Maßnahmen sowie ein Verhaltenskodex. Es dient als Grundorientierung für das strategische und operative Verhalten.[129] Langfristig bestimmt das Leitbild als Soll-Image auch das Image des Ortes. Aus dem Leitbild ergibt sich die Stadt-Identität, die der Corporate Identity eines Unternehmens entspricht.

Das Leitbild ist die Zielvorgabe und Arbeitsgrundlage für das künftige Stadtmarketing. Es legt fest, durch welche Maßnahmen, welche Bereiche künftig entwickelt und welche neu geschaffen werden sollen.

Das **Leitbild** ist der **Rahmen** für alle Konzeptionen der Handlungsfelder.

Viele Städte versuchen heute nach dem Motto »Alle Chancen müssen genutzt werden« eine möglichst breite Basis für die Entwicklung zu finden. Dies ist im Sinne eines modernen Stadtmarketings. Der Stadtmarketingprozess ist umso erfolgreicher, je breiter der Prozess angelegt ist und umso mehr Bedeutung er erlangt. Die Entwicklung des Leitbilds muss aber gerade in diesen Fällen feinfühlig klären, ob mehrere Bereiche (Handlungsfelder) nebeneinander zu entwickeln sind. Eine Zielsetzung als Industriestandort wird kaum dem Tourismus und schon gar nicht der Ausrichtung zum Kurort Raum lassen. Und doch ist in einigen Fällen ein Nebeneinander möglich. Die Definition mehrerer Ziele findet ihre Grenzen dort, wo es zu Beeinträchtigungen im Nebeneinander kommt.

Abb. 34 Konzeption

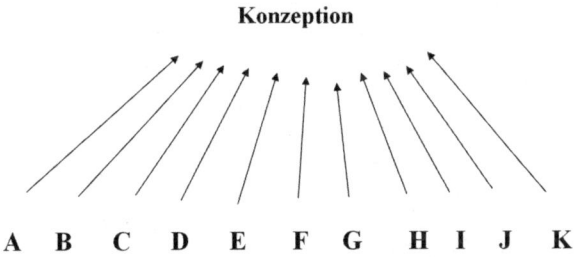

Konzeption

A   B   C   D   E   F   G   H   I   J   K

(Konzeptionen für die jeweiligen **Handlungsfelder**)

Quelle: eigene Darstellung

Das Leitbild sollte sich an folgenden Kriterien orientieren:

• die umfassende Darstellung des augenblicklichen Bildes der Stadt unter Berücksichtigung der positiven Eigenarten und Gegebenheiten;

---

[129] Funke, U., Vom Stadtmarketing zur Stadtkonzeption, Deutscher Städtetag (Hrsg.), Köln 1994, S. 8.

- die begreifbare Veränderung eines Ortes unter Mitwirkung aller relevanten Gruppen;

- die Schaffung eines neuen profilierten Images, und zwar so, dass Investoren, Einwohner, Besucher und andere dies erkennen und bewusst wahrnehmen;

- die Planung und Organisation einer Veränderung unter Berücksichtigung der Wahrnehmbarkeit und Erlebnisqualität;

- die Kommunikation bei all diesen Schritten und Aktivitäten sowie die Information über erreichte Ziele und projektierte Veränderungen nach innen und außen.

Deutlich werden diese Punkte im abstrakten Leitbild der Stadt Wuppertal. Interessant aber auch, dass die eindeutige Positionierung zum Unternehmen VW mittlerweile operativ umgesetzt wurde: Fußballstadion, Autostadt etc. Im Leitbild heißt es unter anderem:

> Reine Stadtentwicklung oder konventionelle Standortkataloge mit Angaben über das Flächenangebot, die Wirtschaftsstruktur und den Arbeitsmarkt reichen nicht aus, den Informationsbedarf Standort suchender Unternehmen zu befriedigen; es muss vielmehr eine stärker differenzierende Standortinformation (z. B. Ausbildungs-, Forschungs- und Entwicklungsinfrastruktur, Angaben über das Umfeld mit Zulieferern und Kooperationspartnern etc.) hinzukommen.
>
> Der Strukturwandel der Wirtschaft ist keinesfalls nur technologisch zu bewältigen – Kreativität, Phantasie und Einsatzfreude sind erforderlich, so dass u. a. auch die Kulturlandschaft einer Stadt zur Standortfrage werden kann; Kultur, als ein Beispiel, verdeutlicht, dass nur eine Gesamtkonzeption zufrieden stellende Ergebnisse liefert.

Das Stadtleitbild von Wolfsburg macht deutlich, dass viele Leitbilder Allgemeinplätze aufführen, allgemeine Stärken und Schwächen nennen und globale Chancen und Risiken deutlich machen. Dies ist der bisher typische Ansatz eines Leitbildes, dessen abstrakte Aussagen aber zwingend mit Leben gefüllt werden müssen.

Stadtleitbild Wolfsburg:

Allgemeine Leitlinien

Wir leben in einer Zeit des Umbruchs – ein Aufbruch ist notwendig. Auch unsere Stadt, lange von Wohlstand und Dynamik geprägt, spürt nachhaltig die schwerste Strukturkrise von Wirtschaft und Sozialstaat in Deutschland seit 1945. Ein Ausdruck ist der drastische Rückgang industrieller Arbeitsplätze. Der Anpassungsdruck durch die Globalisierung der Märkte, aber auch die Probleme des Geburtenrückgangs sind zu bewältigen. Wir dürfen nicht auf die Selbstverständlichkeit des Erfolges vertrauen. Vielmehr müssen wir unsere Zukunft in die Hand nehmen und sie aktiv gestalten.

Bei der Gestaltung unserer Zukunft können wir auf markanten Stärken unserer Stadt aufbauen Stammsitz des Weltkonzerns VW, Wohnen im Grünen, Vielfalt an Bevölkerungsgruppen, hohe Kaufkraft, Lage an der europäischen Ost-West-Verkehrsachse, Infrastruktur mit außergewöhnlich breitem Angebot besondere Einrichtungen wie das Kunstmuseum oder das Planetarium. Im Einzelnen sind die Stärken, auf denen wir aufbauen, in den Werkstätten des Leitbildes dargestellt.

Wir sehen aber auch deutliche Schwächen und nehmen sie als Herausforderung an: Monostruktur der Wirtschaft, hohe Arbeitslosigkeit, mangelnde Attraktivität des Einkaufens, abfließende Kaufkraft, fehlendes Flair der City, Anspruchshaltung, schwaches Wir-Gefühl, geringe Identifikation der Bürgerinnen und Bürger mit der Stadt. Der Abbau der Arbeitslosigkeit und die Kaufkraftbindung sind besondere Herausforderungen. Ermutigendes tut sich: »Neue Autostadt« von VW, Schaffung attraktiver Einkaufsmöglichkeiten, ICE-Anschluss, Ausbau der Fachhochschule, sowie die Mitwirkung vieler an der Stadtkonzeption. [...]

Eine besondere Offenheit für neue Einstellungen und Entwicklungen soll unser Kennzeichen sein. Offenheit heißt für uns, dass wir besonders an zukunftsgerichteten Ideen und an deren Umsetzung arbeiten; flexibel und fortschrittlich, aufgeschlossen gegenüber unseren Mitmenschen sowie interessiert an der Entwicklung unserer Stadt sind. In diesem Sinne definieren wir unsere Aktionsfelder als »Werkstätten«. In sechs »Werkstätten« sind wir tätig: Highlights und Tourismus – Wirtschaft – Einkaufen und Verkehr – Wohnen und Umwelt – Soziales und Gesundheit – Kultur, Sport und Bildung.

Wirtschaft

Ein starker Standort schafft Perspektiven. Wolfsburg ist Stammsitz des größten Automobilkonzerns Europas, der Volkswagen AG, und verfügt über eine überdurchschnittlich hohe Wirtschafts- und Kaufkraft. Wolfsburg als innovativer Wirtschaftsstandort hat Zukunft: Die Stadt hat eines der größten außeruniversitären Innovationszentren in Deutschland; eine viel versprechende, praxiorientierte Fachhochschule, die weiterentwickelt wird; mit der Einbindung in das europäische ICE-Netz besitzt Wolfsburg eine hervorragende Verbindung zu vielen Wirtschaftszentren. Potentiellen Investoren werden eine gute wirtschaftsnahe Infrastruktur (insbesondere attraktive Gewerbeflächen) und eine vorteilhafte Lage, zentral und dicht an neuen Märkten, geboten.

Highlights und Tourismus

Gerade in touristischer Hinsicht kann ein Imageaufbau nur mit unverwechselbaren Stärken der Stadt zum Ziel führen. In den Bereichen Kunst, hier der modernen und zeitgenössischen Kunst, und Technik, hier der zukunftsweisenden Technik im Sinne von Mobilität, sehen wir die großen Innovationspotentiale für die Stadt Wolfsburg.

Einkaufen und Verkehr

Moderner City-Magnet der Region. Wolfsburg hat eine moderne Innenstadt mit viel Gestaltungsraum und Entwicklungsmöglichkeiten. Fallersleben und Vorsfelde sind historische Stadtteile, die zum Einkaufen einladen. Hohe Kaufkraft und ein im Vergleich zu anderen Städten außergewöhnlich umfangreiches Parkplatzangebot sind gute Ausgangspositionen, um Einkaufen in Wolfsburg ein Erlebnis werden zu lassen. Initiative hat bereits der Handel ergriffen, um die Kräfte zur Attraktivitätssteigerung der Innenstadt zu bündeln. Das Verkehrsnetz innerhalb der Stadt ist großzügig konzipiert, um vor allem den Anforderungen des durch das Volkswagenwerk bedingten Berufsverkehrs gerecht zu werden.

Wolfsburg verfügt über gute Verkehrsanbindungen. Die Stadt liegt an der wichtigsten Ost- West-Verkehrsachse in Europa. Der Anschluss an das ICE-Netz, der Mittellandkanal und die A 2 bilden ein hervorragendes Verkehrswegeangebot.

Wohnen und Umwelt

Grüne Großstadt – attraktive Wohnqualität. Wolfsburg bietet eine gute Wohnqualität. Attraktive Wohnräume sowie ein erlebnisreiches Wohnumfeld für Menschen jeden Alters und für jeden Anspruch ergänzen das Angebot. Wolfsburg ist eine der grünsten Großstädte in Deutschland. Eine Besonderheit ist die enge Verzahnung von Landschafts- und Stadtgrün. Die Stadt ist von mehreren Landschafts- und Naturschutzgebieten umgeben. Der Flächenanteil an Naturschutzgebieten liegt in Wolfsburg um das Fünffache über dem Landesdurchschnitt. In vielen Bereichen wird zeitgemäße Technologie eingesetzt: Kraft-Wärme-Kopplung mit zentraler Fernwärmeversorgung vorbildliche Abwasserwirtschaft eine erste Windenergiegewinnungsanlage Wolfsburg hat eine leistungsfähige Ver- und Entsorgungsinfrastruktur.

Soziales und Wohnen

Engagement für Mitmenschen. In Wolfsburg gibt es neben leistungsfähigen Einrichtungen für eine gute medizinische Versorgung auch in der Region einmalige Einrichtungen wie das ZEUS – Zentrum für Sozialpädiatrie.

In der Kinder- und Jugendarbeit engagiert sich eine große Zahl junger Menschen ehrenamtlich. Die Beratungsstellen sind untereinander gut vernetzt, so dass Hilfen schnell angeboten werden. Insbesondere im psychosozialen Bereich existiert eine hohe Bereitschaft zur Zusammenarbeit. Die Kirchen und karitativen Einrichtungen geben Impulse für soziales Handeln und die gesellschaftliche Wertediskussion. Initiativen unterschiedlicher Art organisieren trägerübergreifend bedarfsgerechte Hilfen.

Kultur, Sport und Bildung

Kontrastreiche Vielfalt – positive Energien. Der südliche Eingang zur City ist geprägt durch markante Kulturbauten wie das Kulturzentrum Alvar Aaltos mit Stadtbibliothek und Volkshochschule, das Theater von Hans Scharoun, das Planetarium und das neue Kunstmuseum, das den Namen der Stadt in die Welt trägt. Wolfsburg ist Standort eines Kulturinstituts der Republik Italien. »Junges Leben im alten Schloss« ist die Devise für das im Kontrast zur modernen Stadt stehende Renaissanceschloss mit zeitgenössischer Kunst, künstlerischen und pädagogischen Werkstätten, Musik- und Theateraktionen sowie Museen. Im Schloss Fallersleben mit seinem Museum für Dichtung und Demokratie im 19. Jahrhundert wird ein wichtiges Stück deutscher Geschichte präsentiert. Auf der Basis eines breiten Vereinsangebots entwickelten sich in den letzten Jahren zunehmend private Kulturinitiativen.

In Wolfsburg betreiben in über hundert gesellschaftlich und kulturell integrierten Sportvereinen 42.000 Bürgerinnen und Bürger Sport. Auch außerhalb der Vereine nutzen viele die Voraussetzungen der Stadt für ihren Sport. Die breite Palette der ausgeübten Sportarten zeigt die Aufgeschlossenheit der Bevölkerung für den Sport und seine neuen Trends. TeilnehmerInnen und SiegerInnen bei Europa- und Weltmeisterschaften sowie bei Olympischen Spielen begründeten den Ruf Wolfsburgs als Hochburg des Sports. Heute steht vor allem Fußball im Mittelpunkt des Interesses.

Eine Stärke Wolfsburgs ist eine hohe Bildungsfreudigkeit. Das Angebot an Informations-, Beratungs- und Bildungseinrichtungen ist breit gefächert. Ein umfassendes Schulwesen mit zusätzlichen, differenzierten

und profilierten Angeboten sichert leistungsfähige Bildung und Ausbildung. Die hohe Aufgeschlossenheit für besondere schulische Einrichtungen und europäisch orientierte Entwicklungen macht Wolfsburg
zu einem Ort zukunftsgerichteter Bildung. Wolfsburg verfügt über eines
der größten außeruniversitären Innovationszentren, der Forschung und
Entwicklung des Volkswagenkonzerns. Wolfsburg ist Fachhochschul-
standort mit besonderer Verzahnung von Forschung, Lehre und Anwendung. Das Bildungswesen stellt somit einen bedeutenden Standortfaktor dar.

Die besten Ansätze können jedoch langfristig nur wirken, wenn sie in eine übergrei-
fende Konzeption integriert sind. Ziel der zukunftsweisenden Gesamtkonzeption
muss es sein, die eigene unverwechselbare Identität des Ortes weiter zu entwickeln und dabei die Bedürfnisse der Einwohner zu berücksichtigen.

Eine **Stadtmarketingkonzeption** ist, **basierend** auf einer **Vision**, ein
alle Handlungsfelder der Stadt umfassender kooperativer Plan, der sich
an einem **Leitbild orientiert** und **zukunftsorientierte Maßnahmen**
wie auch die notwendigen **operativen Bereiche** sowie die für die erfolgreiche Realisation erforderlichen **organisatorischen Strukturen** zu
einem schlüssigen Vorhaben zusammenfasst.

Die Ziele einer Konzeption sind allgemeine Orientierungs- bzw. Richtgrößen für
ein gesamtörtliches Handeln, die durch das Leitbild vorgegeben wurden. Die
Formulierung von detaillierten Zielen in allen Handlungsfeldern gestattet die
Auswahl geeigneter Handlungsalternativen und ein Controlling.

Die Konzeption soll, basierend auf den Ergebnissen der Analyse und den Eck-
punkten der Zukunftskonferenz, die Schritte für die Entwicklung der Stadt in
allen beabsichtigten Handlungsfeldern festlegen. Es müssen umsetzbare Maßnahmen entwickelt werden. Für jedes Handlungsfeld müssen Ziele, angelehnt an
den Festlegungen Zukunftskonferenz (evtl. durch Verfeinerungen in einem
handlungsfeldspezifischen Leitbild) formuliert werden. Dies gestattet die Auswahl geeigneter Handlungsalternativen zur Zielerreichung. Im Einzelnen müssen
berücksichtigt werden:

- Entwicklung von Maßnahmen nach Themenbereichen,

- Festlegung der Zuständigkeit in den einzelnen Handlungsfeldern,

- Festlegung der groben Termine für die Realisation,

- gemeinsame Bestimmung von Prioritäten,

- Bündelung der Kräfte,

- Bündelung der finanziellen Ressourcen bzw. Festlegung eines Verfahrens der
  finanziellen Beteiligung.

Für die Konzeption gibt es keine Lehrbücher oder Vorgaben. Auch der Vergleich mit den Konzeptionen anderer Städte ist schädlich und falsch, da für jeden Ort ein eigenes Profil erarbeitet werden muss. Jede Stadt ist anders.

Die Konzeption ist individuell und nicht kopierbar.

Ziel des Stadtmarketingprozesses ist es, Besonderheiten (Alleinstellungsmerkmale) zu finden, die in anderen Städten nicht vorhanden sind. Eine Konzeption für eine Stadt zu erstellen, heißt, individuelle Vorgaben zu finden, die umsetzbare Ziele sind und in der Stadt erfolgreich positioniert werden können. Für jedes Handlungsfeld wird ein Maßnahmenkatalog erarbeitet, der Teil der Gesamtkonzeption ist.

Beispiele für unterschiedliche Handlungsfelder:

- Bildung
- Dienstleistungen
- Einzelhandel mit evtl. Detailkonzeptionen (Innenstadt/Ortszentrum, Nebenzentren, Einkaufsstätten an der Peripherie)
- Forschung
- Freizeit
- Gastronomie
- Handwerk
- Hotellerie
- Kommunalverwaltung
- Kongresswesen
- Kultur
- Militär
- Soziales
- Sport
- Stadtplanung/Stadtentwicklung mit evtl. Detailkonzeptionen (historische/s Innenstadt/Ortszentrum, historische Stadt-/Ortsteile, Sanierung bestimmter Stadt-/Ortsteile, Schwerpunktgebiet Tourismus, Attraktionen)
- Tourismus
- Verkehr
- Veranstaltungen

- Wirtschaft

- Wissenschaft

- operative Konzeptionen für Public Relations, Werbung, Pressearbeit und Corporate Identity

Maßnahmen zu erarbeiten, heißt neue Ideen zu finden. Die Phase der Konzeption ist insbesondere eine Phase der **Kreativität**. Dazu bedarf es der Freisetzung von Kreativitätspotentialen.

Um die angestrebten Ziele zu erreichen, muss eine **Konzeption**, basierend auf den Ergebnissen der **Analyse** und **orientiert** an den erarbeiteten Maßnahmen alle möglichen Handlungsfelder und Aspekte umfassen.

Beispiel: Maßnahmenkatalog der Stadt Troisdorf

Stadtentwicklung, Wohnen, Mobilität

Werte:
Lebensqualität, Gesundheit, Miteinander, Mobilität, Chancengleichheit

Leitziel:
In Troisdorf ist die Stadt Erlebnis- und Kontaktraum, in dem die Menschen miteinander leben. Individuelle Mobilität ist für alle verfügbar, insbesondere für Kinder und ältere Menschen ist mehr Bewegungsfreiheit vorhanden. Stadtentwicklung erfolgt unter der Prämisse, die Wohn- und Bewegungsqualität für alle zu optimieren (Arbeit und Freizeit).

Leitsatz:
Bei der Planung und Gestaltung von Wohnraum, Quartier und Ortschaften findet eine Mischung von verschiedenen Generationen, Familienformen, Nationalitäten und Einkommensverhältnissen statt. Die Funktionstrennung von Arbeiten (emmissionsarm) und Leben wird aufgehoben. Die verschiedenen Verkehrsträger werden miteinander vernetzt, und Nahmobilität gilt als Maßstab der Stadtentwicklung – Stadt der kurzen Wege.

Leitprojekte:
- Animation und Moderation durch einen Quartiermanager (*soziale Lösung*).
- Eigenständige und sichere Erreichbarkeit von Zielen, auch für 'schwächere' Verkehrsteilnehmer (Kinder)

Projektbeispiele:
- Die Straße wird als Erlebnisraum (Kontaktraum) im Inneren des Quartiers gestaltet.
- Der ruhende Verkehr wird unter die Erde verlagert.
- Es werden Lärmdämmungsmaßnahmen eingerichtet (*technische Lösung*).
- Die Bauplanung schafft die Voraussetzung für das Miteinander (z.B. kleine und große Wohnungen).
- ÖPNV optimiert (alles erreichbar), funktionierend (zuverlässig) und gepflegt (Komfort)
- Mobilität in der Stadt (über das Quartier hinaus) für alle Bewohner, Erreichbarkeit des Ziels in kurzer Zeit
- Festlegung von Mindestabständen der Wohnbebauung zu Verkehr und Industrie

Erster Schritt:
Überprüfung der aktuellen städtischen Planungen unter den genannten Kriterien

Einige Ideen der Ortsvorsteher:
Sieglar, Eschmar, Müllekoven:
- *Neubau EL 332 zur Entlastung des Durchgangsverkehrs*
Kriegsdorf, Eschmar, Müllekoven:
- *Erhaltung des Grüngürtels zwischen Eschmar, Müllekoven und Kriegsdorf*
Troisdorf-Mitte:
- *Städtebauliche Entwicklung von der Längsachse in die Breite*
- *Akzentuierung des neuen Entrees zur Innenstadt durch gestalteten Kreisel*
Altenrath:
- *Forcierung des Neubaus der Autobahnanschlussstelle Lohmar*

- *Ansiedlung eines Lebensmittelgeschäftes*
- *Schulweg-Sicherung und Optimierung vorhandener Querungsstellen*
Friedrich-Wilhelms-Hütte:
- *Neugestaltung des Bahnhofsvorplatzes inklusive Umfeld*
- *Neuer Brückenkörper für die Siegbrücke (für SE 13 und Sanierung)*
- *Optimierung der Bushaltestellen*
- *Optimierung der Einmündungen Friedrich-Ebert-Str./Willy-Brandt-Ring/ Theodor-Heuss-Ring und Saarstr./Willy-Brandt-Ring*
Kriegsdorf:
- *Entlastung durch Bau einer Ortsumgehung zwischen K 29 und EL 332*
- *Verbesserung der Einkaufsmöglichkeiten für den täglichen Bedarf*
- *bezahlbare, größere Flächen für familienfreundlichen Wohnungsbau*
Sieglar:
- *Schaffung von neuem Parkraum und Entwicklung eines neuen Parkraum-Konzeptes*
- *Erhaltung des historischen Ortsbildes*
- *Städtebauliches Nutzungskonzept für den Schulparkplatz am Gymnasium*
- *Städtebauliche Neuentwicklung für Eckbebauung Kerpstraße/Rathausstraße*
Troisdorf-West:
- *Auflockerung bestehender Tempo-30-Zonen-Regelung in Wohngebieten*
- *Offenhaltung der Unterführung Blücherstraße für motorisierten Individualverkehr und ÖPNV*
- *wohngebietsnahe Kindergärten*
Eschmar und Müllekoven:
- *Ergänzung des ÖPNV durch Kleinbus insbesondere für ältere Bürger*
- *mehr Sauberkeit auf öffentlichen Flächen*

Innenstadt

Werte:
Lebensqualität, Miteinander, Aktivität, Lebendigkeit, Ruhe, Stille, Erholung

Leitziel:
Die Innenstadt Troisdorfs ist funktionierender, vielfältiger, aktiver und somit qualitativ hochwertiger Lebensraum und Treffpunkt für alle.

Leitsatz:
Die Fußgängerzone wird in funktionale und thematische Bereiche unterteilt, um die Verweildauer und Attraktivität zu steigern. Nahmobilität ist Maßstab der Innenstadtgestaltung und -entwicklung.

Leitprojekt:
Drei-Teilung der Fußgängerzone in ruhige, aktive und familienfreundliche Zonen: „City-Trio-Troisdorf"; „Flaniershoppen für Jung und Alt"

Projektbeispiele:
Bauliche Maßnahmen:
- Umgestaltung des Hamacher-Platzes
- Gestaltung Innenstadt: mehr Grün, Brunnen, viel Wasser, kleine Flussläufe, Wasserräder, Schleusen, einzelne Elemente mit Stil und Flair, Fahnen, Transparente, Laubengänge, bespielbare Kunst, Ruhezonen
- Teilüberdachung mit anspruchsvoller Architektur
- Parkplätze im Innenstadtumfeld
- Busshuttle in der Innenstadt (ökologischer Antrieb, kostenlos)
- Überdachte Fahrradparkplätze
- Neuer Standort Wochenmarkt
- Markthalle
- Internet-Angebote des Troisdorfer Einzelhandels

Einzelhandel:
- Besserer Branchen-Mix mit kleinen Fachgeschäften wie z.B. Delikatessengeschäft; besserer Kundenservice, gezielte Fachberatung
- Einheitliche Öffnungszeiten
- Serviceverbesserungen: Möglichkeiten zum Ein-/Ausladen, Trageservice
- Außengastronomie verbessern
- Aktionen: einzelne Wochen mit bestimmtem Motto, Wettbewerbe der Superlative (z.B. längste Kaffeetafel der Welt)

Veranstaltungen:
- Veranstaltungskonzept
- Freizeit- und Veranstaltungsangebot für die ganze Familie
- Open Air-Möglichkeiten (inkl. Funsportangebote, Musikgruppen, Szene-Kneipen)

- Nutzung des Hamacher-Platzes (in Abhängigkeit von seiner Umgestaltung)
- Fahrzeuge für Kinder mit Spaßfaktor: ausleihbare Buggies; Einkaufswagen mit Kindersitz; Fahrzeuge, die von Kindern bemalt werden können

Gastronomie:
- Erlebnisgastronomie
- Kinderbetreuung
- lange Öffnungszeiten
- Konzerte im Sommer
- Gaukler, Kleinkunst

Erster Schritt:
Durchführung eines innovativen Modells der Bürgerbeteiligung zur Dreiteilung der Fußgängerzone

Einige Ideen der Ortsvorsteher:
Troisdorf-Mitte:
- *thematische Unterteilung der Fußgängerzone: „Ruhe", „Aktivität", „Kinder"*
- *Hamacher-Platz: Erreichbarkeit verbessern*
- *Obere Kölner Straße: Ansiedlung weiterer qualifizierter Fachgeschäfte und eines kleinen Supermarktes*
- *City-Einkauflage: Erneuerung durch „Attraktivität" und „Erlebniseinkauf" (Beispiel: geplantes Einkaufszentrum Ecke Hippolytusstraße/Kölner Straße)*
- *Einstellungswandel: mehr Kundennähe, Service, kreative Geschäftsideen*

Präsentation

Die Vorstellung der Gesamtkonzeption ist der Höhepunkt der bisherigen Arbeit und zugleich der Startschuss für die Realisation. Mit der Präsentation soll allen bisher am Prozess Beteiligten das geplante Produkt gezeigt und erläutert werden. Mit der öffentlichen Vorstellung ist die grundlegende Arbeit beendet.

In manchen Städten sind gut vorbereitete Stadtmarketingvorhaben daran gescheitert, dass auf die Präsentation ein Stillstand folgte. Es wurde keine Umsetzungsorganisation geschaffen, kein Controlling-Organ eingesetzt und die Realisation nicht gestartet. Gründe dafür waren nicht oder unzureichend festgelegte Zuständigkeiten. Die Präsentation ist zwar die Veröffentlichung des bisherigen Ergebnisses, primär aber der Startschuss für die Umsetzung der beschlossenen

Maßnahmen. Die Präsentation muss eine Motivationswelle auslösen, die die gesamte Stadt erfasst und alle Einwohner nach und nach mitreißt.

Die Voraussetzung für den Erfolg in dieser Phase ist eine perfekte öffentliche Präsentation der Gesamtkonzeption. Eine laienhafte und schlechte Präsentation legt bereits den Grundstein für das Nichtgelingen. Daher ist es erforderlich, Präsentatoren zu wählen, die überzeugend und motivierend die Konzeption vorstellen und somit eine positive Welle des Mitmachens auslösen.

Als vor einiger Zeit in einer Region Deutschlands durch einen Wirtschaftsmarketingprozess die Chancen im Wirtschaftsbereich verbessert werden sollten, beauftragten die beteiligten Städte und Landkreise eine Agentur, die sich speziell für diese Aufgabenstellung angeboten hatte.

Mit großer Euphorie und begleitet von einem starken Medieninteresse begann die Arbeit. Von wenigen Ausnahmen abgesehen, standen alle Verantwortlichen hinter der in Auftrag gegebenen Analyse. Doch einige Fehler der angeblich so professionellen Agentur brachten die Aktion bereits nach kurzer Zeit zum Scheitern. Grund waren vor allem amateurhafte Präsentationen durch rhetorisch nicht geschulte Mitarbeiter sowie nicht funktionierende Projektoren und Videogeräte. Es liegt auf der Hand, dass derartige Fehler ein noch so gutes Vorhaben scheitern lassen können.

Die Folge war die vorzeitige Kündigung des Vertrages und – was noch bedauerlicher war – das vorläufige Scheitern von wichtigen wirtschaftsfördernden Maßnahmen für die Region. Das erwähnte Beispiel brachte für den Bereich der Wirtschaftsförderung nicht den erwarteten Ruck nach vorn, sondern eine Stagnation, ja sogar Rückschritte.

Eine professionelle Präsentation muss in einem angenehmen Rahmen veranstaltet werden. Dazu gehört auch das leibliche Wohl der Teilnehmer. Getränke. Mit der Agentur oder anderen Akteuren muss im Detail der Ablauf der Veranstaltung festgelegt werden. Besonders wichtig ist die Beteiligung der örtlichen Medien und Meinungsbildner, da diese die Ergebnisse an die Öffentlichkeit vermitteln und so für Akzeptanz und Unterstützung bei den Einwohnern sorgen.

Die Konzeption muss mit speziell ausgebildeten Profis präsentiert werden, die alle aktuellen multimedialen Techniken beherrschen und darüber hinaus wortgewandt sind. Eine Präsentation ohne geschulte Vortragstechnik oder mit einer schlechten technischen Ausstattung kann bereits so negativ sein, dass ein Erfolg nur noch schwer zu erreichen ist. Nicht immer ist eine am Verfahren beteiligte Agentur auch in der Lage, vernünftig zu präsentieren. In diesem Fall sollte nach einer anderen Lösung gesucht werden, die nicht an etwaigen Zusatzkosten scheitern darf.

Vorhandene Leitbilder

Durch die bisherige Arbeit in der Stadt können bereits Leitbilder in einzelnen Bereichen vorhanden sein. Vorhandene, noch funktionsfähige Leitbilder müssen in der jeweiligen Arbeitsgruppe diskutiert werden. Sie sind aber nicht mehr als eine Diskussionsgrundlage.

Einzelne Ziele und Maßnahmen können berücksichtigt und modifiziert werden, wenn ein Erfolg wahrscheinlich ist. Vorhandene Konzepte werden durch einen neuen Stadtmarketingprozess negiert.

Auch wenn es in einem Ort bisher noch kein Stadtmarketing gab, so ist es durchaus möglich, dass für einzelne Bereiche Teilkonzeptionen vorhanden sind. Am häufigsten existieren derartige Konzepte bereits in den Bereichen Tourismus, Einzelhandel, Kultur oder Wirtschaft.

Probleme gab und gibt es in vielen Städten mit bereits begonnenen Agenda-21-Prozessen. Für den neuen Stadtmarketingprozess gilt: die Ergebnisse werden im laufenden Prozess berücksichtigt. Sie dürfen aber nicht übernommen werden, da durch den neuen Prozess sich die Arbeitsgrundlage und damit sich auch die Ziele verändert haben.

Detailkonzeptionen sind möglich für einen Ortsteil oder in der Bedeutung herausragende Stadtteile:

Diese müssen eine außerordentliche Bedeutung für die Stadt haben und dürfen nicht durch Konzeptionen anderer Handlungsfelder abgedeckt werden. Beispiele dafür könnten sein: Sachsenhausen (Frankfurt), St. Pauli (Hamburg) oder Schwabing (München). Aber auch verschiedene Ortsteile, meist entstanden durch Verwaltungsreformen, die von der Politik verordnet wurden, bieten Möglichkeiten für Detailkonzeptionen. In Troisdorf wurden ergänzend zur Stadtmarketingkonzeption, in den einzelnen Ortsteilen unter Federführung der Ortsvorsteher eigene Ideen erarbeitet und in das Gesamtkonzept eingebracht.

Politik

Nachdem der Stadtmarketingprozess bisher eine Angelegenheit von Einwohnern sowie Vertretern aus Politik, Verwaltung, Wirtschaft etc. war, müssen sich nach Abschluss des Kernprozesses die gesetzlichen und verbandlichen Gremien eindeutig hinter die Beschlüsse stellen. Das Kommunalparlament muss die Maßnahmen und Zukunftsplanungen politisch verbindlich erklären, Wirtschaftverbände etc. müssen die Beschlüsse in ihre Zukunftsplanungen aufnehmen.

In Troisdorf fasste der Rat der Stadt nach Beendigung des Kernprozesses den Beschluss, dass er »mit dem in der Leitbildkonferenz entwickelten gesamt-städtischen Leitbild grundsätzlich einverstanden ist. In den kommenden Jahren soll dies die politische Handlungsgrundlage für die Ratsgremien und den Rat der Stadt Troisdorf sein ...«[130].

---

[130] Ratsbeschluss der Stadt Troisdorf zum Leitbild vom 5.11.2001

8. Kommunikation

Kommunikationsprozess

Abb. 35 Dialogpyramide im Stadtmarketing

Quelle: eigene Darstellung

Gruppensteuerung und Teamarbeit

Jede Arbeitsgruppe muss genauso effizient gesteuert werden wie die Lenkungs-
gruppe selbst. Nur durch eine professionelle Moderation können unterschiedliche
Erfahrungen der Gruppenmitglieder erkannt, gewertet und eingesetzt werden.
Der/die Moderator/in ist dafür verantwortlich, Instrumente einzusetzen, um
Ideen zu entwickeln, Hintergründe einer guten oder schlechten Zusammenarbeit
zu erkennen bzw. zu erörtern und ein Team zu formen.

Die Kommunikation in den einzelnen Arbeitsgruppen ist ein komplexer und
vielschichtiger Prozess. Kommunikation ist nicht nur der Austausch von Informationen. Wichtig sind die Beziehungen der einzelnen Mitglieder untereinander.
Darin sind positive oder negative Voraussetzungen für einen Großteil der Kommunikation zu sehen. Steuerung heißt auch, eine Gesprächs- und Streitkultur zu entwickeln, an deren Ende immer ein gemeinsam getragenes Ergebnis steht.

Ausgangspunkt der Steuerung der Arbeitsgruppen ist die Feststellung, dass die Teilnehmer über unterschiedliche Erfahrungen in der Gruppenarbeit, aber auch Wissen zu dem Thema verfügen. Daher müssen die Beweggründe für die Mitarbeit
gefunden und gewertet werden. Die Interessen der Einzelnen müssen deutlich

und für die anderen Gruppenmitglieder durchschaubar werden. Dazu gehört auch, die einzelnen Problemansichten plastisch zu machen, um eine breite informelle Basis für die Gruppenarbeit zu finden. Bei den aufgezählten Kriterien wird deutlich, dass nur eine professionelle Steuerung diese Ansprüche erfüllen kann. Ideal wäre, wenn alle Mitglieder über einschlägige Erfahrungen mit Gruppenarbeit verfügen würden. Davon kann eher ausgegangen werden.

Im Mittelpunkt der Sitzungen der Lenkungsgruppe sowie der Arbeitsgruppen steht die Ideenfindung. Hilfreich und unabdingbar dafür ist die Freisetzung von Kreativität durch Assoziationstechniken. In den überwiegenden Fällen stehen Gruppenmitglieder diesen Methoden zu Beginn eher skeptisch gegenüber und müssen daher behutsam an diese Techniken herangeführt werden. In der Troisdorfer Arbeitsgruppe Innenstadt waren zwei Teilnehmer bereits über 80 Jahre alt. Da sie noch nie mit Assoziationstechniken gearbeitet hatten, gingen sie dementsprechend verhalten und mit viel Skepsis damit um. Techniken wie »brainwriting« (5-3-5-Regel) waren bisher unbekannte Techniken. Gesprächsrunden, in denen eher unstrukturiert über Themen geredet wurde, die Regel. Umso überzeugter – und danach regelrechte Fans dieser Techniken – waren sie, als nach kurzer Zeit einvernehmliche Ergebnisse erzielt wurden und Ideen geboren wurden, mit denen sie nie gerechnet hätten.

Die Lenkungsgruppe muss eine grundlegende Bewertung der Gruppenfähigkeit vornehmen und ggf. über den Zweck und das Ziel der Gruppenarbeit informieren. Die **positive Gruppenarbeit** durchläuft immer **drei Ebenen**: sie beginnt mit der Selbstbestimmung und den Beiträgen des Einzelnen, setzt sich im Entstehen des Gruppengefühls fort und führt danach zu einer fruchtbaren thematischen Diskussion. Durch die Steuerung der Gruppenarbeit muss erreicht werden, dass ein dynamisches Gleichgewicht in der Gruppe entsteht. Dabei ist das Thema ist der rote Faden.

Abb. 36 Drei grundlegende Aspekte der Gruppenarbeit

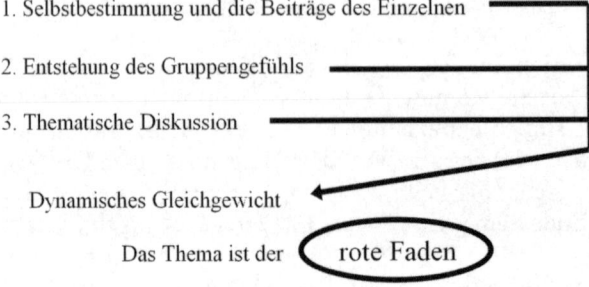

Quelle: eigene Darstellung

Die Teilnehmer am Stadtmarketingprozess verpflichten sich bereits vor der Zukunftskonferenz zur Teamarbeit. Dabei unterwerfen sie sich folgenden Grundsätzen:

• Anerkennung als gleichwertige Partner

• Anerkennung gegenseitiger Wichtigkeit unserer Aufgaben

• Gegenseitige Akzeptanz

• Aufteilung der Redezeit, keine Monologe

• Zuhören

• Keinen Ärger aussprechen, kein Groll

• Bereinigung von Konflikten

• Nicht über Abwesende negativ reden

• Meinungsverschiedenheiten sind Bereicherung, keine Störung

• Kritik an Sachverhalten, nicht an Personen

• Dokumentation der Ergebnisse und Entscheidungen

• Mithelfen, Zeit zu sparen

• Keine Hervorhebung von Sonderfällen und Nebensächlichkeiten, um Entscheidungen zu torpedieren

• Alle stehen gemeinsam und unveränderbar hinter den gemeinsam erarbeiteten Ergebnissen

• Pünktlichkeit, an Zeitplan halten, dafür sorgen, dass andere sich auch daran halten

• Eigene Meinung einbringen, Bedenken klar zum Ausdruck bringen

• Widersprüche ansprechen

• Verzicht auf weitschweifige Ausführungen, langatmige Erklärungen

• Nicht »hinten herum« oder nachträglich Entscheidungen und Ergebnisse torpedieren oder »verschleppen«

• Aufgaben nur dann annehmen, wenn Teammitglieder sie zeitlich fachlich erledigen können

• Nachfragen, wenn etwas unklar ist

• Teilnehmern zuhören, aufpassen, dass sie unabhängig von

• Hierarchie-Ebene zu Wort kommen lassen

• Moderator nicht »unter vier Augen« ansprechen, um zu beeinflussen

• Kreativität zeigen, Suche nach Ideen und Lösungen

- Kein Zensieren der Einfälle, riskieren von Fehlern und Irrtümern
- Verzicht auf alles, was Teamsitzungen stört: Albernheiten, persönliche Angriffe, Seitenhiebe, Zurückhalten vor Informationen

Die Gruppenarbeit ist erfolgreich, wenn eine qualifizierte Moderation vorhanden ist, in der die/der Moderator/in die Aufgabe als primus interparis ausübt, Tagungsordnungspunkte vorgibt, keine belangloses Gespräche führt, hart am Thema bleibt, visualisiert und ein genau festgelegter Zeitrahmen vorhanden ist.

Durch die Moderation muss erreicht werden, dass die Gruppenmitglieder ein Teamgefühl entwickeln. Die Teamarbeit wird deutlich durch einen lockeren Umgangsstil und eine erfolgreiche Arbeit. Zur Steuerung gehört es auch, Pausen einzuplanen, besonders dann, wenn bei einigen Gruppenmitgliedern Konzentrationsschwierigkeiten deutlich werden. Getränke, Kekse, evtl. ein kleiner Imbiss, wenn die Sitzung in die Mittags- und Abendzeit geht, sollten nicht fehlen. Die zeitliche Länge einer Arbeitsgruppensitzung darf nie über zwei Stunden hinausgehen.

Phasen der Kommunikation

Jede Kommunikation in einer Gruppe vollzieht sich in mehreren Phasen, von denen jede eine besondere Bedeutung hat und für die Gruppenarbeit erfolgsorientiert angelegt sein muss:

1. Initialphase

2. Aktionsphase

3. Integrationsphase

4. Realisationsphase

1. Die Initialphase[131]

Die Initialphase ist der Einstieg in die Gruppenarbeit. Engagiert müssen die Gruppenmitglieder auf die vor ihnen liegende Arbeit eingestellt werden. Die Mitarbeit in einer Arbeitsgruppe erfolgt auf freiwilliger Basis. Nach diesem Kriterium sollten jedenfalls die Mitglieder – neben ihrer fachlichen Qualifikation und dem für ein breit angelegtes Stadtmarketing nötigen Querschnitt aller Interessengruppen – ausgesucht werden. Dies birgt auch die Verpflichtung, regelmäßig und pünktlich an allen Sitzungen teilzunehmen. In der ersten Sitzung werden die Weichen für die Arbeit in den nächsten Wochen gestellt. Die erste Sitzung ist auch

---

[131] In Anlehnung an Schulz von Thun, F., Miteinander Reden, Hamburg 1998, ab S. 282 ff.

der wichtige Einstieg in die Gruppenarbeit, die durch mehrere Stufen gekennzeichnet ist:[132] Die Mitglieder der Arbeitsgruppe stellen sich kurz vor. Wichtig für alle Gruppenmitglieder ist es, zu erfahren, um wen es sich handelt, für wen sie/er in der Arbeitsgruppe ist. Jedes Gruppenmitglied muss erläutern, warum sie/er sich in die jeweilige Arbeitsgruppe eingebracht hat und wie sie/er durch ihre/seine Mitarbeit zum Gelingen der Arbeit beitragen kann. Bezeichnet wird dies als die situative Rolle der einzelnen Gruppenmitglieder.

Der/die Moderator/in wird in dieser Stufe unter Beteiligung der Gruppenmitglieder die Aufgabenstellung klar umreißen. Das Thema der Arbeitsgruppe für das Handlungsfeld wird genau definiert, orientiert an den Vorgaben des Leitbildes. Unterthemen werden zur Ergänzung der Arbeit besprochen. Der Anlass des Treffens, der Auftrag, steht im Mittelpunkt dieser Phase. Ziel muss es sein, die Situation eindeutig zu umreißen sowie negative und positive Punkte anzusprechen. Weiter gehören alle Ergebnisse bisheriger Gespräche, die Vision, die Eckpunkte der Zukunftskonferenz, Analyseergebnisse, Vorgespräche, aber auch Informationen über ähnliche Gespräche und Initiativen in der Vergangenheit mit positiven oder negativen Ergebnissen dazu. Vorangegangene Sitzungen mit ähnlicher Thematik, vorbereitende Gespräche etc. müssen erläutert und diskutiert werden. Es müssen die wichtigsten historischen Aspekte und Fakten genannt und diskutiert werden, die für die künftige Arbeit von Bedeutung sind.

Zu den Zielen der Gruppenarbeit im Stadtmarketing gehört die realisationsorientierte Arbeit. Dies muss den Mitgliedern der Arbeitsgruppe immer wieder deutlich gemacht werden. Vergangenheitsbewältigung kann nicht das Ziel sein, sondern die erfolgreiche Arbeit für die Zukunft. Also, der Blick in die Zukunft, der mit Stärken umgeht, der neue Ideen für die Zukunft entwickeln muss.

2. Aktionsphase

In der Aktionsphase entstehen verschiedenartige Ideen, die durch Assoziationstechniken bei den Mitgliedern der Arbeitsgruppen freigesetzt werden. Besonders in dieser Phase ist eine besonders professionelle Moderation wichtig.

3. Integrationsphase

In der Integrationsphase sollen die Ideen geordnet und erläutert werden, weiterhin auf ihre Umsetzbarkeit geprüft oder modifiziert werden. Die vielen Ideen müssen nun strukturiert und zu einer Konzeption entwickelt werden. Synergien im eigenen Handlungsfeld müssen erkannt und deutlich gemacht werden, Synergien zu

---

[132] In Anlehnung an Schulz von Thun, F., Miteinander Reden, Hamburg 1998, S. 282 ff.

anderen Handlungsfeldern evtl. schon in dieser Phase herausgearbeitet und mit den
entsprechenden Arbeitsgruppen und der Lenkungsgruppe diskutiert werden.

4. Realisationsphase

In der Realisationsphase muss der Maßnahmenkatalog verfeinert und abgestimmt
werden. Verantwortlichkeiten sind festzulegen, auf das ehrenamtliche Engagement muss gebaut werden. In der Arbeitsgruppe Innenstadt in Buxtehude
beschlossen teilnehmende Architekten, zu mehreren Ideen durch eine AG Architekten kostenlose Entwürfe vorzulegen. Ein weiteres Ziel in dieser Phase sind
erste Aussagen und Feststellungen zu Kosten und Zeiträumen der Umsetzung
einzelner Maßnahmen.

Moderation

Der Moderator leitet die Arbeitsgruppensitzungen. Er leitet die Diskussionsveranstaltungen, ist Organisator und Koordinator des gesamten Arbeitsgruppen-
prozesses. Die Gruppenarbeit wird mit Fachwissen und Rat unterstützt. Zu den
Aufgaben gehören auch das Vorbereiten, Koordinieren, Begleiten und Nach-
bereiten der Sitzungen.

Abb. 37 Integrative Moderation

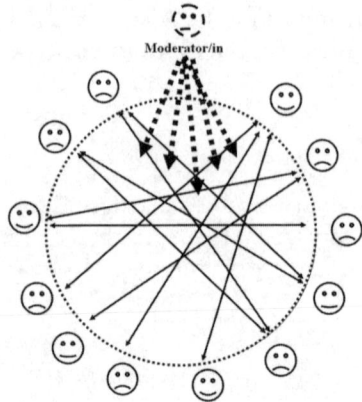

Der Moderator ist *primus inter pares*, durch Impulse werden die
Teilnehmer aktiviert. Interaktionen entwickeln sich.

Quelle: eigene Darstellung

Grundlegende Anforderungen an Moderatoren im Stadtmarketing sind fachliche
Kompetenz sowie Wissen über die Anwendung von Moderationstechniken, Kom-
munikationsabläufen und gruppendynamischen Prozessen. Der Moderator sollte

positiv, ruhig, gelassen und sicher wirken. Sachkenntnis und persönliche Autorität (ohne in den Vordergrund zu treten) sind weitere Merkmale. Als »Diener« der Gruppe ist der Moderator für den Gruppenerfolg verantwortlich. Gegenüber den Gruppenmitgliedern wird ein hohes Maß an Toleranz und Aufgeschlossenheit gezeigt. Der Moderator hört, schafft eine angenehme Atmosphäre und versucht, inaktive Gruppenmitglieder einzubinden. Allerdings müssen auch dominante Mitglieder gebremst werden, ohne die Aktivität dadurch zu beeinflussen.

Die Moderation muss **drei wichtige Faktoren** beachten und jederzeit unter Kontrolle haben:

- die **Zeit**
- das **Thema**
- die **Gruppe**

Abb. 38 Kontrolle über Zeit, Thema und Gruppe

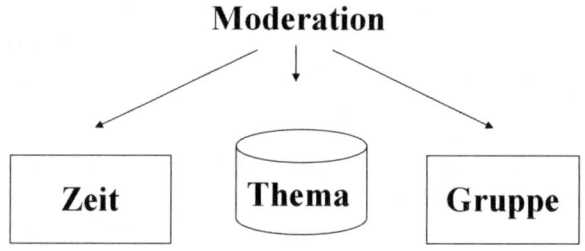

Quelle: eigene Darstellung

a) Zeit

Zu Beginn einer Sitzung muss mit allen Teilnehmern exakt abgesprochen werden, wie lange die Sitzung dauern soll. Dabei ist ein konkreter zeitlicher Endpunkt zu setzen, der nicht überschritten werden darf. Noch besser ist, den zeitlichen Rahmen bereits mit der Einladung zur Sitzung vorzugeben.

b) Thema

Der Moderator findet verbindende Worte zwischen dem Gesagten, nimmt den roten Faden immer wieder auf und hat dabei immer das Ziel vor Augen. Falls erforderlich, muss ein Thema auch visualisiert und dokumentiert werden. Zum Ende einer jeden Sitzung fasst er das Ergebnis zusammen und findet den richtigen Abschluss.

c) Gruppe

Treten Konflikte auf, so muss der Moderator diese ansprechen und diskutieren. Notfalls müssen Einzelgespräche geführt werden, um Konfliktsituationen abzubauen. Daher ist es selbstverständlich, dass zu allen Gruppenmitgliedern immer Blickkontakt gehalten und der gruppendynamische Prozess beobachtet wird. Die Gruppe verändert sich in ihrer Arbeit von Minute zu Minute. Diese Stimmungslagen müssen berücksichtigt und auf Bedürfnisse, Neigungen und Fähigkeiten Rücksicht genommen werden. Die **Kommunikation** ist die **tragende Säule** in dem Stadtmarketingprozess. Nicht nur in der Phase der Analyse, sondern auch in der Konzeptions- und Realisationsphase ist die intensive Kommunikation der Handelnden in allen Bereichen erforderlich. Probleme bei der gemeinsamen Entwicklung einer Konzeption sind häufig auf eine fehlende oder mangelhafte Kommunikation zurückzuführen.

Eine funktionierende Kommunikation ist die Basis für Problemerörterungen. Kommunikation wird praktiziert in Foren, Workshops, Vortrags- und Diskussionsveranstaltungen, aber besonders in der Lenkungsgruppe und in den einzelnen Arbeitsgruppen. Die Kommunikation gilt als positive Voraussetzung für eine vorbildliche Motivation und ist das grundlegende Instrument für Maßnahmen im Rahmen des Stadtmarketingprozesses.

Um eine intensive Kommunikation zu ermöglichen, sollten die Lenkungsgruppe wie auch die einzelnen Arbeitsgruppen nie mehr als **zwölf**, mindestens aber **vier Mitglieder** haben. In der Gruppe muss der Moderator dafür sorgen, dass die Spielregeln (wie Wortmeldungen und Rededauer) beachtet werden.

Abb. 39 Dominante (narzistische) Moderation

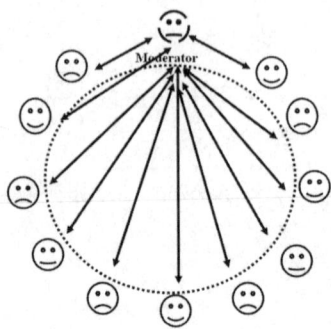

Dialoge und die spontane Konmmunikation werden blockiert

Quelle: eigene Darstellung

Abb. 40 Laisser-faire-Moderation

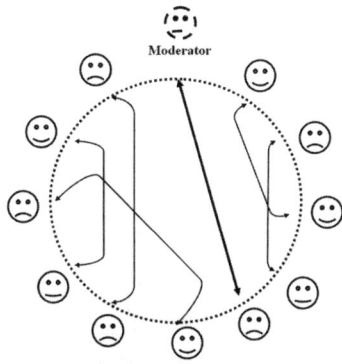

Die Moderations- und Ordnungsfunktion werden vernachlässigt.

Quelle: eigene Darstellung

Der Moderator achtet auch auf Ermüdungserscheinungen und sorgt in diesem Zusammenhang für Unterhaltung und Entspannung. Es muss dafür gesorgt werden, dass die Motivation auch in die folgenden Sitzungen übergeht und Prioritäten für die nächste Sitzung gesetzt werden.

Gemeinsames Arbeiten fördert

• Vertrauensgefühl

• gegenseitiges Verständnis

Struktur der Sitzungen

Jede Arbeitsgruppensitzung muss detailliert vorbereitet und im Ablauf strukturiert werden. Das offene Gespräch in einer Gruppe fördert bei einem organisierten Ablauf eine Vertrauensbasis zwischen den Teilnehmern und darüber hinaus das gegenseitige Verständnis. Ein **gruppendynamischer Prozess** vollzieht sich in **vier Phasen**. Diese sind:

• Orientierung,

• Klärung,

• Themenarbeit, Produktivität,

• Abschluss und Transfer.

Die nachfolgend angegebene Struktur soll eine Hilfe sein.

Abb. 41 Struktur der Arbeitsgruppensitzung

Struktur der Arbeitsgruppensitzung	
1. Vorbereitung	• Inhalt • Methode • Organisation
2. Einstieg	• Begrüßung • warming up • Vorstellungsrunde • Zeitplanung
3. Thema und Ziel	• Ziel und Zweck der Arbeit
4. Sammeln und Ordnen	• Vortrag, Bericht, Abfrage, Kreativi- tätstechniken • Gruppierung der Aussagen
5. Auswählen nach Kriterien	• Zeit • Zielnähe • Wichtigkeit • Ranking • Schwierigkeit
6. Bearbeiten	• Erarbeitung von Lösungsvorschlägen
7. Planen	• Maßnahmenplan aufstellen
8. Abschluss	• Zuständigkeiten • Zeitachse

Quelle: eigene Darstellung

Technische Voraussetzungen

Für die Gruppensitzungen ist ein Raum zu suchen, der ohne Büroaktivitäten ein ungestörtes Arbeiten ermöglicht. Für die Dauer der Gruppensitzung sind die Telefone ausgeschaltet, dies gilt insbesondere für Handys. Alle Mitglieder verpflichten sich, während der gesamten Sitzung anwesend zu sein.

Technische Voraussetzungen für die **Visualisierung** sind:

- Flipchart
- Tageslichtprojektor
- Metaplan-Ausstattung
- Schultafel mit Kreide
- Magnet- oder Hafttafel
- Diaprojektor
- Filmprojektor
- Zeigestab (manuell oder Laser)
- Projektionswand
- Folien und Folienstifte
- Videorecorder

- Videokamera
- Pinnwände

Sitzordnung

Zum Beginn der Gruppensitzung empfiehlt sich eine lockere kreisförmige Sitzordnung ohne Tische. Diese Sitzordnung ist effektiv für eine Vorstellungsrunde und für die ersten Gespräche.

Für die Arbeit an Tischen kommen nur kommunikative Sitzordnungen in Betracht. Es gibt visuell keine Über- oder Unterordnung, keine Rangfolge.

Abb. 42 Beispiele für kommunikative Tischformen

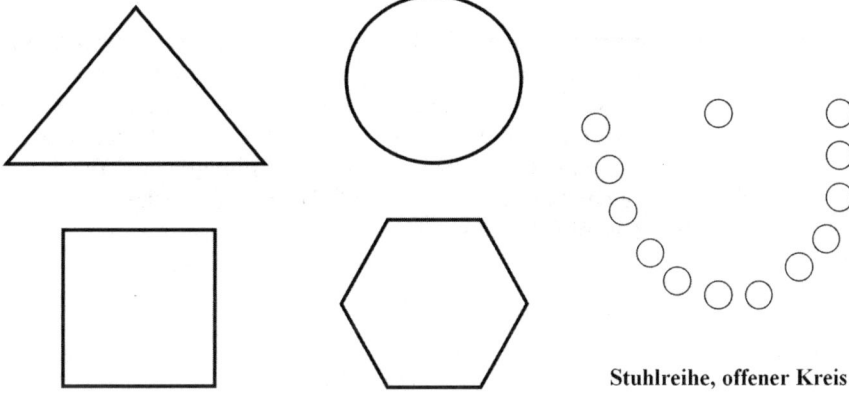

Stuhlreihe, offener Kreis

Quelle: eigene Darstellung

9. Kreativität

Kreativität

Kreativität ist keine singuläre Eigenschaft. Nach dem Motto »Think big« gilt es in der ersten Phase, vor allem Ideen zu finden, die quantitative Auswirkungen haben. Erst später wird die Qualität der Maßnahmen geprüft.

Die Aussage, dass nur bestimmte Menschen über kreative Eigenschaften verfügen, ist falsch. Fast jeder Mensch verfügt über kreative Ansätze, die es gilt, durch entsprechende Moderation und durch verschiedene Kreativitätstechniken freizusetzen.[133]

Kreativ sein kann jeder!

Kreativität ist das Zusammenwirken verschiedener Fähigkeiten, wie vielseitiges Wissen, Neugierde, Offenheit, kritisches Urteilsvermögen und Flexibilität. Die kreativen Persönlichkeitsstrukturen sind das Zusammenwirken von Entdecken, Entwerfen, Erfinden, Planen und Ordnen. In einer Gruppe werden die Mitglieder über einzelne oder mehrere dieser Fähigkeiten verfügen, die zusammengefasst das Kreativitätspotential der Gruppe darstellen. Kreativität soll Assoziationstechniken beinhalten, die zum Vereinen, Zusammenschließen und Verknüpfen von Ideen führen.

Abb. 43 Kreativität I

Quelle: eigene Darstellung

---

[133] Pink, R., Wege aus der Routine – Kreativitätstechniken für Beruf und Alltag, Stuttgart 1996, S. 33.

Die Kreativität folgt dem Stufenplan eines Problemlösungsprozesses.[134]

a) Suche nach der Kernfrage

Hierbei geht es um eine Problem- und Zielbeschreibung nach dem Motto »Worin besteht das Problem?« – »Was ist unser eigentliches Thema?« – »Wonach suchen wir überhaupt?«

b) Entscheidung für eine bestimmte Kreativitätsmethode

Zwar können nahezu alle Kreativitätstechniken angewandt werden, dennoch gibt es bestimmte Faustregeln, die beachtet werden sollten:

- Je komplexer ein Thema oder eine Frage ist, desto bildlicher sollte die Kreativitätstechnik sein.
- Die Wahl der Kreativitätstechnik hängt von der Intention des Einzelnen oder der Gruppe ab. Geht es darum, möglichst viele Einfälle zu produzieren oder ungewöhnliche Lösungen zu finden, so sind Assoziationstechniken empfehlenswert, um Ideenpools zu bilden. Dagegen eignen sich Analogtechniken, um Konzepte zu entwickeln. Die Reizwort-Kreativität ist für unkonventionelle Vorgehensweisen besonders gut geeignet.[135]

c) Ausprobieren der Technik

Dies geschieht unter strikter Einhaltung der beiden als Ideenproduktion und Ideenbewertung bezeichneten Kreativphasen. Bei der Ideenbewertung bedient man sich noch zusätzlicher Methoden wie der Erstellung einer Ideen-Hitliste, Punkten der Einfälle, Veranstaltung einer Pro/Kontra-Diskussion.

d) Erstellen eines Aktionsplans

Hierbei geht es um die Umsetzung der besten Ideen: Wer macht was und wie und bis wann? Dazu wird ein Zeit- und Handlungsplan erstellt, damit es nicht nur beim kreativen Denken bleibt. Die Umsetzung kreativer Ideen muss erfolgen, denn jeder kreative Akt bleibt Phantasie, solange er nicht in der Praxis erprobt wird.

---

[134] Pink, a.a.O., S. 35.
[135] Wack/Dettinger/Grothoff, Kreativ sein kann jeder, Hamburg 1993, S. 127 f.

Abb. 44 Kreativität II

Kreativität

(Think big)

keine singuläre Eigenschaft

Zusammenwirken von:

- verschiedene Fähigkeiten
- vielseitiges Wissen
- Neugierde
- Offenheit
- kritisches Urteilsvermögen
- Flexibilität

Kreative Persönlichkeitsstrukturen:

- Entdecken
- Entwerfen
- Erfinden
- Planen
- Ordnen

Zusammenwirken aller Strukturen

Quelle: eigene Darstellung

Kreativitätsblocker

In jeder Kreativitätsphase kommt es zu Beeinträchtigungen, die durch einzelne Mitglieder der Gruppe ausgelöst werden. Die so genannten Kreativitätsblocker sind in der Bequemlichkeit von Gruppenmitgliedern zu finden, was sich in einer dauernden Passivität zeigt. Typisch für Blockaden sind Aussagen wie »Ist nicht machbar«, »Kostet zuviel Geld« oder »Davon habe ich keine Ahnung«. Blockaden können auch durch Angst vor Fehlern, Konflikten oder Misserfolgen hervorgerufen werden. Aber auch eine fehlende Akzeptanz kann dazu führen, dass vereinzelt Mitglieder sich nicht aktiv beteiligen.

Zu den Killerphasen eines Kreativitätsprozesses gehören auch angebliche Sachzwänge, Selbstzufriedenheit, übertriebene Vorsicht, Gleichgültigkeit, Widerstand gegen Neuerungen, autoritäres Führungsverhalten, mangelndes Vertrauen, übersteigertes Harmoniebedürfnis und Konfliktscheue. In einem professionell moderierten Kreativitätsprozess können Kreativitätsblocker verhindert werden.

Abb. 45 Kreativitätsblocker und Killerphasen

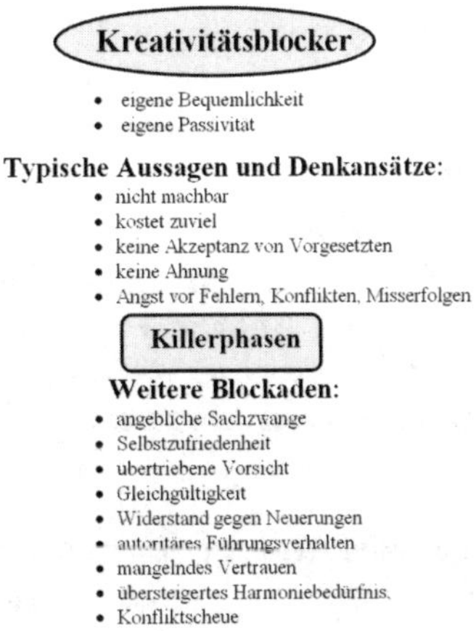

$$\boxed{\textbf{Kreativitätsblocker}}$$

- eigene Bequemlichkeit
- eigene Passivität

Typische Aussagen und Denkansätze:

- nicht machbar
- kostet zuviel
- keine Akzeptanz von Vorgesetzten
- keine Ahnung
- Angst vor Fehlern, Konflikten, Misserfolgen

Killerphasen

Weitere Blockaden:

- angebliche Sachzwange
- Selbstzufriedenheit
- übertriebene Vorsicht
- Gleichgültigkeit
- Widerstand gegen Neuerungen
- autoritäres Führungsverhalten
- mangelndes Vertrauen
- übersteigertes Harmoniebedürfnis
- Konfliktscheue

Quelle: eigene Darstellung

Kreativitätstechniken

»Eine generelle Abgrenzung von Kreativitätsmethoden«, schreibt Ruth Pink, »ist schwierig, da sie sich gegenseitig ergänzen oder sich miteinander kombinieren lassen.«[136] Die Unterteilung der Kreativitätstechniken erfolgt in vier Bereiche:[137]

- **Assoziationstechniken**
  Der Begriff bedeutet Vereinigung, Zusammenschluss, Verknüpfung von Vorstellungen. Über die freie Assoziation zu einer Frage oder einem Thema sollen möglichst viele Ideen freigesetzt werden. Gerade dann, wenn mehrere Personen assoziativ vorgehen, bestehen gute Chancen, neue Gedankenkombinationen und dadurch neue Lösungsideen zu erhalten. Brainstorming und Brainwriting gehören zu dieser Art von Kreativitätstechniken, aber auch Mind Mapping.

- **Bild- und Analogietechniken**
  Die Technik der so genannten Bisoziation ist eine Methode, die bewusst die bildhafte rechte Gehirnhälfte aktiviert. Indem ein Problem/Thema auf ein Bild übertragen wird und hierin eine Lösung zu suchen ist, lassen sich nicht nur neue Sichtweisen entdecken, sondern vor allem originelle Einfälle finden. Ähnliches gilt für Analogien. Analogien sind Vorgänge oder Tatbestände, die primär nichts mit dem Problem zu tun haben, jedoch sinngemäß übertragbar sind.

---

[136] Pink, a.a.O.
[137] Wack, O.-G./Dettinger, G./Grothoff, H., a.a.O.

- **Reizworttechniken**
  Diese Methode beruht auf dem Zufallsprinzip. Zufällige Worte werden z.B. aus einem Lexikon herausgegriffen und auf das Problem übertragen. Dabei entscheidet allein der Zufall über die Auswahl der Reizwörter. Die gefundenen Wörter dienen als Katalysator für die Beantwortung der Frage. Reizwortmethoden gibt es in vielen Variationen.

- **Systematische Variationstechnik**
  Hier geht es um eine Art Checkliste zum Abarbeiten von einzelnen Aspekten der Frage- oder Themenstellung. Anhand einer Frageliste wird eine Aufgabe unter verschiedenen Aspekten beleuchtet – ein zeitintensives Verfahren. Diese Methode ist stark strukturiert und kann sowohl allein als auch mit anderen angewandt werden.

Kreativität ist die Grundlage jeder Konzeptionsphase. Kreativität muss auch bei den Mitgliedern der Arbeitsgruppen angewandt werden. Hierzu werden durch die Moderatoren Kreativitätstechniken eingesetzt, die allen Gruppenmitgliedern die gleiche Chance geben, sich am Ideenfindungsprozess zu beteiligen. Viele der im Folgenden vorgestellten Techniken sind leicht zu erlernen.

Selbstverständlich ist es, dass sich die Mitglieder der Arbeitsgruppen in der ersten Sitzung vorstellen, Angaben zu ihrer Person und beruflichen Tätigkeit machen. Um die Stimmung in der Gruppe, aber auch die Einstellung zum Thema zu erkunden, ist es angebracht, zu Beginn der Zusammenkunft das so genannte **Blitzlicht** einzusetzen. Jedes Mitglied der Arbeitsgruppe soll dabei eine kurze private Mitteilung machen. Die Äußerungen zeigen auf, wie hoch oder tief das Stimmungsbarometer ist. Es lockert aber auch die Zusammenkunft auf. Die erste Schwellenangst, nämlich die vor der ersten Äußerung in ungewohnter Runde, wird genommen. Da sich alle Teilnehmer äußern müssen, werden Redeängste abgebaut. Der Moderator kann feststellen, wer gerne redet, darin geschult ist, Erfahrungen hat oder wer sich eher zurückhält. Dominante Personen und eine Gruppenzuordnung können bereits in ersten Zügen erkannt werden. Wichtig ist, dass alle Mitglieder mitmachen und direkte Antworten auf bestimmte Fragen geben. Fragestellungen können sein:

- Warum mache ich im Stadtmarketingprozess mit?

- Welche Ergebnisse erwarte ich?

- Wo liegt der Schwerpunkt der heutigen Sitzung?

- Welche Ziele habe ich mir für unser Thema gesetzt?

Losgelöst vom Thema, kann aber auch die Frage »Wie geht es mir heute?« Hinweise auf Stimmungslagen geben. Von den bereits aufgezählten Kreativitätstechniken eigenen sich für die Arbeitsgruppen am wirkungsvollsten die schnell erlernbaren Assoziationstechniken.

Abb. 46 Ablauf der Kreativitätsphase

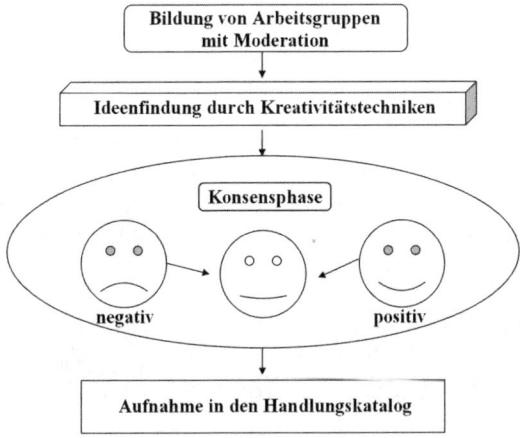

Quelle: eigene Darstellung

Assoziationstechniken

Durch eine Assoziation werden Vorstellungen zu einem bestimmten Thema vereinigt und zusammengeführt, sollen Gedanken miteinander verbunden und verknüpft werden. Dazu ist es notwendig, die Kreativität der Mitglieder der Arbeitsgruppen freizusetzen.

Um dieses Ziel zu erreichen, können verschiedene Assoziationstechniken eingesetzt werden. Von den Assoziationstechniken werden im Folgenden einige beschrieben, die sich im Stadtmarketingprozess bewährt haben und darüber hinaus einfach zu erlernen sind.

Werden diese Techniken eingesetzt, ist zu bedenken, dass viele Arbeitsgruppenmitglieder bisher kaum oder überhaupt nicht an derartige Techniken gewöhnt sind. Schon der Einsatz von bunten Karten, Klebepunkten, Sprechblasen u.ä. aus Moderatorenkoffern, die eine Visualisierung ermöglichen, stößt bei Teilnehmern, die keine Erfahrung mit Gruppenarbeit haben, auf Ablehnung. Eine Visualisierung ist aber erfolgsrelevant. Untersuchungen haben ergeben, dass Menschen durch das Lesen zehn Prozent an Wissen aufnehmen und es sich merken. Fünfzig Prozent des Wissens werden durch Hören und Sehen aufgenommen. Zwanzig Prozent dagegen nur durch das Hören allein, und dreißig Prozent durch das Sehen. Siebzig

Prozent können sich Menschen von dem merken, was sie selbst sagten. **Neunzig Prozent nehmen Menschen von dem auf, was sie selbst tun.**[138]

50 Prozent des Wissens werden durch Hören und Sehen aufgenommen.

Der Einsatz von Assoziationstechniken, Moderatorenkoffer usw. ist für die überwiegende Zahl der Gruppenmitglieder neu. Haben sie sich erst einmal mit den modernen Techniken angefreundet, werden sie schnell die Vorteile und positiven Ergebnisse schätzen lernen. Darüber hinaus entsteht schnell und unkompliziert ein positives Klima für die Teamarbeit.

Die am häufigsten und wirkungsvollsten eingesetzten Techniken sind **Brainstorming** und **Brainwriting**. Beide Techniken können in der Gruppenarbeit ohne langen und komplizierten Lernprozess angewandt werden.

Abb. 47 Assoziationstechniken

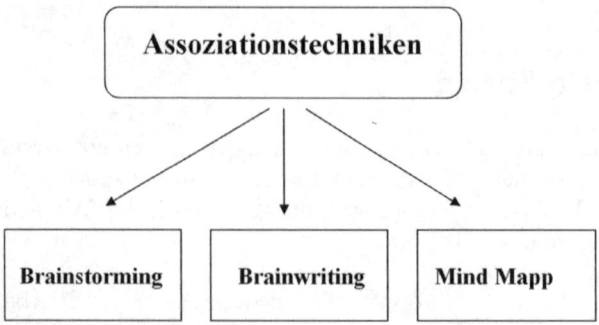

Quelle: eigene Darstellung

Brainstorming

Wörtlich übersetzt bedeutet Brainstorming soviel wie »Geistesblitze haben« (von englisch *brainstorm*). Mit der Übersetzung wird bereits deutlich, dass mit dem Einsatz dieser Technik ein Sturm von Ideen produziert werden soll. Am effektivsten arbeiten Gruppen, die zwischen vier bis acht Mitglieder haben.[139] Ist die Gruppe größer, so sollte sie geteilt werden, um so noch mehr Effektivität zu erreichen.

---

[138] Saupe, P. C./Rothmann, N.E., Seminarunterlagen Lernen durch Faszination, München 1991, S. 27.
[139] Pink, a.a.O., S. 75.

In der ersten Phase, der Ideenfindungsphase, soll es dabei zur unkritischen Nennung vieler Begriffe kommen. Entscheidend ist in dieser Phase nicht die Qualität, sondern die Quantität, also die Verschiedenartigkeit der Ideen. Auch die unrealistischsten Ideen sind hier erwünscht. Alle Ideen müssen ohne nachzudenken genannt werden. Lachen ist dabei erlaubt, auslachen jedoch nicht.

Der Moderator ist dafür verantwortlich, dass die Begriffe gesammelt und thematisch geordnet werden. Hilfsmittel sind Tafeln, Flipcharts, Wandzeitungen oder Metaplan-Vorrichtungen. Bei der Moderation wird besonders auf evtl. Killerphasen geachtet. Sind Arbeitsgruppen neu und die Mitglieder noch nicht zu einem Team zusammengewachsen, empfiehlt sich der Einsatz von Karten, auf denen alle ihre Ideen in einer bestimmten Zeit schreiben.

Die Ideenfindungsphase dauert zwischen 15 bis 20 Minuten. Üblich ist, dass nach 5-10 Minuten die Ideen spärlicher fließen. In den verbleibenden zehn Minuten kommt es zur Produktion weniger, dafür aber origineller Ideen.[140] Werden Karten eingesetzt (in der ersten Runde fünf Karten je Mitglied), sollte eine Zeit von drei bis maximal fünf Minuten vorgegeben werden.

Nach einer kurzen Pause von ca. fünf Minuten folgt die Ideenbewertungsphase, die ca. 30-40 Minuten dauern sollte. Während dieser Phase werden die einzelnen Ideen hinsichtlich ihrer Qualität geprüft. Bewährt hat sich aber auch, die Ideen erst in der nächsten Sitzung zu analysieren, da die Auswertung die erfolgreichen Ideen für die Konzeption erbringt. In dieser Phase entscheidet sich die Brauchbarkeit der Ideen, da diese neu und realisierbar sein müssen.

Abb. 48 Ideenfindungsphase

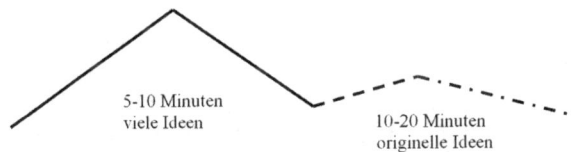

5-10 Minuten
viele Ideen

10-20 Minuten
originelle Ideen

Quelle: eigene Darstellung

[140] Ebenda, S. 76.

Metaplan-Technik

Besonders die Metaplan-Technik ermöglicht es, alle Teilnehmer problemlos in die Gruppenarbeit einzubinden. Alle Mitglieder der Gruppe halten ihre Meinungen auf Karten fest, die, nach Themen geordnet, für alle sichtbar an einer Wand angebracht werden. Auf die Karten schreibt jedes Gruppenmitglied kreative Ideen und Gedanken, aber auch Zweifel und Kritik. Entscheidend ist die Fragestellung des Moderators. Benötigt werden eine Hafttafel, bunte Karten und Filzschreiber.

Metaplan ist die bewusste Nutzung von Gruppenkommunikation, also auch ein wichtiger Lernschritt, wenn es um den Aufbau eines Kommunikationsprozesses im Stadtmarketing geht. »Ausgangspunkt ist die sozialpsychologische Erkenntnis, dass jemand sich an der Meinung von seinesgleichen orientiert, wenn er sich nicht über das Angebotene sicher ist: Wer sich eine neue Hifi-Anlage anschaffen will, fragt nicht nur den Verkäufer, sondern auch seine Bekannten. Deren Meinung gibt oft den Ausschlag. Ähnliches gilt für Ärzte bei einem neuartigen Therapeutikum.«[141]

Metaplan schaltet diesen Orientierungsprozess aus und macht es möglich, alle Gruppenmitglieder einzubeziehen. Da jeder Teilnehmer die gleiche Anzahl Karten erhält, kommt es zu einer quantitativ gleichen Anzahl von Ideen. Während es im mündlichen Brainstorming-Verfahren oft zu einem dominanten Auftreten einzelner Gruppenmitglieder kommt, beseitigt Metaplan diesen Nachteil von Anfang an.

Brainwriting

Diese Technik wird auch als »6-3-5-Regel« bezeichnet. Hat eine Gruppe zwölf Mitglieder, wird diese wie bei dem Brainstorming in zwei Untergruppen geteilt. Pro Mitglied gibt es ein vorgefertigtes Blatt Papier im Format DIN A4 oder DIN A3. Jedes Mitglied der Gruppe (maximal sechs pro Gruppe) schreibt drei Ideen waagerecht in eine Zeile. Nach maximal 5 Minuten, in der Praxis haben sich drei Minuten bewährt, wird das Blatt Papier nach links an das nächste Gruppenmitglied im Kreis weitergegeben. Unter die bereits vorhandenen Ideen wird eine weitere Idee geschrieben, die sich auf die Idee in der vorherigen Zeile bezieht. Jedes Mitglied soll an die Ideen des Vorhergehenden anknüpfen. Sollte dies einmal nicht gelingen, so ist dies mit einem Strich deutlich zu machen. Der Strich darf aber nur die absolute Ausnahme sein. Das dann folgende Gruppenmitglied knüpft an die vorhergehende Idee an.

---

[141] Niedenhoff H.-U./Schuh H., Versammlungstechniken, Köln 1991, S. 30.

Abb. 49 Verkleinertes Musterblatt für das Brainwriting

Brainwriting		
——————→	——————→	——————→

Quelle: eigene Darstellung

Der wichtige Einstieg zu Beginn des Verfahrens ist die Fragestellung. Als erster Einstieg in die Arbeit einer Gruppe eines bestimmten Handlungsfeldes reicht z.B. die Frage »Welche neue Ideen haben Sie zum Thema Kultur?«[142] Nach dem Ende des Brainwriting müssen insgesamt pro Gruppe maximal sechs Blätter mit je achtzehn Ideen (6 x 3) vorhanden sein. Gibt es in zwei Gruppen insgesamt 12 Teilnehmer, so sind 36 Grundideen vorhanden. Zusammen mit den Verästelungen dieser Grundideen errechnen sich 216 Ideen.

Während des Verfahrens darf nicht gesprochen werden, das heißt, es dürfen keine Diskussionen oder Verständnisfragen zu einzelnen Ideen geäußert werden. Wichtig ist auch, dass alle Teilnehmer sich bemühen, deutlich zu schreiben. Am Ende fasst der Moderator alle Ideen zusammen. Gemeinsam werden sie wie im Brainstorming-Verfahren ausgewertet. Dabei können besonders gute Ideen mit Punkten bewertet, oder die Lieblingsidee kann farblich gekennzeichnet werden.

Mind Mapping

Übersetzt bedeutet Mind Mapping »eine Gedankenkarte erstellen«. Dies kann jede Person für sich tun oder aber in der Gruppe gemeinsam erledigen. Mind Mapping wird auch als schriftliches Brainstorming bezeichnet. Es ist eine kreative Arbeits- und Aufzeichnungstechnik. Mind Mapping zeigt den gesamten Umfang eines Themas übersichtlich auf. Durch die Bildung von Ästen für verschiedene Themen und von Zweigen für Unterthemen entsteht ein baumartiges Gebilde von Ideen. Die zentralen Begriffe werden dabei durch Linien verbunden. Das Verfahren ist erfolgreich, wenn die Vorgaben beachtet werden und die Technik richtig angewandt wird. Mind Mapping eignet sich nicht nur für die Gruppenarbeit, son-

---

[142] Je nach Arbeitsgruppe auch Wirtschaft, Wissenschaft, Einzelhandel, Veranstaltungen, Tourismus usw.

dern auch für Telefonate sowie für Vorträge, Meetings, Präsentationen, Fach-artikel, Bücher etc.

Abb. 50 Mind Mapping

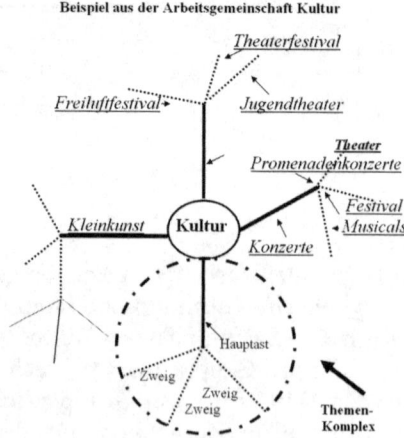

Quelle: eigene Darstellung

Drei Stühle des Walt Disney

Die als »Drei Stühle des Walt Disney« bezeichnete Technik ist geeignet, ein Thema oder eine Frage aus verschiedenen Blickrichtungen zu diskutieren. Drei Gruppenmitglieder halten je eine kurzes Statement zu dem Thema oder zu der Frage. Dabei übernehmen sie die Rollen:

• Traum

• Kritik

• Realisation

Aus der jeweiligen Blickrichtung wird das Thema erörtert. Die als Träumer be-zeichnete Person beginnt. Der Kritiker antwortet und versucht dabei die Träume, die eigentlich visionäre Gedanken sind, zu entkräften. Der Realist hat die Aufgabe, aus beiden Ansichten eine wirklichkeitsnahe und konsensfähige Grundlage heraus zu arbeiten. Je Statement sollten nicht mehr als fünf Minuten Redezeit gegeben wer-den.

Die verbleibenden Mitglieder der Gruppe haben anschließend Gelegenheit, mit den drei Rollenvertretern die Ideen und Gedanken zu diskutieren, dabei neue Aspekte zu finden und abschließend eine Bewertung vorzunehmen. Der Mode-rator muss streng darauf achten, dass nicht vom Thema abgewichen wird. Alle

Aussagen müssen klar und unmissverständlich formuliert werden. Die Drei Stühle des Walt Disney lassen sich besonders gut zu einzelnen Ergebnissen eines Brainstorming-Verfahrens einsetzen, oder auch um einzelne Aspekte aus der Teamarbeit mehrerer Untergruppen zu diskutieren.

Open Space

Eine völlig neue Methode ist Open Space. Dies ist eine moderne Form der Großveranstaltung, die es ermöglicht, ohne Strukturen und dennoch sehr effizient mit beliebig großen Gruppen (mehr als 1000 Teilnehmer) zu arbeiten. Die Veranstaltung hat das Ziel, einen »offenen Raum« für den Austausch und Dialog zwischen allen Teilnehmern zu schaffen, in dem eine Selbstorganisation stattfinden kann. Alle Personen, die sich von einem Thema angesprochen fühlen, sind willkommen, denn Open Space funktioniert erst dann, wenn möglichst verschiedene Menschen aus den unterschiedlichsten Bereichen zusammentreffen.

Die Selbstorganisation und Mitverantwortung aller Teilnehmer können zu einer wesentlichen Veränderung der Organisationskultur und zur Anregung von Entwicklungsprozessen führen. Jeder Teilnehmer kann durch das Einbringen seiner Kompetenz und Kreativität einen ganz spezifischen Beitrag leisten.

Open Space wurde in den USA von Harrison Owen entwickelt und ist eine Großgruppen-Moderationsmethode, die über ein bis drei Tage läuft. Diese Form der Beteiligung macht die Pausen zur Methode und setzt auf einen hohen Grad der Selbstorganisation der Teilnehmer.

a) Pausen als Methode

Viele kennen es: Das eigentlich Wichtige einer Konferenz findet oft in den Pausen statt. Man spricht mit den Teilnehmern, für deren Sache man sich interessiert, man tauscht Adressen aus, man lernt Leute kennen, die das gleiche Problem haben. Und genau das geschieht bei Open Space.

b) Ablauf

Bei Open Space treffen sich alle, die an einem Thema Interesse haben. Das Thema ist ziemlich weit gefasst. Die Teilnehmer bestimmen selbst die einzelnen Aspekte des Themas, welche sie interessieren und treffen sich in Kleingruppen, um diese Aspekte zu diskutieren. Zu den Kleingruppen kann jeder hinzukommen – und auch wieder weggehen, wann er/sie will. Es gibt keine festen Pausen; jeder macht dann Pause, wann er/sie will, vielleicht trifft er dabei wieder andere Teilnehmer und es bildet sich eine neue Gruppe. Die Open-Space-Konferenz hat also einen definierten Anfangs- und Endpunkt, dazwischen organisieren sich die Teilnehmer selbst.

c) Ergebnis

Ergebnisse kann niemand vorhersagen. Einige Gruppen der Teilnehmer treffen vielleicht konkrete Vereinbarungen, wann sie sich wieder treffen, wie sie weiterarbeiten. Andere wiederum verbleiben weniger konkret, nehmen aber bestimmte Ideen mit in ihren Alltag.

d) Einsatzmöglichkeiten

Open Space funktioniert ab ca. 50 Teilnehmern. Nach oben hin sind dieser Zahl kaum Grenzen gesetzt. In den USA gibt es Open-Space-Konferenzen mit 1500 Personen. Open Space eignet sich gut

- als Eröffnungsveranstaltung eines Beteiligungsprozesses,

- zur Themenfindung,

- zur Sammlung von Ideen und Vorschlägen für ein besseres Miteinander, eine bessere Organisation in Firmen, Verbänden, Parteien usw.

- als alternative Konferenzmethode.

Positiv/Negativ-Abwägung

Die erläuterten Kreativitätstechniken werden mithelfen, eine große Zahl von Ideen zu produzieren. Doch nicht jede Idee findet die Zustimmung aller Beteiligten. Immer wieder wird es Ideen und Vorschläge geben, die streitig diskutiert werden. Es ist daher notwendig, einen Konsens zu erzielen, den möglichst viele tragen und umsetzen können.

Durch die Positiv/Negativ-Abwägung wird ein Konsens in der Regel erreicht. Dabei wird die Arbeitsgruppe in eine positiv und eine negativ argumentierende Gruppe geteilt. Jede Idee wird durch den Moderator noch einmal kurz vorgestellt. Danach haben die Mitglieder der Positiv-Gruppe vier Minuten Zeit, um mit spontanen Äußerungen Vorteile zu nennen, die schriftlich festgehalten werden (Flipchart, Tafel, großer Bogen Papier oder ähnliches). Danach äußert die Negativ-Gruppe wiederum in vier Minuten Bedenken. Sind alle strittigen Ideen und Vorschläge abgearbeitet, kommt es zu einer gemeinsamen Abwägung. Eine Idee oder ein Vorhaben sollte in den Handlungskatalog aufgenommen werden, wenn mindestens zwei Drittel der Mitglieder diese als positiv und umsetzbar bewerten. Es empfiehlt sich, die Gruppen öfter zu wechseln, damit jedes Mitglied sowohl positiv als auch negativ argumentieren kann.

Abschließend wird jedes konsensfähige Vorhaben in einen Handlungskatalog aufgenommen, der neben dem Vorhaben auch das Ziel, den Zeitraum der Realisation und die genau definierte Zuständigkeit enthält.

Zukunftswerkstatt

Eine weitere Möglichkeit, Ideen für Konzeptionen zu finden und zu diskutieren, ist die Zukunftswerkstatt, die nach folgender Struktur abläuft:

- **Vorbereitung**: Festlegen und Ankündigen des Themas
- **Kritikphase**: Sammeln und Ordnen der Kritikpunkte
- **Phantasiephase**: Entwickeln von Lösungsvorschlägen, Ideen und Vorstellungen, Auswahl interessanter Vorschläge, Ausarbeitung zu Lösungen in Arbeitsgruppen
- **Verwirklichungsphase**: Prüfen der Durchsetzbarkeit, Planung von Aktionen und Projekten
- **Nachbereitungsphase**: Erarbeitung der Protokolle, Ergebnisse vorbereiten

10. Zielgruppen

Einem ganzheitlichen Stadtmarketing kommt die Aufgabe zu, das komplexe System Stadt aus verschiedenen Perspektiven der externen und internen Zielgruppen zu betrachten, da das Produkt in Abhängigkeit von den Bedürfnissen spezifischer Zielgruppen auf einer Vielzahl von Märkten angeboten wird. Daher fordert Stadtmarketing die Anwendung des Prinzips der differenzierten Marktbearbeitung. In Bezug auf die Zielgruppenerwartungen sind Fragen zu beantworten wie: »Welche Anforderungen stellen die Bewohner der Region an den Ort?«, »Welche Erwartungen haben Urlauber?«, »Warum suchen sich Investoren bestimmte Standorte aus?«. Die einzelnen Anspruchsgruppen nehmen aufgrund individueller Bedürfnisse bestimmte Produktbestandteile (wie die Infrastruktur, die Wirtschaftsförderung, das Kulturangebot, das Einkaufserlebnis, Dienstleistungen der Stadt usw.) selektiv wahr.[143]

Eine der wichtigsten Aufgaben des Stadtmarketings ist es, die häufig divergierenden Zielsetzungen der verschiedenen Entscheidungsträger und Anspruchsgruppen zu kanalisieren und zu einem Konsens zu führen. Die pluralistische Willensbildung zum Erreichen gemeinsamer Ziele im kommunalen Bereich gehört zu den Merkmalen, die das Stadtmarketing vom Konsumgütermarketing unterscheidet.[144]

Bezüglich der Ausrichtung der Stadtmarke auf die Marktsegmente und hinsichtlich der Definition ihrer Eigenschaften (Positionierungsentscheid) muss eine Stadt möglichst viele Zielgruppen in den verschiedensten Handlungsfeldern ansprechen. Dabei ist darauf zu achten, dass die Zielgruppen via Märkte erreicht werden und nicht via Zielgruppen die Märkte. Das bedeutet, jede Aktivität hat

- in einem definierten **Schwergewichtsmarkt** zu erfolgen,
- auf eine definierte **Schwergewichtszielgruppe** zu treffen,
- mit einem festgelegten **Schwergewichtsinstrument** zu erfolgen.

Während die Zielgruppen in der freien Wirtschaft relativ homogen und abgrenzbar sind, muss Stadtmarketing einer größeren Anzahl unterschiedlicher Interessen gerecht werden. Die Stadt steht einer Vielzahl von Personen und gesellschaftlichen Gruppen mit unterschiedlichen Forderungen und Bedürfnissen gegenüber.

Die Zielgruppenansprache und die Definition der Ziele müssen deshalb mit der größten Genauigkeit vorgenommen werden. Neben den Einwohnern müssen Zielgruppen außerhalb des Ortes festgelegt werden. Dies können sowohl Fach-

---

[143] Meffert, Städtemarketing – Pflicht oder Kür?, S. 275.
[144] Ebenda.

zielgruppen, aber auch Personen in bestimmten Regionen Deutschlands, ja sogar in der gesamten Europäischen Union und darüber hinaus sein.

Heidelberg, München oder das schweizerische Grindelwald wären schlecht beraten, wenn sie im Bereich Tourismus nicht auch in Asien und den USA ihre Zielgruppen suchen würden. Bedeutende Hafenstädte und Wirtschaftsstandorte müssen beispielsweise ihre Zielgruppen nicht nur national, sondern vor allem auch international sehen. Beispiele für Zielgruppen in den unterschiedlichen Handlungsfeldern sind:

- **Handlungsfeld Kultur**
  Zielgruppen sind sowohl ältere als auch jüngere Menschen. Das Zielgebiet wäre der Nahbereich und in Verbindung mit dem Kulturtourismus auch weiter entfernt liegende Regionen.

- **Handlungsfeld Kurzentrum**
  Menschen verschiedenen Alters gehören zur Zielgruppe, wobei das Zielgebiet nicht begrenzt werden kann. Dagegen lässt sich die Zielgruppe näher bestimmen, wenn sich ein Kurzentrum auf die Behandlung bestimmter Krankheiten spezialisiert hat.

- **Entwicklung eines Ortes zum Forschungszentrum**
  Bestehende Forschungseinrichtungen sind die Grundlage, die durch neue Forschungseinrichtungen ergänzt werden. Die Festlegung der Zielgruppen erfolgt in den spezifischen Forschungseinrichtungen.

- **Entwicklung zum Standort der Industrie**
  Zielgruppen sind diesem Fall Unternehmer. Das Zielgebiet könnten dabei unterschiedliche Regionen sein, die wegen fehlender oder zu teurer Grundstücke keine Möglichkeiten für die Expansion bestehender oder die Ansiedlung neuer Unternehmen haben.

Die **Zielgruppenansprache** ist je nach Eigenart der betreffenden Stadt sehr spezifisch. Zu den Zielgruppen können neben den Einwohnern z.B. Studierende, die Militärangehörigen eines Standortes oder Patienten einer Reha-Klinik und viele andere Personen gehören. So muss z.B. den Dienstleistenden in allen Bereichen einer Stadt verdeutlicht werden, dass jeder Gast, Konsument und Besucher durch seine Ausgaben dazu beiträgt, dass Arbeitsplätze gesichert und neue geschaffen werden. Somit hängt auch der eigene Arbeitsplatz direkt vom Verhalten im Ort ab. Eine Einsicht, die eigentlich nicht schwer sein dürfte, gleichwohl aber nicht oft bedacht wird. Wichtig ist dabei aufzuschlüsseln, welche verschiedenen Zielgruppen in dem Ort vorhanden sind und wie diese in das Stadtmarketing einbezogen werden können.

Zielgruppenmerkmale

Zielgruppen sind Personenkreise, an die sich Stadtmarketing wenden soll. Die
Zielgruppen können sich im Verlauf des Stadtmarketingprozesses verändern. In der
Analyse- und Konzeptionsphase sind die Zielgruppen vornehmlich im Ort zu fin-
den. Denn alle Einwohner, Organisationen, Institutionen, Verbände, Vereine,
Unternehmer müssen einbezogen werden, um eine breite Basis und Zustimmung für
den Prozess zu schaffen. Nach der Präsentation der Gesamtkonzeption geht der
Blick auch nach außen und sucht die in der Konzeption festgelegten außer-
örtlichen Zielgruppen, wie Touristen, auswärtige Unternehmer und Investoren,
Einpendler, Konsumenten von Kultur-, Sport- und Veranstaltungsangeboten,
Umlandbewohner und regionale, nationale und internationale Medien.

Zielgruppen:

bei der Analyse und Konzeption: innerhalb des Ortes
bei der Realisation: innerhalb und außerhalb des Ortes

Nachfolgende Darstellung macht die vier Grundtypen in den Zielgruppen deutlich:

Abb. 51 Zielgruppen

Hohes Wissen   = kompetenter Befürworter
                   oder harter Kritiker

Geringes Wissen = unreflektierter Ja-Sager
                   oder nerviger Nörgler

Quelle: eigene Darstellung

Die Zielgruppen müssen ausreichend abgegrenzt und beschrieben werden, denn
die Merkmale der Zielgruppen bestimmen die Ausprägung der Zielgruppenstra-
tegie.

Abb. 52 Auswahl der Zielgruppen

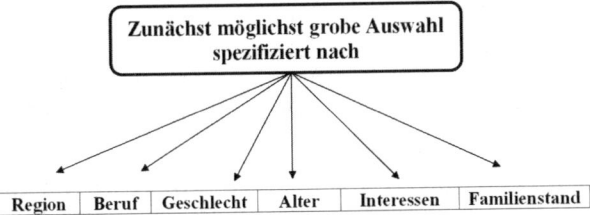

Quelle: eigene Darstellung

Je mehr die Merkmale eine Zielgruppe zutreffend beschreiben, umso homogener sind deren Reaktionen auf Stadtmarketingziele. Eine Zielgruppe wird dadurch berechenbarer und transparenter.

Das Verfahren der Zielgruppendefinition ist die **Marktsegmentierung**, d.h. die Aufteilung eines heterogenen Gesamtmarktes in klar abgegrenzte Konsumenten- und Interessentengruppen sowie die Beurteilung dieser Segmente.

Zielgruppen lassen sich durch verschiedene Merkmale beschreiben:

Abb. 53 Zielgruppen-Merkmale

Demographische Merkmale	Sozio-ökonomische Merkmale
■ Alter ■ Geschlecht ■ Familienstand ■ Wohnort ■ usw.	■ Haushaltsgröße ■ Einkommen, Kaufkraft ■ soziale Schichtung (Schulbildung, Beruf) ■ Besitzmerkmale ■ usw.
Psychologische Merkmale	**Verhaltensmerkmale**
■ Persönlichkeitsmerkmale ■ Kenntnisse ■ Interessen (Motive) ■ Einstellungen ■ Absichten ■ usw.	■ Besuchshäufigkeit ■ Angebotsverhalten ■ Region/Ortswahl ■ Kommunikationsverhalten ■ usw.

Quelle: in Anlehnung an M. Bruhn, Kommunikationspolitik, Zürich 1994, S. 48.

Als Voraussetzung für die Zielgruppenauswahl und damit für die gezielte Marktbearbeitung müssen die gewählten Kriterien zur Beschreibung potenzieller Zielgruppen bestimmte Anforderungen erfüllen, die auf den Festlegungen des Leitbildes basieren:

- **Angebotsverhalten**
  Die Kriterien müssen von entscheidender Bedeutung für das Angebot eines
  Ortes sein. Anhand der Kriterien sollten die Segmente abgrenzbar sein, die im
  Hinblick auf das Angebotsverhalten in sich weitgehend homogen sind. So hat
  zum Beispiel das Alter einen bedeutenden Einfluss auf die Wahl bestimmter
  touristischer Angebote eines Ortes (ältere Menschen suchen Ruhe und Erholung, jüngere Abwechslung und Vergnügen).

- **Aussagefähig für den Einsatz der Stadtmarketing-Instrumente**
  Die Kriterien sollten Ansatzpunkte für den gezielten und differenzierten Einsatz sein. Es sollen wichtige Nutzendimensionen der Konsumenten und Interessenten einbezogen werden, die besonders auf die instrumentalen Aktivitäten
  abgestimmt werden können. Junge Zielgruppen favorisieren z.B. eine emotionale Botschaft eher als ältere Zielgruppen.

- **Zugänglichkeit**
  Die Kriterien müssen eine Zielgruppenauswahl gewährleisten, in der die einzelnen Konsumenten- und Interessengruppen über die Medien erreichbar sind.
  Weniger sinnvoll ist es, wenn die Informationen auf eine Zielgruppe abgestimmt werden, diese aber nicht über die Medien zu erreichen ist.

- **Erfassbarkeit**
  Die Kriterien sollten mit den Methoden der Marktforschung erfassbar sein, da
  die Zielgruppen andernfalls nur sehr schwer zu identifizieren sind.

- **Zeitliche Stabilität**
  Die Kriterien sollten über einen längeren Zeitraum hinweg Gültigkeit haben.
  Sowohl die Planung des zielgruppenspezifischen Ansatzes als auch die Durch-
  dringung einzelner Zielgruppen beanspruchen Zeit, wenn es z.B. um den Aufbau eines Images geht. Bieten sich mehrere Zielgruppen in verschiedenen
  Bereichen an, die nicht zur gleichen Zeit angesprochen werden können, so
  sollte in einer Prioritätenliste die Rangfolge festgelegt werden.

Zielgruppenbotschaft

Auswärtige Zielgruppen im Handlungsfeld Tourismus können nur mit einer Botschaft angesprochen werden, die das Bedürfnis auslöst, die Stadt aus einem ganz
bestimmten Grund zu besuchen. In jedem Handlungsfeld müssen verschiedenartige Zielgruppen festgelegt werden. Auch sind zusätzlich spezielle Ziel-
gruppenmerkmale zu benennen. Folgende Fragen sind zu stellen, bevor die Zielgruppen festgelegt werden:

- Warum soll gerade diese Zielgruppe in unseren Ort kommen?

- Was erwartet die Zielgruppe als Standard?

- Was kann als Luxus zusätzlich geboten werden?

- Wie ist der Vergleich zu Konkurrenzorten?
- Ist ein Angebot speziell für die Zielgruppe vorhanden?
- Sind weitere spezielle Angebote für die Zielgruppe möglich?

Zielgruppenarten

Stadtmarketing darf nicht auf eine anonyme Öffentlichkeit gerichtet sein. Es definiert bestimmte Zielgruppen nach innen und außen. Je präziser die Definition ist, umso erfolgreicher wird auch die Realisation des Stadtmarketingprozesses sein. Eine grobe Unterscheidung nach den Interessen erfolgt in

- Hauptbezugsgruppen (Einwohner, Beteiligte usw.),
- ökonomische Zielgruppen (Investoren, Konsumenten, Touristen usw.),
- spezifische Zielgruppen (Künstler, Wissenschaftler, Sportler usw.).

Meinungsbildner

Meinungsbildner sind Multiplikatoren für die Ziele der Stadtmarketingkonzeption. Als *opinion leader* verbreiten sie in besonderem Maße Nachrichten und Informationen. Wegen ihrer fachlichen Kompetenz und ihrer Kenntnisse haben sie eine hohe Glaubwürdigkeit und werden daher oft um ihre Meinung gefragt.

Dazu gehören Entscheidungsträger aus Politik, Medien, Wirtschaft und Verwaltung, aber auch bekannte Persönlichkeiten, Prominente und Lehrende aus allen Bereichen. Es muss sich dabei nicht nur um Meinungsbildner aus dem eigenen Ort handeln. Auch Meinungsbildner, die eine besondere Beziehung zu dem Ort haben und an einflussreicher Stelle ihre Tätigkeit ausüben oder im Mittelpunkt der Öffentlichkeit stehen, sollten einbezogen werden.

Meinungsbildner verfügen in der Regel über wertvolle Verbindungen zu anderen Multiplikatoren, können Kontakte vermitteln und Informationen weitergeben. Meinungsbildner müssen zu großen Veranstaltungen und Festen in dem Ort eingeladen werden. Sie müssen Publikationen und Informationen zur aktuellen Situation und zu neuen Planungen kontinuierlich erhalten.

Einwohner

Spricht man von den Einwohnern, so sind alle Menschen gemeint, die in dem Ort leben. Der Begriff Bürger wird hier nicht gewählt, da ein Bürger gemäß den Kommunalwahlgesetzen der Bundesländer nur der zur Wahl der Kommunalparlamente berechtigte Einwohner ist. Ausgeschlossen wären somit Jugendliche, die noch nicht wählen dürfen, und alle, die nicht mit dem Erstwohnsitz in der jeweiligen Stadt gemeldet sind.

Stadtmarketing wendet sich aber an alle Menschen in dem Ort. Die Stadtmarketingkonzeption der Stadt Wuppertal beschreibt die Einwohner als Zielgruppen wie folgt:

> Junge Menschen orientieren sich auf dem Ausbildungs- und Arbeitsmarkt, sind mobil; sie beleben die Stadt, weil sie einen Großteil ihrer Freizeit außer Haus verbringen. Bei ihnen besteht auch am ehesten die Gefahr, dass sie die Stadt verlassen, wenn sie sich nicht wohl fühlen. Sie symbolisieren die Zukunft der Stadt. In dieser Zukunft wird aber auch die Zahl der älteren Menschen steigen, die Kontakte suchen und sich ,heimisch' fühlen wollen. Ebenso sind die ausländischen Einwohner angesprochen, die in Wuppertal leben, wohnen, arbeiten und ihre Freizeit verbringen. Auch sie bestimmen die Zukunft der Stadt.

Stadtmarketing ist die Einsicht, dass jedes Unternehmen, jede Institution, jeder Gewerbetreibende, Künstler, Sportler, jeder Einwohner täglich für die Entwicklung des Ortes verantwortlich ist. Alle Einwohner sind Multiplikatoren für positive und negative Meinungen über den Ort. Daher ist es besonders wichtig, alle Einwohner über ihr Eigenprodukt Stadt objektiv zu unterrichten mit dem Ziel, sie als positive Imageträger zu gewinnen. Keine Werbung kann überzeugender sein als die Aussagen der dort lebenden Menschen.

Neue Einwohner

Menschen, die in einen Ort ziehen – sei es freiwillig oder gezwungen, weil sie dorthin versetzt wurden –, betrachten die neue Stadt/Gemeinde zuerst kritisch. Sie stellen Vergleiche mit dem Ort an, aus dem sie kommen. Da Menschen Gewohnheiten lieben, wird es einige Zeit dauern, bis sie ihre neue Umgebung als liebenswert empfinden.

Hier gilt es, durch geeignete Maßnahmen das Einleben zu erleichtern. Bewährt haben sich Begrüßungsabende und Informationsveranstaltungen oder so genannte Neubürgerscheckhefte, die verschiedene einmalige Vergünstigungen gewähren.

Damit können die neuen Einwohner Kultur-, Sport- oder Freizeiteinrichtungen kennen lernen und die neue Stadt positiv erleben.

Heimische Wirtschaft

Stadtmarketing richtet sich an die Entscheider in der örtlichen Wirtschaft, z.B. in den Bereichen Industrie, Einzelhandel, Banken und Versicherungen. Eine besondere Bedeutung haben die Führungsebenen der Unternehmen, Verbände und Verwaltungen. Weiter sind all diejenigen angesprochen, die in dem Ort Dienstleistungen erbringen. Über ihre Kontakte können sie den Stadtmarketingprozess erheblich beeinflussen.

Dienstleistungsbereich

Verantwortung im Stadtmarketingprozess haben ebenfalls in besonderem Maße die Mitarbeiter des Einzelhandels, der Hotels und Restaurants, aber auch Taxi- und Busfahrer. Diese sind in der Regel die ersten Kontaktpersonen der Geschäftsreisende, Touristen, Konsumenten oder Medienvertreter. Die ersten Augenblicke können darüber entscheiden, ob sich dem Besucher ein positives oder negatives Bild bietet. Der Taxifahrer, der einen Touristen oder einen Wirtschaftsvertreter vom Flugplatz oder vom Bahnhof abholt, kann bereits in den ersten Minuten den Ort gut oder schlecht »verkaufen«. Hotel-, Restaurant- oder Einzelhandelsmitarbeiter haben viele Möglichkeiten, das Aussehen des Ortes zu gestalten. Personen, die regelmäßig in Kontakt mit auswärtigen Gästen stehen, müssen entsprechend geschult werden. Hotel- und Restaurantbetreiber haben dies bereits erkannt, weil sie wissen, dass nur zufriedene Gäste wiederkommen.

Militärangehörige/Bundeswehr

Militärangehörige kommen in den meisten Fällen nicht freiwillig in einen Ort. Wehrpflichtige werden an einen bestimmten Standort eingezogen, Zeit- und Berufssoldaten werden versetzt. Dieser Zielgruppe muss sich das Handlungsfeld Militär besonders widmen, da sie aufgrund eines regelmäßigen Wechsels der Standorte wichtige Image-Multiplikatoren sind. Stadtrundfahrten, Begrüßungsabende mit Vertretern der Stadt, Informationsabende und -besuche im Rathaus mit Kurzvorträgen über die Geschichte, Gegenwart und Zukunftsaussichten des Orts vermitteln erste Eindrücke. Infomaterial bringt die kulturellen sowie die Sport- und Freizeiteinrichtungen näher. Ein Willkommensscheckheft mit entsprechenden Vergünstigungen vermittelt Angebote, die gern wahrgenommen werden. Aber auch eine Verwaltungseinrichtung, die z.B. die Anmeldeformalitäten, die Änderung von Dokumenten oder die Ummeldung des Kraftfahrzeuges organisatorisch vereinfacht und damit bürokratische Wege abkürzt, wertet der neu in den Ort Versetzte positiv.

Darüber hinaus sind Militärdienststellen in der Regel gern bereit, zusammen mit den Verantwortlichen in einer Kommunalverwaltung Begrüßungsprogramme zu entwickeln und zu unterstützen. Evtl. sollte überlegt werden, ob nicht durch eine zentrale Verbindungsstelle in dem Stadtmarketing ein regelmäßiger Kontakt aufgebaut und somit ein ständiger Ansprechpartner zur Verfügung steht.

Studenten

Studierende erinnern sich nach Abschluss ihres Studiums in der Regel gern an ihre Studienzeit. Sie sind ebenfalls Multiplikatoren. Zudem besteht die Möglichkeit, dass sie, da sie noch am Anfang ihrer beruflichen Laufbahn stehen, später zu wichtigen Meinungsbildnern oder Entscheidern werden, die dann für ihren Studienort wertvolle Dienste leisten können.

Verschiedene Maßnahmen können bereits zu Beginn des Studiums das Einleben erleichtern. Während der Immatrikulationsfeier kann ein Vertreter des Stadtmarketings die Studierenden begrüßen, die Verbundenheit mit der Hochschule herausstellen und Hilfe anbieten. Vergünstigungen, wie kostenlose oder verbilligte Besuche verschiedener Kultur-, Sport- oder Freizeiteinrichtungen, Stadtrundfahrten oder der zeitlich begrenzte kostenlose Bezug der Lokalzeitung, sind interessante Begrüßungsangebote. Auch Vereine sollten ein Interesse daran haben, über ermäßigte Eintrittspreise oder einen einmaligen kostenlosen Eintritt neue Zuschauer anzusprechen. Infomaterial sowie ein Kneipen- und Kulturführer ergänzen das Angebot.

Medien

Medien sind Multiplikatoren von Informationen und Meinungen. Medienvertreter müssen den Stadtmarketingprozess von Beginn an begleiten, um so die Öffentlichkeit umfassend zu informieren. Neben einer kontinuierlichen offensiven und überregionalen Pressearbeit geben Pressekonferenzen und Medienreisen detaillierte Information. Bei Pressegesprächen, Hintergrundgesprächen sowie regelmäßige Redaktionsbesuchen werden die Medienvertreter ebenfalls informiert.[145]

---

[145] Siehe Pressearbeit im Abschnitt Konzeption.

Regionale Zielgruppen

Der Nahbereich eines Ortes, das Umland, bietet die Möglichkeit, regionale Zielgruppen zu aktivieren. Großveranstaltungen in den Bereichen Kultur und Sport, attraktive Freizeiteinrichtungen, regionale Messen usw. sind auch auf das Umland
ausgerichtet. Sie müssen auch Zielgruppen in der Region ansprechen.

Überregionale Zielgruppen

Eine Wirtschaftswerbung in einer strukturschwachen Region mit dem Ziel,
Unternehmen für eine Ansiedlung zu interessieren, wäre Wirtschaftswerbung in
einem falschen Zielgebiet. Dagegen bietet die Zielgruppenansprache in einem
Gebiet, in dem die Grundstücke immer knapper werden und die Grundstückspreise steigen, größere Chancen für Um- und Neuansiedlungen. Je nach den Zielsetzungen des Stadtmarketings muss eine genaue Zielgruppendefinition vorgenommen werden.

Tourismuswerbung mit dem Ziel, Touristen aus bevölkerungsarmen Gebieten
zum Urlaub zu motivieren, ist mit Sicherheit ebenfalls die falsche Zielgruppenansprache. Dagegen bietet die Werbung in bevölkerungsreichen Gebieten größere
Chancen. Urlaubsorte an der Küste werden nicht Urlauber in küstennahen Regionen
werblich ansprechen; Urlaubsorte in den Alpen werden kaum in Alpennähe werben. Vor den Maßnahmen ist genau zu überlegen, wo entsprechende Interessenten gewonnen werden können.

11. Botschaft

Botschaft versus Nachricht

Die Botschaft ist der Inhalt der Aussagen, die in die Öffentlichkeit gelangen. Sie ist die Grundlage der Kommunikation. Daher muss vor dem Einsatz der Kommunikationsinstrumente die Botschaft, die an die Zielgruppen übermittelt werden soll, festgelegt werden. Die Nachricht entwickelt sich aus der Botschaft. Auch der Slogan benötigt als Grundlage die Botschaft.

Ebenen der Botschaft

Folgende Fragen müssen in diesem Zusammenhang beantwortet werden:

1. Was soll übermittelt werden?
   (Inhalt der Botschaft)

2. Wie soll es überzeugend und logisch richtig übermittelt werden?
   (Struktur der Botschaft)

3. Wie kann es kurz und knapp oder in Symbolen übermittelt werden?
   (Format der Botschaft)

Zu 1:

Es muss ein Thema gefunden werden, das die ins Auge gefasste Zielgruppe anspricht. Der Inhalt der Botschaft kann nach folgenden Typen unterschieden werden:

- rational
- emotional
- moralisch

Der **rationale** Botschaftstyp richtet sich an das Eigeninteresse des Einzelnen in der Zielgruppe (Qualität, Wirtschaftlichkeit, Leistungsfähigkeit) **Emotionale** Botschaften wollen positive oder negative Emotionen bewirken (wie Freude, Angst, Scham oder Schuldgefühle). **Moralische** Botschaften richten sich an Zielgruppen, um darüber aufzuklären, was richtig oder falsch ist (Umwelt, Ausländerfeindlichkeit, Alkohol, Rauchen, Drogen).

Zu 2:

Die Struktur soll festlegen, ob mit der Botschaft eine Schlussfolgerung übermittelt wird oder ob dies der Zielgruppe überlassen bleibt. Um falsche Folgerungen zu vermeiden, empfiehlt es sich, die Schlussfolgerung in die Botschaft zu integrieren. Ferner ist die Frage zu beantworten, ob einseitig argumentiert werden soll, um die Zielgruppe zu motivieren. Offen ist auch die Frage, ob das stärkste und beste Argument zu Beginn oder am Ende der Botschaft stehen soll.

Zu 3:

Das Format betrifft das Erscheinungsbild der Botschaft, d.h. die Frage, welches Medium genutzt werden soll. Dazu gehören auch die Platzierung, die typografische Gestaltung, Illustrationen, Farben, Hervorhebungen usw. Wichtig ist auch der/die Überbringer/in der Botschaft. Seine/ihre Glaubwürdigkeit und Attraktivität ist die Basis für die Verbreitung. Botschaften aus glaubwürdigen Quellen überzeugen und werden akzeptiert. Daher werden oft bekannte Persönlichkeiten, wie Sportler, Künstler, Prominente u.a. eingesetzt. Ihre Sympathiewerte werden für das erfolgreiche Überbringen der Botschaft genutzt.

Abb. 54 Auswahl der Zielgruppen

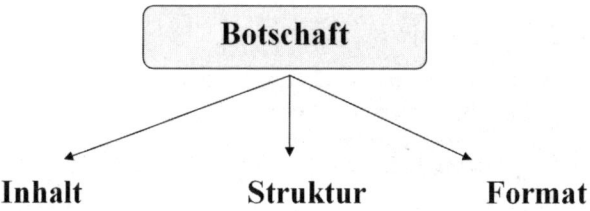

Quelle: eigene Darstellung

Beispiel:

Der Tourismusort Adelboden im Berner Oberland definierte für die kommenden Jahre folgende Zielgruppen:

Familien/Alleinerziehende
Botschaft: »Erholsame Ferien in einem lebendigen Bergbauerndorf mit intakter Natur, verbunden mit Spiel, Sport und Abenteuer für Familien, aber auch für Kinder getrennt lebender Eltern.«

Individualgäste
Zielsetzung: »Adelboden im Markt als Ort zu profilieren, in dem der Gast aktive Erholung und Plausch, aber auch kulturelle Erlebnisse und Besinnung in einem intakten Bergdorf mit intakter Natur findet – mit einem Hauch natürlicher Exklusivität.«

Busunternehmen/Reiseplaner (Tour Operator)
Zielsetzung: »Adelboden als lohnendes Ziel für Busreisen zu profilieren

mit problemloser Anfahrt in einem renommierten Ort mit ausreichend
Parkplätzen für Busse, kulinarischer Qualität, Unterhaltung, Sport und
Spaß in intakter Natur.«

Schulen/Jugendorganisationen

Zielsetzung: »Adelboden als Zielort für Schulreisen und Lager mit idealer
Voraussetzung bekannter zu machen. Ansprache von Lehrern, Jugend-
leitern und Kirchen ist wichtig mit der Botschaft, dass Adelboden ein
idealer Zielort sei mit einfacher Anreise, preiswerten Unterkünften in
intakter Natur mit interessantem Programm und tadelloser Organisa-
tionsunterstützung.«

Firmen/Vereine

Zielsetzung: »Adelboden als Zielort für Firmen- und Vereinsreisen sowie
Incentive-Reisen zu profilieren, im Sommer und im Winter. Dafür bürgt
Adelboden – und das muss die Botschaft ausdrücken – für unvergessliche
Gruppenerlebnisse mit einwandfreier Organisation, kulinarischer Quali-
tät, Plausch und intakter Natur.«

Seminare/Tagungen

Zielsetzung: »Adelboden als Ort mit modernen Hotels mit Seminar-
infrastruktur zu profilieren, gilt für die Zielgruppe Firmen und Verbände.
Professionalität, tadellose Infrastruktur bis 150 Personen, Distanzgewinn
in intakter Natur mit einem attraktiven Rahmenprogramm.«

Ausflugsgäste

Zielsetzung: »Für die Zielgruppe Ausflugsgäste, Natur- und Freizeit-
sportler muss sich Adelboden als in intakter Natur befindliches Wander-
und Skiparadies im Berner Oberland, das rasch zu erreichen ist, profilieren. Für die Botschaft ‚Adelboden als Ausflugsort für die ganze Familie'
gelten daher Argumente, wie Skiregion Nr. 1 im Berner Oberland,
Höhenwanderwege, moderne Infrastruktur, leistungsfähige Restauration
und intakte Bergwelt mit Plausch.«

12. Operatives Stadtmarketing

Stadtmarketing-Mix

Der Stadtmarketing-Mix hat die Aufgabe, die festgelegten Strategien und Konzeptionen in operative Maßnahmen umzusetzen, d.h. die konkreten markt-politischen Instrumente miteinander zu kombinieren. Grundlage sind die Ziel-richtungen, Maßnahmen und Entscheidungen in der Gesamtkonzeption unter Berücksichtigung des Leitbilds. Der Stadtmarketing-Mix ist die wechselseitige Unterstützung aller Kommunikationselemente.

Es stellt sich die Frage, ob der Stadtmarketing-Mix noch in den Bereich der kon-zeptionellen Phase oder als operatives Instrument in die Realisationsphase gehört. Tatsächlich berührt er beide Bereiche. Der Stadtmarketing-Mix muss vor allem

- positive Voraussetzung auf der Grundlage der Konzeption schaffen,
- gemeinsame Ziele strategisch und operativ verfolgen,
- eine einheitliche Kommunikation festlegen.

Der Stadtmarketing-Mix verknüpft die Bereiche der Produkt-, Distributions-, Preis- und Kommunikationspolitik. Die im Marketing erfolgreiche Verzahnung eng in Zusammenhang stehender Bereiche ist auch auf den Gesamtbereich einer Stadt übertragbar und erleichtert die Realisation der konzeptionellen Ziele, sowohl in der Gesamtausrichtung als auch in den einzelnen Handlungsfeldern.

Der überwiegende Teil der Literatur unterscheidet bei dem **Marketing-Mix** die vier oben genannten Komponenten (Produkt, Distribution, Preis und Kommunika-tion). Neuere Forschungen reduzieren diese auf drei, wobei als Begründung angeführt wird, dass die Preispolitik nicht isoliert von dem Produkt betrieben wer-den kann. Daher werden diese beiden Marketinginstrumente zur Angebotspolitik zusammengefasst, denn nur ein mit einem Preis versehenes Produkt ist markt-fähig und kann dementsprechend angeboten werden.

Im **Stadtmarketing-Mix** bieten sich aufgrund der Vielfalt der Strukturen in einem Ort und der Angebote, Dienst- und Serviceleistungen sowie der Attrak-tivitätskriterien **vier Komponenten** an.

Der Stadtmarketing-Mix **vereint alle Instrumente**, mit denen die Stadtmarketingkonzeption umgesetzt werden kann und zugleich die Öffentlichkeit und die entsprechenden Zielgruppen informiert werden.

Abb. 55 Der Stadtmarketing-Mix

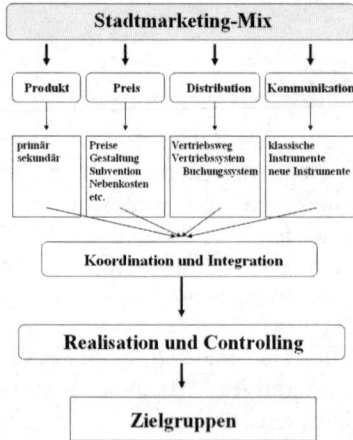

Quelle: eigene Darstellung

Das Stadtprodukt ist dabei die Zusammenfassung aller Angebote, Dienst- und Serviceleistungen sowie der Attraktivität eines Ortes. Aufgrund der Vielfältigkeit der einzelnen Produktbereiche müssen diese nach Handlungsfeldern aufgeteilt werden. Der Stadtmarketing-Mix ist die Basis für die Koordination und Integration aller Aktivitäten, die eine erfolgreiche Realisation ermöglichen. Durch die systematische Verzahnung wird darüber hinaus ein Controlling ermöglicht.

Abb. 56 Konzeptionspyramide

Quelle: eigene Darstellung in Anlehnung an J. Becker, Marketing-Konzeption.

Produktpolitik

Die Produktpolitik im Stadtmarketing beschäftigt sich mit der ständigen Entwicklung neuer Angebote, Dienst- und Serviceleistungen sowie mit der Verbesserung der Attraktivität und dem Aufbau einer Produktmarke. Die Produktmarke muss als Dachmarke zu einer Qualitätsformel werden. Die Dachmarke beinhaltet alle Leistungsangebote des Ortes.

> Das **Stadtprodukt** setzt sich aus dem **primären** und dem **sekundären** Stadtprodukt zusammen. Es ist die Summe aller **Güter,**[146] **Angebote, Dienst- und Serviceleistungen** sowie der **Attraktivitätskriterien**, die in dem Ort vorhanden sind bzw. erbracht werden.

Der Name der Stadt muss Inspirationen auslösen, die bestimmte Produktschwerpunkte und/oder eine Produktvielfalt beschreiben. Das Stadtprodukt Hamburg steht z.B. für den Hafen (Tor zur Welt), für die Kulturszene (international anerkannter Musical-Ort), für Einkaufsmöglichkeiten, Freizeit (Alster, Elbe, Stadt) und den Sportbereich (Breitensportangebote, Veranstaltungen usw.). Das Produkt beinhaltet die Gesamtheit aller Güter und Dienstleistungen, die eine Stadt auf dem Zielmarkt anbietet.[147]

Die Produktpolitik im Stadtmarketing umfasst die Entscheidung über die Gestaltung, die **gestaltungsbezogene Produktpolitik** und die Anpassung der Leistungen an sich verändernde Kundenwünsche, Wettbewerbssituationen (Konkurrenzstädte) und somit den Lebenszyklus eines Produktes, die **marktprozessbezogene Produktpolitik**.

Mit dem Stadtprodukt werden die Angebote, Dienstleistungs-, Service- und Attraktivitätsschwerpunkte festgelegt und am Markt positioniert. Die Positionierung muss von den Erwartungen der Zielgruppen ausgehen. Diese wurden im Stadtmarketingkernprozess festgelegt. Daher müssen die Erwartungen erfüllt, evtl. noch überboten werden, wenn eine positive Erwartung vorhanden ist. Bei einer negativen Erwartungshaltung besteht die Chance, diese in eine positive zu wandeln. Grundlage für die Erwartungshaltung ist die Imageuntersuchung.

Die Produktgestaltung im Stadtmarketing bezieht sich auf

- das Angebot (Kernangebot/Kernprodukt),
- das Programm als Zusammenfassung mehrerer Dienstleistungen,
- den Service, der mit den Angeboten verbunden ist,
- die Attraktivitätskriterien,

---

[146] Güter sind Mittel, die der Befriedigung menschlicher Bedürfnisse dienen.
[147] Vgl. Kotler, Grundlagen des Marketings, München 1999.

- die Marke, welche das Angebot im Markt kennzeichnet, und

- die Einbeziehung der sekundären Produkte.

a) Bedarfsdeckung und Absatzpolitik

Bedarfsdeckung und Absatzpolitik sind seit Jahrzehnten feste Bestandteile der Unternehmensführung. Jedes funktionierende, auf Erfolg ausgerichtete Unternehmen richtet sein Marketing auf diese Ansprüche aus.

Ein Unternehmen muss, will es Bestand haben, aktiv sein. Dies gilt mehr denn je auch für eine Stadt. Auch eine Stadt muss fortwährend bestrebt sein, ihr Stadtprodukt neu zu definieren, zu verbessern und zu modifizieren. Eine Stadt ist aber mehr als ein Unternehmen. Sie soll ein funktionierendes Gemeinwesen sein, das die Bedürfnisse der Einwohner erfüllt, aber auch das Interesse unterschiedlicher Zielgruppen anspricht.

Ähnlich wie ein Unternehmen muss die Stadt handeln, um wettbewerbsfähig zu werden oder zu bleiben. Privatwirtschaftliche Instrumente sind daher anzuwenden, soweit dies möglich ist. Stadtmarketing stellt sich dem Wettbewerb. Unter Berücksichtigung der Konkurrenzsituation zu anderen Städten müssen Angebote, Güter, Dienstleistungen und die Attraktivität der einzelnen Bereiche geplant, herausgestellt und vermarktet werden. Ein Stadtmarketingprozess will ein modernes Leistungsangebot schaffen.

Auf den ersten Blick erscheint es schwer verständlich, wie die Marketingbegriffe »Bedarfsdeckung« und »Absatzförderung« auf eine Stadt anwendbar sind. Die Auslegung dieser Begriffe im Sinne eines Unternehmens muss Parallelen in der Stadt finden. Es gibt PR-Fachleute – dies sollte nicht unerwähnt bleiben –, die diese Begriffe für eine Stadt grundsätzlich ablehnen, da ein derartiger Prozess mit Bedarfsdeckung und Absatzförderung nichts zu tun habe. Eine intensive Auseinandersetzung mit den Abläufen in einer Stadt wird die Übertragbarkeit auf eine Stadt jedoch verdeutlichen.

Betriebswirtschaftlich ist Marketing die ökonomische Haltung eines Unternehmers in Bezug zum Markt des Unternehmens. Wirtschaftlich gesehen ist es die Ausrichtung eines Unternehmens auf die Förderung des Absatzes. Kotler versteht unter **Marketing**

> die Analyse, Planung, Durchführung und Kontrolle sorgfältig ausgearbeiteter Programme, deren Zweck es ist, freiwillige Austauschvorgänge in spezifischen Märkten zu erzielen und somit das Erreichen der Organisationsziele zu ermöglichen. Dabei stützt sich Marketing in starkem Maße auf die Gestaltung des Organisationsangebotes mit Rücksicht auf die Bedürfnisse und Wünsche der Zielgruppen sowie auf effektive Preis-

bildungs-, Kommunikations- und Distributionsmaßnahmen, durch deren Einsatz die Zielgruppen auf wirksame Weise informiert, motiviert und versorgt werden.[148]

Bezogen auf die Ziele aller Individuen und Interessengruppen einer Stadt, heißt dies, primäre und sekundäre Angebote, Produkte Dienstleistungen auf den Markt zu bringen sowie die Attraktivität herauszustellen.

b) Bedarfsdeckung

Die vielfältigen Aufgaben einer Stadt sind nichts anderes als die Deckung von Bedürfnissen der Einwohner, Gäste, möglicher Investoren und Konsumenten. In den vergangenen Jahren haben sich viele Kommunalverwaltungen nach und nach aus finanziellen und personellen Gründen verschiedener Aufgaben entledigt. Viele Aufgaben wurden privatisiert. Der Bau und der Betrieb von Gewerbe-, Technologie- oder Einkaufszentren, die Versorgung mit Gas und Strom, Sportanlagen, Frei- und Hallenbäder, Kommunikationszentren, Stadthallen, kulturelle Einrichtungen oder Krankenhäuser – früher originäre Aufgaben der Kommunalverwaltungen – sind mittlerweile in der Mehrzahl in private Trägerschaft übergegangen. Auch Bereiche wie die Straßenreinigung und Müllabfuhr, der Betrieb von Mülldeponien und -verbrennungsanlagen werden heute kostengünstiger und Gewinn bringend durch Firmen wahrgenommen. Viele Städte trennen sich von Wohn- und Grundeigentum, verkaufen Anteile an GmbHs.

Die Bedarfsdeckung bezieht sich aber nicht nur auf kommunale oder ehemals kommunale Träger. Bedarfsdeckung ist auch die durch Firmen mögliche Schaffung von Arbeitsplätzen und Wohnraum, sind Kulturangebote, Einkaufsmöglichkeiten, Hotels und Restaurants usw. Die Beispiele zeigen, dass Bedarfsansprüche in allen Bereichen einer Stadt bestehen, die nur gemeinsam erfüllt werden können. Die Summe der Bedarfsdeckung in einer Stadt ist demzufolge nur in einer gemeinsamen Ausrichtung und Absprache zu erreichen.

Zu einem öffentlichen Engagement in einer Stadt gehört in einem partnerschaftlichen Neben- und Füreinander auch ein privatwirtschaftliches Engagement. Stadtmarketing will also durch ein neues Produkt die Bedürfnisse der verschiedenen Zielgruppen für die nächsten Jahre decken.

---

[148] Kotler, P., Grundlagen des Marketings, 2. Auflage, München 1999.

Abb. 57 Zielgruppenorientierte Phase des Stadtmarketings

Quelle: eigene Darstellung

c) Absatzförderung

Etwas schwieriger ist die Verbindung zum Stadtmarketing bei dem Begriff Absatzförderung. Auf dem Absatzmarkt werden Produkte veräußert und Einnahmen
(Erlöse) erzielt. Bei dem Absatz entscheidet die Nachfrage, ob Produkte der Stadt
zu Gewinn bringenden Konditionen ihre Käufer oder Nutzer finden. Die Stellung
einer Stadt auf dem Absatzmarkt kann recht unterschiedlich sein. Im freien Leis-
tungswettbewerb muss sich die Stadt in ihrer Gesamtheit laufend bemühen, durch
günstige Angebote (Ansiedlungsflächen, touristische Einrichtungen oder Veranstaltungen) im Konkurrenzkampf mit anderen Städten zu bestehen. Das Stadtprodukt ist danach das Anbieten aller Güter, Dienstleistungen usw., die in einer
Stadt erbracht werden.

So kann beispielsweise eine besondere Wohnqualität dazu führen, dass mehr
Menschen in die Stadt ziehen und sich die Einwohnerzahl erhöht. Davon profitieren u.a. Bauunternehmen, der Einzelhandel, das Handwerk, der kulturelle und
sportliche Bereich. Dadurch werden Wertschöpfungen möglich, die viele Bereiche
der Stadt erfassen. Die Wohnqualität ist in diesem Fall folglich nicht nur die
Bedarfsdeckung im Handlungsfeld Wohnen, sondern impliziert auch eine steigende Kaufkraft sowie von der Einwohnerzahl abhängige höhere Landeszu-
schüsse. Eine Attraktivitätsverbesserung des Zentrums wird neue Kaufkraft nach sich
ziehen. Ebenfalls ist das kulturelle Angebot ein Teil des Stadtprodukts und gehört
zur Absatzförderung. Die touristische Ausrichtung muss die Auslastung von
Hotels, Restaurants, kulturellen und touristischen Einrichtungen zur Folge haben
und damit den Absatz dieser Produkte forcieren.

Das heißt: Die Schaffung attraktiver Rahmenbedingungen für den Wirtschaftsstandort wird neue Betriebe in die Stadt ziehen, die wiederum die Einnahme-
situation der Stadt und das Arbeitsplatzniveau verbessern.

Diese Beispiele zeigen, dass alle Bereiche einer Stadt – so verschiedenartig sie auch sind – ein gemeinsames Stadtprodukt ergeben, das nach den Regeln der Wirtschaft den Absatz steigert.

d) Beteiligungskreislauf

Die am Stadtmarketing beteiligten Unternehmen, Institutionen oder Organisationen können hinsichtlich der finanziellen Beteiligung zweifellos den Standpunkt vertreten, sie würden bereits durch kommunale Pflichtzahlungen (wie Steuern, Gebühren oder Abgaben) genügend finanzielle Mittel erbringen, für die auch Gegenleistungen zu erwarten seien. Tatsache ist allerdings, dass diese Mittel in der heutigen Zeit nur noch für die Erhaltung bzw. Schaffung der Basisvoraussetzungen ausreichen. Für zusätzliche, in die Zukunft gerichtete Maßnahmen sind keine Mittel mehr vorhanden.

Ein Stadtmarketingprozess ist deshalb nicht mit der gemeinsamen Analyse und dem Erarbeiten einer Konzeption abgeschlossen, sondern setzt auch die finanzielle Beteiligung an der Realisation der beschlossenen Maßnahmen voraus. Eine finanzielle Beteiligung geht davon aus, dass jeder Beteiligte eine entsprechende Rendite erzielt, dass also gemeinsam beschlossene und finanzierte Maßnahmen erfolgreich sind und im Endeffekt die Einnahmen in den verschiedensten Bereichen des Ortes erhöhen. Eine Public Private Partnership bedeutet folglich die Umlegung **aller** Kosten auf **alle** am Stadtmarketing Beteiligten. Die prozentuale Höhe der Beteiligung kann pauschal im Laufe des Verfahrens oder punktuell für jede Maßnahme erfolgen.

Abb. 58 Ausgaben der am Stadtmarketing beteiligten Unternehmen, Organisationen und Institutionen

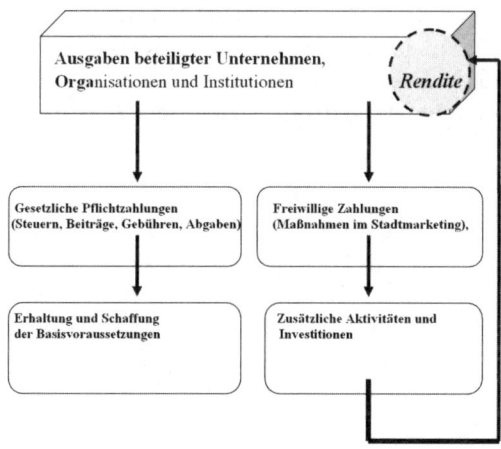

Quelle: eigene Darstellung

Abb. 59 Das Stadtprodukt

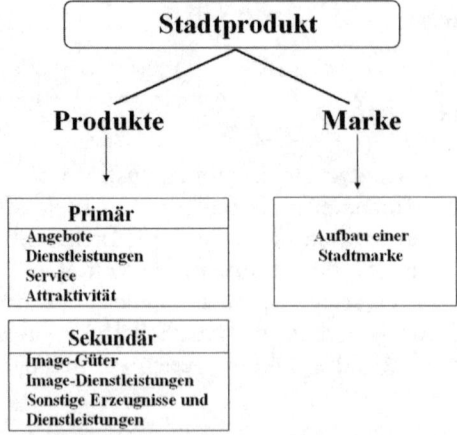

Quelle: eigene Darstellung

Das Kernprodukt besteht aus einer Reihe von unveränderlichen, überwiegend standortbegründeten Angebotsfaktoren oder nur schwer veränderlichen, überwiegend kapazitätsbezogenen und standortfördernden Angebotsfaktoren. Daher sind der Gestaltungsmöglichkeit in diesem Bereich Grenzen gesetzt. Darüber hinaus ist die kernproduktbezogene Stadtproduktpolitik zwar notwendig, für das moderne Stadtmarketing aber nur selten hinreichend.[149]

Durch die Kombination von Angeboten, Dienstleistungen, Service und Attraktivität muss eine Stadtmarke aufgebaut werden, die einen einzigartigen Produktvorteil, eine *unique selling proposition* (USP) gegenüber den Konkurrenzorten hat. Die **Stadtproduktentwicklung** hat eine Verbesserung bzw. Veränderung bestehender Angebote, Dienst- und Serviceleistungen sowie der Attraktivitätskriterien zum Ziel. Die **Produktdiversifikation** zielt hingegen auf die Erweiterung der Angebote usw. für bestehende und/oder neue Zielgruppen ab.

---

[149] Vgl. Freyer, Tourismus-Marketing, S. 446.

Abb. 60 Positionierung

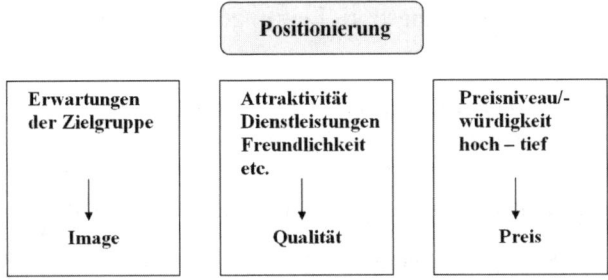

Die Erwartungshaltung ist je nach den Bedürfnissen der Zielgruppen unterschiedlich. Es reicht nicht aus, einer Zielgruppe ein bestimmtes Angebot bzw. Dienst- und Serviceleistungen oder Attraktivität vorzugeben. Die Unterscheidung ergibt sich aus der Erwartungshaltung und dem Anspruch.

Im Handlungsfeld Tourismus zählen z.B. Hotels zu den **Basisleistungen.** **Zusatzleistungen** wären dem Ort entsprechende gastronomische Leistungen. Touristische Freizeiteinrichtungen wie ein Hallen- oder Freibad, Tennisplätze, ausgeschilderte Rad- und Wanderweg etc. gehören zu den **Spezialleistungen.** In die Stufe der **gehobenen Leistungen** gehören besondere Veranstaltungen, z.B. ein spezielles Unterhaltungsprogramm für Touristen. **Topleistungen** bieten diejenigen, die weit über die normalen Leistungserwartungen hinausgehen (18-Loch-Golfplatz, Badelandschaft, Spielbank).

Abb. 61 Leistungsstufen

Das Stadtprodukt hat in allen Stufen eine **Produktbreite,** aber auch eine **Produkttiefe**. Zur Produktbreite gehören möglichst viele Handlungsfelder, zur Produkttiefe die Qualität der Angebote, Leistungen, des Service und der Attraktivität, wie das folgende Beispiel zeigt.

Abb. 62 Beispiel für die Produktbreite und Produkttiefe

<--------------------- Breite --------------------->

Wirtschaft	Tourismus	Hotellerie	Gastronomie	
Gewerbe	Tagestourismus	Pensionen	Gaststätten	T I E
Handwerk	Wochentourismus	Hotels	Restaurants	F E
Industrie	Langzeittourismus	Kongresshotels	Szene	

Quelle: eigene Darstellung

Unterschieden werden müssen das **primäre** und das **sekundäre Stadtprodukt**. Zum primären Produkt gehören diejenigen Angebote, die über gemeinsame Aktivitäten der am Stadtmarketing Beteiligten angeboten und kommuniziert werden. Sekundäre Produkte sind diejenigen Angebote, die von Unternehmen erzeugt und vermarktet werden, aber das Stadtprodukt ergänzen bzw. zum positiven Image des Ortes beitragen (z.B. VW für Wolfsburg). Je nach der Bedeutung des Unternehmens werden die Auswirkungen derartiger Produkte auch in der Primärstufe deutlich (z.B. im Arbeitsplatzangebot). Primäre Produkte haben direkte Auswirkungen im Marketing-Mix, sekundäre können direkte (z.B. auf das Image) oder indirekte Auswirkungen haben.

Primäre Stadtprodukte

Unter **Angeboten** der Primärstufe sind Bereiche zu verstehen, die Auswirkungen auf die Basisvoraussetzungen der Stadt haben (wie Ansiedlungsflächen, Technologiezentren, Gewerbeparks, Infrastruktur, Kultur, Tourismus usw.).

Dienstleistungen betreffen das Gesamtangebot und die entsprechende Koordination. Ein Beispiel sind Dienstleistungen des Einzelhandels in der Innenstadt, die im Einzelfall auf speziellen Angeboten beruhen, aber durch die Gesamtausrichtung (City-Interessen) als ganze Dienstleistungseinheit zu sehen sind. Darüber hinaus sind die einzelnen Geschäfte in der Sekundärstufe tätig, vermarkten also ihre Angebote selbst. Handelt es sich dabei um Geschäfte, die dazu beitragen, dass Konsumenten aus diesem Grund den Ort besuchen, wäre dies als Auswirkung auf das primäre Produkt zu werten, weil die Kunden ohne diese Geschäfte einen anderen Ort zum Einkaufen besuchen würden.

Zum **Service** gehören zusätzliche Leistungen, wie die Erstattung von Parkgebühren, der bargeldlose Zahlungsverkehr, die problemlose Reklamation u.ä. durch **den** Einzelhandel (gemeinsame Strategie).

Die **Attraktivität** bezieht sich auf das Umfeld der einzelnen Handlungsfelder. So kann z.B. die Qualität und Quantität der angebotenen Waren den höchsten Ansprüchen genügen, aber trotzdem für Kunden uninteressant sein, wenn der Ort nicht attraktiv ist. Dazu gehören u.a. die architektonische Gestaltung, Cafés, Restaurants und Erlebniszonen sowie Veranstaltungen, Sitzbänke, Grünanlagen u.ä.

Sekundäre Stadtprodukte

Dazu gehören diejenigen **Image-Güter,** die in dem Ort gefertigt und als Qualitätserzeugnisse des Ortes gewertet werden und somit das Image positiv beeinflussen. Beispiele sind Ford und Kölnisch Wasser für Köln, VW für Wolfsburg, BMW für München, Opel für Rüsselsheim, Mercedes für Stuttgart, Krupp für Essen oder Hanomag für Hannover.

Image-Dienstleistungen und **Image-Handel** sind in ihren Auswirkungen genauso zu sehen. Beispiele sind die HUK-Versicherungen für Coburg, die Nürnberger Versicherung für Nürnberg, Quelle für Fürth, der Otto-Versand für Hamburg.

Sowohl die Image-Erzeugnisse als auch die Image-Dienstleistungen und der Image-Handel spielen in der Kommunikationspolitik, aber auch im Aufbau der Produktmarke eine große Rolle, weil sie als Multiplikatoren für die Attraktivität des Ortes eingesetzt werden können. Wenn ein sehr bekanntes Unternehmen hier ansässig ist, dann ist dies ein positives Beispiel auch für andere Unternehmen.

Zu den **sonstigen Erzeugnissen und Dienstleistungen** gehören diejenigen, die in einem Ort durch Unternehmen produziert bzw. erbracht und selbst vermarktet werden, die aber keinerlei Bedeutung für das Image des Ortes haben. Auf andere Bereiche im Stadtmarketing-Mix haben sie keinen Einfluss.

Stadtmarke

Die Einzigartigkeit eines Ortes zeigt sich im Namen der Stadt. Hat der Ort aufgrund anderswo nicht vorhandener Merkmale einen positiven Namen erhalten, so kann ähnlich wie bei einem Unternehmen von einer **Marke** gesprochen werden. Voraussetzung ist das Vorhandensein eines Produktes, des **Stadt-Produktes,** das durch den Stadtmarketingprozess entwickelt und vermarktet wird. Die Marke ist wesentlicher Bestandteil der Produktpolitik im Stadtmarketing-Mix.

Die **Stadtmarke** trägt dazu bei, dass sich das jeweilige Produkt von Produkten anderer Städte unterscheidet. Eine erfolgreiche Marke befriedigt nicht nur die grundlegenden funktionalen Bedürfnisse der Zielgruppen, sondern auch die psychologischen Wünsche und Bedürfnisse. Eine Marke ist ein Name, ein Begriff, ein Zeichen, ein Symbol, ein Design oder eine denkbare Kombination aus diesen, die dazu verwendet wird, die Produkte und/oder Dienst-, Serviceleistungen und Attraktivitätskriterien eines Ortes zu identifizieren. Eine Marke identifiziert den Produzenten.[150] Die Produzenten im Stadtmarketing sind alle primär und sekundär am Stadtmarketingprozess Beteiligten.

a) Markeneigenschaften

Mit der Marke sind bestimmte Produkteigenschaften verbunden, die innerhalb des Stadtmarketingprozesses beachtet und umgesetzt werden müssen. Dies sind Voraussetzungen wie:

- gut durchdacht
- sorgfältig
- dauerhaft und langlebig
- hohes Ansehen
- Qualität

Der Ort muss eine oder mehrere dieser Produkteigenschaften in der Werbung für das Gesamtprodukt bzw. für einzelne Produkte nutzen. Die Zielgruppen interessieren nicht die Produkteigenschaften, sondern der persönliche Nutzen (z.B. gute Urlaubs-, Ansiedlungs-, Wohn- oder Kulturmöglichkeiten). Aus diesem Grund müssen die vorhandenen Produkteigenschaften in funktionale und emotionale Nutzenfunktionen übersetzt werden.

b) Bewertung einer Marke[151]

Eine starke Stadtmarke (Hamburg, München, Köln, Düsseldorf, Dresden, Wien, Zürich) stellt einen hohen Wert dar. Eine Marke ist umso höher zu bewerten, je stärker folgende Einzelfaktoren sind:

- Markentreue (Stammgäste, Stammkäufer)
- Bekanntheitsgrad des Markennamens

---

[150] Vgl. Kotler, Grundlagen des Marketings, München 1999.
[151] Ebenda.

- Beurteilung des Qualitätsstandards durch die Zielgruppen
- mit der Marke verbundene Assoziationen und Markenpersönlichkeit

c) Markenpolitik

Eine Marke erleichtert den Umgang zwischen den Anbietern des Stadtprodukts und den Zielgruppen. An Marken werden in der Regel hohe Ansprüche gestellt. Zu den produktpolitischen Forderungen gehört ein Stadtprodukt,[152]

- bei dem sich der Produktnutzen (wirtschaftlicher Nutzen, Imagenutzen, vertrieblicher Nutzen) eindeutig begründen lässt,
- das den steigenden Qualitätsansprüchen gerecht wird,
- das auf die größere Umweltsensibilität eingeht,
- das dem Trend zu Geselligkeit und sozialem Konsum entgegenkommt,
- das den wachsenden Erlebniskonsum sichtbar aufnimmt,
- das ein Höchstmaß an Befriedigung individueller Vorstellungen verschafft,
- das über die individuelle Bedürfnisbefriedigung hinaus eine bestimmte Gruppenzugehörigkeit ausdrückt.

Eine Markenorientierung im Sinne von Stadtmarketing ist eine Zielgruppenorientierung. Der Markenartikel Stadt

- bietet Sicherheit,
- bürgt für Qualität,
- bringt Innovation,
- ist seinen Preis wert,
- ist Kontinuität,
- ist Vielfalt.

Das Ziel der Produktpolitik muss es sein, mit der Stadtmarke einen sehr hohen Stand zu erreichen. Die Marke steht für gleich bleibende Qualität und Ausstattung. Die Vorteile einer Stadtmarke sind:[153]

- Sie gibt den Zielgruppen Sicherheit. Sie ist nicht anonym.

---

[152] Vgl. Lettau, Grundwissen Marketing, München 1989, S. 133.
[153] Ebenda, S. 135.

- Sie ist langfristig konzipiert und hat ein eigenständiges Produktprofil in Bezug auf Qualität, Preis und Service. Durch Leistung in Verbindung mit einem positiven Image schafft sie Vertrauen bei den Zielgruppen.

- Sie geht mit der Zeit. Die Modifizierung der Stadtmarketingkonzeption muss auf höchstem Niveau den Bedürfnissen der Zielgruppen jederzeit gerecht werden. Dadurch werden ein langfristiger Markterfolg und eine hohe Bekanntheit gesichert.

- Sie wird über ein dem Produkt adäquates Vertriebssystem distribuiert. Das garantiert eine gleich bleibende überregionale Aufmerksamkeit für die Angebote, Dienst- und Serviceleistungen sowie die Attraktivität.

- Sie fördert den Wettbewerb unter den Städten. Sie ist das beste Mittel gegen ein eintöniges Angebot von Produkten. Ein Stadtprodukt soll große Zielgruppen ansprechen.

- Sie verhindert Enttäuschungen. Durch ihre Qualität verschafft sie den Zielgruppen positive Erfahrungen und verdient sich höchste Wertschätzung.

- Sie setzt Maßstäbe für den Fortschritt in der Stadtentwicklung. Durch die Innovationskraft und Produktkompetenz prägt sie in hohem Maß die modernen Märkte.

d) Markenmodifizierung

Die Stadtproduktpolitik muss sich an neue Trends im Markt, an Entwicklungen der Bedürfnisse der Zielgruppen anpassen. Dies kann sowohl im physikalischen, technischen und funktionalen, als auch im symbolischen, ästhetischen oder emotionalen Bereich geschehen.

Preispolitik (Kontrahierung)

Der Preis ist das, was die Zielgruppen im Stadtmarketing für bestimmte Angebots-, Dienst- und Serviceleistungen in Verbindung mit Attraktivitätskriterien zu zahlen bereit sind. Der Preis ist der Tauschwert für eine Produktart auf dem Wirtschaftsmarkt und wird in Geld ausgedrückt. Das Stadtprodukt und der Preis sind eng miteinander verbunden. Aber nicht alle Facetten des Produktes sind Inhalt der Preispolitik. Dies gilt vor allem für Teilbereiche des Service, die kostenlos sein können, und für die Attraktivität des gesamten Ortes sowie ihrer einzelnen Bereiche.

Abb. 63 Preispolitik

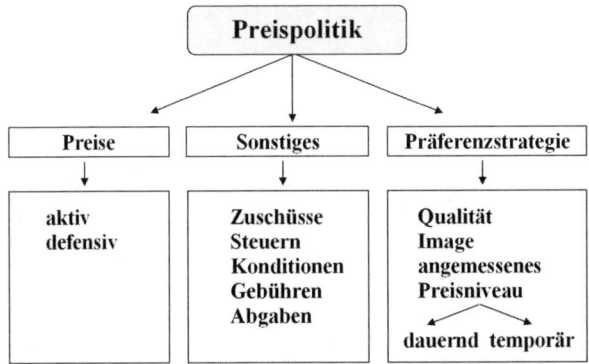

Quelle: eigene Darstellung

Touristische Angebote, Angebote für Investoren und Konsumenten innerhalb und außerhalb der Stadt müssen errechnet und am Markt umgesetzt werden. Dabei spielt auch der Preis für gleiche oder ähnliche Leistungen in anderen Orten eine Rolle. Die Preispolitik umfasst alle marktbezogenen Maßnahmen und Entscheidungen, die durch die Preisfestsetzung das Erreichen bestimmter Ziele fördern soll. Im Stadtmarketing dürfte das bekannteste Beispiel die Festsetzung des Gewerbesteuerhebesatzes sein, der, um Gewerbe anzusiedeln, im Vergleich zu anderen Orten möglichst niedrig sein sollte. Doch diese Betrachtungsweise allein gehört schon lange der Vergangenheit an. Heute ist entscheidend, welche Zuschüsse gezahlt und welche Konditionen gewährt werden oder wie hoch die Grundstückspreise sind.

Bei der Festsetzung der Preise stellt sich die Frage, ob ein Preisniveau dauernd gehalten wird oder nur temporär ist. So sorgt manchmal ein niedriger Preis für die Ansiedlung eines wichtigen Unternehmens, der aber im Laufe der Zeit erhöht wird.

Die Preisgestaltung kann im Stadtmarketing, das auf die *unique selling proposition* des Ortes abzielt, nicht im Sinne der Preis/Mengen-Strategie vorgenommen werden. Die Preis/Mengen-Strategie, die ein Produkt auf einem niedrigem Preisniveau vermarktet, also viel für wenig Geld bietet, würde nicht der Stadtmarketingphilosophie entsprechen.

Daher bietet sich im Stadtmarketing nur die **Präferenzstrategie** an, die auf Qualität und Image setzt, aber auch ein angemessenes Preisniveau hat. Zu unterscheiden ist in diesem Zusammenhang zwischen einer dauernden und einer temporären Präferenzstrategie.

Zu beachten ist, ob entsprechende Preise im Markt verlangt werden. So kann ein Ort durch eine bestimmte Lage (Küste, Berge, Fluss, Verkehrsknotenpunkt) Vorteile haben, die andere Orte nicht haben. Dagegen gibt es Voraussetzungen, die alle Städte haben und die daher keine Präferenz bieten.

a) Preiseinflussfaktoren

Die Preisgestaltung wird nach unten durch die Kosten und nach oben durch die Wertvorstellungen der Zielgruppe begrenzt. Die verschiedenen Leistungen werden durch den Markt beeinflusst. Die Preisdifferenzierung kann z.B. erfolgen nach:

- Zielgruppen
- zeitlichen Kriterien
- Umsatzgröße
- der Stufe des Absatzweges
- räumlichen Kriterien

Darüber hinaus können weitere Faktoren entscheidend sein wie:

- psychologische Faktoren (Prestige, Modetrends etc.)
- Qualität der Leistungen
- Standort
- Konkurrenzsituation
- Leistungs-Mix

Dabei ist der Grundsatz zu beachten, dass einer steigenden Nachfrage steigende Preise und einer sinkenden Nachfrage sinkende Preise folgen. Nicht nur für Unternehmen gilt es, rechtzeitig auf Veränderungen des Marktes zu reagieren.

Die Preisbildung, gleichgültig ob teil- oder vollkostenorientiert, hat also folgende Aspekte:

- kostenorientiert
- nachfrageorientiert
- konkurrenzorientiert

b) Preisdifferenzierung

Es stellt sich die Frage nach einheitlichen oder differenzierten Preisen. Die einzelnen Bereiche des Stadtproduktes müssen nicht auf allen Märkten die gleichen Preise haben. Eine Festlegung der Preise kann nach folgenden Gesichtspunkten erfolgen:

- verschiedene Regionen oder Länder

- verschiedene Zielgruppen

- verschiedene Zeiten

- verschiedene Produktvarianten

- verschiedene Produktmodifikationen

- verschiedene Absatzmengen

So können z.B. Angebote im Handlungsfeld Tourismus im Sommer teurer als im Winter sein. Die Preise können für bestimmte Gruppen aufgrund der Qualität teurer, in der Zusammensetzung einzelner Angebote in der Summe günstiger und bei großem Absatz ebenfalls günstiger werden.

Distributionspolitik

Je nach der Ausrichtung und den Zielen in den einzelnen Handlungsfeldern ist eine unterschiedliche Distribution möglich, da das Stadtprodukt nicht als Ganzes vertrieben werden kann. Unterschieden wird zwischen dem Eigenvertrieb (direkte Distribution) und dem Fremdvertrieb (indirekte Distribution). Möglich sind auch kombinierte Vertriebswege, also die gemischte Distribution.

So kann z.B. das touristische Stadtprodukt über eigene Buchungsstellen, Filialen etc. angeboten werden. Werden Absatzmittler eingeschaltet (z.B. Reisbüros, Reiseveranstalter), so handelt es sich um Fremdvertrieb. Auf diese Weise können die Produkte der einzelnen Handlungsfelder unterschiedlich angeboten werden.

Abb. 64 Distributionsformen

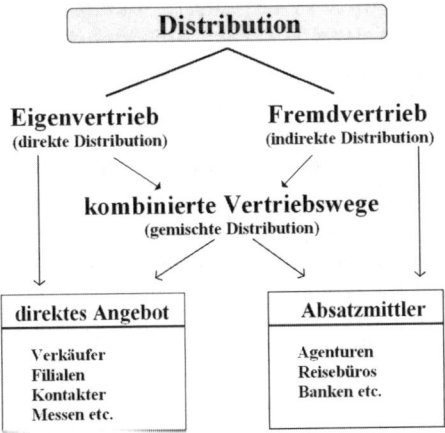

Quelle: eigene Darstellung

Kommunikationspolitik

Die Kommunikationspolitik beinhaltet das bewusste Vermitteln und Interpretieren des Produkts gegenüber einer näher zu definierenden Öffentlichkeit, der Zielgruppe. Die Kommunikationspolitik versucht, Einstellungen, Vorstellungen und Verhaltensweisen der Zielgruppen zu beeinflussen. Die Kommunikationspolitik ist der operative Bereich im Stadtmarketing. Nachfolgend wurden aus dem Bereich der allgemeinen Kommunikationsinstrumente diejenigen ausgewählt, die auch innerhalb eines Stadtmarketingprozesses wirkungsvoll und effektiv eingesetzt werden können.

Viele Orte haben ein Kommunikationsproblem, da nach außen nicht deutlich wird, wer der Ansprechpartner bei verschiedenen Fragen ist. Das Stadtmarketing muss sich daher besonders dieses Problems annehmen, damit beschlossene Maßnahmen zielgerecht umgesetzt und der Öffentlichkeit mit einer Stimme vermittelt werden.

Die Ämter für Presse- und Öffentlichkeitsarbeit sowie für Wirtschaftsförderung, aber auch die Tourismusorganisationen sind Sollbruchstellen[154] für Informationen. Unterschiedliche finanzielle Ausstattungen verstärken das Problem. Diejenigen, die am meisten in der Öffentlichkeit leisten müssen, verfügen oft über geringere Finanzmittel als jene, die nur einen kleinen Bereich vertreten.

Wegen der wachsenden Konkurrenz zwischen den Städten gewinnt die Kommunikationspolitik zunehmend an Bedeutung. Durch kommunikationspolitische Maßnahmen wird versucht, einen über den Grundnutzen des Stadtproduktes hinausgehenden Zusatznutzen (oft ein vom Konsumenten psychologisch definierter Nutzen) zu suggerieren. Das eigene Produkt soll sich vom Angebot anderer Orte deutlich positiv unterscheiden.

Einer Untersuchung des Bundes Deutscher Zeitungsverleger (BDZV) zur Folge, gab es in den Jahren von 1988 bis 1998 eine deutliche Zunahme der Direktwerbung. Ihr Marktanteil stieg in diesen Jahren um 16,6 Prozent. Der große Gewinner der 90er Jahre war jedoch das Fernsehen, das seinen Marktanteil mit 19,2 Prozent gegenüber 1990 fast verdoppeln konnte. Dagegen wurde der Anteil der klassischen Printmedien an der Werbung deutlich kleiner. Die Tageszeitungen verloren zwischen 1990 und 1998 insgesamt fünf Prozent, obwohl sie mit 27,9 Prozent immer noch der eindeutige Marktführer sind. Die Publikumszeitschriften fielen von 12,5 auf 8,9 Prozent zurück; ihr Marktanteil brach also um mehr ein Viertel ein.[155]

---

[154] Beyrow, Mut zum Profil, Stuttgart 1998, S. 29.
[155] Zur wirtschaftlichen Lage der deutschen Zeitungen, BDZV Jahrbuch 1999.

Abb. 65 Kommunikationsinstrumente

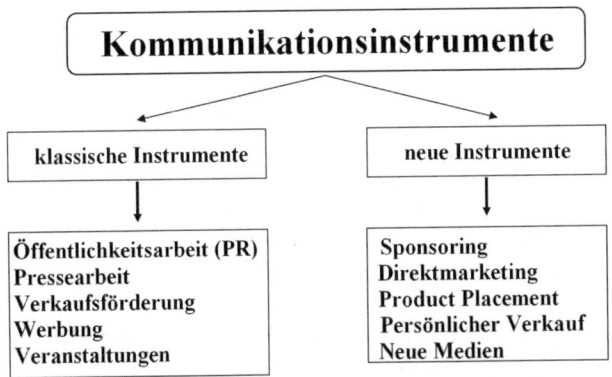

Quelle: eigene Darstellung

Klassische Stadtmarketing-Kommunikationsinstrumente

Die klassischen Kommunikationsinstrumente sollen die Ziele der Stadtmarketing-konzeption, bestehend aus den einzelnen Konzeptionen der Handlungsfelder, in der Öffentlichkeit bekannt machen und dafür sorgen, dass die beschlossenen Maßnahmen verwirklicht werden. Auch in diesem Bereich können fachkundige Arbeitsgruppen Ideen einbringen und Lösungen erarbeiten. Eine professionelle Lösung wird allerdings nur dann möglich sein, wenn Konzeptionen für den operativen Bereich mit Fachagenturen erarbeitet werden, deren Vorschläge in den entsprechenden Arbeitsgruppen (PR, Werbung, Pressearbeit, Event-Marketing) diskutiert und angenommen werden. Zu empfehlen ist die abschließende Verabschiedung aller operativen Konzeptionen in der Lenkungsgruppe, da diese alle Handlungsfelder betreffen. Ohne fachlich qualifizierte Agenturen sollte dieser Bereich nicht bearbeitet werden.

Die Inhalte der Konzeptionen der einzelnen Handlungsfelder müssen nicht nur entsprechend der Festlegung im Maßnahmenkatalog umgesetzt, sondern auch durch ein entsprechendes Instrumentarium in der Öffentlichkeit bekannt gemacht werden. Dazu gehören:

• Öffentlichkeitsarbeit (PR)

• Pressearbeit

• Werbung

• Verkaufsförderung

• Veranstaltungen

In mehreren Stufen soll durch das Zusammenwirken von Kommunikationsinstrumenten ein bestimmtes Ziel erreicht werden. Dies geschieht oft gemäß der AIDA-Formel **(Attention-Interest-Desire-Action)** . Das von Lewis im Jahr 1988 entwickelte AIDA-Modell unterscheidet vier Wirkungsphasen, d.h., es geht davon aus, dass die Botschaft bei dem Adressaten vier Phasen durchläuft, bis das Kommunikationsziel erreicht ist.

In den beiden ersten Stufen (Attention und Interest) hat besonders die Öffentlichkeitsarbeit eine besondere Bedeutung, da es primär darum geht, ein positives Kommunikationsklima zu schaffen. Oft kommen erst in der dritten und vierten Stufe andere Kommunikationsinstrumente, wie die Werbung, dazu.

Attention-Interest-Desire-Action (AIDA)[156]

1. Stufe = Attention
2. Stufe = Interest
3. Stufe = Desire
4. Stufe = Action

Bezogen auf den Stadtmarketingprozess, will eine Stadt zuerst Aufmerksamkeit erzeugen: Wirtschaftsunternehmen, Touristen, Geschäftsleute usw. sollen auf den Ort aufmerksam werden, sollen die Einzigartigkeit und die verschiedenen Vorteile in den jeweiligen Bereichen erkennen. Interesse signalisiert in der zweiten Stufe schon das Anfordern von Informationsmaterial und spezieller Daten. In der dritten Stufe schließlich manifestiert sich der Wunsch, etwas in diesem Ort zu tun (sei es sich dort ansiedeln, den Urlaub verbringen oder einen Kongress veranstalten). Die Handlung, also die Verwirklichung des Wunsches, wäre dann der Abschluss in der vierten Stufe und zugleich der Erfolg.

Das AIDA-Modell ist geeignet, von einem frühen Interesse bis zur Realisierung die Meinungsbildung zu begleiten. Voraussetzung dafür ist die Formulierung einer Botschaft.

Öffentlichkeitsarbeit (PR)

Public Relations ist der internationale Begriff für Öffentlichkeitsarbeit und bedeutet die Pflege und Förderung der Beziehungen, die ein Unternehmen, eine Organisation, Institution oder Person zur Öffentlichkeit hat. Die Maxime der Öffentlichkeitsarbeit heißt »Tue Gutes und rede darüber!« Jede Art der übertriebenen positiven Darstellung und noch so nobler Falschaussagen schadet langfristig den durch Stadtmarketing beabsichtigten Zielen.

---

[156] Deutsch AIWA = Aufmerksamkeit, Interesse, Wunsch und Handeln.

Public Relations (PR) ist keine Werbung oder Verkaufsförderung. PR will für die Stadt in der Öffentlichkeit Sympathie und einen Namen schaffen. PR will die durch Kommunikation vermittelte Wirklichkeit mitgestalten und mitorganisieren.

PR ist das Management von Kommunikationsprozessen für Organisationen und Personen mit deren Bezugsgruppen. Sie will den politischen, wirtschaftlichen und sozialen Handlungsspielraum einer Organisation im Prozess öffentlicher Meinungsbildner schaffen und sichern. In diesem Zusammenspiel hat sie die Funktion, die Zielsetzungen und Interessen, Tätigkeiten und Verhaltensweisen der Organisation zu verdeutlichen und deren Identität nach innen und außen zu vermitteln.

Intensive Öffentlichkeitsarbeit im Stadtmarketing beginnt bereits vor Beginn des Kernprozesses und wird kontinuierlich fortwährend eingesetzt.

Die Gesamtfunktion von Public Relations lässt sich in folgende Teilfunktionen gliedern:[157]

- **Informationsfunktion:** Übermittlung von Informationen über die Stadt an relevante Zielgruppen, um eine verständnisvolle Einstellung zu dem Ort zu erreichen.

- **Imagefunktion:** Aufbau bzw. Änderung eines bestimmten Vorstellungsbildes von dem Ort in der Öffentlichkeit.

- **Führungsfunktion:** Beeinflussung der relevanten Öffentlichkeit im Hinblick auf die Positionierung des Ortes auf dem Markt.

- **Kommunikationsfunktion:** Herstellung von Kontakten zwischen dem Ort und relevanten Zielgruppen.

- **Existenzerhaltungsfunktion:** Glaubwürdige Darstellung, dass die Stadt für die Öffentlichkeit notwendig ist.

Public Relations ist an die Interessen einer Organisation oder Person gebunden und zielt auf öffentliche Akzeptanz ab. Dies bedeutet, dass Informationen in einem aktiven Dialog und einer konstruktiven Debatte offen und kompetent dargestellt werden. Einstellungs- und Verhaltensänderungen werden durch PR nicht einseitig angestrebt. Positionen der Öffentlichkeit finden durch Public Relations Eingang in die Entscheidungen der betreffenden Organisation. Public Relations muss als Teil der integrierten Kommunikation verstanden werden. Aus dieser Betrachtung erhält PR die komplexe Aufgabe des Managements der Kommunikation nach innen und außen, indem PR

- zielorientiert den Informationsfluss steuert und gestaltet,

---

[157] Vgl. Weis, Marketing, Ludwigshafen 1993.

- Meinungen und die Meinungsbildung beobachtet und analysiert sowie
- die Resultate in den internen Entscheidungsprozess einbringt.

In ihrer doppelten Funktion – nämlich Organisationsinteressen zu vertreten und öffentliche Interessen in die Organisation einfließen zu lassen – kann Public Relations zum Interessenausgleich beitragen, Konfliktfelder begrenzen und Konflikte konstruktiv austragen. Mit empfängerorientierten, argumentativen und reflektierten Formen der Kommunikationsvermittlung versucht Public Relations, Akzeptanz für die Interessen von Organisationen und Personen zu erreichen. Dafür setzt sie die entsprechenden Informationsmittel und Kommunikationsmethoden ein. Im Dialog mit den Massenmedien respektiert Public Relations deren Selbstverständnis.

Public Relations vermittelt Hintergrundinformationen über das Stadtprodukt und den Ort selbst. PR klärt aber auch in Krisensituationen auf. Besonders das Krisenmanagement hat eine große Wertigkeit im Bereich der PR, da in diesen Fällen die Werbung mangels Glaubwürdigkeit nichts ausrichten kann.

Die Meinung der Öffentlichkeit über Städte wird von mehreren Faktoren beeinflusst, die außerhalb der Kontrolle der Stadt liegen:[158]

- Jede Information wird vom Empfänger subjektiv interpretiert und kann damit sowohl in positiver als auch in negativer Richtung verfälscht werden.
- Häufig ist aber auch die Informationspolitik einer Stadt unzureichend, so dass in der Öffentlichkeit nur ein diffuses Bild entsteht.
- Wenn die Meinungsbildung durch ideologisch geprägte Vorurteile bestimmt wird, ist es dem einzelnen Ort nur schwer möglich, Korrekturen vorzunehmen.

PR sorgt weiter für Verständnis aufgrund von Informationen und der PR-eigenen Dialogbereitschaft. PR schafft, verändert und bewahrt langfristig ein positives Image. Public Relations wird direkt oder indirekt, also über Freunde, Mitarbeiter, Nachbarn, Interessengemeinschaften, Einwohner usw. vermittelt. Der wichtigste Transporteur sind die Medien. Das Weitergeben von Nachrichten an andere und das damit verbundene Ziel, andere zur Nachrichtenübertragung zu nutzen, wird auch als Input/Output-System bezeichnet.

> Meinungen werden direkt und indirekt weitergegeben. Bezeichnet wird dies als **Input/Output-System**. Der wichtigste Transporteur von Meinungen sind die Massenmedien.

---

[158] Trux, W., Unternehmensidentität, Unternehmenspolitik und öffentliche Meinung, in Birkigt, M./Funck, H., Corporate Identity, Landsberg/Lech 1994, S. 65-76.

Bei den Erscheinungsformen der Public Relations wurde der Bereich Pressearbeit ausgenommen, denn die Verknüpfung von PR und Pressearbeit stößt in den meisten Medien auf Unverständnis. Um Missverständnissen vorzubeugen, sollte daher die Pressearbeit im Stadtmarketing neben Public Relations aufgebaut werden, um den objektiven Eindruck der Nachrichtenvermittlung zu unterstreichen. Pressearbeit sollte immer das Ziel der objektiven Information verfolgen.

Erscheinungsformen der Public Relations sind:

- **Maßnahmen des persönlichen Dialogs**: Pflege persönlicher Beziehungen zu Meinungsbildnern und Medienvertretern, Teilnahme an Podiumsdiskussionen, Diskussionen mit Zielgruppen etc.

- **Aktivitäten für ausgewählte Zielgruppen**: Informationsmaterial für Zielgruppen, Vorträge für Zielgruppen, Besichtigungen, maßvolle Geschenke und Unterstützung, Aufmerksamkeiten zu bestimmten Anlässen, Informationen über das Internet etc.

- **Mediawerbung**: Anzeigen zur Imageprofilierung des Ortes oder Werbung für bestimmte Angebote und Leistungen, Maßnahmen für die Ansprache von Meinungsbildern etc.

- **Ortsinterne Maßnahmen**: Informationsveranstaltungen zu bestimmten Themen, Veranstaltungen, kontinuierliche Information.

Public Relations gliedert sich in die Außen- und Innenkommunikation. Die **Außenkommunikation** soll Beziehungen zur Öffentlichkeit aufbauen, um so ihr Vertrauen zu erlangen und zu einer positiven Meinungsbildung der Zielgruppen zu kommen. Voraussetzung dafür ist eine **häufige positive Präsenz** in den Medien.

Die **Innenkommunikation** bezieht sich auf die Pflege der Beziehungen zu den am Stadtmarketingprozess Beteiligten und hat einen ebenso hohen Stellenwert wie die Außenkommunikation. Hauptziele sind die Stärkung des Wir-Gefühls und die Identifizierung der Beteiligten mit ihrer Stadt. Nur wer von dem Ort, in dem er lebt, überzeugt ist, kann dies auch glaubhaft nach außen kommunizieren.

Ein wichtiger Faktor der PR ist der **persönliche Kontakt**. PR sucht das Gespräch mit der Öffentlichkeit. Dies kann indirekt über Meinungsbildner und Multiplikatoren oder direkt mit den Zielgruppen geschehen. Für den persönlichen Kontakt eignet sich z.B. ein Tag der offenen Tür, Informationsstände, Präsentationen auf Veranstaltungen sowie Messen und Journalistenreisen. Zur Erreichung der PR-Ziele stehen einem Ort eine Vielzahl von Maßnahmen zur Verfügung, wie zum Beispiel:

- Aktionen

- Ausstellungen

- Diskussionsveranstaltungen

- Ehrungen
- emotionale Symbole
- Förderung von Sportlern, Künstlern etc.
- Infotelefon
- Informationsvermittlung und Beratung
- Infostände
- Messen
- PR-Anzeigen
- Preisverleihungen
- regelmäßige Vortragsveranstaltungen
- Sponsoring
- ständige oder aktuelle Ausstellungen
- Sympathieträger (Maskottchen)
- Symposien
- Tag der offenen Tür
- Tagungen
- Veranstaltungen zu künftigen Planungen
- Veranstaltungen zu Themen der Ortsgeschichte

Die **PR-Konzeption** umfasst alle Maßnahmen der Öffentlichkeitsarbeit eines Ortes. Basierend auf der Stadtmarketinganalyse und unter Beachtung der Gesamt-konzeption werden Zielgruppen und öffentlichkeitswirksame Maßnahmen bestimmt. Neben der Erarbeitung von Grundinformationsmitteln (wie Broschü-ren, Audio- und Videomaterial) oder dem Einsatz neuer Medien müssen einzelne Maßnahmen für die speziellen Handlungsfelder festgelegt werden. So wird die Detailkonzeption Wirtschaft verlangen, speziell über Wirtschaftsfachzeitungen Zielgruppen anzusprechen. Die Maßnahmen richten sich aber auch ungezielt an die allgemeine Öffentlichkeit. Primäres Ziel ist der Aufbau und die Pflege eines posi-tiven Images, um damit die Sympathie, das Vertrauen und die Zustimmung der Öffentlichkeit zu gewinnen.

Das **PR-Budget** in einem Stadtmarketingprozess entzieht sich der reinen Wirt-schaftlichkeitsrechnung. PR-Ausgaben werden als langfristige Investitionen gewertet. Daher ist es auch zweckmäßig, Public Relations nicht dem Werbe-bereich eines Stadtmarketingprozesses zuzuordnen, sondern direkt der organisa-torischen Gesamtleitung zu unterstellen. PR ist immer eine Führungsaufgabe, also Chefsache.

a) Krisen-PR

Abb. 66 Kriseneinschnitte

Quelle: eigene Darstellung

Städte müssen sich viel häufiger als in der Vergangenheit auf Krisen einstellen. Krisen werden immer selbstverständlicher, gehören schon zum Alltag. Immer neue Krisen fordern die Public-Relations-Fachleute heraus. Krisen sind nie miteinander vergleichbar. Jede Krise hat ihre eigene Struktur, erfordert immer spezielle Lösungen. Standardkrisen gibt es nicht. Die Krise ist immer eine Herausforderung für jeden Stadtmarketingprozess, denn in dieser Situation ist Kreativität gefragt.

Es gibt **manifeste Krisen** und **Krisen in den Köpfen,** die meist Vorstufen manifester Krisen sind. Urheber der Krisen ändern sich laufend, da Rechtsprechung, kritische Medien und kritische Gruppierungen in der Öffentlichkeit auf Missstände aufmerksam machen. In der Krise ändern sich die Strategien, da Public Relations und Kommunikation in der Krisenbewältigung eine große Bedeutung haben.

Die Bewältigung der Krise beinhaltet den positiven Ansatz, die Krise meistern zu wollen. In diesem Zusammenhang ist die Krise eine kreative Herausforderung. Schwachstellen müssen offen gelegt und beseitigt werden. Die Krise ist zugleich die Chance, eine intensive Kommunikation zu beginnen, die sich sachlich mit der Ursache und der Bekämpfung der Krise auseinandersetzt. Krisenlösungen sind oft nur über neue Wege möglich, die in der Öffentlichkeit publiziert werden müssen.

Eine große Bedeutung hat in der Krise die Kreativität. Sie ist die sicherste Grundlage eine effektive Bekämpfung und die Nachkrisenzeit. Keine Angst vor der Krise zu haben heißt, keine panische Krisenabwehr zu betreiben und sich nicht in Entschuldigungen zu flüchten. Die Krise erfordert klare Zuständigkeiten, ein Krisenkonzept, Kreativität, Spontaneität und Ordnung. Nur so ist es möglich, der Krise offensiv zu begegnen und die nächste Ebene, die Katastrophe, zu verhindern. Gerade in Stadtmarketingprozessen kann die Krise das laufende Verfahren zeitlich, emotional und aus der Sicht der Motivation stark beeinträchtigen. Sie ist aber auch die Chance, Gemeinsamkeit zu erzeugen und das Wir-Gefühl zu stärken.

In Krisenfällen ist das Stadtmarketing besonders gefordert. Durch ein offensives Vorgehen über die Medien muss die Problematik in die Öffentlichkeit gebracht werden. Im Krisenfall wird eine **interne** und **externe Kommunikation** unterschieden. Die Federführung hat in jedem Fall ein zu bildender Krisenstab, dem (da die Ziele des Stadtmarketings betroffen sein können) die Lenkungsgruppe des Stadtmarketingprozesses angehören muss. Hinzugezogen werden krisenerfahrene Fachleute sowie Fachleute der Kommunalverwaltung, wenn sie nicht bereits in der Lenkungsgruppe vertreten sind. Im Krisenfall bewährt sich eine gut funktionierende Teamarbeit.

Abb. 67 Krisenstab und Krisenkommunikation

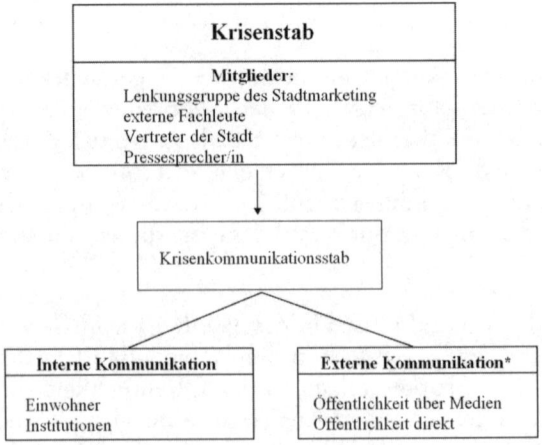

Quelle: eigene Darstellung
              (* = Gemeint ist die Öffentlichkeit außerhalb der Stadt.)

b) Messen

Eines der idealen Instrumente für die Ansprache überregionaler Zielgruppen ist die Messebeteiligung. Kein anderes Medium bietet eine bessere Grundlage für die direkte und indirekte Kommunikation. Viele Instrumente der Kommunikationspolitik können sowohl vor als auch während und nach einer Messe eingesetzt werden. Dazu gehören u.a. Direktmarketing, Anzeigen, Public Relations, Medienarbeit und direkte Kontakte zu Messe- und Fachbesuchern sowie zu Pressevertretern.

Im Sinne von Stadtmarketing muss eine Messepräsentation das Stadtprodukt präsentieren. Dazu gehört, dass möglichst viele Angebote, Dienst- und Serviceleistungen sowie die Attraktivität dargestellt werden. Auf handlungsfeldspezifischen Messen können einzelne Angebote präsentiert werden. Der Umfang der Präsentation richtet sich nach der Zielgruppenfrequenz der jeweiligen Messe.

Vor Beginn der Messepräsentation muss festgelegt werden, welche Ziele die Messebeteiligung verfolgt. Sollen, je nach Zielgruppenansprache der Messeveranstalter, das Stadtprodukt oder einzelne Bereiche vorgestellt werden? Soll die Messebeteiligung im Sinne des AIDA-Modells Aufmerksamkeit erzeugen und evtl. in einem zweiten Schritt Interesse hervorrufen? Oder soll sie bereits den Wunsch zum Handeln auslösen, nämlich Urlaubsbuchungen, den Kauf von Eintrittskarten für kulturelle Veranstaltungen etc.? Die Messebeteiligungen sind in erster Linie – und das fast ausschließlich – Präsentationen, die das Stadtprodukt oder einzelne Bereiche darstellen, um Aufmerksamkeit zu erzielen und danach das Interesse und den Wunsch auslösen, in dem Ort etwas zu unternehmen.

Durch den persönlichen Kontakt zu Mitgliedern der Zielgruppen erhält die produktorientierte Information und Kommunikation einen besonderen Stellenwert. Dabei ist zu beachten, dass das Nachmessegeschäft eine besondere Bedeutung hat. Zu den vielseitigen Wirkungsmöglichkeiten von Messen gehört zwar der erwünschte Effekt der Werbewirksamkeit, in erster Linie aber sind Messen multifunktionale Marketinginstrumente, die genau definierte Marktsegmente repräsentativ darstellen.[159]

Die exakte Vorbereitung des Messeauftrittes ist von großer Wichtigkeit. Entspricht die Messe der festgelegten Zielgruppenansprache in einem speziellen Handlungsfeld? Bietet sie darüber hinaus Möglichkeiten, um die Stadtmarketingkonzeption zu realisieren? Besucherstrukturanalysen – sie sind als Planungshilfe bei der Messegesellschaft erhältlich – geben Auskunft über die geographische Herkunft, über Alter und Struktur der Messebesucher. Sie belegen, inwieweit eine Messe der Dreh- und Angelpunkt für ein bestimmtes Handlungsfeld ist.[160]

Dass eine dem Ziel der Präsentation entsprechende Messestandgestaltung die Grundlage der Zielgruppenansprache ist, muss nicht gesondert erläutert werden. Durch den Messestand muss eine spezielle Atmosphäre geschaffen werden, die anspricht und einen nachhaltigen Eindruck vermittelt.

Messen sind das ideale Instrument für die Information einer festgelegten Zielgruppe. Der persönliche Kontakt, die produktorientierte Information sowie eine breit angelegte Kommunikation sind die positiven Aspekte der Messepräsentation. Die inhaltliche Arbeit beschränkt sich nicht auf den Zeitraum der Messe. Neben der Kernzeit der Präsentation bieten die Zeiten vor und insbesondere nach der Messe effektive Möglichkeiten für eine themen- oder produktbezogene Informationsarbeit.

---

[159] Groth, C./Lenz, I., Die Messe als Dreh- und Angelpunkt, Landsberg/Lech 1993.
[160] Geffroy, E. K./Oechsler, H., Messeerfolg auf Abruf, Landsberg/Lech 1989.

Eine exakte Vorbereitung der Messebeteiligung ist die Grundlage einer erfolgreichen Darstellung. Dabei sollten Fragen beantwortet werden wie:

- Entspricht die Messe der festgelegten Zielgruppenansprache in einem speziellen Handlungsfeld?
- Bietet sie darüber hinaus Möglichkeiten, neue Festlegungen des Stadtmarketings zu verwirklichen?

Eine Zielgruppenansprache wird z.B. durch Pressemitteilungen mit Detailinformationen zu bestimmten Themen über on- oder offline abrufbare Texte, spezielle Empfänge, Fachvorträge oder Fachgespräche erreicht. Zum erfolgreichen Gelingen eines Messeauftritts gehören eine funktionierende Messestandinfrastruktur, fachkundiges Counter-Personal, Informationsmaterial usw. Da eine Messe erhebliche Kosten verursacht, ist eine Kosten/Nutzen-Analyse sinnvoll.

Mit der Teilnahme an einer Messe sollen neue Angebote eingeführt und/oder neue Kundenkreise gewonnen werden. Die **Pressearbeit** hat dabei eine besondere Bedeutung. Zur Vorbereitung des Messeauftritts gehören das Zusammenstellen einer Pressemappe mit den wichtigsten Informationen und die Reservierung eines Pressefachs im Pressezentrum. Wenn die Möglichkeit besteht, einen Pressetext über die Pressestelle online anzubieten, sollte auch dies genutzt werden. Bewährt hat sich, Presseinformationen zusätzlich zu den gedruckten Informationen als Diskette in die Pressemappe zu legen.

Zur Ausstattung gehören ferner eine ausreichende Zahl von Visitenkarten und Namensschildern. Ein kleines Pressegeschenk, oft ein Gag zum Thema, sollte nicht fehlen. Dies kann zum Beispiel ein halbes Geschenk sein, das mit der Einladung zur Messe verschickt wird. Die andere Hälfte wird dann beim Messebesuch überreicht. Beliebt sind auch Einladungen zu Standpartys nach der offiziellen Messezeit, Empfänge zur Messezeit, Verlosungen, Kleinkunstaktionen und Musikdarbietungen. Aber auch charakteristische Personen des Ortes oder der Region (Weinkönigin, die Symbolfigur des Ortes oder ein Maskottchen) sorgen für Aufmerksamkeit. Für die Berichterstattung des Fernsehens, aber auch für Bildreporter sollten visuelle Besonderheiten geboten werden. Durch eine Veranstaltung mit Event-Marketing kann am Messestand zusätzlich für Aufmerksamkeit gesorgt werden.

Für Pressegespräche sollten am Messestand räumliche Voraussetzungen bestehen, die eine ungestörte Unterhaltung ermöglichen. Zur Pressebetreuung gehört es, alkoholfreie Getränke oder einen kleinen Imbiss anzubieten. Nach Beendigung des Messetages, besonders während der Messestandpartys, können auch alkoholische Getränke angeboten werden. Das Ziel von Messestandpartys ist der Aufbau neuer Kontakte. Die Informationsvermittlung steht dabei im Hintergrund.

Bei den Messestandbesuchern wird zwischen den A-, B- und C-Kontakten unterschieden. A-Kontakte sind Besuche von Journalisten, die bisher noch nicht bekannt waren und zu denen ein intensiver Kontakt aufgebaut werden muss. Zu B-Kontakten gehören Fachbesucher und Journalisten, die bereits von anderen Messen, Veranstaltungen oder durch die tägliche Arbeit bekannt sind. Durch B-Kontakte ergeben sich Möglichkeiten der Kontaktpflege. Umfangreiche Informationen sind in diesen Fällen nicht erforderlich, da diese Fachbesucher und Journalisten kontinuierlich und aktuell informiert werden. C-Kontakte sind Besucher, die bisher noch nicht bekannt waren, aber im Gespräch zu erkennen geben, dass sie am Thema der Präsentation ein vages Interesse haben.

Bei A-Kontakten empfiehlt sich ein vorsichtiger Gesprächsbeginn mit Fragen nach dem besonderen Interesse, dem Gefallen am ausgestellten Produkt oder dem Informationsziel. Bei der Vorstellung werden die Visitenkarten ausgetauscht, denn oft werden in der Hektik eines Messetages Namen vergessen. Wichtigen Gästen sollten die Standleitung oder entsprechende Fachleute vorgestellt werden.

Die Messe ist kein Ort für intensive Einzelgespräche. In einem Messegespräch, das zwanzig Minuten nicht überschreiten sollte, dürfen nur die wesentlichen Botschaften herausgestellt werden. Gäste dürfen nicht mit Infomaterial und Prospekten überhäuft werden. Die Möglichkeit, nach der Messe Informationen persönlich zu übersenden, sollte genutzt werden. Bei allen Informationen muss die Messebotschaft als Überschrift über den Gesprächen stehen. Nach Beendigung der Messe müssen sofort »heiße« A-Kontakte bearbeitet werden. Danach kommen die B- und die C-Kontakte.

Abb. 68 Die Messepräsentation im Stadtmarketing

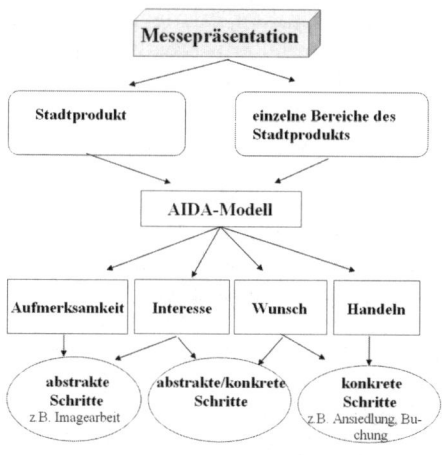

Quelle: eigene Darstellung

Interne Kommunikation

a) Allgemeines

Die Mitarbeiter, Einwohner etc. sind in der Stadt die glaubwürdigsten und kostengünstigsten Imageträger. In der internen Kommunikation sind sie aus diesem Grund eine wichtige Zielgruppe als Beteiligte.

Untersuchungen zeigen, dass diejenigen Städte einen guten Ruf haben, in denen die interne Kommunikation professionell organisiert wurde. Eine Prioritätenliste hilft, eine zielgerichtete Ordnung in die Kommunikation zu bringen, hilft unterschiedliche Kommunikationsinstrumente effizient einzusetzen.

b) Zielgruppen

In der Zielgruppenansprache der internen Kommunikation werden primär zwei Ziele verfolgt. Das Image, also das interne »Standing« soll verbessert werden, Einwohner sollen die Leistungen der Stadt kennen. Auch über die internen Zielgruppen, die als Multiplikatoren eingesetzt werden, sollen Zielgruppen für die Projekte/Produkte gefunden werden.

Mitmachgründe für Zielgruppen gibt es viele. Neben unkritischen Befürwortern und den kritischen Personen, den Nörglern und den wissensresistenten Ablehnern, spielen weitere Motivationsfaktoren eine besondere Rolle. Informieren, Motivieren und auch Führen kann einfach sein, wenn die Idee des Stadtmarketings auf Menschen trifft, die aus persönlichem Statusinteresse mitmachen, weil sie Anerkennung und Aufmerksamkeit erlangen wollen, aber auch weil gesellschaftliches Engagement, professionelle Interessenwahrnehmung (gesellschaftlich, politisch, ehrenamtlich) oder ökonomische Interessen im Mittelpunkt stehen.

c) Informieren, Motivieren, Lenken

Der internen Kommunikation kommt die Aufgabe zu, strategische Marketingziele zu erreichen. Dies sind: Identifikation, Motivation, Kooperationsbereitschaft und Zufriedenheit. Die interne Kommunikation muss immer stadtorientiert sein und konkret zur Realisierung der Ziele beitragen!

Dazu gehören: Strategische Kommunikationsziele sind Basisinformationen zur täglichen Arbeit, aktuelle Entwicklung in der Stadt/Region, die Akzeptanz und das Verstehen der Stadt/Regionalpolitik zu erhöhen, Identifikation und Orientierung zu geben, Leitbilder und Visionen zu vermitteln, Motivation und Begeisterung zu erzielen, ein einheitlicher Auftritt der Region sowie Einwohner, Entscheider etc. zu glaubwürdigen Multiplikatoren zu machen.

Jede Stadt hat ihre eigenen Aspekte, jede Zielgruppe ist anders, auch in unterschiedlichen Städten. Interne Kommunikation muss daher individuell gestaltet werden, rational, emotional und moralisch.

Die drei Aufgaben der internen Stadtmarketing-Kommunikation sind informieren, motivieren und lenken. Zu den Inhalten gehören **Informationen** über Ziele und Strategien, aktuelle Arbeitsergebnisse, Produkte und Entwicklungen. Dies muss verlässlich, aktuell und kontinuierlich erfolgen.

Das **Motivieren** umfasst die Wertschätzung gegenüber den Zielgruppen, das Schaffen einer emotionalen Bindung (Wir-Gefühl), das Fördern von persönlichem Engagement, Kreativität und Begeisterung. Dieses soll anlassbezogen, überraschend und kreativ sein.

Zum **Lenken** gehören: Orientierung geben (Leitbild), Identifikation schaffen, Ansprüche vermitteln und Loyalität schaffen. Alles glaubwürdig und persönlich.

Zu allen drei Bereichen, also informieren, motivieren und lenken gehört die direkte und die indirekte Kommunikation. Zur direkten Kommunikation des Informierens gehören unter anderem: Informationsveranstaltungen, Weiterbildungsveranstaltungen und Präsentationen. Zur indirekten Kommunikation: Schwarze Bretter, Rundschreiben, Zeitungen, Bürgerbriefe, Pressedienst, Ausstellungen, Dokumentationen, Internet, Intranet und Info-Terminals.

Zum Motivieren in der persönlichen Kommunikation gehören unter anderem: Trainings, Weiterbildung, Feiern, Get together, Veranstaltungen jeder Art und Tage der offenen Tür; zur indirekten Kommunikation: Ideenwettbewerbe, Plakate, sonstige Wettbewerbe, Motivationsschreiben. Bleibt noch die Ebene des Lenkens, zu dem in der direkten Kommunikation unter anderem gehören: Zieldialoge, Sprechstunden, Besprechungen, Meetings, Auftaktveranstaltungen, persönliche Gespräche, Anhörungen. Zur indirekten Kommunikation in diesem Bereich gehören: persönliche Anschreiben, das Stadtleitbild, städtische Grundsätze und das Vermitteln von Prinzipien.

Mit der internen Kommunikation sollen bewusst Leistungen gegenüber den Einwohnern vermittelt und interpretiert werden. Ziel ist es, das Wissen, das Verhalten und die Einstellungen positiv zu beeinflussen.

Die interne Kommunikationspolitik will Einstellungen und Vorstellungen beeinflussen. Den Zielgruppen soll ein psychologisch definierter Nutzen suggeriert werden. In der Kommunikationspsychologie heißt es: »Lässt man alles laufen, wird dies als Botschaft verstanden.«. Diese Aussage muss als Hinweis und eine Verpflichtung für eine aktive, professionell geplante Kommunikation, die Vermittlung von Botschaften, Zielen und Visionen verstanden werden.

Die Zielgruppen sollen selbstständig handeln, aber vernetzt denken. Sie müssen dabei die Vorteile der Zusammenarbeit deutlich machen. Wir-Gefühl und Dazugehörigkeitsgefühl schaffen. Unsere Zielgruppen müssen »stolz darauf sein«, zur Stadt X zu gehören, müssen zu den Botschaftern der Stadt werden.

Der Zeitplan für die interne Kommunikation läuft einher mit der externen Kommunikation. Dabei werden die internen und die externen Ebene abgestimmt.

Information ist zuallererst eine Bringschuld, kann aber nur funktionieren, wenn sie von den Zielgruppen auch als Holschuld verstanden wird. Holschuld heißt: Einfordern von Informationen. Bringschuld: Was muss, kann, soll vermittelt werden und was nicht!

Pressearbeit

Medien vermitteln Informationen, berichten über Ereignisse und Veranstaltungen, sind kurz gesagt unverzichtbar, wenn Unternehmen, Behörden, Institutionen, Vereine usw. die Öffentlichkeit erreichen wollen. Medienarbeit muss taktisch und strategisch geplant und umgesetzt werden. Sie ist erfolgreich, wenn Journalisten sich für angebotene Themen interessieren und die Presseinformationen veröffentlicht werden, weil sie auch den journalistischen Grundanforderungen (Darstellungsform, Stil und Sprache) entsprechen.

Eine Untersuchung der Forschungsstelle Automobilwirtschaft (FAW)[161] stellte fest, dass im Vergleich der Instrumente in der Öffentlichkeitsarbeit die Bilanzpressekonferenz, als Teil der Pressearbeit, mit einem Wert von 1,0 (sehr wichtig) auf Platz 2 lag, gefolgt von der Herausgabe der Pressemitteilungen und Pressemappen mit einem Wert von 1,3. Auch die interne Medienauswertung (Wert 1,6), die Herausgabe einer Mitarbeiterzeitung (Wert 1,6) und die Veranstaltung von Journalistenreisen (Wert 1,9) lagen im Bereich der Bewertung »sehr wichtig«. Die Untersuchung macht deutlich, dass die Pressearbeit die effektivste und wichtigste Form der Informationsvermittlung ist.

Veröffentlichungen der Presse erreichen in der Wahrnehmung der Bevölkerung im Vergleich zu anderen Maßnahmen der Öffentlichkeitsarbeit hohe prozentuale Anteile. Dies macht eine Analyse deutlich, die vom Kommunalverband Ruhrgebiet zur KULTOUR 96[162] veranstaltet wurde:

Presseberichte	32 Prozent
Faltblätter	21 Prozent

---

[161] Vgl. W. Meinig, Aktivitäten der Öffentlichkeitsarbeit aus Unternehmenssicht, pr-magazin 9/1997, S. 38.
[162] Besucher der einzelnen Veranstaltungen wurden befragt.

Kultour-Magazin	18 Prozent
Anzeigen	14 Prozent
Radiowerbung	8 Prozent
örtliche Veranstalter	4 Prozent
Sonstige[163]	3 Prozent

Ergänzend ist festzustellen, dass Veröffentlichungen in der Presse das kostengünstigste Instrument der Öffentlichkeitsarbeit sind.

Die journalistische Arbeit in den Medien ist von vier Ausgangssituationen geprägt. Die erste ist ein **Kalenderdatum**, zu dem Medien etwas berichten wollen oder müssen (z.B. der Tag der deutschen Einheit). Weitere feststehende Daten sind z.B. das Weihnachts- oder Osterfest. Die journalistische Arbeit kann aber auch durch **Ereignisse,** wie Katastrophen, Unfälle oder Einweihungen öffentlicher oder privater Einrichtungen ausgelöst werden. Die dritte Ausgangssituation ist die eigene **Recherche** des Journalisten zu einem Thema oder zu einer Idee. Die vierte Ausgangssituation für Veröffentlichungen sind **Pressemitteilungen** aus Unternehmen, Institutionen, Organisationen oder der öffentlichen Verwaltung.

Der Stellenabbau in den Redaktionen, immer kürzere Arbeitszeiten, ein ständig größer werdendes Spektrum an Aufgabenfeldern sowie die stetig wachsende Informationsflut bewirken, dass Pressemitteilungen in zunehmendem Maße die Arbeit in den Redaktionen beeinflussen. Diese haben aber nur dann gute Chancen veröffentlicht zu werden, wenn folgende Grundsätze[164] beachtet werden:

- Pressemitteilungen sollen für die Medien ein guter Service und eine Arbeitshilfe sein.
- Es dürfen nur Informationen mit Nachrichtenwert versandt werden.
- Pressemitteilungen müssen in Inhalt, Form und Stil der journalistischen Arbeit in den Redaktionen entsprechen.
- Werbebotschaften, dazu zählen auch versteckte Werbebotschaften, gehören nicht in Pressemitteilungen.

Wer Pressemeldungen an Medien sendet, muss darauf vorbereitet sein, dass

- Journalisten auch kritische Fragen zu den einzelnen Themen stellen,
- Pressemitteilungen mit werblichen Botschaften nicht veröffentlicht werden,

---

[163] Live-Werbung mit Künstlern in Einkaufszentren, Bahnhöfen und Fußgängerzonen.
[164] Vgl. B. Hubatschek, DJV Mitgliederjournal des Landesverbandes Mecklenburg-Vorpommern, 1/1997, S. 9.

- Vertreter von Unternehmen, Verwaltungen usw. für Interviews in Fernseh- und Hörfunksendungen zu den gemeldeten Themen zur Verfügung stehen müssen.

Abb. 69 So glaubwürdig sind die Medien

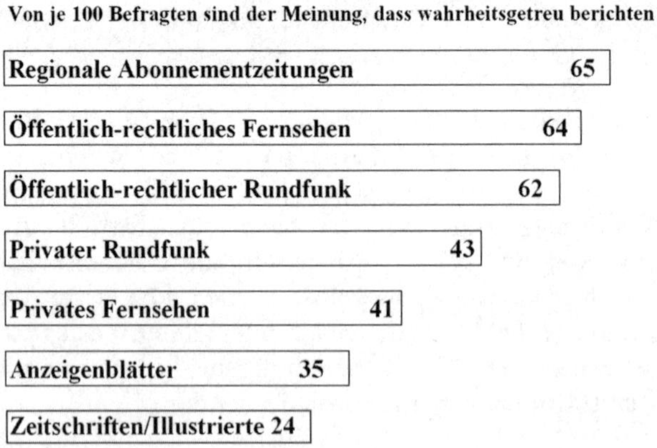

Von je 100 Befragten sind der Meinung, dass wahrheitsgetreu berichten

Regionale Abonnementzeitungen	65
Öffentlich-rechtliches Fernsehen	64
Öffentlich-rechtlicher Rundfunk	62
Privater Rundfunk	43
Privates Fernsehen	41
Anzeigenblätter	35
Zeitschriften/Illustrierte 24	

Quelle: Index und Grafik Jörg Brandes, Stand 1995

Nicht alle Pressemitteilungen werden veröffentlicht. Pressemitteilungen sollten nur in Ausnahmefällen durch PR-Agenturen geschrieben und an die Medien versandt werden.

Presseinformationen sind **nur dann glaubwürdig,** wenn sie von dem Unternehmen, Verband oder von der jeweiligen Behörde **selbst** kommen.

Die beste Chance, Pressemitteilungen in den Medien zu platzieren, haben diejenigen, die sich an journalistische Grundanforderungen halten. Je weniger eine Pressemitteilung umgeschrieben, ergänzt oder gegenrecherchiert werden muss, umso größer ist die Chance der Veröffentlichung.

Pressearbeit im Sinne von Stadtmarketing wird offensiv praktiziert. Sie ist im Vergleich zur traditionellen kommunalen Pressearbeit umfangreicher und folgt nicht dem Grundsatz »Reagieren statt agieren«. Pressearbeit ist – dies ist in den Landespressegesetzen eindeutig festgelegt und zudem aus dem Grundgesetz abzuleiten – eine Pflichtaufgabe der Städte. Dieser Ansatz sollte auch im Stadtmarketing beachtet werden. Stadtmarketing fordert eine offensive kontinuierliche und effektive Pressearbeit. Nur der informierte Einwohner kann die Entwicklung seiner Stadt gestaltend mitbestimmen, kann entscheiden, welche Aufgaben und Ausrichtungen wichtig und daher unterstützenswert sind. Auch die entsprechenden Zielgruppen sind nur durch eine kontinuierliche Pressearbeit zu erreichen.

Der Hauptausschuss des Deutschen Städtetages hat 1988 die »Leitsätze zur städtischen Presse- und Öffentlichkeitsarbeit« neu beschlossen, die den Stellenwert der Pressearbeit festlegen. Die Leitsätze verdeutlichen die Informationspflicht[165] und sind besonders für die Pressearbeit innerhalb eines Stadtmarketingprozesses von grundlegender Bedeutung. Danach besteht die wichtigste Aufgabe der kommunalen Presse- und Öffentlichkeitsarbeit in einer sachlichen, umfassenden und ständigen Information der Bevölkerung. Sie soll über die Presse, Nachrichtenagenturen, Funk und Fernsehen, aber auch durch eine selbst gestaltete und sich unmittelbar an die Einwohner richtende Informationsarbeit erfolgen.

Im Interesse der Einwohner – so die Leitsätze weiter – wie auch der Städte liegt es, die Presse nicht nur auf Anfrage, sondern von sich aus regelmäßig zu informieren. Der Vermittler solcher Informationen ist die Presse- und Informationsstelle. Sie ist dafür verantwortlich, dass alle publizistischen Organe gleich behandelt werden. Auf besondere Bedürfnisse unterschiedlicher Medien ist dabei Rücksicht zu nehmen. Bedeutung hat in diesem Zusammenhang der Leitsatz 3. Darin heißt es:

> Um diese Aufgabe erfüllen zu können, ist eine frühzeitige, umfassende und unaufgeforderte Unterrichtung des Presse- und Informationsamtes über sämtliche Vorgänge durch alle städtischen Dienststellen notwendig. Über wichtige Planungen, Entwicklungen und Entscheidungen ist das Presse- und Informationsamt wegen der notwendigen publizistischen Umsetzung und einer begleitenden Öffentlichkeitsarbeit frühzeitig zu informieren. Nur so wird es in die Lage versetzt, über Zusammenhänge und Hintergründe zu informieren.[166]

Wie weit geht nun die Pressearbeit im Stadtmarketing? Und zu welchen Konflikten kann sie lenken? Die kommunale Pressearbeit erfolgt grundsätzlich als *hard news*. Zwar sind *soft news* nicht grundsätzlich ausgeschlossen, doch sie sollten nicht zum täglichen Stil der Nachrichtenübermittlung gehören. Natürlich darf diese auch einen werbenden Effekt haben, wenn es um die Bekanntgabe von Veranstaltungen und positiven Ereignissen geht. Vorsicht ist allerdings geboten. Bei den Medien darf nicht der Eindruck entstehen, die Pressearbeit richte sich nur werblich aus. Hauptziel der Pressearbeit ist die Versorgung der Medien mit Fakten, die durch die Medien selbst aufbereitet werden können.

Die Pressestelle, die diese Arbeit im Rahmen des Stadtmarketingprozesses wahrnimmt, muss für die Medien ein verlässlicher Partner sein, der durch sachliche Berichterstattung die Arbeit der Medien unterstützt und dem nicht unterstellt werden darf, er rede alles schön.

---

[165] Leitsätze zur städtischen Presse- und Öffentlichkeitsarbeit, Der Städtetag, 4/1988.
[166] Ebenda.

a) Kontinuierliche Pressearbeit

Tägliche Pressemeldungen sind die Grundlage der Medienarbeit im Stadtmarketing. Dabei müssen alle Themen, die in dem Ort überregional von Bedeutung sind, veröffentlicht werden. Es empfiehlt sich, Medienverteiler aufzubauen, die den unterschiedlichsten Interessen Rechnung tragen. Dazu gehören neben den Medien am Ort der engere regionale Bereich sowie ein etwas weiter gezogener überregionaler Kreis, der durchaus mit einem Bundesland identisch sein kann. Zusätzlich müssen Verteiler aufgebaut werden, die das gesamte Bundesgebiet sowie internationale Medien und Fachmedien umfassen.

Für die zielgerichtete Auswahl der Medien stehen aktuell überarbeitete Medienanalysen zur Verfügung, die sowohl Aufschluss über die Auflagen oder Einschaltquoten als auch über die Klassifizierung der Käufer geben. Die Konzeption muss eine genaue Planung von Medienkampagnen enthalten sowie die Kosten, Zeiträume und die Aussagezielrichtungen der Botschaften angeben.

Die übliche Versandart von Pressemitteilungen ist die Übermittlung per Fax. Sie ist schnell, zielgerichtet und außerdem kostengünstig. Weiter bietet das Telefax die Möglichkeit, auf aktuelle Ereignisse sofort zu reagieren. Wichtige und umfangreichere Grundinformationen ergänzen das kommunale Informationsangebot für die Medien.

b) Stadtmarketing und Pressearbeit

Die Pressearbeit im Rahmen von Stadtmarketing sieht die entsprechende Pressestelle in einer Agenturfunktion für die gesamte Stadt. Diese Aufgabe könnte einer funktionierenden Pressestelle der Kommunalverwaltung übertragen werden, wenn sich keine andere Lösung anbietet und diese auch in der Lage ist, eine derartige Aufgabe zu übernehmen. Firmen, Verbänden, Institutionen usw. sollte die Möglichkeit eröffnet werden, über die Pressestelle Informationen abzusenden. Unterhalten andere Stellen am Ort eigene Pressestellen, so sollte es immer zu einer koordinierten Vorgehensweise kommen. Die Konstituierung einer eigenen Arbeitsgruppe für Medienarbeit ist sinnvoll. Über diesen Weg können die Vorhaben aus den Konzeptionen unterstützt werden.

Eine professionell arbeitende Pressestelle verfügt über einen kompletten, stets aktuellen Medienverteiler. Sie kennt die Ansprechpartner und die unterschiedlichen Strukturen der Medien. Zur Pressearbeit gehören auch Informationen über überregionale Sport-, Kultur- und sonstige Veranstaltungen sowie Meldungen aus der heimischen Wirtschaft.

c) Medienkontakte

Leider reichen die besten Pressemitteilungen nicht aus, um Medien auf eine Stadt aufmerksam zu machen. Die Angebote, welche die Redaktionen täglich erreichen, sind so umfangreich, dass Schwerpunkte gesetzt werden müssen.

Ein vertrauensvolles Verhältnis zu den Medien aufzubauen, ist nur möglich, wenn es einen ständigen direkten Kontakt zu den Medienvertretern durch Telefonate und Redaktionsbesuche gibt. Zur intensiven Kontaktpflege gehören auch Journalistenpässe oder spezifische Einladungen. Spezielle Themen lassen sich durch Journalistenreisen schnell und intensiv vermitteln. Sie bieten die Möglichkeit, mit allen Beteiligten das Thema zu diskutieren und sich vor Ort einen Eindruck zu machen.[167]

Der Stadtmarketingprozess ist ohne die redaktionelle Begleitung durch die lokalen Medien nicht möglich. Die Verlagsleitung einer Zeitung hat daran ein eigenes Interesse, da z.B. mehr Einwohner und eine Steigerung der Wirtschaftskraft oder höhere Übernachtungszahlen sich positiv auf die Auflage einer Tageszeitung oder auf das Anzeigenaufkommen auswirken.

Aufwendiger ist dagegen der ständige Kontakt zu den überregionalen Medien. Doch auch hier sollten regelmäßige Redaktionsbesuche eingeplant werden. Neben den aktuellen Redaktionen bieten sich jene an, die besondere Sendeformen betreuen. Dazu gehören Redaktionen, die Live-Sendungen veranstalten oder bekannte, regelmäßig wiederkehrende Sendungen machen. Mittlerweile gibt es eine Symbiose von Geben und Nehmen. Hörfunk- und Fernsehsender sowie Printmedien führen in dem jeweiligen Ort Veranstaltungen in Verbindung mit Sendungen oder Berichterstattungen durch, womit das Stadtprodukt an die Zielgruppen gelangt. Die Kosten, die bei den Sendungen entstehen, müssen von den Beteiligten gemeinsam gedeckt werden. Der positive Effekt für die veranstaltenden Medien ist dabei der eigene werbliche Aspekt, da über die Öffentlichkeitsarbeit Werbung für das eigene Programm oder den Sender gemacht werden kann. Der Kampf um Einschaltquoten und Auflagen ermöglicht diese Symbiose.

Um große, attraktive Sendungen muss sich jeder Ort bewerben. Technische Rahmenbedingungen, wie fernseh- und rundfunkgerechte Veranstaltungshallen oder Bereiche für Außenübertragungen, sind dabei Grundvoraussetzungen. Eine Stadt wie Ludwigsburg ist nicht zuletzt durch große Fernsehsendungen aus dem Forum in Ludwigsburg bekannt geworden. Auch andere Städte (Hof, Bremerhaven oder Emden) profitierten von derartigen Sendungen.

Interessante Ereignisse sind immer Aufhänger für Berichterstattungen aus einem Ort und oft der erste Einstieg in weitere Medienaktivitäten. Ist erst einmal das

---

[167] Peter, J., Presse- und Öffentlichkeitsarbeit in der Stadt, München 1992.

Interesse geweckt und die erste Sendung oder der erste Bericht erfolgreich gesendet, werden weitere folgen.

Werbung

»Wer nicht wirbt, der stirbt.« Dieser Slogan, der in der Privatwirtschaft grundlegende Bedeutung hat, hat die gleiche Bedeutung für Städte. Werbung macht bekannt und schafft spontane Sympathie. Sie bestätigt, aktualisiert und verändert Meinungen. Werbung soll begeistern für ein Produkt, ein Unternehmen oder eine Stadt/Region, soll zu einer Identifikation lenken.

Werbung muss einfach, aber nicht harmlos formuliert sein. In einen Werbeslogan muss Bekanntes und Neues getextet werden. Die Texte müssen frisch und locker sein. Sie sollen nicht nur Positives ausdrücken, sondern auch Negatives gegenüberstellen. Formulierungen sollen beweisend, nicht behauptend sein. Mit einem Text sollen Gefühle angesprochen werden, es sollen aber keine weitschweifigen Ausführungen gemacht werden.

Werbung will den Verkauf von Angeboten oder Dienstleistungen anbahnen. Sie betont einseitig die positiven Eigenschaften, gestaltet aktiv die Bedürfnisse und Nachfrage. Kennzeichnend ist die Tatsache, dass durch Werbung die Angebote, Dienst-, Serviceleistungen und die Attraktivität eines Ortes weder substanziell noch funktionell verändert werden können. Nur die Vorstellung von dem Stadtprodukt kann bei den Zielgruppen beeinflusst werden.

Werbung will durch absichtlichen und zwangfreien Einsatz spezieller Kommunikationsmittel die Zielpersonen zu einem Verhalten veranlassen, welches zur Erfüllung der Werbeziele des Ortes beiträgt.[168]

Immer wieder wird der Begriff Propaganda im Zusammenhang mit Werbung benutzt. Dieser Begriff passt allerdings nicht zu dem Stadtmarketingprozess.

> **Propaganda** (lat.) die, ursprünglich Bezeichnung für die Verbreitung der christlichen Glaubensüberzeugung (nach 1622 gegr. Congregatio de propaganda fide [> (Päpstl.) Gesetz zur Verbreitung des Glaubens <]; heute die gezielte Verbreitung bestimmter politischer, religiöser, wirtschaftlicher, aber auch künstlerischer oder humanitärer Ideen; allgemein die publizistische Beeinflussung, ihre Inhalte und Methoden, auch die Beeinflussung durch Werbe- und Wahlkampagnen. Aber auch, die politische Durchsetzung eines weltanschaulichen, theoretischen Gedankenguts. Propaganda beansprucht die absolute Wahrheit für sich. Ziel ist eine

---

[168] Vgl. J. Bidlingmeier, Marketing 1 und 2, Hamburg 1973.

gedankliche Gleichschaltung großer Bevölkerungsgruppen. Beispiel: totalitäre Staaten.[169]

Werbung soll vor allem breite Zielgruppen erreichen, die wirtschaftlich interessant sind. Sie soll dazu nach innen auf die Einwohner wirken, sie stolz auf ihr Stadtprodukt machen. Werbung soll darüber hinaus der Marke Glanz verleihen und den Unterschied zur Konkurrenz aufzeigen. Sie will Vertrauen gewinnen. Letztlich soll Werbung zum Besuch der Stadt sowie zu investiven Maßnahmen usw. anregen.

Abb. 70 Informationswerbung und Suggestivwerbung

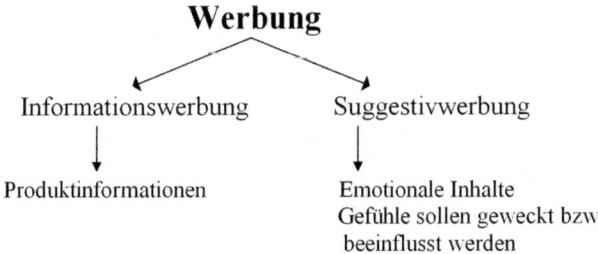

Quelle: eigene Darstellung

PR bereitet den Markt, auf dem die Aussagen der Werbebotschaft wirken. Werbung benötigt für ihre Botschaft ein bestimmtes Umfeld. Sie konzentriert sich dabei auf **eine** Botschaft. Public Relations wirkt in diesem Zusammenspiel unterstützend, da die gesamte Palette oder einzelne Angebote eines Ortes dargestellt werden. Dadurch verstärkt Public Relations den Werbeeffekt.

a) Werbeziele

Die Formulierung der Werbeziele ist der erste Schritt der Werbeplanung. Der Werbung soll eine klare Richtung vorgegeben werden, an der sämtliche Werbeentscheidungen, wie **Zielgruppenwahl**, **Werbebudget** und **Werbestrategie** zu orientieren und zu bewerten sind. Die Werbeziele liefern die Basis zur Beurteilung von Konsequenzen werblichen Handelns und vermitteln den beteiligten Personen einen Ansporn, die angestrebten Ziele zu erreichen.[170]

Die Werbeziele gliedern sich in ökonomische und außerökonomische bzw. psychologische Werbeziele, die auch auf das Stadtmarketing anzuwenden sind.

---

[169] Der Brockhaus, a.a.O., 1998.
[170] Bruhn, M., Kommunikationspolitik, München 1997, S. 238.

Abb. 71 Ökonomische und außerökonomische Werbeziele

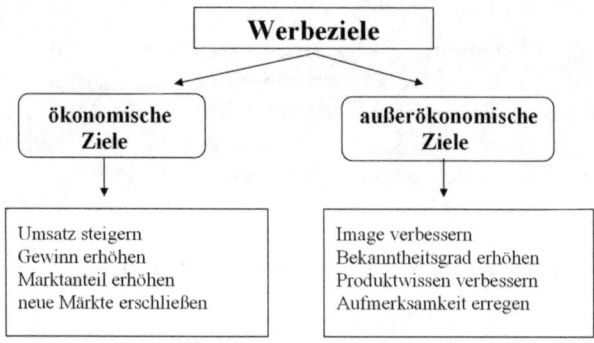

Quelle: eigene Darstellung

Potentielle Abnehmer von Angeboten, Dienst- und Serviceleistungen sollen dahingehend beeinflusst werden, dass sie eine bestimmte Handlung vornehmen (Buchung, Kauf, Ansiedlung, Teilnahme).

Beispiel: Werbung von Wintersportorten

Die Werbung von Wintersportorten mit dem Anspruch »schneesicher« signalisiert den Touristen genügend Schnee während der gesamten Wintersportsaison und will eine Buchung auslösen. Damit ist der Anspruch dieser Urlaubsorte in Bezug auf dieses Kriterium größer als bei denjenigen Orten, die es nicht erfüllen. Für den Begriff »schneesicher« gibt es aber mehrere Definitionen.[171]

1. Definition

Danach ist ein Wintersportort erst dann von großer Schneesicherheit, wenn zu mindestens neunzig Prozent der Tage von Dezember bis März eine 30 cm dicke Schneedecke für den alpinen Skisport und 15 cm für den Skilanglauf vorhanden ist. Werte zwischen 75 bis 85 Prozent stehen für mittlere, zwischen 50 bis 74 Prozent für eine geringe und Werte unter 50 Prozent für eine sehr geringe Schneesicherheit.

---

[171] Wanner, H./Speck, H., Zum Problem der Schneesicherheit im Bergland zwischen Sense und Gürbe, in Informationen und Beiträge zu Klimaforschung, Nr. 14, Bern 1975, S. 16-35.

2. Definition

Eine andere Berechnung geht von einer 30 cm starken Schneedecke an zusammenhängenden Tagen zwischen Dezember und März aus. Folgende Stufen werden dabei unterschieden:
1. Stufe: 30 zusammenhängende Tage mit 30 cm Schneedecke
2. Stufe: 60 zusammenhängende Tage mit 30 cm Schneedecke
3. Stufe: 90 zusammenhängende Tage mit 30 cm Schneedecke.

Als wirklich schneesicher darf nach der letzten Berechnung ein Urlaubsgebiet erst dann bezeichnet werden, wenn die Stufe drei in mindestens 90 Prozent der Winter erfüllt wird.

3. Definition[172]

Sie besagt, dass an 100 Tagen je Saison eine Ausnutzung der installierten Anlagen in der Zeit vom 16. Dezember bis 15. April mit mindestens 30 cm für den alpinen und 15 cm für den nordischen Skisport notwendig sind. Diese Regel wird überwiegend von den Touristikern in Skiregionen akzeptiert.

Diese Beispiele zeigen, wie unterschiedlich Werbeaussagen gewertet werden müssen, aber ohne Vorkenntnisse nicht zu verstehen sind. Die Werbeaussage »schneesicher« steht aber immer in der Bewertung der Urlauber als Qualitätsmerkmal eines Ortes, auch ohne Kenntnis der Definitionen.

Werbung will nicht nur den Verkauf eines Produktes, die Bevorzugung eines bestimmten Unternehmens oder einer bestimmten Leistung anbahnen. Werbung soll darüber hinaus dem Kunden eine Botschaft vermitteln und durch eine positive Meinung eine langfristige Bindung erzeugen. Ziel muss es sein, die Werbung zu einem Dialog werden zu lassen.[173] Werbung hat nach Prof. O.W. Haseloff zwei Funktionen: eine **Informations-** und eine **Beeinflussungsfunktion.**

b) Werbebudget

Das Werbebudget wird im Rahmen der finanziellen Möglichkeiten der Gesamtfinanzierung des Stadtmarketingprozesses geplant. Das Werbebudget wird dann auf die jeweiligen Objekte und Maßnahmen verteilt.

Diese Praxis ist zwar gängig, aber aus zielorientierter Sicht abwegig. Der Handlungskatalog des Stadtmarketings gibt zwar die Ziele und die dafür erforderlichen

---

[172] Witmer, U., Erfassung, Bearbeitung und Kartierung von Schneedaten in der Schweiz, Geographica Bernensia, Bern 1986, S. 193.
[173] Vgl. Lettau, Grundwissen Marketing, a.a.O., S. 160.

finanziellen Mittel konkret vor, legt aber nicht fest, welche Budgethöhe für die Werbung – dies gilt auch für andere Instrumente der Kommunikationspolitik – erforderlich ist. Tatsächlich ist die Höhe schwer festzustellen, da zwar das Gesamtprodukt primär die Werbung beeinflusst, aber einzelne Handlungsfelder werblich getrennt gesehen werden müssen, von Synergien ganz abgesehen.

Das Budget für die Werbung muss separat errechnet werden. Für die Berechnung ergibt sich eine Vielzahl von Möglichkeiten:[174]

- **Ausgabenorientierte Methode** (All you can afford method): Diese Methode gibt ohne systematische Überlegungen eine Summe für Werbung vor. In den meisten Fällen schrumpft der Ansatz, je weniger finanzielle Mittel im Gesamtetat vorhanden sind. Dieser Ansatz ist völlig falsch, da gerade in Zeiten, in denen der finanzielle Spielraum gering ist, durch erhöhte Werbeaufwendungen eine Marktstellung zurückerobert werden muss. Diese Methode ignoriert also den Einfluss der Werbung auf den Absatz. Sie führt zu absoluter Unsicherheit in der Budgetplanung und macht eine kurzfristige Planung und damit Aktivitäten wie den Aufbau einer Stadtmarke unmöglich.[175]

- **Prozentsatz von ... Methode** (Percentage of ... method) : Der Werbeaufwand steht hierbei in Proportion zum Umsatz. Den Verantwortlichen ist bei dieser Methode deutlich, dass es einen Zusammenhang zwischen der Höhe der Werbeausgaben und den Einnahmen gibt. Problematisch ist die Methode, da »die Grundüberlegung falsch ist, weil die Umsatzzahlen als ursächlich bestimmend für den Werbeaufwand eingesetzt werden, der Umsatz aber das Ergebnis der Werbung ist.«[176] Die Methode geht von der Verfügbarkeit der Werbemittel aus, nicht von den Chancen oder dem Bedarf an Werbe- und Kommunikationsaktivitäten. Die Unternehmen haben für die Höhe der Werbemittel eine Formel entwickelt, die auch für öffentlich-rechtliche Zusammenschlüsse Maßstab sein sollte. Für den Werbebereich der Privatwirtschaft wird mindestens ein Prozent des Umsatzes veranschlagt. Hinzu kommt ein Promille für die Presse- und Öffentlichkeitsarbeit.

- **Konkurrenzorientierte Methode** (Competitive method): Richtgröße ist hier die Höhe des Werbeetats konkurrierender Städte. Diese Methode ist ungenau, da jede Stadt andere Ziele verfolgt und anders zu beurteilen ist. Die Fachkompetenz in der eigenen Stadt sollte höher bewertet werden als die Zahlen anderer Orte.

- **Ziel-und-Aufgaben-Methode** (Objective and task method): Die logischste Methode für das Festlegen des Werbebudgets besteht darin, die Ziele und Aufgaben genau zu definieren und entsprechend diesen Vorgaben das Werbe-

---

[174] Pickert, M., Die Konzeption der Werbung, Heidelberg/Zürich 1994.
[175] Vgl. Kotler, a.a.O., S. 684.
[176] Ebenda, S. 685

budget zu bestimmen.[177] Dabei wird eine Kostenschätzung der geplanten Maßnahmen vorgenommen, welche die Grundlage für das beantragte Budget ist. Die Anwendung dieser Methode erfordert,

- dass die Kommunikationsziele definiert werden.

- dass festgestellt werden muss, welcher Grad der Zielerreichung zu erwarten ist, wenn bestimmte Instrumente (z.B. Printmedien zu elektronischen Medien, welche Zeitschriften, Sendezeiten, welche Unterstützung) eingesetzt werden.

- dass berechnet wird, was die einzelnen Alternativen an Kosten verursachen.

c) Werbestrategie

In der Werbestrategie werden Entscheidungen getroffen,

- für welche Maßnahmen

- in welcher Art

- für welche Zielgruppen und

- für welche Zeitabschnitte

Werbemaßnahmen erfolgen sollen. Zunächst muss darüber entschieden werden, welche Maßnahme schwerpunktartig unterstützt werden soll. Dies kann die Stadt als Ganzes und/oder die im Maßnahmenkatalog festgelegten Ziele (Produkte/Dienstleistungen/Service/Attraktivität) sein.

Die Art der Strategie umfasst die zu wählende Gestaltungsart sowie die damit verbundene Festlegung des Kernmediums zum Transport der Werbebotschaft. Bei der Gestaltungsart stehen vier Optionen zur Verfügung:

- emotionale Gestaltung

- informative Gestaltung

- emotionale und informative Gestaltung

- aktualisierende Gestaltung

Welche Gestaltungsart Erfolg bringt, kann nur im Einzelfall beurteilt werden, da eine Vielzahl unterschiedlicher Einflussfaktoren (wie die Orts-, Konkurrenz-, Produkt-, Dienstleistungs-, Service-, Image-, Konsumenten- und Umfeldsituation) berücksichtigt werden müssen.

Direkt verbunden mit der Wahl der Gestaltungsart ist die **Festlegung des Kernmediums** bzw. die Art der Werbekampagne. Ziel muss es sein, ein Basismedium

---

[177] Ebenda.

zu bestimmen, welches in der Lage ist, die Werbebotschaft optimal zu transportieren.

Im Rahmen der Strategie muss auch festgelegt werden, für welche **Zielgruppen**
eine intensive Werbung notwendig ist und welche Zielgruppen eher zu vernachlässigen sind. Ferner sollte über die **zeitliche Aufteilung** werblicher Aktivitäten
entschieden werden. Grundsätzlich kann eine Werbeaktion einmalig oder kontinuierlich oder intermittierend (unregelmäßig) veranstaltet werden.

Ein **Werbemittel** ist das Medium, mit dessen Hilfe die Werbebotschaft von den
werbenden Städten zu den Empfängern gelangt. Zu den gebräuchlichsten
gehören:

- **Printwerbung** : Anzeigen, Prospekte, Plakate/Poster, Handzettel, Kataloge,
  Postkarten, Aufkleber, Werbebriefe, Flugblätter, Beilagen, Kalender

- **elektronische Werbung**: Hörfunk, Fernsehen, Kino, Internet, E-Mail, Fax,
  CD-ROM, Werbedias, Videos

- **Außenwerbung** an öffentlichen Straßen, Plätzen u.ä.: Großplakate, Verkehrs-
  mittelwerbung, City-Light-Werbung, Beschilderung, Litfasssäulen, Banden-
  werbung, Bus-, Pkw- und Lkw-Werbung

- **Direktwerbung**: unmittelbar bei den Zielgruppen

- **Sonstiges**: Werbegeschenke, Trikotwerbung, Gewinnspiele u.ä.

Die Auswahl des Werbemittels wird durch das Stadtprodukt bestimmt, das bei
der Zielgruppe abgesetzt werden soll. Oft entscheidet auch die Werbestrategie der
Konkurrenzorte und/oder der Werbeträger über das Werbemittel.

Werbeträger sind die Medien, die Werbemittel an die Zielgruppen herantragen.
Ein wichtiges Kriterium für die Auswahl des Werbeträgers ist die Anzahl der Per-
sonen, die mit dem Werbeträger in Kontakt kommen sollen, also die Reichweite.
Die wichtigsten Werbeträger sind:

- Printmedien

- Fernsehen

- Hörfunk

- Direktmarketing

- Außenwerbung

- Merchandising

d) Angebotsorientierte Perspektiven

In den Medien ist es von großem Interesse, wie sich die Zahl der Werbeträger verändert und in welchem Umfang sich die Werbeaufwendungen in den Mediengattungen entwickeln. Zu beachten ist, wie sich das Wettbewerbsverhältnis zwischen öffentlich-rechtlichem und privatrechtlichem Hörfunk und Fernsehen gestaltet. Dabei sind zu berücksichtigen:

- Einschaltquoten

- Reichweiten (lokal, bundes- oder landesweit)

- Zielgruppen (Alters- und Bildungsstruktur)

Die Umschichtung von den Printmedien zum Fernsehen nimmt weiter zu. Die Zielgruppen werden wegen der steigenden Informationsüberlastung im zunehmenden Maße audiovisuell angesprochen. Darüber hinaus ist zu erwarten, dass das Direktmarketing eine große Bedeutung erhält, da eine zielgruppenspezifische Ansprache immer wichtiger wird.

e) Nachfrageorientierte Perspektiven

Die Werbung wird sich auf fundamentale Verschiebungen in der Altersstruktur der Bevölkerung einstellen müssen. Die demographische Situation z.B. in Deutschland wird in der ersten Hälfte des 21. Jahrhunderts durch eine steigende Zahl älterer Menschen gekennzeichnet sein. So werden Städte ihre Werbeaktivitäten zunehmend auf die Bedürfnisse und Erwartungen dieser Altersklasse ausrichten müssen, um entsprechende Potentiale zu erschließen und auszuschöpfen.

Es ist davon auszugehen, dass sich die Präferenz und Bedürfnisstruktur der Konsumenten ändern werden. Diese Tendenz kommt beispielsweise in der Single-Bewegung zum Ausdruck. Das Bildungsniveau wird in den nächsten Jahren weiter ansteigen.[178] Die Werbung wird sich mehr mit Konsumenten auseinandersetzen müssen, die aktiv Informationen suchen und deren Entscheidungen von Nutzen-Kosten-Überlegungen abhängen.

Des Weiteren kann davon ausgegangen werden, dass die Werte der Gesellschaft mehr durch freizeit- und erlebnisorientierte Aspekte geprägt werden. Es wird daher im zunehmenden Maß darauf ankommen, die Werbung durch eine erlebnisorientierte Ausrichtung zu einem Bestandteil der Freizeit zu machen.

---

[178] BDW, Kommunikationstrends 2000, Forschungsbericht über die Entwicklung der Kommunikationswirtschaft, Bonn 1992, S. 35.

Die Konsequenz daraus könnte sein, dass sich die zukünftigen Anforderungen an einen erfolgreichen Werbeeinsatz orientieren an[179]

- Innovation,
- Kreativität,
- Integrativität,
- Emotionalität,
- Bildbetonung.

Die Städte müssen je nach Zielgruppe dazu übergehen, ihre Werbung **emotionaler** und **peppiger** zu gestalten. Die Gründe hierfür sind die homogener werdenden Stadtprodukte. Homogene Produkte werden sich zukünftig besser über ein Image verkaufen lassen, zu dessen Aufbau eine emotionale Werbung einen höheren Beitrag leisten kann.

Im Zuge der steigenden Informationsüberlastung wird die Aufnahme von Werbemitteln oberflächlicher, fragmentarischer und selektiver. So kann davon ausgegangen werden, dass die durchschnittliche Betrachtungsdauer von Werbemitteln weiter sinken wird. Deshalb wird es notwendig sein, Werbemittel **bildbetonter** zu gestalten, da Bilder vom Konsumenten wesentlich schneller wahrgenommen und verarbeitet werden.

Darüber hinaus sollten die Verantwortlichen im Stadtmarketingprozess darüber nachdenken, wie sie ihre werblichen Aktivitäten **innovativer** und **kreativer** gestalten können, um sich von der Vielzahl herkömmlich gestalteter Werbemittel abzuheben. Hier wird es zunehmend darauf ankommen, neue Wege zu gehen und auch neuen Ideen Beachtung zu schenken. Dem Ungewöhnlichen, dem Spontanen und dem Originellen wird immer Aufmerksamkeit geschenkt.

Außerdem sollte beachtet werden, dass der Einsatz der Werbung **integrativer** erfolgen muss. Dadurch werden die zentralen Werbeaussagen ohne größeren Aufwand vom Konsumenten erlernt, bleiben dauerhaft gedanklich präsent und werden leichter der richtigen Stadt zugeordnet.

f) Werbekonzeption

Die **Werbekonzeption** richtet sich nach den Zielgruppen, die angesprochen werden sollen, und muss Aussagen enthalten zu dem

- Werbemittel und dem
- Werbeträger.

---

[179] Bruhn, a.a.O., S. 383.

Die **Werbeaufwendungen** richten sich nach dem Ziel, das erreicht werden soll. Große Ziele verlangen einen größeren Werbeetat als kleine. Optimale Grenzerträge sollen erzielt werden

- in Relation zum Umsatz,

- im Vergleich mit den Wettbewerbern,

- nach den finanziellen Möglichkeiten,

- idealerweise nach den Zielen und der Strategie.

Die Basis für die **Werbeerfolgskontrolle** sind

- die Wechselbeziehungen zwischen dem Umsatz und dem Werbeetat,

- der Bekanntheitsgrad,

- Befragungen,

- Pre-Tests.

Die **Werbereichweiten** können sein

- lokal,

- regional,

- national,

- international.

Bei den **Stufen der Werbung** wird unterschieden:

- nur an konsumierende Zielgruppen gerichtet

- auch an vermittelnde Zielgruppen (Agenturen) gerichtet

- auch an Multiplikatoren (Medien) gerichtet

Objekte der Werbung sind

- Produkte und Preise,

- Leistungen des Anbieters,

- subjektive Werte.

Bei dem Erstellen der Werbekonzeption sollten mehrere Punkte beachtet werden, die sowohl sachliche als auch gestalterische Komponenten haben. **Sachliche Komponenten** der Werbekonzeption sind nach Lettau:[180]

1. Welche Zielgruppe soll mit der Werbung angesprochen werden?

- Firmen?

- Einzelpersonen?

- Wie groß ist die Zielgruppe?

2. Wie können die Zielgruppen erreicht werden? Welches Informationsverhalten zeigen sie? Wo müssen wir werben? Was hat Priorität?

- Printmedien?

- Messen und Ausstellungen?

- Werbe- Informationsmaterial?

- Fachartikel?

- Radio?

- TV?

- Was noch?

g) Mediaplan

Vorhandene finanzielle Mittel für die Werbung müssen erfolgreich eingesetzt werden, damit die gesetzten Ziele im Rahmen der Etatplanungen erreicht werden können. Dies stellt besondere Anforderungen an die Mediaplanung.

Mit großem Einfühlungsvermögen müssen Zielgruppenstrukturen und Absatzpotentiale herausgearbeitet, Vertriebs- und Werbegebiete abgegrenzt und eine Vielzahl von Werbeträgern, oft aus unterschiedlichen Datenquellen, ausgewählt und bewertet werden. Der administrative Aufwand ist bei dieser Vorgehensweise sehr groß. Die Ergebnisse müssen den Beteiligten im Stadtmarketingprozess, die meist keine Mediaprofis sind, in der notwendigen Transparenz dargestellt werden.

h) Verfahren

Mediaservice-Agenturen und/oder entsprechende Mediaunterlagen, die jedes Printmedium, jeder Hörfunk- und Fernsehsender vorhält, erleichtern die Planung. Regionale und überregionale Auflagen-, Sende- und Funkplanungen sowie Vergleiche gehören hier zur Entscheidungsgrundlage. Die Auflagen und Einschaltquoten sowie die Reichweiten sind zu erfassen. Jede Zielgruppe mit Ran-

---

[180] Vgl. Lettau, Grundwissen Marketing, S. 171.

king, Analyse, Selektion, Evaluierung und ggf. noch Optimierung auf Basis der Einzelstunden wird dargestellt, um die Auswahl zu erleichtern. Eine Mediaselektion bietet lange Zahlenkolonnen mit Regionalbreaks zum Vergleich.

Einfach und übersichtlich sind kompakte Serviceangebote großer Medien. So bietet z.B. der neue Mapping-Service der ARD-Werbung die ebenso einfache wie eindrucksvolle Möglichkeit, regionale Markt- und Mediadaten auf der Basis farbiger Landkarten präsentationsreif darzustellen. Als Datenquellen stehen u.a. die Daten der GfK Fernsehforschung, die Nielsen-Werbeforschung / Schmidt & Pohlmann GmbH (Nielsen-Gebiete) zur Verfügung. Nach vorheriger Abstimmung können auch kundenspezifische Daten, Vertriebszahlen, Filialumsätze etc. eingebunden werden. Die regionale Differenzierung des Systems ist nahezu unbegrenzt: Nielsen-Gebiete, Bundesländer und Regierungsbezirke sind die Standardebenen; bei Bedarf und unter Beachtung der Fallzahlen kann aber auch nach Landkreisen, Städten und Postleitzonen differenziert werden. Selbst eigene kundenspezifische Gebietsdefinitionen können umgesetzt werden.

Die Media-Analyse (MA) ist die größte Untersuchung des Mediennutzungsverhaltens in Deutschland, ein Zusammenschluss von Werbeträgern, Werbeagenturen und Werbetreibenden. Befragt werden halbjährlich 26.000 Personen ab 14 Jahren zur Nutzung von Publikumszeitschriften. Mitglieder der Arbeitsgemeinschaft Fernsehen (AGF) sind die ARD, das ZDF, die Pro 7 Media AG, RTL und SAT 1. 5640 Haushalte liegen den Erhebungen zu Grunde.

i) Printmedien

Durch die Werbung in Printmedien kann eine große Personenzahl, aber auch eine Spezifizierung nach Zielgruppen vorgenommen werden. Für die Schaltung von Anzeigen in Printmedien sind zuerst das jeweilige Zielgebiet und die Art der Leser (Alter, Beruf usw.) zu ermitteln. Im Einzelnen müssen Daten vorliegen, die Auskunft geben über

- die Auflage von periodisch erscheinenden Printmedien,
- die regionale Verbreitung der verkauften Printmedien,
- die Aushangstellen und Werbemöglichkeiten in und an Verkehrsmitteln bei Unternehmen für Städtewerbung,
- die Auflagen bei Anbietern periodisch erscheinender elektronischer Datenträger,
- die Zugriffe auf das Online-Angebot bei Anbietern von Online-Werbung.

Die folgenden Printmedien werden unterschieden:

- **Zeitungen:** Sie unterscheiden sich in Tages- und Wochenzeitungen. Hinsichtlich des Vertriebs gibt es Abonnement- oder Kaufzeitungen. Zeitungen werden lokal, regional oder überregional vertrieben. Der Vertrieb ist entscheidend für die Auswahl der Zielgruppen, die erreicht werden sollen.

- **Anzeigenzeitungen:** Die redaktionelle Berichterstattung gerät hierbei weitgehend in den Hintergrund. Die Finanzierung erfolgt über Anzeigen. Anzeigenzeitungen werden kostenlos, meist direkt in die Haushalte, verteilt. Bei einer stetig wachsenden Zahl derartiger Printerzeugnisse stellt sich die Frage der Nutzung, also des Lesens durch die Verbraucher. Auflagenzahlen geben hier keine verwertbaren Anhaltspunkte. Viele der Anzeigenzeitungen werden ungelesen in den Papierkorb gelegt. Die Nutzung dürfte sich nach der Qualität der Zeitung und dem eigenständigen redaktionellen Anteil richten.

- **Supplements:** Es handelt sich dabei um periodisch erscheinende Druckerzeugnisse, die eigenständigen Printmedien einmal in der Woche oder im Monat beigelegt werden. Hierzu gehören:

  a) Programmbeilagen

  b) unterhaltende oder meinungsbildende Beilagen wie das Süddeutsche Magazin (Süddeutsche) und das FAZ-Magazin (Frankfurter Allgemeine Zeitung)

  c) Beilagen in Fachzeitschriften (z.B. Tele-Prisma)

- **Publikumszeitschriften:** Diese werden unterschieden in Massenzeitschriften (wie Spiegel, Stern, Focus etc.), Zielgruppenzeitschriften (wie Frauen-, Familien-, Jugendzeitschriften etc.) oder Schwerpunktzeitschriften, die ein bestimmtes Thema redaktionell aufarbeiten wie Wohnen, Fußball, Auto etc. Diese Zeitschriften bieten für die Zielgruppensegmentierung erhebliche Vorteile, da eine direkte Ansprache bestimmter Zielgruppen möglich ist. Neben Anzeigen bieten sich hier besonders andere Instrumente der Werbung an wie die Beilage von Prospekten oder von Antwortkarten.

- **Fachzeitschriften:** Fachzeitschriften dienen der beruflichen Information sowie der Weiterbildung. Hierzu gehören Zeitschriften für Handwerker, Bäcker, Journalisten, PR-Fachleute etc.

- **Kundenzeitschriften:** Mit Kundenzeitschriften wollen Unternehmen einen Kundenkreis pflegen. Sie sind Instrumente der Öffentlichkeitsarbeit. Hierzu gehören z.B. Apotheken- oder Floristenzeitschriften etc.

- **Mitarbeiterzeitschriften:** Sie haben das Ziel, die Mitarbeiter eines Unternehmens zu informieren.

- **Gästezeitschriften:** Hierzu gehören Zeitschriften vor allem im touristischen Bereich, die von Urlaubsorten oder von Hotels herausgegeben werden. Sie sollen vor allem den Kontakt zur Stammkundschaft pflegen, aber auch neue Gäste informieren.

- **Adress- und Telefonbücher:** Auch sie sind Werbeträger. Da sie für einen bestimmten Zeitraum aufgelegt werden, meist ein Jahr, sind sie eine ideale Möglichkeit der Langzeitwerbung.

Gemäß der **Auflagenart** sind zu unterscheiden:

- **Druckauflage:** die Gesamtzahl der gedruckten Exemplare, die durch den Verkauf oder die kostenlose Weitergabe an die Zielgruppe gelangen.

- **Abonnementsauflage:** die Zahl der festen Abnehmer und der an Lesezirkel gelieferten Exemplare mit der Höhe der jeweiligen Streuung. Abonnenten sind immer dieselben Leser, die kontinuierlich durch eine Mehrfachschaltung von Anzeigen erreicht werden.

- **Kaufzeitungen:** die Exemplare, die im freien Verkauf als Einzelzeitungen angeboten werden.

- **Einzelverkaufsauflage:** Exemplare, die immer wieder neu an Leser verkauft werden müssen.

- **Remittenden:** die nicht verkauften, sondern an den Verlag zurückgeschickten Exemplare.

- **Verbreitete Auflage:** ist die Druckauflage abzüglich der Remittenden, Rest- und Archivexemplare, aber einschließlich der unentgeltlich vertriebenen Exemplare.

- **Verkaufte Auflage:** die Abonnements- und Einzelverkaufsauflage abzüglich der Remittenden. Sie ist das wichtigste Auflagenkriterium.

- **Nullnummer:** Einführung eines neuen Printmediums, die erste (und evtl. weitere) Ausgabe, die kostenlos erscheint.

- **Lesezirkel:** verleihen Zeitschriften. Durch einen Lesezirkel werden vornehmlich Publikumszeitschriften weitergereicht (Friseure, Ärzte, aber auch Privathaushalte).

j) Hörfunk und Fernsehen

Hörfunk und Fernsehen verzeichnen eine ständig wachsende Bedeutung für die Werbung.[181] Je nach Art der Sendung erfolgt eine Selektierung nach Zielgruppen wie Familien, Kinder-, Frauen- oder Sportsendungen. Zu unterscheiden sind Voll- und Spartenprogamme sowie Pay-TV. Eine weitere Unterscheidung erfolgt nach öffentlich-rechtlichem oder privatrechtlichem Fernsehen bzw. Hörfunk. Neben den Werbespots gibt es zusätzliche Möglichkeiten der Produktwerbung, wie die Präsentation von Sendungen (z.B. »Krombacher präsentiert die Fußballbundesliga«), die Laufbandwerbung sowie neuerdings auch der *split screen*, die Teilung des Bildschirms für Werbung und Programm. Mittlerweile gibt es deutliche Hinweise, Werbung verstärkt über ein Product Placement umzusetzen.

---

[181] Die erste deutsche Fernsehwerbesendung gab es am 3. November 1965 im Bayerischen Fernsehen mit einem Spot über Persil.

Im Hörfunk lassen sich die größten Reichweiten in der so genannten Morgen-schiene, also zwischen ca. 6.30 Uhr bis 8.30 Uhr, erzielen. Eine weitere Kernzeit ist die Nachmittagsschiene in der Zeit von 15.30 Uhr bis ca. 18.00 Uhr.

Verkaufsförderung

Verkaufsförderung dient der Unterstützung, Information und Motivation aller am Absatzprozess beteiligter Organe, um den Verkauf zu fördern. Am Point of Sale (POS) werden Maßnahmen eingesetzt, die dem Verkauf helfen sollen und die sich sowohl an die eigenen Mitarbeiter und an Absatzmittler als auch direkt an den Endabnehmer richten können. Bezogen auf das Stadtmarketing heißt dies: Die Einwohner, Multiplikatoren einer Stadt müssten dazu bewegt werden, ihr Produkt Stadt nach außen zu bringen und materielle Kontakte herzustellen (Wirt-schaftsunternehmen siedelt sich an durch Kontakte eines Einwohners. Bestimmte Veranstaltung kommt in die Stadt durch Vermittlung eines Einwohners etc.)

Die Verkaufsförderung (Sales Promotion) ist aktionsorientiert. Ziel jeder Ver-kaufsförderungsaktion ist es, kurzfristig Mehrumsätze zu erzielen, wobei die Aktionsdauer in der Regel begrenzt ist. Es gilt, die Distribution der Leistung zu verbessern und die Nachfrage zu erhöhen. Im Wesentlichen geht es darum, über die jeweiligen Absatzwege mit dem Kunden zu kommunizieren, um ihn zu einem Vertragsabschluss zu bewegen. Unter Verkaufsförderung können alle Maßnahmen zur optimalen Gestaltung des Kontaktes zwischen Angebotsträgern und Kunden subsumiert werden[182] (persönliche Sales Promotion) sowie die Optimierung der äußeren Bedingungen, unter denen diese Kontakte stattfinden und die Angebote präsentiert werden (sachliche Sales Promotion). Die Verkaufsförderung kann auf drei Ebenen erfolgen:

- Die **zielgruppenbezogene Verkaufsförderung** will auf das Angebot einer Stadt aufmerksam machen. Es handelt sich dabei um Maßnahmen, die am *point of sale* (POS), d.h. direkt am Ort des Verkaufs, erfolgen. Dazu gehören Gewinn-spiele, Gutscheine oder Aktionen.

- Die **mitarbeiterbezogene Verkaufsförderung** bezieht sich im Allgemeinen auf den Bereich der am Stadtmarketingprozess Beteiligten. Ziel ist es, die Motivation der Beteiligten sowie die Qualifikation zu erhöhen (z.B. Workshops für Mitarbeiter in Hotellerie, Gastronomie, Einzelhandel usw.). Dazu zählen auch Maßnahmen zur Förderung der Verkäuferpromotion wie Außendienst, Messen und Telefon-aktionen.

- Die **absatzmittlerbezogene Verkaufsförderung** will mit verschiedenen Aktio-nen Produkt- und Dienstleistungsmittler stärker binden. Neben professionellen Mittlern (z.B. Reisebüros, Agenturen) ist die Verkaufsförderung auch bei nicht

---

[182] Anmerkung des Autors: Zielgruppen wie Investoren, Touristen usw.

professionellen Absatzmittlern denkbar (z.B. Taxifahrer, Kontakter für bestimmte Handlungsfelder). Dazu gehören Schulungen und Wettbewerbe.

Veranstaltungen

Veranstaltungen sind wichtige, kurzfristige Signalmöglichkeiten in der Umsetzung eines Stadtmarketingprozesses. Veranstaltungen schließen eine Lücke zwischen Unterhaltung und Information, indem sie Live-Erlebnisse beim Interessenten auslösen und zum Erreichen von Stadtmarketingzielen beitragen. Nicht alle Events entsprechen allerdings dem Anspruch eines Ereignisses.

Das Kommunikationsmittel Veranstaltung spricht drei Kommunikationspartner an:[183]

- bei der Veranstaltung unmittelbar anwesende Teilnehmer

- Medien, die von der Veranstaltung berichten

- die Gesamtzielgruppe, die über die Medien erreichbar ist

Veranstaltungs-Marketing verfügt über drei Säulen. Dies sind die Information, die Aktion und die Animation. Die Information soll nachvollziehbare Fakten zu der Stadt vermitteln. Dazu gehören Darstellungen durch Bild und Text, aber auch die Herausgabe von Prospekten. Mit einer Aktion sollen die Besucher direkt angesprochen werden, z.B. durch Verlosungen oder Preisausschreiben. Die Animation bezieht die Besucher ein, beispielsweise durch Weinproben bei der Präsentation von Winzerorten. Veranstaltungs-Marketing ist nur dann erfolgreich, wenn es sich kreativ von anderen Veranstaltungen unterscheidet.

Bei Veranstaltungen werden je nach Planung und Umsetzung verschiedene Typen unterschieden. Nachfolgend wird eine grobe Übersicht gegeben.

- **Kick-off-Veranstaltungen**: Dabei handelt es sich um Einführungs- und Eröffnungsveranstaltungen. Sie sollen neue bedeutsame oder erklärungsbedürftige Produkte oder Dienstleistungen einführen. Verfolgt werden Informations- und Motivationsziele.

- **Roadshows**: Sie zeichnen sich dadurch aus, dass sie über einen bestimmten Zeitraum an verschiedenen regionalen, nationalen oder internationalen Orten stattfinden. Es sind mobile Ereignisse, die sich in den meisten Fällen an externe Zielgruppen richten. Die Mobilität impliziert jedoch nicht, dass sie nicht auch in Gebäuden stattfinden können. Hotels, Veranstaltungsräume oder Museen eignen sich genauso gut wie die klassische Variante des Promotion Trucks.

---

[183] Vgl. Böjme-Köst, P., Tagungen, Incentives, Events gekonnt inszenieren – Mehr erreichen, in Marketing Journal, Marketing-Arbeitsmodelle Nr. 8, Hamburg 1992.

- **Messeauftritte:** Die Messe wird von anderen organisiert und bietet die Möglichkeit der Präsentation bei einem bestimmten Publikum. Ein Messeveranstalter kann Event-Marketing einsetzen, um die Messe sowohl für die Aussteller als auch die Besucher attraktiver zu machen. Ergänzt wird dies durch die Möglichkeit eines Event-Marketings der Aussteller. Dazu gehören Eröffnungsfeiern, Kongresse, Get-together-Parties, Podiumsdiskussionen und Sonderausstellungen. Aussteller können sich so von Mitausstellern abheben. Am Messestand selbst können Erlebnisse organisiert werden. Kunstvolle Auftritte von Künstlern, Zauberern, Pantomimen, Tänzern, Artisten, Akrobaten oder Prominenten verlocken Messebesucher dazu, länger am Stand zu verweilen und sich intensiver mit dem Ort zu beschäftigen.

- **Kongresse, Tagungen, Seminare, Workshops und Symposien:** Diese Arten von Veranstaltung werden unter dem Begriff Informationsvermittlung zusammengefasst. Sie sind unter dem Zielaspekt der Weiterbildung einzuordnen und können allein oder in Kombination mit einer anderen Veranstaltung inszeniert, punktuell oder permanent eingesetzt, regional, national oder international veranstaltet werden. Während die Kongresse, Tagungen, Foren, Symposien und Workshops primär dem Erfahrungsaustausch dienen, haben Seminare und Vortragsreihen eher einen Schulungscharakter. Die Einordnung derartiger Veranstaltungen in den Event-Bereich ist umstritten, da die klassische Durchführung kein Ereignis vermuten lässt.

- **Jubiläen und Festakte:** Diese Veranstaltungstypen, die auch gleichzeitig Einführungs- oder Eröffnungsveranstaltungen sein können, sind Aushängeschilder einer Stadt. Sie zeichnen sich durch Exklusivität und Erlebnis- bzw. Freizeitcharakter aus. Die Identität des Ortes steht hierbei im Vordergrund der Gestaltung, die sich an interne und externe Zielgruppen wendet. Vor allem Motivation und Imageprofilierung sind die Ziele.

- **Sport- und Kulturveranstaltungen:** Sportveranstaltungen bieten sich besonders für Zielgruppen im Event-Marketing an. Je nach Art der Veranstaltung können altersmäßig unterschiedliche Zielgruppen erreicht werden.

Synergieeffekte

Public Relations und Werbung entwickeln eine gemeinsame Strategie. Die Werbezielgruppen, Medienvertreter und Meinungsbildner hören die Stadt oder die Stadt mit einer Stimme.

Public Relations stellt den Zweit- und Drittnutzen heraus. Die Werbung konzentriert sich dabei auf eine Botschaft. Public Relations kann unterstützen, indem im Vorfeld das Klima für Werbemaßnahmen gestaltet wird und während bestimmter Aktionen eine Flankierung erfolgt. Public Relations verstärkt die Werbeeffekte. PR kann einen Markt vorbereiten, damit die Werbung ihre Botschaft in ein bestimmtes Umfeld senden kann.

Nachgesagt wird Public Relations und Werbung eine zu geringe Annäherung an die Bedürfnisse der Zielgruppe. Daher gewinnen neue Formen wie Sponsoring und Telefonmarketing an Bedeutung.

Veranstaltungen und der Begriff des »Events« sind deutlich von einander zu trennen. Ein Event ist ein einmaliges Erlebnis aus der Sicht des Teilnehmers, bzw. aus der Sicht des Veranstalters. Der Begriff »Event« sollte daher auch in dieser Bedeutung benutzt werden. Nicht jede Kirmesveranstaltung, jedes Volksfest oder Weinfest ist ein Event.

Neue Stadtmarketing-Kommunikationsinstrumente

Sponsoring

Sponsoring ist ein Instrument, das erst seit Anfang der 70er Jahre zunehmend an Bedeutung gewann. Sponsoring steht in einem starken komplementären Verhältnis zu anderen Instrumenten der Kommunikation, da durch Sponsoring keine eigentliche Werbebotschaft übermittelt wird. Es ist ein Vertrag auf gegenseitige Leistungen. Die Leistung des Sponsors kann in Geld-, Sach- oder Dienstleistungen bestehen. Er erhält dafür eine Gegenleistung, die üblicherweise in der Überlassung von Rechten zur kommunikativen Nutzung durch den Sponsor liegt.

Sponsoring will grundsätzlich die Erhöhung des Bekanntheitsgrades und die positive Beeinflussung des Images. Weitere Ziele sind:

- **Demonstration der Produktleistung**: Für Unternehmen, z.B. Uhrenhersteller, lässt sich bei der Zeitnahme im Sport ebenso die Zuverlässigkeit ihrer Produkte herausstellen wie für Reifenhersteller bei Autorennen.

- **Kontaktpflege**: Für Unternehmen bieten Sport- und Kulturveranstaltungen gute Möglichkeiten, den Kontakt zu ihren Händlern und Kunden auszubauen. Der Sponsor verfügt häufig über Kartenkontingente, die er entsprechend nutzen kann.

- **Mitarbeitermotivation**: Der freie Eintritt zu Sport- oder Kulturveranstaltungen lässt sich auch für innerbetriebliche Zwecke nutzen, sei es für die gesamte Belegschaft oder für die Gewinner von Wettbewerben.

- **Demonstration gesellschaftlicher Verantwortung**: Sponsoring wird häufig auch unter unternehmensstrategischen Aspekten eingesetzt. Unternehmen können damit ihr soziales Engagement beweisen.

Unterschieden wird zwischen Haupt-, Neben- und Kleinsponsoren. **Hauptsponsoren** haben eine Ausschließlichkeit gegenüber anderen Sponsoren in der Gestaltung der kommunikativen Nutzung. Diese erfolgt durch die namentliche

Nennung des Sponsors, deren Umfang vertraglich vereinbart wird. **Neben-sponsoren** unterscheiden sich in der Höhe der finanziellen Beteiligung deutlich vom Hauptsponsor. Mit ihnen können gewisse Nebennutzungsrechte vertraglich vereinbart, wenn dadurch die Ziele des Hauptsponsors nicht beeinträchtigt werden. **Kleinsponsoren** finanzieren z.B. durch Anzeigen Programmhefte, haben aber keine weiteren Ansprüche in der Gesamtvermarktung.

Das Vermarktungsprodukt des Hauptsponsors schließt in der Regel ähnliche Produkte anderer Sponsoren aus. Ein Sponsoring von anderen Produktherstellern (Nebensponsoren) darf nicht in Konkurrenz zum Premiumprodukt und anderen Erzeugnissen des Hauptsponsors stehen. Ist z.B. eine Biermarke Gegenstand des Sponsorings des Hauptsponsors, so dürfen in der Regel (Ausnahmen werden vertraglich vereinbart, um eine gegenseitige Konkurrenz auszuschließen) keine anderen Biermarken Gegenstand eines weiteren Sponsorings und/oder des Ausschanks, z.B. während einer Veranstaltung, sein.

Aus der Sicht des Sponsors ist seine Beteiligung ein Kommunikationsinstrument, aus der Sicht des Veranstalters ein Finanzierungsinstrument. Folgende **Sponsoring-arten** sind möglich:

- Sportsponsoring

- Kultursponsoring, Sponsoring für

  - den Kulturbereich (bildende Kunst, darstellende Kunst, Literatur, Filmkunst, Musik),

  - eine organisatorische Einheit (Einzelkünstler, Kunstwissenschaftler, Kunstgruppen, Kulturinstitutionen wie Museen, Galerien, Theater, Kunstvereine, Kunstschulen und Kunstobjekte),

  - für eine Maßnahmenkategorie (Beiträge an Künstler wie Stipendien, Zuschüsse für Inszenierungen, Bereitstellung von Arbeitsmaterialien für Künstler, Räumlichkeiten für Ausstellungen, technische und kaufmännische Beratung, Ausschreibung eines Kunstpreises, Förderung von Kunstveranstaltungen, Präsenz im Umfeld von Kulturveranstaltungen – Plakate, Eintrittskarten, Programmhefte u.ä. –, Leihgaben an Kunstinstitutionen, Restauration bedrohter Kunstwerke),

- Sozio-Sponsoring

- Öko-Sponsoring

- Wissenschaftssponsoring

- Bildungssponsoring

- Programmsponsoring (Fernsehen/Hörfunk)

Dem **Programmsponsoring** sind folgende Sonderformen zuzuordnen:[184]

- **Bartering**: Es bezeichnet den Tauschhandel, d.h. Gegenlieferungsgeschäfte, bei denen der Austausch von Gütern mit annähernd gleichem Wert erfolgt, ohne dass es zu einer Geldzahlung kommt. Es werden einem Hörfunk- oder Fernsehveranstalter selbst produzierte Filme zur Verfügung gestellt. Als Gegenleistung stellt der Sender Werbezeit im Werbeprogramm zur Verfügung. Eigene Produkte werden also von Städten oder Unternehmen als Product Placement eingebracht.

- **Merchandising**: Es enthält die umfassende wirtschaftliche Verwertung eines Zeichens oder Logos auch für andere als die ursprünglich gedachten Zwecke mit dem Ziel einer zusätzlichen Emotionalisierung von Produkten (z.B. Mainzelmännchen). Die Gefahr ist in einer Verwässerung der Marke zu sehen, wenn nicht die Marke, sondern das Merchandising-Produkt im Vordergrund steht.

- **Patronatssendungen**: Hier übernimmt ein Sponsor gegen Zahlung einer bestimmten Summe die Präsentation der Sendung, das Patronat. Kennzeichnend ist, dass der Name oder das Logo für einen bestimmten Zeitraum im Bild erscheint.

- **Ganze Shows**: Dies sind Sendungen, die rein werbenden Charakter haben, wie z.B. das SAT-1-Glücksrad. Bei diesen Sendungen geht es im Wesentlichen darum, dass Kandidaten um Sachpreise oder sonstige Leistungen wetteifern, die von Unternehmen zur Verfügung gestellt werden.

Verglichen mit der Werbung hat Sponsoring eine Reihe von spezifischen Vorteilen:

- Sponsoring wirkt in **nicht kommerziellen Situationen**, Werbung ist dagegen die klassische Form der kommerziellen Ansprache. Sponsoring spricht Zielgruppen in einer Situation an, in der das kommerzielle Interesse nicht unbedingt offensichtlich ist. Die Sichtbarkeit eines Logos während einer Fernsehübertragung hat nicht den gleichen Charakter wie ein Werbespot.

- Sponsoring erfolgt unter optimalen **Transferbedingungen**. Werbung wird oft als notwendiges Übel beim Medienkonsum betrachtet und daher nur mit geringer Aufmerksamkeit verfolgt. Wird Sponsoring ins Programm integriert, sind die Transferbedingungen deutlich besser, da es in der Regel nicht als störend empfunden wird.

- Sponsoring ermöglicht einen **Konkurrenzausschluss**. Bei der Werbung ist ein Konkurrenzausschluss i.d.R. nicht möglich. Beim Sponsoring ist hingegen ein Ausschluss der Konkurrenz i.d.R. gegeben.

---

[184] Vgl. Hermanns, A., Sponsoring, in Berndt, R./Hermanns, A. (Hrsg.), Handbuch Marketing-Kommunikation, Wiesbaden 1993, S. 627-648.

- Sponsoring ermöglicht **kommunikative Wettbewerbsvorteile.** Die Vielfalt an Sponsoringmöglichkeiten erlaubt es, sich von dem werblichen Auftritt der Konkurrenz zu differenzieren und eigenständige kommunikative Ziele zu verfolgen. Für Sponsoren aus der Wirtschaft bieten touristische Regionen vielfältige Ansatzpunkte, kommunikative Alleinstellungen zu erreichen (z.B. ein Milka-Skilift im Skiort). Insbesondere in der Bierbranche, die schwerpunktmäßig regional orientiert ist, sind erste Ansätze erkennbar.

- Sponsoring erreicht **schwierige Zielgruppen.** Mit Sponsoring lassen sich Zielgruppen ansprechen, die mit den klassischen Kommunikationsmaßnahmen nur schwer zu erreichen sind. Hierzu zählen Personengruppen, die der Werbung gegenüber besonders kritisch eingestellt sind. Über Kultur-, Sozial- oder Wissenschaftssponsoring lassen sich hier teilweise Hürden der Ansprachemöglichkeiten überwinden. Beispielsweise lässt sich die nur schwer erreichbare Zielgruppe der Studenten, die vor allem für Banken und Versicherungen interessant ist, über Wissenschaftssponsoring erreichen.

- Sponsoring überwindet **rechtliche Kommunikationsbarrieren.** Zigarettenwerbung ist in Deutschland in den elektronischen Medien verboten. Über das Sponsoring der Formel 1 konnten die Tabakkonzerne bisher dieses Verbot umgehen. (Eine Änderung ist geplant.) Bis zur Etablierung der privaten Fernsehanbieter stellte die 20-Uhr-Werbegrenze in den öffentlich-rechtlichen Fernsehanstalten eine weitere Barriere dar, die mit Sponsoring umgangen werden konnte.

- **Multiplikatorfunktion der Medien:** Stößt Sponsoring auf Interesse der Medien, kann der Sponsor von dem dadurch möglichen Multiplikatoreffekt profitieren, d.h. eine vielfach größere Zielgruppe erreichen als mit dem ursprünglichen Engagement. Es muss allerdings betont werden, dass Sponsoring häufig nur deshalb erfolgt, weil mit einer Übertragung in den Medien zu rechnen ist.

Den Vorteilen des Sponsorings stehen allerdings auch einige Nachteile gegenüber:

- **Überlastung einzelner Sportarten:** Sponsoring konzentriert sich insbesondere auf das Sportsponsoring und hier auf die so genannten telegenen Sportarten wie Fußball, Tennis und Motorsport. Mittlerweile sind hier so viele Sponsoren vertreten, dass eine ähnliche Informationsüberflutung gegeben ist wie in der klassischen Werbung.

- **Begrenzte Informationsübermittlung:** Die Sponsoringmöglichkeiten erlauben i.d.R. nur kurze visuelle Botschaften wie die Übermittlung des Unternehmenslogos und/oder -namens. Das heißt, die Voraussetzung für das Sponsoring ist ein hinreichender Bekanntheitsgrad des sponsernden Unternehmens.

- **Spezifische Probleme einzelner Sponsoringarten:** Ein Unternehmen, das im Sportsponsoring engagiert ist, kann z.B. von Dopingaffären oder dem persönlichen negativen Auftreten einzelner SportlerInnen in Mitleidenschaft gezogen werden.

Direktmarketing

Das Direktmarketing ist ein weiteres Instrument der Kommunikationspolitik. Direktmarketing liegt immer dann vor, wenn es sich entweder um Marktaktivitäten handelt, die durch persönliche (adressierte) Ansprache einer Zielgruppe oder -person vollzogen werden, oder um Marktaktivitäten, die sich der mehrstufigen Kommunikation, also des Einsatzes der Medien, bedienen, um so einen direkten Kontakt zwischen dem Anbieter und dem Abnehmer herzustellen.[185] Der direkte Kontakt kann hergestellt werden durch den Versand von Werbebriefen (Direct Mail oder Direct E-Mail), Prospekten oder Katalogen mit Antwortmöglichkeiten, durch Couponanzeigen, Funk- und Fernsehspots mit Antwortmöglichkeiten oder durch Telefonanrufe. Wesentliche Instrumente des Direktmarketings sind für den Stadtmarketingbereich:

- Mailings
- Couponanzeigen
- Telefonmarketing
- Katalogmarketing

Mailings sind adressierte Werbesendungen und bestehen aus Kuvert, Anschreiben, Information und Antwortmöglichkeit. Da derartige Sendungen bei einzelnen Verbrauchern bereits zu einer unübersehbaren Flut angewachsen sind, rufen sie häufig Verärgerung hervor. Die Gestaltung muss das Ziel haben, dass ein Mailing auch vom Adressaten gelesen wird. Das Anschreiben in einem Mailing hat die Aufgabe eines Verkaufsgespräches, die Information stellt das Angebot ausführlich dar, eine Antwortkarte ermöglicht die Bestellung. Unterschieden wird zwischen adressierten und unadressierten Mailings.

Couponanzeigen sind Instrumente des Direktmarketings und nutzen die klassischen Werbemedien. Dabei handelt es sich um Anzeigen mit einem Response-Element, sei es in der Form einer aufgeklebten Postkarte oder als Coupon zum Ausschneiden. Es reicht aber auch die Angabe einer Telefon- oder Faxnummer oder einer Internet-Adresse. Die avisierte Zielgruppe lässt sich über die Auswahl des Printmediums eingrenzen. Es kann also ein Massenpublikum, aber auch ein Fachpublikum angesprochen werden. Die Resonanz ist durch den Rücklauf der Coupons (Anrufe, Faxe, E-Mails) messbar.

---

[185] Dallmer H., Handbuch Direktmarketing, 6. Auflage, Wiesbaden 1991, S. 4 ff.

Telefonmarketing[186] ist nur mit dem vorherigen Einverständnis des Angerufenen möglich. Das Ankreuzen einer entsprechenden Option auf einem Mailing gilt als Einverständnis. Zwei Formen werden unterschieden: das aktive und das passive Telefonmarketing. Mit dem aktiven Telefonmarketing werden Zielpersonen angerufen, um Produkte oder Dienstleistungen vorzustellen und anzubieten (Urlaub, Ansiedlungsflächen, Grundstücke usw.). Beim passiven Telefonmarketing ruft der Interessent selbst an. Dadurch entfallen auch die rechtlichen Beschränkungen. Der Interessierte reagiert damit auf ein Mailing oder eine Couponanzeige.

Katalogmarketing präsentiert das Angebot an Produkten, Dienstleistungen, Service und Attraktivität einer Stadt oder eines bestimmten Bereiches (Tourismus, Kultur, Sport, Freizeit usw.). Es enthält Produktbeschreibungen und -abbildungen (Hotels, Ansiedlungsflächen, Fotos vergangener Veranstaltungen), Preisangaben und Informationen über Buchungs- und/oder Zahlungsbedingungen und Serviceleistungen.

Die **Nennung der Internet-Adresse** im Text der Pressemitteilung gehört ebenfalls zum Direktmarketing, wenn sich dahinter keine weiteren Informationen verbergen, sondern eindeutige Kaufangebote bzw. Hinweise, wie das Produkt, über das berichtet wurde, gekauft werden kann.

Product Placement

»Um das Thema Product Placement überhaupt sinnvoll diskutieren zu können, muss es erst einmal definiert werden. Doch Product Placement allgemeingültig zu charakterisieren, ist kein leichtes Unterfangen, da sehr viele Autoren eine unterschiedliche Auffassung über diese Werbeform, die Zuordnung bzw. den Standpunkt im Kommunikations-Mix haben. Unstrittig ist lediglich, dass der Begriff aus dem Bereich Marketing der Betriebswirtschaftslehre stammt«[187]

Müller unterscheidet in seinem Buch drei verschiedene Definitionsmodelle:

1. »Product Placement findet seinen systematisch geplanten Einsatz in dem emotionalen Umfeld des Kommunikationsmediums Spielfilm. Die Anwendung erfolgt durch Testimonials auf der Basis der markentechnischen Grundsätze, die Grundlagen der Realisierung sind:

   • kreative Einbindung des Markenartikels in die Spielfilmhandlung,

---

[186] Vgl. Tourismus Jahrbuch, 1/1999, FBV Medien-Verlags GmbH, S. 198-222.
[187] Müller, Olaf, Product Placement im öffentlichen Fernsehen, Europäischer Verlag, Frankfurt, 1997

- Integration gesteuerter Requisiten bei Wahrung der originalen Filmsubstanz und

- Wahrung der ethisch-moralischen Grundsätze.«[188]

2. »Product Placement ist die kreative Einbindung eines Markenartikels als notwendige Requisite in eine Spielfilmhandlung. Das Produkt wird im Gebrauchs- oder Verbrauchsumfeld von bekannten (Haupt-)Darstellern gezeigt, wobei die Marke für den Film-Betrachter deutlich erkennbar ist.«[189]

3. »Product Placement ist die gezielte Platzierung (Nennung und/oder optische Präsentation) als solcher erkennbarer werbefähiger Güter als ‚lebensechte' Requisiten in Spielfilmen, Hörspielen oder in Beiträgen des redaktionellen Teils des Fernsehens/Rundfunks, in literarischen Werken sowie bei öffentlichen Veranstaltungen.«[190]

Diese Definitionen werden immer wieder auch in anderen Publikationen verwendet. Für den Bereich des Stadtmarketings bedeutet dies, dass die Platzierung von Städten in Fernsehfilmen, Spielfilmen, Sendungen, Sportveranstaltungen etc. ein typischer Bereich des Product Placement ist.

Persönlicher Verkauf

Stadtprodukte müssten in diesem Bereich ohne Zwischenhändler an einem bestimmten Platz, Ort usw. verkauft werden. Dazu gehören auch Straßenhändler auf Wochenmärkten oder Volksfesten. Die Präsentation einer Touristikdestination auf einem großen Volksfest mit der Möglichkeit Angebote (Urlaub) dort direkt zu buchen, wäre ein persönlicher Verkauf.

Auch die Präsentation auf Messen mit der gleichen Zielrichtung würde zu diesem Kommunikationsinstrument gehören. Typisch ist der Verkauf an der Haustür, der aber wohl für den Bereich der Stadtmarketingprodukte nicht in Betracht kommt.

---

[188] Auer, Manfred/Kalweit, Uwe/Nüßler, Peter, Product Placement – Die neue Kunst der geheimen Verführung, Düsseldorf, 1988, S.11.

[189] Wilde, Christina, Product Placement, Ein vieldiskutiertes Kommunikationsinstrument stellt sich vor. Im Marketing Journal, Nr. 2/1986, S. 182

[190] Harbrücker/Wiedmann (1987), S.7

Neue Medien

Unter neuen Medien werden die Informations- und Kommunikationstechniken verstanden, die auf der elektronischen Übertragung von Fernsehen, Computern und/oder Telefon basieren. Neue Medien unterscheiden sich von den konventionellen Medien vor allem durch die Interaktivität. Diese und weitere Eigenschaften müssen eingesetzt werden, damit sie als Instrument im Stadtmarketing erfolgreich sind. Zu den neuen Medien, die als Stadtmarketinginstrumente genutzt werden können:

- CD-ROM
- E-Mail
- Internet
- Video
- Videotext

Die Vorteile der neuen Medien lassen sich in zwei Aspekten zusammenfassen:

1. Die Kunden und Interessenten können gezielt und unmittelbar Informationen abfragen, ohne die Zeitverzögerung des Postweges.

2. Die Kunden und Interessenten haben eine sehr viel aktivere Rolle als bei den klassischen Medien. Insbesondere dann, wenn die Aktivität von ihrer Seite aus erfolgt, ist ein hohes Involvement vorauszusetzen, so dass sich die Kommunikation nicht nur effizienter, sondern auch effektiver gestalten lässt.

Weitere Medien sind **Online-Verbindungen**, die **von öffentlichen Terminals** kostenlos oder gegen Entgelt genutzt werden können. Dazu gehören unter anderem die **Stadtinformationssysteme (SIS)**. Die angebotenen Informationen sind täglich 24 Stunden abrufbar. Sie eignen sich besonders für die Veröffentlichung von Angeboten in den Bereichen Tourismus, Kultur, Veranstaltungen und Bürgerinformation. Im Rahmen eines Regio-Online kann das Terminal aber auch Promotion für die parallelen Dienste (CD, Online etc.) machen. Der Betrieb von Informationsterminals ist sehr kostenintensiv. Eine Kostendeckung durch Werbung ist jedoch möglich. Der Anbieter kann über ein Terminal auch den Zugang zum Internet zu ermöglichen.

Zu den modernen Kommunikationsinstrumenten gehören auch **CD-ROMs** mit den verschiedensten Informationen. Allerdings dürfte die Zeit des Einsatzes dieses Instrumentes nicht mehr effektiv sein, da durch das Internet schneller und vor allem aktuellere Daten abzufordern sind.

Über einen **Faxabruf** können angebotene Daten abgerufen werden. Anwender wählen die Nummer des Informationsanbieters und können danach evtl. noch Informationen selektieren. Die Informationen werden auf dem Faxgerät des Anwenders in der Regel gegen eine Gebühr ausgegeben.

a) Internet

Das Internet empfiehlt es sich besonders für das Stadtmarketing, da das Stadtprodukt in seiner Gesamtheit mit allen Facetten dargestellt werden kann. Viele Städte nutzen mittlerweile intensiv dieses Medium, um weltweit ihre Angebote zu präsentieren. Die Präsentation kann im Sinne des Stadtmarketings alle Handlungsfelder des Ortes berücksichtigen.

Eine besondere Variante bietet die Stadt Münster.[191] Ihre Internet-Präsentation beginnt nicht mit einer Stadtpräsentation, sondern gibt zuerst einem auf die Belange der Einwohner ausgerichteten kommunalen Stadtinformationssystem (SIS) den Vorrang. Die Stadtverwaltung sucht dabei die Zusammenarbeit mit anderen Partnern und Gruppen am Ort. Das Stadtinformationssystem ist darüber hinaus verlagsunabhängig und steht auch der örtlichen Wirtschaft für Werbezwecke zur Verfügung. Der Zugang für die Nutzer ist kostenlos.

Weitere interessante Projekte sind zum Beispiel

- die Wirtschaftsdaten als Informationen für Industrie und Gewerbe in Köln und Düsseldorf.
- der Platzbuchungs- und Ticketservice in Köln.

Besonders für das Stadtmarketing ist die Präsentation der Stadt eine wichtige Informationsgrundlage sowie eine Kommunikationsklammer aller Beteiligten. Daher sollte die Internetpräsentation gemeinsam aufgebaut und finanziert werden. Die Zahl der Internetauftritte wächst ständig. Für einzelne Orte wird es daher immer schwieriger, sich von der Masse abzuheben. Internet sollte daher auch nur noch als Informationsmedium verstanden werden. Gefragt sind nicht mehr attraktive und schöne Präsentationen, sondern ein schneller und übersichtlicher Zugang zu aktuellen Daten.

Die Stadt-Domäne hat eine herausragende Bedeutung. Werden Angebote, Unternehmen, Kultureinrichtungen usw. in einer bestimmten Stadt gesucht, so führt der einfachste Weg über die jeweilige Stadt-Domäne. Daher kommt dieser im Rahmen des Stadtmarketings eine besondere Rolle zu.

Einen wichtigen Bereich im Stadtmarketing stellt das Angebot von lokalen und regionalen Veranstaltungen auf der Webseite des Ortes dar. Es werden entweder Links zu den Webseiten der einzelnen Veranstalter geschaltet oder ein Veranstaltungskalender bzw. eine Veranstaltungsdatenbank angeboten. In den meisten

---

[191] Vgl. I. M. Weineck, Münster goes public, Der Städtetag, 21/1997, S. 97.

Fällen ist derzeit die Buchbarkeit über das Internet, wenn überhaupt, nur bei größeren Veranstaltungen bzw. Veranstaltern gegeben. Ferner ist es für die Interessenten zurzeit noch nicht möglich, aus einer einheitlichen Maske bei verschiedenen Veranstaltern eine Buchung vorzunehmen.

Geht man davon aus, dass der Internetauftritt eines Ortes als Marketinginstrument genutzt und den Interessenten ein attraktives Bild übermittelt werden soll, so muss die Konzeption des Internetauftritts die höchste Priorität haben.

Zunächst stellt sich die Frage nach dem Betreiber des Internetauftritts. Auch in diesem Bereich sollte die **Public Private Partnership** zum Zuge kommen. Das heißt, dass unter der Stadt-Domäne eine Betreibergemeinschaft aus privatrechtlichen und öffentlich-rechtlichen Organisationen gemeinsam verantwortlich ist. Da es sich hierbei um eine arbeits- und kostenintensive Maßnahme handelt, müssen geeignete Organisationsformen gefunden werden. Denkbar sind dabei Kooperationen von Wirtschaft, Kommunalverwaltung, Hochschulen und weiteren am Stadtmarketingprozess Beteiligten. Auch örtliche Verlage und die Herausgeber von Tageszeitungen können wichtige Partner sein, da sie ihre aktuellen Informationen mit einbringen können. Aufgeteilt werden dabei sowohl die finanziellen als auch die informationellen Zuständigkeiten. Wer trägt die Kosten? Wer pflegt die Daten und überwacht den Auftritt? Derartige Internetauftritte sollten auch die Möglichkeit bieten, dass sich dort, wo sich privatwirtschaftliche Organisationsformen gegründet haben, diese auch mit der Internetpräsentation über Werbebanner Einnahmen erzielen können.

Beispiel:

In einer größeren Stadt wurde die Internetpräsentation wie folgt gelöst: Die Stadtverwaltung stellte ihre Domäne für alle am Stadtmarketing Beteiligten zur Verfügung. Der größte Verlag vor Ort übernahm die technische und redaktionelle Betreuung. Die örtliche Fachhochschule beteiligte sich innovativ an der Erstellung der Präsentation sowie an der ständigen Weiterentwicklung. Die Stadtverwaltung wurde im Bereich der Basisdatenpflege tätig und baute zusätzlich ein Rathaus-Internet gemeinsam mit der Fachhochschule auf. Ein örtliches Unternehmen, im hundertprozentigen Besitz der Stadt und zuständig für Veranstaltungen, Tourismus und Kultur, trat ebenfalls der Kooperation bei, die sich als loser Zusammenschluss sieht.

13. Corporate Identity

Stadt-Identität

Die im Unternehmensbereich seit vielen Jahren erfolgreich angewandte Corporate Identity (CI) bietet ein erprobtes Instrumentarium, um auch in einer Stadt Aktivitäten zu einer einheitlichen Darstellung zusammenzufassen.

Nach der Definition von Birkigt/Stadler/Funck ist Corporate Identity in der wirtschaftlichen Praxis die strategisch geplante und operativ eingesetzte Selbstdarstellung und Verhaltensweise eines Unternehmens nach innen und außen auf der Basis einer festgelegten Unternehmensphilosophie, einer langfristigen Unternehmenszielsetzung und eines definierten (Soll-)Images mit dem Willen, alle Handlungsinstrumente des Unternehmens in einem einheitlichen Rahmen nach innen und außen zur Darstellung zu bringen.

Corporate Identity heißt, einem Unternehmen eine Identität, also eine völlige Übereinstimmung, eine Gleichheit, auch eine Wesensgleichheit zu geben.[192] Corporate Identity (CI) ist ein klassisches Kommunikationsinstrument. Corporate Identity ist aber nicht nur das Erleben der visuellen Ebene. Zu ihr gehören im gleichen Maße auch kommunikative Mittel.

Übertragen auf die Stadt, ist Corporate Identity ist ein **langfristiges strategisches** Instrumentarium, dessen Ziele zunächst in der Konzeptualisierung von realistischen Utopien auf der Basis von Wesenszügen des Ortes liegen.

> Corporate Identity ist ein Prozess des **ständigen** Abgleichs zwischen Selbstbild, Selbstdarstellung und Image. Eine CI ist niemals fertig.[193]

Im Rahmen einer speziellen Konzeption für die Identifikation müssen die folgenden Ziele erreicht werden:

- Die Einwohner identifizieren sich stärker mit ihrem Ort.

- Das Vertrauen in die Entwicklung der Stadt wird in der Bevölkerung gefestigt.

- Die Bekanntheit des Ortes und seiner Leistungen wird in der breiten Öffentlichkeit erhöht.

- Das Einzigartige, Charakteristische des Ortes, seine Identität, wird herausgehoben und öffentlichkeitswirksam dargestellt.

---

[192] Identität von lateinisch idem, »derselbe, dasselbe«.
[193] Beyrow, Mut zum Profil, S. 101.

Die Ziele einer Stadt mit einer CI-Ausrichtung sind,[194] dass sich die Einwohner mit ihrem Ort identifizieren und aus ihrer Wohnidentität einen positiven Teil für die Selbstidentität schöpfen. Eine CI darf nicht zu einer Uniformität und Gleichschaltung[195] auffordern.

Gefestigt und ausgebaut werden sollen die Glaubwürdigkeit und das eigene Engagement in der Ortsentwicklung. Positive Einstellungen und Emotionen sollen sich nicht nur für die Bewohner, sondern auch bei einer breiten Öffentlichkeit mit dem Ort verbinden und einen hohen Stellenwert haben. Das im Rahmen des Stadtmarketings erarbeitete Identitätskonzept bietet optimale Voraussetzungen, um das Ziel einer einheitlichen Selbstdarstellung auch bei vielfältigen Aktivitäten zu erreichen.

Die Identifikationskonzeption umfasst:

- **Stadt-Kommunikation**[196] (vgl. Corporate Communication): Zu ihr gehören alle Mittel und Maßnahmen der Öffentlichkeitsarbeit, des Marketings und der Werbung;

- **Stadt-Behavior** (vgl. Corporate Behavior): Dies greift lokale Traditionen und Verhaltensweisen auf, wie das Verhalten der Verwaltung gegenüber den Einwohnern und die typische Lebensphilosophie einer Stadt und ihrer Bewohner;

- **Stadt-Design** (vgl. Corporate Design): Es beinhaltet alle charakteristischen visuellen Merkmale einer Stadt, die für eine graphische Selbstdarstellung in Form von Logos, Plakaten, Broschüren oder ähnlichem wichtig sind.

Die Realisationsphase des Stadtmarketingprozesses ist der Punkt, in dem nach außen verstärkt deutlich werden muss, dass sich Neues in dem Ort vollzieht und an gemeinsamen Zielen gearbeitet wird. Eine durchdringende Identifikation der Einwohner mit der Stadt (und auch von Besuchern) muss erfolgen.

Einen Umbruch in den Zielsetzungen der Stadt erleben die Menschen zuerst – noch bevor die ersten Maßnahmen auf der Kommunikationsebene greifen – visuell. Also an einem neuen (vielleicht sogar dem ersten) Stadt-Design. Dazu gehört immer ein Logo.

---

[194] Lalli, Marketing, pr-magazin, 4/1991.
[195] Beyrow, a.a.O., S. 89.
[196] Benutzt werden auch die Begriffe City Communication, City Design usw.

Stadt-Design

Zum Stadt-Design gehört nicht nur die Entwicklung eines Logos, sondern auch eine darüber hinaus gehende Gestaltung und Positionierung. Das heißt: Zum Design gehören alle Identitätsmerkmale wie Logo, Slogan, Schriftzug des Namens, Farben und Grafikdesign (symbolische Selbstdarstellung), aber auch die Architektur, Baudenkmäler, die Ausgestaltung der Infrastruktur oder Topographie eines Ortes. Ein Stadt-Design muss immer aus der Strategie der Stadt entwickelt werden. Intern bewirkt ein neues Stadt-Design sowohl eine Neuausrichtung als auch neue gemeinsame Identität. In der Außenwirkung unterstützt es entscheidend die Kommunikation.

Unter dem Dach des Designs werden die Konzeptionen der einzelnen Handlungsfelder gebündelt und eine einheitliche Kommunikation für die Stadt entwickelt. Wie das Corporate Design die visualisierte Unternehmensidentität ist, so ist das Stadt-Design die visualisierte Stadt-Identität. Das Stadt-Design muss überwacht, evtl. genehmigt und kontinuierlich modifiziert werden. Es ist **kein demokratischer** Prozess, **kein Lösungsmittel für Probleme**, sondern ein **Absender** für eine Marke, es soll **kommunizieren, richtungweisend** und **langfristig** angelegt sein.

Je nach Stadt sind die Anforderungsprofile unterschiedlich. Für die visuelle Übertragung von Kommunikationsbotschaften sollten folgende Empfehlungen beachtet werden.[197] Die größtmögliche Integration der Bevölkerung[198] in die Diskussion um das Leitbild erhöht die Akzeptanz des Designs. Design ist aber keine Lösung für Probleme in der Stadt. Durch ein Design werden keine negativen Inhalte verändert. Ein neues Stadtdesign kann daher auch nur ein visuelles Signal sein, dass sich die Stadt thematische inhaltlich verändert. Ein neues Stadtdesign muss kommunizieren, muss eine Mitteilung machen. Die neuen Inhalte sollen die festgelegten Inhalte kommunizieren. Über das Layout werden Gefühle angesprochen, Inhalte erreichen uns pragmatisch.

Ein neues Design soll die neue Stadtmarke darstellen. Es wird zum Symbol einer neu ausgerichteten, zukünftigen Entwicklung. Ein Stadtdesign lässt Raum für Deutungen und für Signale. Es steht für die Identifikation der Stadt. Wenn in einem Stadtmarketingprozess Ideen für die nächsten 10 Jahre entwickelt werden, dann heißt dies, dass ein neues Design auch für diesen Zeitraum entwickelt wird.

---

[197] Beyrow, Mut zum Profil, S. 23.
[198] Anmerkung des Autors: Ziel und Sinn eines Stadtmarketingprozesses.

Logo

Ein Logo ist für alle am Stadtmarketing Beteiligten verbindlich, d.h., die Kommunalverwaltung, alle Organisationen, Institutionen, Unternehmen usw. in einem Ort sollen es anwenden. Da Wirtschaftsunternehmen, Kultureinrichtungen, wissenschaftliche Einrichtungen usw. in der Regel bereits ein eigenes Logo haben, muss eine ergänzende Anwendung erarbeitet werden. An dieser Stelle muss nicht besonders betont werden, dass gerade Anwendungen im Wirtschaftsbereich eine deutliche Signalwirkung besitzen. Logos auf den Lkws von Spediteuren, auf Trikots von Sportmannschaften oder Briefköpfen von Firmen signalisieren ein Wir-Gefühl, also eine visuelle Identifikation mit dem Ort und haben darüber hinaus eine werbliche Wirkung.

> **Logo** (engl. gekürzt aus Logotype) der oder das (Firmensignet), graf. Symbol für ein Unternehmen, meist verbunden mit einer besonderen >Firmenfarbe< und Schrifttype. Das Logo ist eine Maßnahme der Corporate Identity (Unternehmensidentität) und soll dazu beitragen, dass das Unternehmen nicht nur über Produkte und deren Verpackungen, sondern auch über die Öffentlichkeitsarbeit identifiziert werden kann.[199]

Das **Logo** soll bewirken, dass eine Stadt, genauso wie ein Markenartikel, durch ein visuelles Zeichen sofort erkannt wird. Das Logo (umgangssprachlich auch von »logisch« abgeleitet und mit »Das ist doch ...« übersetzt) macht es möglich, dass ein Ort aufgrund eines bildlichen Zeichens sofort identifiziert wird.

Ein Logo muss ohne den Zusatz »Stadt« dargestellt werden. Der Name der Stadt signalisiert sich von selbst. Logos wie »Stadt Göttingen« oder »Stadt Münster« sind mit der Zusatzbezeichnung »Stadt« überflüssig. Ein Beispiel, das für sich spricht ist die Namensdublette »Stadt Stadtroda«. Viele Städte haben bereits erkannt, dass es auch ohne diesen überflüssigen Zusatz geht und den Zusatzbegriff »Stadt« aus dem Logo genommen.

Das Logo soll die Möglichkeit geben, den Ort im Gedächtnis zu behalten, und soll zusätzlich eine positive Resonanz auslösen. Die strategisch geplante visuelle Identität ist Versinnbildlichung und Inszenierung von Macht.[200] Historisch betrachtet, ist ein visuelles Erscheinungsbild von Städten oder Staaten ein Medium, die Abwesenheit eines Herrschers durch die Präsenz eines Machtsymbols zu ersetzen. Unter diesem Zeichen treffen Repräsentanten im Namen und Sinne des Herrschers Entscheidungen. Das Zeichen ist also Stellvertreter der Macht.[201]

---

[199] Der Brockhaus, a.a.O., 1998.
[200] Beyrow, Mut zum Profil, S. 22.
[201] Ebenda.

Ein neues Logo signalisiert, dass etwas in dem Ort in Bewegung geraten ist, neue Ziele erreicht werden sollen. So wie Firmen die Veränderung eines Produktes durch eine Veränderung des Schriftbildes, ja der gesamten Verpackung bekannt machen, so stellt sich auch ein Ort visuell verändert dar. Die Akzeptanz und die Nutzung in allen Bereichen signalisieren je nach Intensität den Grad des Wir-Gefühls.

> Das Stadtlogo muss **von allen in der Stadt benutzt** werden, von der Kommunalverwaltung, von Institutionen, Organisationen, Vereinen und Unternehmen. Es ist allgemein gültig.

Ab und zu wird auch der Begriff Signet benutzt. Signet ist im übertragenen Sinn der Begriff für ein Aushängeschild, steht also auch für sofortiges Erkennen: **Signet** (frz.) das, Verlegerzeichen (Druckerzeichen); Firmen-, Markenzeichen (Logo).[202] Der Begriff Logo ist für den Stadtmarketingprozess treffender, da er weitergehender ist.

Das Stadt-Design ist die optische Visitenkarte des Ortes und die emotionale Klammer der Kommunikation. Aussagen, die im Bereich der Stadt-Kommunikation gemacht werden, sollen sich in dem neuen Erscheinungsbild wieder finden. »Mercedes hat seinen Stern, die Deutsche Bank ihr Quadrat mit aufstrebendem Balken, der Playboy seinen Bunny und Neunkirchen sein rotes Sechseck.« So beginnt die Logo-Beschreibung »Eine Stadt setzt Zeichen« der Stadt Neunkirchen. Weiter heißt es darin »Ohne ein Signet ist ein Unternehmen nicht mehr präsentierbar. Und auch eine Stadt muss sich in ihrer Gesamtheit präsentieren.«

Wie Neunkirchen haben mittlerweile viele Orte ihr eigenes Logo, wollen sich dadurch von anderen Städten unterscheiden, wollen visuell einen Wiedererkennungswert schaffen, den die bisher üblichen Wappen nicht hatten. Oft haben es Städte nicht oder nur schwer geschafft, das Wappen nicht mehr zu benutzen. Scheinbar ist es äußerst schwierig, sich von diesem der Tradition verbundenen Zeichen zu trennen. So passiert es, dass sie das Wappen in das neue Logo einarbeiten. Eine Anwendungsform, die nicht begrüßenswert ist, da es sich dann um eine Kombination von Neuem und Altem handelt und eigentlich um zwei Logos.

Ein Logo kann eine **Wort-Bild-Marke** sein, also eine Zusammensetzung, die aus einem Wort, z.B. dem Ortsnamen, und einem Bild besteht. Ein Logo kann aber auch nur aus einem Bild bestehen. Die Wort-Bild-Marke ist die wohl gebräuchlichste Form des Logos, da sie durch den Namen und das Bild am besten im Gedächtnis haften bleibt.

Der Vollständigkeit halber muss in diesem Zusammenhang auch auf das **Piktogramm** hingewiesen werden. Dieses ist ein graphisches Symbol mit international festgelegter Bedeutung, wie das »i« für die Touristeninformation.

---

[202] Der Brockhaus, a.a.O.

Immer mehr Städte stellen sich durch ein Logo dar. Ziel ist es, sich aus bekannten Mustern zu befreien, um sich von anderen abzuheben. Ein **Logo** sollte, und dies ist eine unabdingbare Forderung, **unverwechselbar, emotional, einfach** und **selbstbewusst** sein.

Das Logo muss vielseitig einsetzbar sein. Es muss universell benutzbar, prägnant und dennoch variabel sein. Auch für den kostengünstigen Schwarzweißdruck, zum Teil als Grau- oder Graurasterdruck, muss es einsetzbar sein, da ansonsten ein großer Teil der Anwendungsmöglichkeiten verloren gehen kann. Umfangreiche farbliche Kombinationen sind zwar im ersten Augenblick ansprechend, bringen aber Probleme in der praktischen Arbeit mit sich. Zudem muss berücksichtigt werden, dass jede zusätzliche Farbe höhere Druckkosten verursacht.

Die Einwohner müssen sich mit dem Logo inhaltlich auseinandersetzen, müssen sich damit identifizieren. Eine modern ausgerichtete Stadt braucht ein modernes Logo, also auch eine moderne Schrift und moderne Formen. Die Aufbruchstimmung muss im Logo erkennbar sein. Ein starrer Schriftzug mit konservativen Formen spiegelt keinen Aufbruch wider, wäre also falsch. Eine Stadt dagegen, die ihre große historische Vergangenheit herausstellen will, benötigt ein Logo, das traditionelle Formen enthält.

Positionierung

Das Logo muss, gelegentliche Abweichungen ausgenommen, immer an der gleichen Stelle positioniert sein. Dies gilt vor allem für Druckerzeugnisse wie. Broschüren und Plakate. Die genaue Positionierung innerhalb eines Druckwerkes ist die Einbindung in eine Graphik, also in eine Gesamtdarstellung. Die richtige graphische Anwendung wird durch ein Gestaltungshandbuch garantiert. Das Handbuch ist eine verbindliche Arbeitsgrundlage für alle Logo-Anwendungen.

Ein Logo soll Image, Denkweise, Identität und Zusammenarbeit, leichte Erkennbarkeit und Signifikanz zum Ziel haben.[203] Aus dem Logo soll bereits zu erkennen sein, welche Ziele die Stadt verfolgt. Dies kann in Schrifttyp, Farbe und Gestaltung deutlich werden.

Ein neues Logo signalisiert visuell, dass sich in der Stadt etwas verändert, die Stadt neue Wege gehen will und eine Vision zur Realität werden lassen will. Das Logo entwickelt sich aus den Kommunikationsinhalten, die für den Ort und seine Handlungsfelder entwickelt wurden; es soll die neuen Ziele widerspiegeln. Die Grundlage für ein Logo ist immer eine Veränderung in den Zielen, d.h. eine veränderte Denkweise, die konzeptionell festgelegt wurde.

---

[203] Meyer, R./Kottisch, A., Das »Unternehmen Stadt« im Wettbewerb, Bremen 1995.

Abb. 72 Das Logo und seine Applikationen

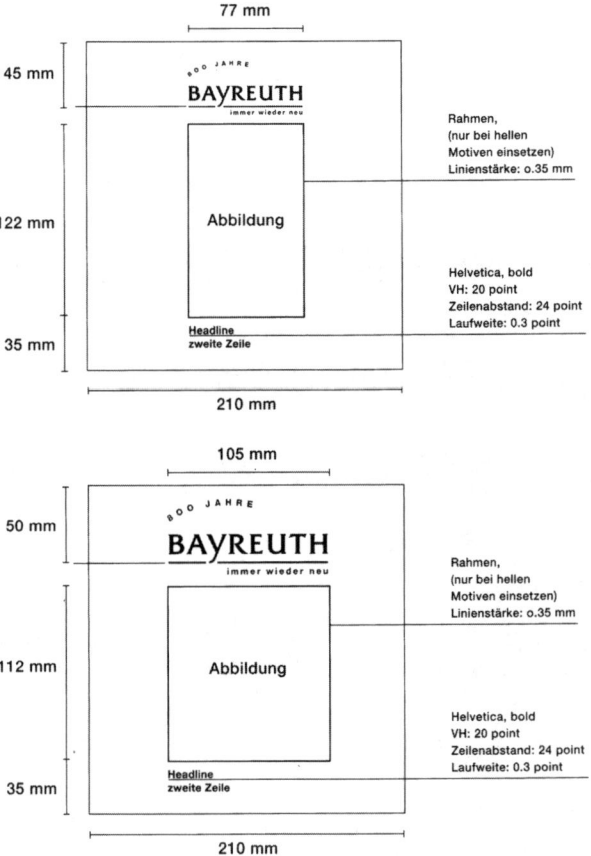

Quelle: Stadt Bayreuth, Design Manual Bayreuth

Das neue Logo muss einen deutlichen Bruch zum bisherigen Erscheinungsbild darstellen. Es muss von den Einwohnern sofort als neu erkannt werden und darf nicht eine Abart des alten Logos sein. Dies ist wichtig, weil der Übergang zu einer neuen Kommunikation zunächst am visuellen Ausdruck erlebt wird. Die vorhandenen Logos sind graphisch sehr unterschiedlich. Sie existieren als graphisches Symbol, als Wiedergabe eines Ortsnamens in einem besonderen Schrifttyp oder als Zusammensetzung aus Ortsnamen und graphischem Symbol.

In Städten, die sich bisher nicht mit einem einheitlichen Erscheinungsbild beschäftigten, gab es oftmals verschiedenartige Logos. Jede Dienststelle, Institution oder Organisation versuchte sich selbst als freischaffender Künstler, schuf eigene Logos und entwarf eigene Graphiken. Eine unübersehbare Sammlung von Logos, oft in unterschiedlicher Positionierung, erzeugt so den Eindruck von Amateur-haftigkeit.

Ein neues Logo muss »das Neue« sein und nicht die Vermutung zulassen, bei dem neuen Logo handle es sich nicht um das Neue, sondern um ein weiteres Neues.

Abb. 73 Logo-Anwendung von Wilhelmshaven

Quelle: Stadt Wilhelmshaven, Gestaltungshandbuch Wilhelmshaven

Abb. 74 Positionierung des Logos von Dortmund

Quelle: Stadt Dortmund, Gestaltungsrichtlinien Dortmund

Wappen

Bis vor wenigen Jahren hatte ein Stadtwappen eine Art Logofunktion, auch wenn diese Bezeichnung nicht treffend ist. Der Vergleich mit den Anforderungen eines Logos wird die Nähe zu diesem sofort negieren.

Ein Wappen ist auf keinen Fall unverwechselbar. Die äußere Form der Wappen ist immer identisch.

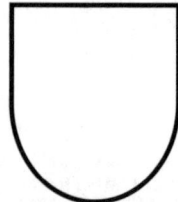

Es ist nicht auf den ersten Blick erkennbar, noch nicht einmal für alle Einwohner der jeweiligen Stadt, ob das Wappen aus Augsburg, Düsseldorf oder Osnabrück stammt. Eventuell sind das Kölner, Hamburger oder Münchner Wappen teilweise oder überwiegend bekannt und können mit der Stadt in Zusammenhang gebracht werden. Aber schon beim Hamburger Wappen ist eine Ähnlichkeit mit dem Bremer Wappen gegeben und somit eine Verwechslung möglich.

Ein Wappen ist in der Form einfach. Aber bereits die Beschäftigung mit dem visuellen Innenteil, mit den zum Teil sehr differenzierten Zeichnungen, macht es kompliziert. Nach einmaligem oder sogar mehrmaligem Hinsehen wird kaum jemand, ausgenommen einige kundige Einwohner, in der Lage sein, es zu beschreiben oder nachzuzeichnen.

Natürlich kann auch ein Wappen Emotionen wecken, die aber in der Vergangenheit und nicht in der Zukunft liegen. Inhalte aus zukunftsträchtigen Konzepten können über ein Wappen nicht visualisiert werden. Daher sind sie unbrauchbar für einen Stadtmarketingprozess. Ein Wappen ist nur eine Brücke zur Geschichte des Ortes.

Die Anforderung »selbstbewusst« ist mit Sicherheit auf einige Wappen anwendbar; bei vielen wird das Selbstbewusstsein jedoch erst bei einer genauen Kenntnis der Heraldik offenkundig.

Es stellt sich die Frage, was mit einem Wappen geschehen soll, wenn ein Logo erarbeitet wurde. Ein Nebeneinander ist nicht möglich, also darf das Wappen nicht mehr in der Selbstdarstellung des Ortes eingesetzt werden.

Das Logo löst das Wappen ab.

In der Bevölkerung wird dieser Vorgang in der Anfangsphase nicht auf große Zustimmung stoßen, da die Menschen an ihrem zum Teil jahrhundertealten Wappen hängen.

Je besser ein neues Logo ist, umso schneller wird es möglich sein, das Wappen zu vergessen. Örtliche Satzungen können den Gebrauch des Wappens für besonders Anlässe vorschreiben. Dies gilt z.B. bei der Anwendung im Dienstsiegel als hoheitliches Zeichen einer Kommunalverwaltung oder bei amtlichen Bekanntmachungen. Hier muss ein genau definierter Kompromiss eingegangen werden, wonach in Ausnahmefällen, und zwar nur in den durch Ortssatzung vorgeschriebenen, das Wappen Anwendung findet.

Grundsätzlich gilt: Ist ein neues Logo vorhanden, so ist das Wappen nicht mehr anzuwenden.

Gestaltungshandbuch (Design Manual)

Das unverwechselbare Gesicht einer Stadt muss in einem einheitlichen Erscheinungsbild zum Ausdruck kommen. Nur auf diese Weise rundet sich das optische Erscheinungsbild des Ortes zu einem harmonischen Ganzen ab. Hierzu gehört auch, wie eine Stadt auf Plakaten, in Briefen, Broschüren u. ä. in Erscheinung tritt.

Das Erscheinungsbild vermittelt dem Außenstehenden schnell, ob sich eine Stadt amateurhaft oder professionell darstellt. Jedes Unternehmen legt besonderen Wert auf seine äußere Darstellungsform. Diese muss professionell sein, denn hinter einem professionellen Erscheinungsbild vermutet der Außenstehende auch eine professionelle Arbeit.

Um ein einheitliches Erscheinungsbild zu gewährleisten, ist es erforderlich, dieses in einem Gestaltungshandbuch festzulegen. Das Gestaltungshandbuch gilt grundsätzlich für alle am Stadtmarketingprozess Beteiligten, also für Unternehmen, Organisationen, Institutionen und natürlich auch für die Verwaltung. Es ist in Verbindung und/oder Ergänzung mit dem eigenen Logo eine verbindliche Anwendungshilfe.

Gestaltungshandbücher sollen den unverwechselbaren Charakter einer Stadt beispielhaft für verschiedene Anwendungsmöglichkeiten in Logo und Schriftzug zum Ausdruck bringen. Entsprechende Schriftformen werden verbindlich vorgeschrieben. Inhaltlich wird festgelegt, wie künftig Prospekte, Plakate, Hinweisschilder oder die Beschriftung an Dienstfahrzeugen der Kommunalverwaltung auszusehen haben.

Inhaltliche Voraussetzungen eines Gestaltungshandbuches sind:

- Anwendungsmöglichkeiten des Logos
- die drucktechnische Umsetzung (sowohl werblich als auch amtlich)
- zum Logo passende Schriftarten
- farbliche Kombinationsmöglichkeiten
- die einheitliche Positionierung des Logos
- Anwendungsmöglichkeiten für »andere«

Durch zentrale Genehmigungsstellen muss Vorsorge getroffen werden, dass es zu einer einheitlichen Anwendung des Logos kommt. Für die Kommunalverwaltung kann die einheitliche Anwendung durch den Fachbereich sichergestellt werden, der für die Öffentlichkeitsarbeit zuständig ist. Für den Bereich der Wirtschaft könnte ein Verband (IHK o.ä.) die Controllingeinheit sein.

Vor einem Logo-Missbrauch kann man sich oft nur durch eine intensive Beobachtung der Anwendungen schützen. Immer wieder sollten falsche oder nicht genehmigte Anwendungen beanstandet werden, um im Laufe der Zeit zu einer einheitlichen Applikation zu gelangen. Dies gilt auch für die Benutzung eines evtl. Slogans.

Abb. 75 Anwendung des Logos der Stadt Dortmund

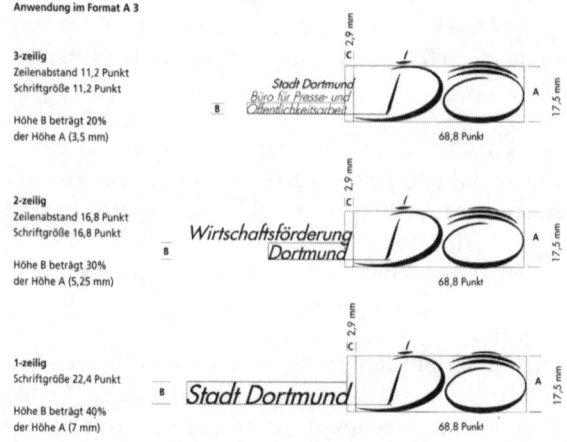

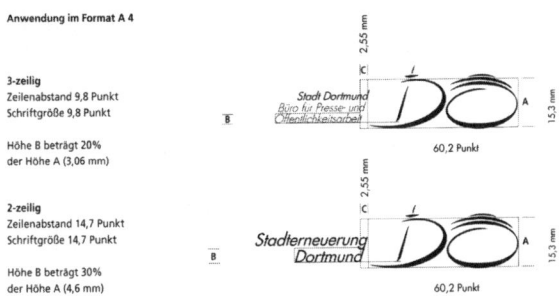

Quelle: Stadt Dortmund, Gestaltungsrichtlinien Dortmund

Neunkirchen – ein Logo mit künstlerischem Ansatz

Die saarländische Stadt Neunkirchen schuf bereits 1977 ein Logo, das sich über die Jahre bewährt hat. Der Unterschied zu anderen Logos liegt in einem sehr ausgeprägten künstlerischen Ansatz, der es erlaubt, mit dem Logo in allen Varianten zu werben und immer wieder neue Möglichkeiten zu finden.

Der Anlass für das neue Logo war die durch eine Gebiets- und Verwaltungsreform 1974 entstandene neue Stadt Neunkirchen. Mehrere Städte, Dörfer und Siedlungen sollten nunmehr den Namen Neunkirchen tragen und sich damit identifizieren. 1977 schuf der Graphiker Hans Huwer das neue Stadtsignet, geometrisch, streng, sechseckig und in rot, der Farbe, die der Stadt zusammen mit dem Stadtwappen verliehen worden war. Zusätzlich zum Bild wurde die Wort-Bild-Marke geschaffen, um nach außen den Namen der Stadt in Verbindung mit dem Logo deutlich zu machen.

Das Logo besteht aus zwei kongruenten Formen, die aus dem Kleinbuchstaben »n« (für Neunkirchen) entwickelt wurden. Mit ihren offenen Seiten stehen sich diese Formen gegenüber und sind so zueinander gestellt, dass sie einen Punkt berühren:

Das Zusammentreffen zweier Elemente im Mittelpunkt visualisiert das Charakteristikum Neunkirchens. Inmitten der Stadt treffen sich Gegensätze – Industrie und Mensch, Technik und Natur, Arbeit und Wohnen. Darüber hinaus ist das Logo räumlich als Würfel wahrnehmbar. Dieser streng geometrische Duktus des Logos deutet auf industrielle Formgebung hin. Assoziationen zu Stahlprofilen, aber auch hoch und tief, entsprechend der Topographie der Stadt sind gewollt.

Das Logo Neunkirchens sollte langfristig einsetzbar und prägnant sein. Das heißt, es sollte in jeder Größe in seinen wesentlichen Formen erkennbar und inhaltlich variabel sein. Über 25 Mal ist das Logo mittlerweile variiert worden. Es erschien als Geburtstagstorte, in zwei Hälften als Musiknoten zum Stadtfest oder als französische und deutsche Flagge aus Anlass einer Städtepartnerschaft. Die Variationsbreite ist nahezu unerschöpflich.

Abb. 76 Variationen des Logos Neuenkirchen

Quelle: Stadt Dortmund, Gestaltungsrichtlinien Dortmund

Ludwigsburg – ein Logo entsteht

Eines der ersten Logos, die nachvollziehbar entwickelt wurden und dessen Anwendung durch ein Gestaltungshandbuch verbindlich wurde, war das Logo von Ludwigsburg. An dieser Stelle wird es daher beispielhaft vorgestellt und erläutert. Das Logo der Stadt Ludwigsburg wurde konsequent und organisch entwickelt. Die Entwicklung vollzog sich, Bezug nehmend auf die Aussagenfestlegung in der Konzeption, in folgenden Denkschritten:

1. Ludwigsburg ist Kreisstadt und der Sitz zahlreicher Behörden, somit ein Verwaltungszentrum. Ein Kreis mit der fokussierten Innenstadt war der erste graphische Schritt:

2. Ludwigsburg ist Mittelpunkt des gesellschaftlichen, wirtschaftlichen und kulturellen Lebens. Der Kreis mit der fokussierten Innenstadt wurde schwarz, also zum Punkt, der einen Mittelpunkt darstellen soll:

3. Ludwigsburg ist eine weltoffene Stadt mit internationaler Ausstrahlung. Der Punkt wurde an den Rändern aufgelöst und erhielt so graphisch die Ausstrahlung:

4. Ludwigsburg ist eine Stadt mit Tradition. Das barocke £ setzt hierfür ein sinnfälliges Zeichen.

5. Als letzter Schritt wurde das barocke £ in den Punkt mit den aufgelösten Rändern gesetzt.

Im Ergebnis entstand ein Logo, dessen Kernelemente die Kreisstadt, der Mittelpunkt, die Weltoffenheit und die besondere Tradition sind. Das Logo war fertig.

Sympathieträger

Ein Sympathieträger hat in der grundlegenden Definition der CI nur am Rande etwas mit dem Corporate Identity-Prozess zu tun. Und doch gehört er mit zu diesen Überlegungen. Sympathieträger, ähnlich einem Maskottchen, können die Identifikationsphase einer Stadt nachhaltig unterstützen.

Das beste Beispiel hierfür ist die Stadt Cuxhaven. Erfolgreich wirbt die Stadt bereits seit Jahren mit ihrem JAN CUX, einer Figur der Küste. Eine bis heute in der Sparte städtischer Sympathieträger wohl einmalig gute Idee, denn der Name CUX ist zugleich identisch mit dem Autokennzeichen CUX.

Da Cuxhaven ein Urlaubsort ist, war die Idee des Sympathieträgers für diese Stadt ein Glücksgriff. Mittlerweile wurde eine weibliche Alternative kreiert. Dies geht allerdings nicht in jedem Ort. Während der Berliner Bär oder der Braunschweiger Löwe noch als Sympathieträger bekannt sind, passt der Hamburger Wasserträger schon nicht mehr in die Reihe der bekannten Sympathieträger.

Slogan

Ein Slogan muss die inhaltlichen der Ziele des Leitbildes verdeutlichen. Er soll das Stadtmarketinggesamtziel einprägsam und kurz wiedergeben, also das, was in der Konzeption inhaltlich festgelegt wurde. Ist dies nicht oder nur schwer möglich, so sollte auf einen Slogan verzichtet werden. Oft sind Slogans von Städten peinlich und redundant. Einfallslose Sloganbeispieles: »einfach einladend« (welche Stadt will es nicht sein?), »am Rhein« (Städte, die so bekannt sind, das dieser Zusatz völlig überflüssig ist, da sie sowieso als Rheinstädte gelten), oder »eine wunderschöne Stadt« (Versuch des Superlativs). Eine einseitige Ausrichtung, die nicht im Sinne des Stadtmarketings ist sind Logozusätze wie »Kulturstadt«, »Universitätsstadt«, »Residenzstadt«, »Einkaufsstadt« oder »Sportstadt«. Der für einen Stadtmarketingprozess so wichtige ganzheitliche Ansatz geht durch derartige Einengungen der Ausrichtung verloren.

Sollte kein vernünftiger Slogan gefunden werden, so kann auch auf ihn verzichtet werden, da der Name der Stadt »Marke« werden soll oder so seine eigenen Assoziationen auslösen muss.

Folgende Lösungen bieten sich an:

- kein Slogan
- bisheriger Slogan, wenn beliebt und bekannt und passend zu den neuen Kommunikationsinhalten
- neuer Slogan, basierend auf den Kommunikationsinhalten
- Kombination aus altem und neuem Slogan

Slogans wie »Berlin – durchgehend geöffnet«, »Hamburg – das Tor zur Welt«, »Der Pott kocht« oder »Wilhelmshaven setzt Zeichen« sind einfach, glaubwürdig, selbstbewusst und einprägsam. Die folgenden Beispiele belegen, wie schwierig es ist, einen treffenden Slogan zu finden. Oft werden nur Insider den Slogan verstehen. Und oft sind die Slogans überflüssig – eigentlich auch keine Slogans, sondern nur eine geographische Erläuterung.

Slogans mit

Stadtmarketingaussage

»Hamm – Stadt mit Spielraum«

einseitiger Stadtmarketingaussage

»Gießen – Kulturstadt an der Lahn«

»Gotha – Residenzstadt«

Nullaussage

»Halle – Die Stadt«

»Bielefeld – einfach einladend«

»Eisenach – entdecken und erleben«

»Detmold – eine wunderschöne Stadt«

geographischer Aussage

»Duisburg am Rhein«

»Passau – Leben an drei Flüssen«

geschichtlicher Aussage

»Lüneburg – jahr1000stark«

»Speyer – 2000 Jahre«

Viele Städte legen sich Slogans zu. Dies heißt auch, dass es bei gleichartigen Slogans leicht zu Verwechslungen kommen kann. Anfang der 90er Jahre benutzten mehrere Städte und Inseln an der deutschen Nordseeküste den Slogan »... Meer und mehr«. Ob Norderney oder Cuxhaven, der Slogan war gleich oder ähnelte sich. Wer das Urheberrecht besaß, wurde nie geklärt. Negativ und nicht im Sinne der Ansprüche an einen Slogan war, dass dieser zu Verwechslungen führte, also nicht mehr mit einem Ort verbunden wurde.

»Das Tor zur Welt« entspricht den geforderten Grundsätzen und ist sowohl für den Wirtschafts-, Kultur- als auch für den Tourismusbereich zu verwenden. Dagegen erfüllt ein Slogan wie »Eine Stadt, so frisch wie das Leben« diese Anforderungen nicht. Mit ihm lässt es sich schwer in wirtschaftlichen Bereichen werben.

Wie schwierig der Umgang mit einem Slogan ist, beweist das Beispiel Wilhelmshaven. Die Agentur hatte vorgeschlagen, den Slogan »Wilhelmshaven setzt Zeichen« auf jeden Briefumschlag zu drucken, der die Kommunalverwaltung, oder weitergehend die Stadt, verlässt. Dabei wurde aber nicht berücksichtigt, dass auch Bußgeldbescheide, also belastende Verwaltungsakte, täglich die Stadt verlassen. Ein Bußgeldbescheid mit dem Aufdruck »Wilhelmshaven setzt Zeichen« hätte wohl negative Folgen gehabt. Es wurde daher nur das Logo, ohne Slogan, für den Aufdruck gewählt. Das gleiche Problem hatte auch der Wirtschaftsbereich in derselben Stadt, als eines Tages ein Ramschladen eine Anzeige veröffentlichte, in der ein Verkauf von minderwertigen Artikeln aus Versicherungsschäden mit dem Slogan »Wilhelmshaven setzt Zeichen« endete.

Wenn ein Slogan bei den Einwohnern bekannt geworden ist, wird dies auch in der negativen Verwendung sichtbar. Kritische Leserbriefe, die mit der Aussage enden »Da setzte die Stadt wieder einmal Zeichen«, belegen eine Eingängigkeit, wenn auch in diesem Zusammenhang in einer negativen Art. Diese Verwendung ist in der Praxis nicht zu verhindern.

Eine gewisse Kontrolle über die Verwendung sollte allerdings vorhanden sein. Wenn es auch im Sinne des Stadtmarketingziels ist, dass ein neues Logo überall und von allen benutzt wird, so sollte die Verwendung des Slogans zielgerichtet erfolgen. Die Billigangebote in dem Prospekt eines Supermarktes dürfen selbstverständlich nicht mit dem Slogan »... setzt Zeichen« enden. In der Praxis bedeutet dies, dass die Sloganananwendung kontrolliert bzw. durch die mit der Umsetzung beauftragte Stelle genehmigt werden muss.

Stadt-Behavior

Stadt-Behavior meint, abgeleitet von englisch *behavior* (= Verhalten, Benehmen) das Stadtverhalten und im weiteren Sinne die Stadtkultur. Sie umfasst alle typischen Verhaltensmuster, die in einem Ort anzutreffen sind, vom kulturellen Angebot bis zum alltäglichen Umgang der Einwohner untereinander und dem Auftreten gegenüber Gästen.

Stadt-Behavior greift lokale Traditionen und Verhaltensweisen auf, wie das Verhalten der Verwaltung gegenüber den Einwohnern und die typische Lebensphilosophie eines Ortes oder seiner Bewohner. **Stadtkultur** meint die Mentalität der Einwohner mit ihren Normen, Sitten und Gebräuchen.

Das Positive und Besondere einer Stadt soll in einem Ortsprofil herausgehoben werden. Dabei bedarf es entsprechender äußerer Bedingungen wie Wohnqualität, Freizeitmöglichkeiten, Dienstleistungsangebote und Einkaufsmöglichkeiten. Kulturelle Angebote sowie eine positive und bevölkerungsnahe Kommunikationsstruktur dürfen nicht fehlen. Die Sicherung eines hohen Niveaus im kulturellen Angebot ist eine weitere Aufgabe, genauso die Förderung des Geschichtsbewusstseins.

Die lokale Tradition ist ein hochrangiges Reservoir für die Weiterentwicklung im Bereich Stadt-Behavior. Damit geht die Selbstdarstellung des Ortes und der Einwohner unter Einbeziehung der Lebensart der Bevölkerung einher. Auch die Pflege internationaler Kontakte, unter anderem zu Partnerstädten und auf anderen internationalen Ebenen, gibt dem Ort eine weltoffene und internationale Ausstrahlung, die diesen Bereich positiv beeinflusst.

In der Privatwirtschaft wird unter dem Begriff Corporate Behavior das gesamte Verhalten eines Unternehmens, auch seiner Mitarbeiter, verstanden. Ziel ist die Schaf-

fung eines einheitlichen zielgruppenorientierten Verhaltens aller Organisationsmitglieder und einer entsprechenden Unternehmenskultur.[204]

Bezogen auf Stadtmarketing, ist das Unternehmen die Stadt in ihrer Gesamtheit.
Mitarbeiter und Organisationsmitglieder in diesem Sinn sind alle Einwohner einschließlich aller Unternehmen, Organisationen usw.

Stadt-Kommunikation

Die Stadt-Kommunikation umfasst einerseits den systematischen und kom-
binierten Einsatz der Kommunikationsinstrumente **nach innen**, also die Informa-
tions- und Kommunikationsstruktur, und andererseits alle auf den Ort bezogenen
verbalen und visuellen Botschaften (kommunikative Äußerungen), die sich **nach
außen** an Touristen, Institutionen, Investoren, Unternehmen, Medien usw. wenden
und nach innen an die Einwohner, Kommunalpolitiker, einheimische Unternehmer, Einzelhändler usw. richten. Zur Kommunikation gehören Öffentlichkeitsarbeit, Werbung, Sponsoring, neue Medien sowie der Aufbau einer klaren Ziel-
gruppenkommunikation.

Die Stadt-Kommunikation legt die einheitlichen Aussagen der Stadt für alle
Handlungsfelder fest. Die unterschiedlichen Zielgruppen sollen mit den Zielen
der Stadtmarketingkonzeption vertraut gemacht werden, hinter diesen Zielen stehen
und dafür eintreten.

Kommunikation nach innen und außen ist heute eine unternehmenspolitische
Disziplin, die im gleichen Umfang und in der gleichen Wertigkeit auch für Städte
Gültigkeit hat. Jedes Unternehmen im Wechselspiel zwischen Ökonomie und
Ökologie braucht auf Dauer die Akzeptanz von Umwelt, Umfeld und Mitarbei-
tern. Diese Akzeptanz ist nur durch strategisch geplante Informationen auf allen
Ebenen zu erreichen.

Die für Städte ebenso wie für Unternehmen zum Überleben notwendigen Informationen müssen zur Kommunikation weiterentwickelt werden, und zwar individuell auf das Stadtleitbild abgestimmt. Auf allen Ebenen muss »gesendet« und
»empfangen« werden, und zwar nicht nur von innen nach außen und von oben nach
unten, sondern auch umgekehrt.[205]

---

[204] Birkigt/Stadler, a.a.O.
[205] Kalmus, M., Produktionsfaktor Kommunikation, Göttingen 1995.

Stadt-Kommunikationsziele

Die Menschen erleben die Wirklichkeit in kommunikativen Vorgängen. Sie nehmen Informationen wahr, empfangen sie und geben sie weiter. Kommunikation vollzieht sich auf verschiedenen Ebenen, auf der persönlichen Ebene und über Medien.

Kommunikation ist die Voraussetzung für das Funktionieren von Stadtmarketing. Sie muss bereits in der Anfangsphase auf breiter Basis begonnen, ständig gepflegt und forciert werden. Der stetige und intensive Dialog, sowohl kritisch als auch selbstkritisch, macht Stadtmarketing zum Thema und erreicht, dass viele sich damit auseinandersetzen.

Voraussetzung für die Effektivität ist eine aktive und langfristig angelegte kommunikative Strategie. Sie kann nur dort wirksam werden, wo sie eng in den Diskussions- und Entscheidungsprozeß eingebunden ist. Als zentrale Kompetenz im Bereich der Gesamtkommunikation hat sie eine strategische Führungsaufgabe zu erfüllen.

Die Identifikation der Einwohner mit den Stadtmarketingzielen bildet die Grundlage für die Funktionsfähigkeit der strategischen **internen Kommunikation**. Ziel der internen Kommunikation ist es, dass sich die Einwohner mit ihrem Ort aktiv identifizieren. Die Einwohner sollen sich, so die Kommunikationsrichtung, den Ort zu ihrer eigenen Sache machen. Dem Wir-Gefühl folgt das aktive Einwohnerbewusstsein. Ein evtl. negatives Selbstbild wird durch kontinuierliche Informationen, Aktionen und bauliche Maßnahmen schrittweise korrigiert.

Ziel der **externen Kommunikation** ist es, über die Vielfalt des Ortes kontinuierlich zu informieren. Bei festgelegten Zielgruppen sollen Interesse, Neugierde und die Bereitschaft geweckt werden, in dem Ort aktiv zu werden. Unter Kommunikation im Sinne von Stadtmarketing ist sowohl der Dialog als auch die Werbewirksamkeit in Form von Werbemaßnahmen zu verstehen.

Neben den immer wiederkehrenden Einzelgesprächen mit allen Beteiligten sind Diskussionsgruppen zu gründen, die den Stadtmarketingprozess fortwährend begleiten. Wichtig ist, dass die Kommunikation geplant und nicht dem Zufall überlassen wird.

14. Realisation

In vielen Stadtmarketingprozessen wurde deutlich, dass sich das Bild einer Stadt nicht wandelt, ohne dass sich in der Stadt etwas, für alle erkennbar, positiv verändert. Grundlage hierfür ist der verabschiedete Maßnahmenkatalog.

Mit der Analyse- und der Konzeptionsphase wird der Stadtmarketingprozess gestartet. Die entscheidende Phase aber ist die Realisation, die Klarheit darüber verschafft, ob die geleistete Arbeit zum Erfolg führt. Stadtmarketing nur als Analyse und Konzeption zu betreiben, sozusagen als Gewissensberuhigung der Verantwortlichen mit der Begründung, »ja etwas getan zu haben«, ist eine unnötige Aktion.

Es gibt Beispiele, in denen sich Städte nach der Analyse und Konzeption aus dem Stadtmarketingprozess verabschiedeten, weil die Realisation zu große Schwierigkeiten bereitete oder aber die finanziellen und personellen Möglichkeiten überschätzt wurden. Den Einwohnern jedoch in den schönsten Farben zu schildern, wie es werden könnte, und dann die Verwirklichung aufzugeben, ist ein verantwortungsloser Umgang mit den Menschen und zudem eine Verschwendung von privaten und öffentlichen Geldern.

Die Phase der Realisation beginnt mit der öffentlichen Präsentation der Gesamtkonzeption, die eigentlich Ende des strategischen Kernprozesses ist, zugleich aber auch Startschuss für den operativen Prozess. Nach dem Ende des strategischen Prozesses sind folgende Schritte erforderlich:

- Initialmaßnahmen mit Signalwirkung,
- die schnelle Verwirklichung der ersten Maßnahmen,
- das Erzielen einer Breitenwirkung,
- die schrittweise Umsetzung weiterer Maßnahmen und die Weiterentwicklung des Maßnahmenplans sowie
- eine kontinuierliche Öffentlichkeitsarbeit und Einsatz aller erforderlichen Kommunikationsinstrumente.

Abb. 77 Realisationsschritte

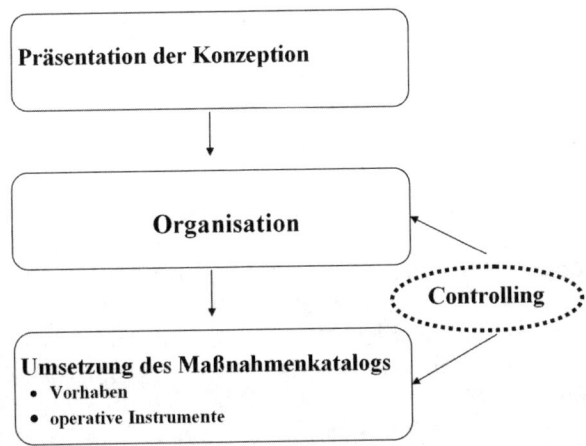

Quelle: eigene Darstellung

Beispiel (Auszüge): Maßnahmenumsetzung Troisdorf

Regelmäßig erscheint in Troisdorf ein Infoletter, der über alle Maßnahmen berichtet, die umgesetzt werden. Darüber hinaus wird über
den Stand der Umsetzung des Stadtmarketingprozesses und den Start
neuer Aktionen berichtet. Der Infoletter ist eine direkte Möglichkeit
der Öffentlichkeitsarbeit. Folgend werden einige Auszüge des Info-
letters wiedergegeben:

Bildung – nicht nur eine Sache der Schulen[206]
Troisdorfer Bildungskonferenz wird einberufen

Eine Besonderheit der ursprünglichen Idee der Bildungskonferenz ist,
nicht nur den schulischen, sondern auch den außerschulischen Bildungsbereich einzubeziehen. Wie zum Beispiel Volkshochschulen, privatwirtschaftliche Bildungsinstitute, das Bundesbahnbildungswerk und
andere betriebliche Ausbildungszentren. Für diesen Ansatz wird unter

---

[206] Aus Info-letter 01, 02, 03; Stadt Troisdorf, P3 Agentur für Kommunikation und Mobilität,
Köln , 2002/2003

maßgeblicher Mitarbeit von ... – der zugleich einer der beiden Sprecher der Schulleiterkonferenz ist – ein Vorschlag für die Zielformulierung, die Tagesordnung und die einzuladenden Teilnehmer der ersten Troisdorfer Bildungskonferenz erarbeitet.

Wirtschaftsgespräche ohne Schlips und Kragen
Der TROWISTA Business-Brunch

Eine regelmäßige Veranstaltung mit dem Arbeitstitel »Business-Brunch« wird dem Wunsch nachkommen, Unternehmer sowie Vertreter der Stadt und der Wirtschaftsförderung in höherem Maße zu vernetzen. Idee ist es, Entscheidungsträger aus dem gleichen Gewerbegebiet bei jeweils wechselnden Firmen zum Frühstück einzuladen. In informeller Runde ist dies eine willkommene Gelegenheit, sich untereinander kennen zu lernen. Was letztlich auch dazu führen kann, dass die in unmittelbarer Nachbarschaft – im eigenen Gewerbegebiet – angebotenen Dienstleistungen auch für den eigenen Bedarf entdeckt werden. Darüber hinaus ist es aber auch ein Forum, um gemeinsam gegenüber der Stadt zu formulieren, »wo der Schuh drückt«.

Mehr Information für Sie vor Ort
Info-Stellen für alle Ortsteile

In den vielen Diskussionen von TROISDORF: Projekt Zukunft wurde deutlich, dass die Bürger mehr direkte Information in den Ortsteilen wünschen. Entsprechend ist auch der Wunsch der 12 Ortsvorsteher, nach einem »Instrument« zu suchen, das es ihnen erlaubt, ihre Mitbürgerinnen und Mitbürger kurzfristig und individuell über aktuelle Themen zu informieren.

Ein wichtiger Schritt dazu ist die Aufstellung von Info-Säulen, die die Möglichkeit bieten, Ankündigungen der Ortsteile, aber auch Vereinstermine und Veranstaltungshinweise auszuhängen. Die technischen Erfordernisse sind bereits abgestimmt.

Kunst und Kultur

Fast unbemerkt ist für diesen Bereich im Rathaus ein entscheidender Beschluss gefasst worden, nämlich die Gründung einer allgemeinen Kulturstiftung! Als das Leitprojekt, einen Kulturbeirat mit Kulturschaffenden und Experten zu gründen, im Kulturausschuss der Stadt diskutiert wurde, stellte sich schnell die Frage, inwieweit es überhaupt personell möglich ist, die steigende Zahl mit Kultur befasster Gremien zu besetzen: Kulturstiftung, KuVe, Bilderbuchmuseum und eventuell noch einen weiteren Kulturbeirat. Als gangbarer Weg sollte daher die

Idee des Kulturbeirats aus dem Leitbild in das Konzept der Kulturstiftung übernommen werden, was an der geplanten Zusammensetzung
des Beirats am deutlichsten wird: In der Satzung soll festgeschrieben
werden, dass nur zwei der neun Beiräte aus der Politik kommen dürfen,
also mehrheitlich Kulturschaffende und Experten vertreten sein werden!

Sportlicher Erfolg vorprogrammiert!
Sportfreunde Sieglar und VfB Troisdorf jetzt eins

Dass manche Dinge, wenn sie auf fruchtbaren Boden fallen, plötzlich
ganz schnell gehen können, zeigt das folgende Beispiel. Ein Leitprojekt
der Arbeitsgruppe »Freizeit und Sport« ist: »Für jede Sportart wird nur
noch ein gesamtstädtischer Sport- und Freizeitverein angestrebt.« Inzwischen haben sich die Sportfreunde Sieglar und der VfB Troisdorf
mit neuem Namen – Sportfreunde Troisdorf e. V. – zusammengeschlossen und unter anderem die Stadtwerke Troisdorf als Sponsor gewinnen können! Da bleibt uns nur noch viel Erfolg für die sportliche
Entwicklung des Vereins zu wünschen.

Ziemlich ausgeschlafen!
Unternehmerfrühstück findet überwältigende Resonanz

Eigentlich war man auf alles vorbereitet. Dass die Resonanz dann aber
so groß sein würde, hatte niemand zu hoffen gewagt. So war gleich das
erste Unternehmerfrühstück bei der Firma Formel D ein voller Erfolg
und auch die zweite Veranstaltung bei der Firma Henze zeigt, dass man
mit dieser Form des informellen Austausches offene Türen einrennt.

Das Konzept, Troisdorfer Unternehmern ein lockeres Forum Gleich-
gesinnter zu geben, mit der Möglichkeit der Darstellung des eigenen
Leistungsangebots und dem direkten Draht zu Verantwortlichen der
Stadt, wurde voll angenommen.

So hat sich innerhalb kürzester Zeit das Unternehmerfrühstück ergänzend zu den Wirtschaftsgesprächen etablieren können. Damit sind zwei
Leitprojekte der Arbeitsgemeinschaft »Wirtschaft« mit dem Ziel, dass
sich Entscheidungsträger in hohem Maße vernetzen, erfolgreich auf den
Weg gebracht worden.

Image

Kaum ein anderer Bereich ist von der Stadt mit solcher Verve übernommen worden wie dieser. Den Gedanken des Leitbildes weiter-
führend beauftragte man die Agentur Klautzsch&Grey eine Stadt-

philosophie« und eine entsprechende Kampagne zu entwickeln. Entstanden sind eine aufmerksamkeitsstarke Plakatserie mit Motiven bekannter TV-Serien und der neue Stadt-Claim »TROISDORF »Eine FamilienAngelegenheit«, Gelder für eine Fortführung der Kampagne in 2003 wurden im Stadtrat bereits beschlossen, wobei der Inhalt »Familie« stärker Troisdorf-typisch formuliert werden soll.

Organisation

Nach Beendigung des Kernprozesses müssen die beschlossen Maßnahmen hinsichtlich ihrer Realisierung einem Controlling unterzogen werden. Es besteht aber auch die Möglichkeit, bereits beschlossene Maßnahmen zu modifizieren, bzw. die entsprechenden Arbeitsgruppen zu diesem Zweck wieder zu installieren. Schon in der Konzeptionsphase muss mit der Lenkungsgruppe eine Organisationsform diskutiert und vorbereitet werden. Die Lenkungsgruppe, bisher leitendes Gremium, wird ihre Arbeit mit der Fertigstellung der Konzeption als Controlling-Organ bis zur Installierung einer neuen Organisationsform fortsetzen.

In dieser Phase sollte weiterhin ein enger Kontakt zu den bisherigen Arbeitsgruppen gehalten werden. Ein zusätzliches Gremium kann Vertreter der Arbeitsgruppen enger einbinden, bis eine Organisationsform gegründet ist. In Troisdorf wurde die Lenkungsgruppe in der Umsetzungsphase zum »Stadtmarketing-Forum«. Dieses Verfahren sollte zu einem kontinuierlichen Prozessverlauf in den kommenden Jahren führen.

Auch in der Realisationsphase muss die Verantwortung bei allen Beteiligten liegen. Alle am Stadtmarketing Beteiligten sind im Rahmen der Vorgaben des Handlungskataloges für die Umsetzung der ihnen zugeteilten Aufgaben zuständig. Es gibt aber Aufgaben, die zentral erledigt werden müssen. Eine **zentrale Stelle** muss die Klammer zwischen allen Bereichen sein und ergänzend zu dem bereits genannten Aufgabenbereich eine Lückenfunktion wahrnehmen. Dies heißt, dass die Aufrechterhaltung des ständigen Kontakts zwischen den Beteiligten und Hilfestellungen für andere Bereiche zu den ständigen Aufgaben gehören. Auch neue Ideen und Vorgehensweisen sollten über diese Stelle in den laufenden Realisationsprozess eingebracht werden. Mit anderen Worten: Die zentrale Stelle soll zur immer ansprechbaren und kontinuierlichen Schnittstelle im Stadtmarketingprozess werden.

Die Leitung dieser zentralen Stelle nimmt die Aufgaben eines **Stadt-Managers** wahr. In dieser Funktion soll der/die Stadt-Manager/in Impulse geben und alle Beteiligten aktivieren. Er/sie soll in Stagnationsphasen – auch diese treten ein – aktivieren und neue Kontakte knüpfen, alte pflegen und immer mehr Menschen in den Prozess einbinden. Falsch ist es, die zentrale Stelle als ausführende Körperschaft zu sehen. Dies würde dem Stadtmarketinggedanken zuwider laufen. Der Stadtmanager ist Koordinator der Umsetzung des Maßnahmenkataloges.

Für eine geeignete Organisationsform bieten sich mehrere Möglichkeiten. Dazu bedarf es einer genauen Analyse, wer in der Vergangenheit den Stadtmarketingprozess vorangetrieben hat bzw. welche Institutionen sich während des Prozesses besonders in die Verantwortung eingearbeitet haben.

Stadtmarketing kann als eine kostengünstige Alternative direkt an die Kommunalverwaltung angebunden sein, dann allerdings so autonom von den kommunalen Entscheidungswegen, dass eine unkomplizierte Zusammenarbeit mit allen anderen Institutionen möglich ist. Problematisch ist die einseitige Fixierung auf die Kommunalverwaltung, da hierdurch eine direkte Zuständigkeit des gesamten Prozesses durch diese Stelle signalisiert wird. Da Stadtmarketing auch künftig von allen Kräften am Ort getragen werden muss, ist diejenige organisatorische Ausrichtung ideal, welche diese Zielsetzung verwirklicht, also eine privatrechtliche Organisationsform.

Die Kommunalverwaltung hat in der Realisationsphase eine besondere Bedeutung, da eine genaue Abstimmung der dort geleisteten Arbeit notwendig ist bzw. verschiedene Fachbereiche bei der Realisation eine bedeutende Rolle spielen (Wirtschaftsförderung, Stadtplanung, Kultur, Sport usw.). Aber auch die Einbeziehung der Spitze der Kommunalverwaltung, d.h. Ober- bzw. Bürgermeister.

Unterschiedlich sind die Umsetzungsorganisationen in den verschiedenen Städten, die sich nach den finanziellen und personellen Möglichkeiten richten. Daher bieten sich verschiedene Formen an, die je nach den spezifischen örtlichen Voraussetzungen zu wählen sind. Eine Idealform gibt es nicht. Die Stadt Solingen wählte z.B. die Form eines »Initiativkreises City-Management« in der Form eines Vereines. Die Stadt Velbert schuf eine Lenkungsgruppe und ließ die Trägerschaft bei der Stadtverwaltung. Dagegen vertrauen Kronach, Mindelheim, Schwandorf und Langenfeld auf eine BGB-Gesellschaft. Frankenthal, Hamm und Wilhelmshaven gründeten einen Arbeitskreis bzw. eine Lenkungsgruppe Stadtmarketing mit der Zuständigkeit bei der Kommunalverwaltung. Essen und Gelsenkirchen gründeten eine GmbH, Achim und Wolfenbüttel eine GmbH & Co KG.

In vielen Fällen wurde die Umsetzung aktiv extern begleitet. Dies geschah durch Stadt- und Regionalplanungsbüros, Institute, Fachhochschulen, Universitäten oder fachkundige Einzelpersonen.

Abb. 78 Realisations-Organisation

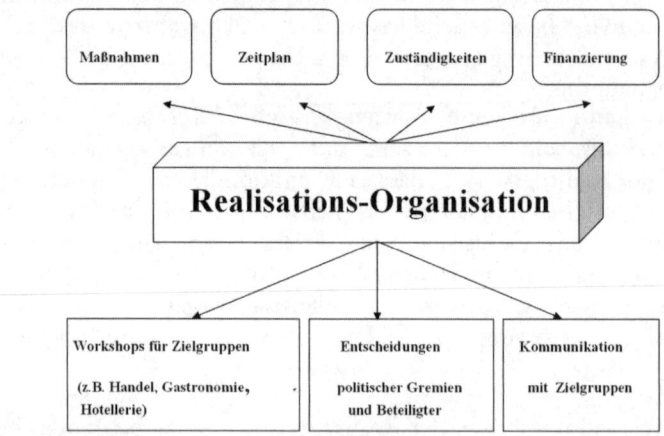

Quelle: eigene Darstellung

Koordination in der Realisationsphase

Die Leitung der zentralen Organisationseinheit sollte über Integrationstalent, diplomatisches Einfühlungsvermögen, Kommunikationsfreudigkeit und Kritik-fähigkeit verfügen. Zur Koordination und Moderation des Stadtmarketingpro-zesses muss ein ständiger Kontakt mit allen Organisationen, Institutionen, Vereinen etc., kurzum mit allen Beteiligten gepflegt werden. Neben der Moderation der Len-kungsgruppe steht jetzt vor allem die Koordination des Realisationsprozesses im Mittelpunkt. Die Leitung der zentralen Organisationseinheit stimmt den Prozess mit allen Beteiligten gleichwertig ab und ordnet die Aufgaben zu. Es sollte sich hierbei um eine Person handeln, die in dem Ort bekannt ist bzw. bei der davon ausgegan-gen werden kann, diese Voraussetzung schnell zu erreichen. Zu den Aufgaben gehören unter anderem

- die eigenständige weitere Entwicklung von Ideen und deren Initiierung,

- die Ergebnisverantwortung für die Jahresplanung und die Umsetzung des Handlungskatalogs,

- die Budgetverantwortung,

- die Vorbereitung, Einberufung und Nachbereitung der Sitzungen der Len-kungsgruppe,

- das Sponsormanagement,

- die Bündelung neuer Ideen.

Stadtmarketing ist ein internationales Thema. Auch viele britische Städte setzen im zunehmenden Wettbewerb der Standorte mittlerweile auf einen professionellen **City-Manager.** Cimadirekt berichtet dazu:

> Rund 100 hauptberufliche City-Manager sind nach Angabe von James May, Generaldirektor des British Retail Consortiums, in Großbritannien derzeit tätig – Tendenz weiter steigend. Wie in keinem anderen europäischen Land hat sich damit in Großbritannien das Instrument des Stadtmarketing/City-Managements auf breiter Ebene durchgesetzt. Die teils von den Städten, teils von der Wirtschaft finanzierten City-Manager sollen zur Stärkung der Innenstädte im fortschreitenden Wettbewerb der Standorte beitragen. In Großbritannien gibt es derzeit rund 750 Shopping-Center und 230 Fachmarkt-Zentren, die gerade Klein- und Mittelstädten zunehmend Konkurrenz machen.
>
> Noch 1993 lagen die klassischen Innenstadtlagen in London, Edinburgh und Newcastle an der Spitze der umsatzstärksten Einkaufsstandorte. In der aktuellen Rangliste haben dagegen die drei regionalen Shopping-Center Meadowhall, MetroCentre und Merry Hill die City-Standorte von den vorderen Plätzen verdrängt. Ihre Attraktivität resultiert nicht nur aus den Verkaufsflächen von jeweils mehr als 100 000 m², sondern auch von der hohen Erlebnisqualität. Aufgrund von Versäumnissen in der Vergangenheit haben gerade in diesem Bereich die Innenstädte wenig entgegenzusetzen. Jahrelang blieben Investitionen in die Verkehrsinfrastruktur, Gebäudesubstanz, Sicherheit und Sauberkeit aus, nicht zuletzt wegen der mangelhaften Zusammenarbeit zwischen Unternehmen und Städte. Das soll sich nun mit Hilfe des City-Managements ändern. Die bisherigen Erfahrungen, so May, sind jedenfalls Erfolg versprechend. [207]

---

[207] Cimadirekt, 4/1995. Anmerkung des Autors: Der Begriff Citymanager ist mittlerweile in Deutschland die gebräuchliche Bezeichnung für den Innenstadtmanager.

Organisationsformen in der Realisationsphase

Abb. 79 Organisationsformen in der Realisationsphase

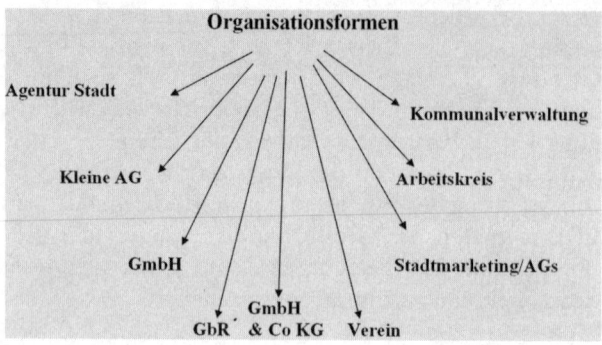

Quelle: eigene Darstellung

Agentur Stadt

Eine »Agentur Stadt« ist die ideale Form für die gemeinsame Entwicklung in der Realisationsphase. Dazu ist allerdings ein Umdenken, ein gedankliches Lösen von bisherigen Strukturen erforderlich. Auch einzelne Personen müssten im Sinne des Ganzen auf subjektive Macht verzichten und sich altruistisch einbringen. Die Agentur Stadt kann sowohl eine öffentlich-rechtlich oder privat-rechtliche Organisationsform sein.

Arbeiteten in der Analyse- und Konzeptionsphase privatrechtliche und öffentlich-rechtliche Institutionen kooperativ zusammen, so kommt es in der Realisationsphase wieder zu einer klaren Trennung. Aufgaben im Kulturbereich werden z.B. von privat- und öffentlich-rechtlichen Beteiligten getrennt wahrgenommen. Im Handlungsfeld Wirtschaft arbeiten wieder IHK, Wirtschaftsförderungsvereine, Wirtschaftsämter o.a. nebeneinander. Die einzige Klammer ist ein funktionierender Arbeitskreis, dessen Mitglieder allerdings im Laufe der Zeit immer mehr Ermüdungserscheinungen aufweisen werden. Dies macht sich bemerkbar durch u.a. ein immer häufigeres Fehlen in den Sitzungen und eine immer größere Ausdehnung der Zeiträume zwischen den Sitzungen.

Um einer derartigen Verflachung des Realisationsprozesses zuvorzukommen, sollten feste Organisationseinheiten für die einzelnen Handlungsfelder geschaffen werden. Durch den Aufbau einer neuen inneren Organisationsstruktur können die Effektivität erhöht sowie Reibungsverluste vermieden werden. Das Gleiche gilt für den Wirtschaftsbereich. Auch hier können alle am Wirtschaftsleben des Ortes strategisch Beteiligten gemeinsam arbeiten. Möglich wäre dies z.B. auch für den

Veranstaltungs- und Tourismusbereich. Vorhandene strategische Einheiten der Kommunalverwaltung können eingebunden und Synergien in der Arbeit genutzt werden. Die Pressestelle der Stadt könnte die gesamte Pressearbeit aller Handlungsfelder übernehmen bzw. mit anderen Pressestellen organisatorisch verbunden werden. Damit wäre eine effektive und im Sinne von Stadtmarketing koordinierte Pressearbeit möglich. Schlagkräftige neue Organisationsstrukturen wären die Folge.

Das Dach könnte auch eine Arbeitsgruppe, bestehend aus Vertretern der einzelnen neuen Organisationseinheiten, sein, die sich wöchentlich regelmäßig zu Teamgesprächen treffen, Planungen bekannt geben, Maßnahmen absprechen und neue Ideen erarbeiten. Der Vorsitz sollte nach einer bestimmten Zeit regelmäßig wechseln. Das Controlling-Organ ist die **Lenkungsgruppe**, sozusagen das Aufsichtsgremium dieser neuen Organisationsform.

Abb. 80 Agentur Stadt

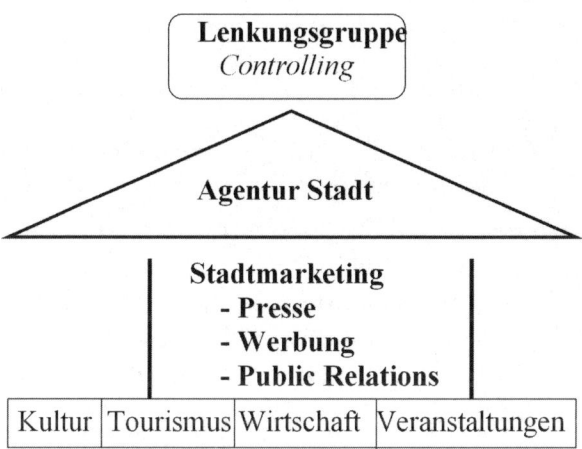

Quelle: eigene Darstellung

Zweifellos werden sich nicht alle Handlungsfelder für dieses Verfahren eignen, oft wird es auch an den handelnden Personen liegen, ob sie bereit sind, etwas Macht für die altruistische Weiterentwicklung der Stadt abzugeben. Auf jeden Fall wird eine »Agentur Stadt« effektiv arbeiten können.

Kleine Aktiengesellschaft

Noch nicht so bekannt sind die Vorteile der Kleinen Aktiengesellschaft, die im August 1994 vom Gesetzgeber verabschiedet wurde.[208] Die Kleine AG eignet sich für die Realisation eines Stadtmarketingprozesses besser als die GmbH. Die Merkmale der Kleinen Aktiengesellschaft sind:[209]

1. In Aktiengesellschaften mit **weniger als 500 Arbeitnehmern** müssen im Aufsichtsrat **keine Arbeitnehmervertreter** vorhanden sein.

2. Die **notarielle Beurkundungspflicht** der Hauptversammlung ist **aufgehoben**; es genügt die Niederschrift des Aufsichtsratsvorsitzenden. Damit entfällt die bisher obligatorische Anwesenheit eines Notars bei der Hauptversammlung. (Ausnahme: Grundlagenbeschlüsse wie Kapitalerhöhungen, für die eine Dreiviertelmehrheit erforderlich ist; diese sind aber auch bei einer GmbH beurkundungspflichtig.)

3. Musste bisher die Einberufung zur Hauptversammlung stets in den Gesellschaftsblättern der AG und damit im Bundesanzeiger bekannt gemacht werden, so kann der Vorstand bei nicht börsenorientierten AGs nun die Aktionäre durch eingeschriebenen Brief zur Hauptversammlung einladen, sofern sämtliche Aktionäre namentlich bekannt sind. Ferner gestattet das veränderte Aktiengesetz die Abhaltung von Ad-hoc-Vollversammlungen, was die Flexibilität der AG erhöht.

4. Die **Einpersonengründung** – statt bisher fünf Gründern – wird zulässig (§ 2 AktG neue Fassung).

5. Der **Mindestnennbetrag je Aktie** wurde im Rahmen des 2. Finanzmarktförderungsgesetzes auf 2,50 Euro reduziert.

6. Die Einzelverbriefung der Aktien kann entfallen. Dadurch entfällt der kostenträchtige Druck von Aktien.

7. Dank des so genannten Nachhaftungsbegrenzungsgesetzes endet bei einer Umwandlung einer Personengesellschaft in eine AG nach 5 Jahren die Haftung für Gesellschaftsschulden (Dauerschulden) aus Mietverträgen, Arbeitsverträgen etc.

Dank dieser Änderungen ist die AG konkurrenzfähig mit der GmbH. GmbH und AG sind in der Frage der Mitbestimmung nun rechtlich gleichgestellt. Erst wenn eine Arbeitnehmerzahl von 500 überschritten wird, sind sowohl bei der GmbH als auch bei der AG die Arbeitnehmer zu einem Drittel in den Aufsichtsrat zu wählen. Die Besteuerung in beiden Rechtsformen ist identisch.

---

[208] Gesetz für kleine Aktiengesellschaften und zur Deregulierung des Aktienrechts.
[209] Heiderich, K., Die Kleine Aktiengesellschaft als neue Rechtsform im Fremdenverkehr, FBV Medien-Verlags GmbH, Limburgerhof 1997.

Die AG bietet aber gegenüber anderen Kapitalgesellschaften einige Vorteile:

- Die AG ist ungleich **attraktiver für Fremdmanager,** da die Position des Vorstandsmitglieds als Folge der autonomen Stellung hohes Ansehen genießt. Bei einer GmbH oder GmbH & Co. KG kann die Geschäftsführung leicht zum Spielball der Gesellschafterinteressen werden. Anders bei der AG: Hier kann der Vorstand nicht durch die Aktionäre gewählt oder abberufen werden (da der Aufsichtsrat den Vorstand bestellt).

- Die AG genießt in der Bevölkerung und bei Lieferanten einen guten Ruf. Sie gilt als **finanzstark und seriös.**

- Beim Ausscheiden von Gesellschaftern fließt, anders als bei Personengesellschaften, kein Kapital aus dem Unternehmen ab.

- Der Unternehmer/Inhaber kann stufenweise aus dem Unternehmen ausscheiden, indem er stetig sein Aktienpaket verringert.

- Die Rechtsform der AG beinhaltet die **Option eines Börsenganges.** Über die Ausgabe von (stimmrechtslosen) Vorzugsaktien kann Eigenkapital, durch die Emission von Genuss-Scheinen Fremdkapital aufgenommen werden.

- Die **direkte Aufnahme von Eigenkapital** sichert eine gewisse Unabhängigkeit der AG und ist relativ günstig.

- Die verschiedenen Aktienarten ermöglichen eine **differenzierte Einbindung breiter Personenkreise.**

Kommunalverwaltung

Die Vorteile liegen in der vorhandenen Infrastruktur und im Know-how. Kontinuität, Koordination und Kontrolle, eine straffe Organisation und vorhandene Ansprechpartner sind weitere Pluspunkte. Bei einer Anbindung an die Kommunalverwaltung kann der/die (Ober-)Bürgermeister/in[210] den Stadtmarketingprozess zur Chefsache machen und in die Politik einbinden, d.h. politische Beschlüsse und das tägliche Handeln der Verwaltung würden sich eng an den Vorgaben der Konzeption orientieren.

Nachteile wären eine fehlende Neutralität und die dem Stadtmarketingprozess gegenläufige Fixierung in Richtung Kommunalverwaltung. Darüber hinaus ist die Akzeptanz der Verwaltung in der Privatwirtschaft als eher gering anzusehen. Oft fehlt den Verwaltungsstrukturen noch die Flexibilität, die erst durch Modernisierungsprozesse projektiert wird. Einschränkungen durch die Kommunalverfassung und eine zu starre Konzentrierung auf die Verwaltung würden nach und nach beteiligte Institutionen aus der Verantwortung nehmen.

---

[210] In Niedersachsen noch vereinzelt bis zum Ablauf der Wahlzeiten der (Ober-)Stadtdirektor.

Fazit: Die direkte Anbindung an die Kommunalverwaltung ist ungeeignet. Die mögliche direkte Einflussnahme durch die Politik und Verwaltung könnte parteipolitische Interessen in den Vordergrund rücken und somit das Grundverständnis von Stadtmarketing ad absurdum führen. Diese Lösung sollte nur dann akzeptiert werden, wenn für die Organisation keine oder nur geringe finanzielle Möglichkeiten vorhanden sind bzw. die vorhandenen Gelder in andere Maßnahmen des Stadtmarketings investiert werden sollen. Nicht uninteressant ist das Modell der österreichischen Stadt Bruck an der Mur.

Abb. 81 Citymanagement der Stadt Bruck an der Mur

* Es ist identisch mit der Lenkungsgruppe.

Eingetragener Verein (e.V.)

Ein Verein ist die leichteste Möglichkeit, Privatpersonen für eine gemeinsame Arbeit zu binden. Der im Vereinsregister eingetragene Verein hat eine bekannte rechtliche Struktur. Die Mitgliedschaft ist einfach zu erreichen. Ein Verein kann geringe Betriebskosten haben und flexibel und dynamisch sein. Er bietet optimale Voraussetzungen für Kommunikation und Kooperation. Er kann unabhängig von Politik, Fördermitteln und Verwaltungen agieren. Die Hemmschwelle für Interessierte, dem Verein beizutreten, ist niedrig.

Ein Nachteil ist die instabile Konstruktion. Ein eingetragener Verein muss mindestens sieben Mitglieder haben. Es besteht eine Zahlungsverpflichtung durch Beiträge. Die Vereinsstruktur kann den Aufbau von arbeitsfähigen Gruppen behindern. Die Haftung ist auf das Vereinsvermögen begrenzt. Bei einer Gewinnorientierung verliert der Verein seine Gemeinnützigkeit. Zahlreiche Regelungen müssen in Verbindung mit der Vereinsgründung in der Satzung getroffen werden, wie die Festlegung der Vereinsziele, Vertretungsrechte, Zuständigkeiten, Stimmenverhältnisse, Kostenverteilung und Beiträge.

Fazit: Ein eingetragener Verein ist für die Realisation im Stadtmarketing nicht auf Dauer geeignet, sondern nur für eine Übergangszeit.

Loser Arbeitskreis

Beitreten kann diesem Arbeitskreis jeder, der Interesse hat. Die Städte Hamm und Frankenthal wählten diese Form. Der Zusammentritt ist zwanglos, kein Mitglied übernimmt irgendwelche Verpflichtungen. Der Vorteil ist darin zu sehen, dass alle Interessierten mitwirken können. Es gibt keine Eintrittsbarrieren. Eine institutionelle Struktur wird vermieden.

Der Nachteil liegt darin, dass die Gruppe unübersichtlich werden kann. Je größer sie ist, umso weniger wird eine erfolgreiche Arbeit möglich sein. Eine klare Aufgabenverteilung ist nicht möglich. Die Finanzierung ist unverbindlich, es besteht keine Planungssicherheit. Verantwortlichkeiten und Zuständigkeiten sind nicht geregelt, sondern müssen erst gemeinsam beschlossen werden. Die Einsatzfreude lässt ggf. mit der Zeit nach. Ein problemloses Ausscheiden von Personen aus dem Arbeitskreis ist möglich und beeinflusst dadurch die Verantwortung einzelner negativ.

Fazit: Ein loser Arbeitskreis ist für die Realisation im Stadtmarketing nur in kleinen Städte geeignet.

Gesellschaft des bürgerlichen Rechts (GbR)

Die Gesellschaft des bürgerlichen Rechts (GbR) bietet eine weitgehende Gestaltungs- und Kontrollmöglichkeit. Der Gesellschaftsvertrag wird auf die speziellen Bedürfnisse ausgerichtet.

Vorteil: Diese Rechtsform ist ideal, solange die Aufgabenstellung und die Strukturen noch nicht endgültig feststehen. Ein Nachteil ist, dass die einzelnen Gesellschafter uneingeschränkt haften.

Fazit: Die Gesellschaft des bürgerlichen Rechts hat keine Priorität im Stadtmarketing.

Gesellschaft mit beschränkter Haftung (GmbH)

Die GmbH hat eine stabile Konstruktion. Es besteht ein Kosten- und Ertragsbewusstsein sowie eine Haftungsbeschränkung. Die GmbH hat den Gewinn zum Ziel. Es besteht eine Eigenverantwortlichkeit als Unternehmen. Die GmbH steht für Professionalität und Effizienz.

Eine selbständige Arbeit ist möglich. Die Geschäftsführung besitzt gegenüber den Gesellschaftern eine Eigenständigkeit, kann zielgerichtet arbeiten, ohne jeweils Abstimmungen durchführen zu müssen. Die Kontrolle gewährleistet die Gesellschafterversammlung. Ein Stammkapital von 25.000 Euro ist erforderlich sowie eine Stammeinlage von mindestens 100 Euro pro Gesellschafter.

Die Nachteile liegen in der grundsätzlichen Aufrechterhaltung des Stammkapitals. Dies bedeutet eine unnötige Kapitalbindung. Ferner besteht ein finanzieller und personeller Aufwand durch die Bilanzierung und die Prüfungspflicht der GmbH. Die GmbH ist eine geschlossene Gesellschaft, in der die anderen beteiligten Institutionen über die Gesellschafterversammlung Einfluss nehmen können.

Fazit: Die GmbH ist für die Realisation im Stadtmarketing nicht besonders geeignet, da an dem Prozess Beteiligte sich nach und nach aus der Verantwortung zurückziehen können. Eine GmbH wird sich mit der Gewinnerzielung beschäftigen und dabei ggf. die gemeinsam festgelegten Ziele (Konzeption, Maßnahmenkatalog) vernachlässigen. Beispiele wie in Essen und Gelsenkirchen zeigen, dass sich Stadtmarketing in dieser Organisationsform zur Event-GmbH entwickelt.

Allerdings könnte eine GmbH (oder mehrere für bestimmte Ziele gegründete GmbHs) den Realisationsprozess unterstützen. GmbHs bieten sich an für die Umsetzung der Konzeption im Bereich von Veranstaltungen, Werbung usw. Eine GmbH ist möglich, wenn eine Aufgabe nur durch eine organisatorische Einheit **allein** erfüllt werden kann, die zur Finanzierung dieser Aufgabe auch Gewinne erzielen darf.

GmbH & Co KG

Es handelt sich um eine Personengesellschaft in Form der Kommanditgesellschaft mit einer GmbH als Komplementär. Im Stadtmarketing wird diese Form auch als »Gelsenkirchener Modell« bezeichnet. Keine natürliche Person muss neben der GmbH die unbeschränkte Haftung übernehmen. Es gelten die Vorschriften des HGB über die KG und für die GmbH das GmbH Gesetz. Vorteil ist die Fremdgeschäftsführung.

Voraussetzung sind zwei Gesellschafter. In einer Stadtmarketing GmbH & Co KG sind dies regelmäßig die Stadt und die Wirtschaft. Ideal zu je 50 Prozent, um auch in dieser Organisationsform immer eine Einigung zu erzielen. Die Haftung besteht in der Höhe der Einlage, Verluste werden bei den Kapitalgebern bilanziert. Kommanditisten vertreten die Gesellschaft nicht nach außen und sind von der Geschäftsführung ausgeschlossen.

In Stadtmarketingverfahren wurde oft in diesem Modell je ein Geschäftsführer aus dem der Stadtverwaltung und aus der Wirtschaft benannt. Diese Funktionen können auch neben der bisherigen Tätigkeit mit übernommen werden. Es entstehen dadurch keine zusätzlichen Personalkosten. Die Gesellschafter der GmbH sollten identisch mit denen der Co KG sein.

15. Finanzierung

Die Analyse- und die Konzeptionsphase im Stadtmarketingprozess erfordern erhebliche finanzielle Mittel, die – und daher sind alle gefordert – nicht durch eine Institution allein aufzubringen sind. Mit Kosten, die in einer Stadt kaum unter 100.000 Euro liegen, muss gerechnet werden.

Diese Zahlen sollten aber nicht abschrecken. Es ist auch möglich, Stadtmarketingprozesse mit weit weniger als 100.000 Euro zu verwirklichen. Das Modell Zukunft in Troisdorf und Buxtehude hat dies bewiesen. In kleinen Städten werden die Kosten noch niedriger sein. Dazu bedarf es einer intensiven unterstützenden Arbeit durch Steuer- und Arbeitsgruppen und später einer anderen organisatorischen Einheit, welche die Realisation begleitet. Eine Kostensenkung ist auch durch die Beteiligung von Hochschulen möglich, die über entsprechende wissenschaftliche Möglichkeiten verfügen.

Die Budgetplanungen sollten für einen längeren Zeitraum, mindestens fünf Jahre, ausgerichtet sein. Allein die von der Agentur Springer & Jacoby für die Hansestadt Hamburg durchgeführte Imagekampagne im Rahmen des Stadtmarketingprozesses lief zwei Jahre lang mit einem Etat von etwa 6 Millionen Euro. 1993 wurde die Kampagne wegen finanzieller Probleme eingestellt. Doch das Ziel der Agentur, Hamburg als bedeutende Stadt mit positiver Ausstrahlung in vielen Bereichen neu zu positionieren, wurde in der kurzen Zeit dank des enormen finanziellen Einsatzes erreicht.

Ein Merkmal der Finanzierung im Stadtmarketing ist die Partnerschaft zwischen öffentlichen und privaten Trägern. Wer finanziert, hat auch ein Interesse daran, dass seine finanziellen Mittel erfolgreich eingesetzt werden mit dem Ziel, später eine Rendite zu erzielen. Aus diesem Grund wird jeder, der sich finanziell eingebracht hat, auch intensiv mitarbeiten.

Für die gemeinsame Finanzierung hat sich der aus den USA stammende Begriff der **Public Private Partnership (PPP)** durchgesetzt. Im Gegensatz zu den USA wird diese Partnerschaft in Deutschland jedoch nur langsam populär. Hier besteht immer noch die Meinung, dass durch die Zahlung von Steuern, Gebühren und Abgaben der finanzielle Anteil an dem Stadtmarketingprozess bereits erbracht werde.

Die Public Private Partnership definiert sich als die »Bildung von Kommissionen oder Institutionen, denen **gleichberechtigte Vertreter** der **privaten Wirtschaft** und

der **öffentlichen Verwaltung** angehören.«[211] Die meist langfristig angelegten Projekte werden gemeinsam finanziert, wobei alle Beteiligten ihr Know-how und ihre
Finanzierungsmöglichkeiten einbringen. Die zunehmende Bedeutung von Public
Private Partnerships bei der Realisation wichtiger Projekte führt notwendigerweise
zu einer weiteren Annäherung zwischen den öffentlich-rechtlichen Körperschaften
und dem privaten Bereich.

Die Finanzierung kann durch **zusätzliches Sponsoring** ergänzt werden, das auf dem
Prinzip des gegenseitigen Leistungsaustausches beruht. Hierbei stellt ein Unternehmen der geförderten Institution oder Person Geld, Sachmittel und/oder
Dienstleistungen mit der Intention zur Verfügung, hierfür eine wirtschaftlich relevante oder ideelle Gegenleistung zu erhalten. Sponsoring gewinnt im Stadtmarketing immer mehr an Bedeutung, da sich Firmen oder Personen punktuell an der
Finanzierung bestimmter Projekte beteiligen können.

Eine Finanzierung im Rahmen der Private Public Partnership kann auch durch die
Kombination unterschiedlicher Methoden gesichert werden. Geprüft werden
solltè auch, ob projektbezogen externe Fördermittel der Europäischen Union, des
Bundes oder des Landes zur Verfügung stehen.

Eine unumstößliche Voraussetzung für einen Stadtmarketingprozess ist die gemeinsame Finanzierung. Nur wer mitbezahlt, übernimmt auch Verantwortung,
fühlt sich für den Gesamtprozess mitverantwortlich. Eine gemeinsame Finanzierung ist die Voraussetzung für ein erfolgreiches Vorgehen. Auf keinen Fall darf
die Finanzierung nur durch die Kommunalverwaltung erfolgen, da damit die Stadtmarketingidee konterkariert wird.

Bei der Finanzierung sind mehrere Möglichkeiten gegeben. Die gemeinsame Finanzierung der Analyse und Konzeption (evtl. für Meinungsforschungsinstitute und
begleitende Agenturen) erfolgt durch **alle** am Prozess Beteiligten. Auch in der
Phase der Konzeption fallen Kosten an (z.B. für externe Moderatoren und Beratung). Sollten einzelne Bereiche wie Kultur, Wissenschaft oder Sport dazu nicht
in der Lage sein – Bereiche also, die bereits vorher durch Sponsoring ihre Haupt-
einnahmen erzielten –, so müssen andere, finanzkräftigere Partner diese Anteile
übernehmen. Schon durch eine derartige Einigung werden erste Weichen für eine
Public Private Partnership gestellt.

Für einzelne Maßnahmen, die in der Konzeption erarbeitet wurden und in der
Zukunft realisiert werden sollen, müssen im Handlungskatalog detaillierte Finan-
zierungsaussagen getroffen werden. Maßnahmen können durch externe Investoren
finanziert werden, die noch gesucht werden müssen oder zu denen es bereits

---

[211] Vgl. Häussermann (Hrsg.), Ökonomie und Politik in Industrieregionen Europas. Probleme
der Stadt- und Regionalentwicklung in Deutschland, Frankreich, Großbritannien und Italien,
Basel/Boston/Berlin 1992, S. 27.

Kontakte gibt. Eine weitere Möglichkeit ist die gemeinsame Finanzierung durch alle am bisherigen Prozess Beteiligten. Es besteht aber auch die Möglichkeit, dass die Stadt die Finanzierung bestimmter Vorhaben sicherstellt oder verschiedene private Beteiligte dies garantieren. Auch über Sponsoring können Maßnahmen umgesetzt werden. Hierbei muss es sich nicht um Unternehmen handeln, die am Stadtmarketingprozess mitwirkten. Auch ein Mix verschiedener Partner ist möglich.

Beispiel: Finanzierung eines Fußballstadions

In einer größeren Stadt wurde der Neubau eines Fußballstadions durch den Verkauf des alten Stadions und des dazu gehörenden Geländes an ein Bauunternehmen verwirklicht. Aus dem Erlös wurde das neue Stadion weitgehend finanziert. Die finanzielle Unterdeckung wurde durch Unternehmen ausgeglichen, die sich dem Sport verbunden fühlten, sowie durch Sponsoren, die für sich selbst in der künftigen Nutzung des Stadions Vorteile sahen.

Abb. 82 Finanzierung in den drei Phasen

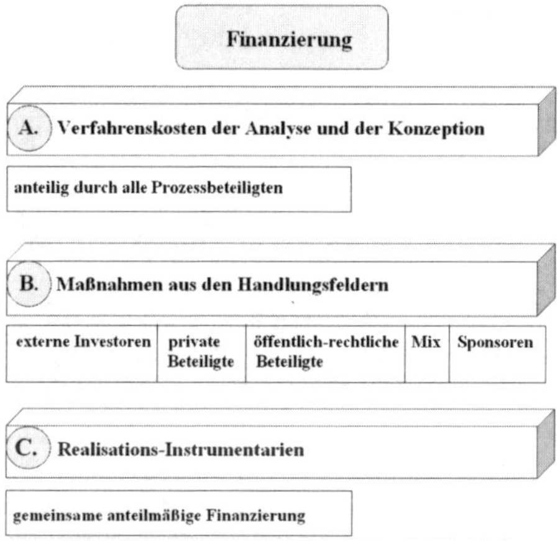

Quelle: eigene Darstellung

16. Controlling

Die Umsetzungsorganisation prüft, ob die angestrebten Ziele des Stadtmarketingprozesses erreicht werden und/oder Handlungsempfehlungen für den weiteren Verlauf gegeben werden müssen. Im Stadtmarketing werden drei Controllingformen unterschieden:

- Prämissenkontrolle (Entscheidungsgrundlagen)
- Ergebniskontrolle (Abweichungen des Soll-Werts vom Ist-Wert)
- Verfahrenskontrolle (Vorgänge und Verhalten)

Controlling ist für die ökonomischen und nicht ökonomischen Bereiche möglich:

ökonomisch	nicht ökonomisch
Steigerung des Einzelhandels	Image
Steigerung der Touristenzahl	Veröffentlichungen
Unternehmensansiedlungen	Steigerung des Bekanntheitsgrads
Besuch von Veranstaltungen	Hörfunk-/Fernsehsendungen
Steuereinnahmen	etc.
Investitionen	
etc.	

Controlling der Konzeptionen der Handlungsfelder

Die gerade realisierten Maßnahmen müssen regelmäßig überprüft und bei Abweichungen vom Ziel korrigiert bzw. modifiziert werden. Hierfür ist sowohl die Lenkungsgruppe / entsprechende Unternehmensform als Controlling-Organ zuständig.

Bewusst wird nicht der Begriff **Kontrolle** gewählt, da hierunter die »Überwachung, Nachprüfung und Aufsicht« [212] verstanden wird. Dagegen wird die Qualitätskontrolle in der wirtschaftlichen Definition als **Controlling** bezeichnet. Controlling ist für den Stadtmarketingprozess treffender, da es als »Teilfunktion der Unternehmensführung, die Planungs-, Kontroll-, Steuerungs- und Koordinationsaufgaben wahrnimmt, um die Entscheidungsträger mit den notwendigen Informationen zur Steuerung des Unternehmens zu versorgen. Das von Controllern durchgeführte Controlling umfasst u.a. Analysen, betriebswirtschaftliche Methodenwahl, Entscheidungsvorbereitung, Investitions- und Wirtschaftlichkeitsberechnungen.«[213]

---

[212] Der Brockhaus, a.a.O., S. 474.
[213] Ebenda, S. 67.

Ein einheitliches Controlling ist immer noch ein besonderes Problem im Stadtmarketing. Teilweise besteht bislang ein großes Defizit in der Auswertung der
realisierten Maßnahmen. Nur 4 Prozent der Städte führen umfangreiche Analysen
durch, allerdings sprechen 66 Prozent davon, diese zu planen und ansatzweise
umzusetzen. Aus der geringen Beachtung des Erfolgscontrollings folgert Töpfer,
dass »in vielen Städte Stadtmarketing noch kein ganzheitlicher und iterativer Pla-
nungs- und Gestaltungsprozess ist.«[214]

Zum Erfolgscontrolling gehören einerseits die Überwachung und Anleitung
sowie andererseits die Regelung und Steuerung. Im Kern sollte das Controlling
ein permanenter Soll/Ist-Vergleich sein. Dazu bedarf es operationalisierter oder
zumindest quantifizierbarer Ziele. Hier können im Rahmen der konzeptionellen
Arbeit bereits im Maßnahmenkatalog grundlegende Fakten vereinbart werden.
Gemäß der schriftlichen Befragung des Deutschen Instituts für Urbanistik (DifU)[215]
nach den häufigsten Zielen des Stadtmarketings, lässt sich feststellen, dass sie nur
schwer oder gar nicht mit speziellen, auf die jeweilige Stadt zutreffenden Zahlen als
quantifizierbare Zielvorgaben konkretisiert werden können. Darüber hinaus ist
festzustellen, dass tendenziell als die wichtigsten Ziele solche angegeben wurden, die
allgemeiner formuliert und abstrakter sind.

Abb. 83 Operationalisierte Ziele

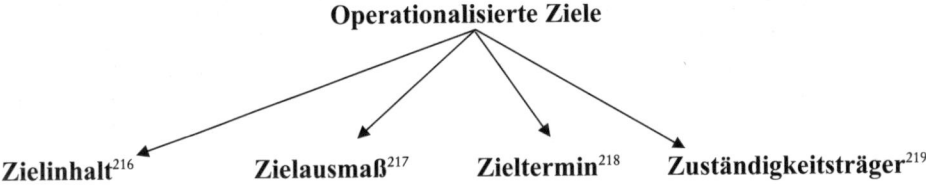

Quelle: eigene Darstellung

Gemäß den vorliegenden Ergebnissen ist es deshalb erforderlich, über Indikatoren
und Meinungsumfragen bei Einwohnern, Unternehmern, Konsumenten oder Gästen jährlich neutrale Bestandsaufnahmen vorzunehmen. Dazu gehört auch eine Erfolgskontrolle, die fest in der Stadtmarketingorganisation zu verankern ist. Nur
wenn Abweichungen von den gesetzten Zielen erkannt werden, sind auch Korrekturen möglich.

---

[214] Töpfer, A. (Hrsg.), Stadtmarketing, S. 124.
[215] Befragung von 325 Städten im Herbst 1995, Rücklaufquote 78 Prozent; vgl. Kaiser, a.a.O., S.
1 ff.
[216] Sachlich erwünschte Zieldimension.
[217] In optimaler oder maximaler Betragsangabe.
[218] Zeitpunkt oder -raum zur Erreichung.
[219] Verantwortliche Person oder Stelle.

Controlling der Konzeptionen im operativen Bereich

Sind die Ziele der Konzeptionen durch die Festlegungen des Handlungskataloges leicht auf eine erfolgreiche Verwirklichung zu prüfen, so ist dies im Bereich der operativen Konzeptionen etwas schwieriger. Zu dem Controlling der operativen Konzeptionen gehören die folgenden Aspekte.

Controlling der Pressearbeit

Die Erfolgskontrolle der Pressearbeit muss eine quantitative und qualitative Auswertung beinhalten. Es muss geklärt werden, ob ein Thema angenommen und ob es positiv, neutral oder negativ in den Medien behandelt wurde. Auch die Akzeptanz in unterschiedlichen Medien muss analysiert und bewertet werden. Akzeptanzunterschiede sind bei einzelnen Journalisten, in Redaktionen, aber auch bei den Publikationsarten festzustellen. Gefragt werden muss, ob das Thema eine Informationslücke darstellte und/oder dadurch sogar weiteres Interesse in der Zukunft zu erwarten ist.

Zur **quantitativen Erfolgskontrolle** gehört es festzuhalten, wie viele Einladungen ausgesprochen, Berichte, Fotos veröffentlicht oder gesendet wurden. Zu berücksichtigen ist auch der Umfang der Veröffentlichung (z.B. als Meldung, Nachricht oder längerer Bericht). Ein weiterer Faktor ist der zeitliche Versatz, d.h. die Beantwortung der Frage, ob nur unmittelbar nach der Pressekonferenz berichtet wurde oder ob das Thema noch einige Zeit später in der Berichterstattung vorhanden war. Auch die Platzierung einer Nachricht (z.B. auf Seite 3 oder 6, rechts oben oder links unten) zeigt qualitative Unterschiede, die aus dem Leserverhalten der Konsumenten abzuleiten sind.

Abb. 84 Erfolgskontrolle der Pressearbeit

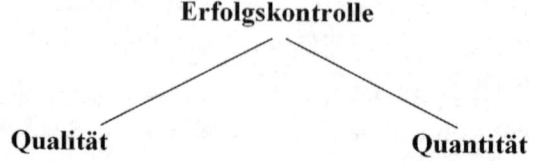

Quelle: eigene Darstellung

Ausschnittdienste ermöglichen eine Übersicht und Kontrolle über die Veröffentlichungen zu dem Thema einer Pressekonferenz. Für Hörfunk und Fernsehen gibt es spezielle Beobachtungsfirmen. Die bekannteste ist die Firma

Observer,[220] die mit dem Ausschnittdienst argus media zusammenarbeitet. Beobachtet werden über 70 deutsche TV-Kanäle inklusive aller öffentlich-rechtlichen, privaten und regionalen Programme. Dazu kommen über 600 Tageszeitungen, 1000 Publikums- und Fachzeitschriften sowie Wochenzeitungen, Nachrichtenmagazine und ca. 1000 Anzeigenblätter. Zusätzlich können 450 Internetpublikationen ausgewertet werden. Aber auch die Firma Metropol[221] fertigt Presseausschnitte, macht Presseanalysen und Pressespiegel. Für Pressekonferenzen eignen sich so genannte Event-Reports, die alle inhaltlichen, qualitativen und quantitativen Veröffentlichungen zu einem Event erfassen. Über das Internet lassen sich mittlerweile täglich Berichte aus den größten Printmedien aus entsprechenden Suchdiensten abfragen.

Ist ein Beitrag gesendet, besteht auch die Möglichkeit, über die entsprechende Archivstelle der einzelnen Medienanstalten einen Mitschnitt zu erhalten. Dieser ist nicht kostenlos, und oft verweisen die Medienanstalten an Auswertungsfirmen. Mitschnitte dürfen in der Regel aufgrund des Urheberrechts nur für Archivzwecke verwendet werden.

Eine Erfolgskontrolle ist mit Kosten verbunden. Es sollte daher vorher in Erfahrung gebracht werden, was eine Medienbeobachtung durch spezielle Firmen kostet, um teure Überraschungen zu vermeiden.

Die Möglichkeiten, **qualitative Analysen** zu nutzen, sind vielfältig. In der Regel ist von Interesse, wie sich eine Kampagne auswirkte, welche Resonanz ein Messeauftritt und eine Pressekonferenz hatten oder zu welchen qualitativen Ergebnissen die kontinuierliche Medienarbeit führt. Agenturen vergleichen auch Konkurrenzorte. Auf diese Weise erhalten Städte ein zusätzliches Stärken/Schwächen-Profil, das für die klare Definition von Kommunikationszielen und für deren taktische Umsetzung unerlässlich ist. Auch im Sponsoringbereich lassen sich so verlässliche Daten ermitteln. Sponsoren haben genau wie Unternehmen und Institutionen ein großes Interesse daran, zu erfahren, wie und in welchem Umfang ihr Name in der Berichterstattung über die geförderten Ereignisse genannt wurde.

Medienagenturen bieten Leistungen für Analysen, die erprobte Standards und speziell entwickelte Programme beinhalten:

- Analyse der Medienpräsenz: In welchem Umfang berichten die Medien über ein Thema (z.B. über Produkte, Events, Wettbewerber, Personen)?

- Analyse des Medienimage: Welches Bild vermitteln die Medien zu einem Thema?

- Analyse der Medienresonanz: Welchen Erfolg hatten einzelne Pressemitteilungen/-konferenzen etc. und ihre Botschaften?

---

[220] Observer RTV Medienauswertungen GmbH, Merkurstr. 7, 76530 Baden-Baden.
[221] Metropol Gesellschaft E. Matthes & Co. mbH, Uhlandstr. 184, 10623 Berlin.

Im Einzelnen beinhaltet die **Medienanalyse:**

1. Analyse der Medienpräsenz

- Anzahl der Meldungen/Beiträge
- erreichte Auflagen/Reichweiten
- Durchdringungsnachweis
- Größe der Meldungen / Länge der Beiträge
- Anzeigen/Preis-Äquivalent

1 a. In welchen Medien/Ausgaben?

- zeitliche Verteilung (z.B. Präsenz nach Tagen, Wochen, Monaten)
- regionale Verteilung (z.B. Bundesländer, internationale Verteilung)
- Verteilung der Medienarten (Publikationsarten/Sender)
- Top Ten (Welche Medien berichteten am häufigsten?)
- Negativlisten (In welchen Medien wurde nicht berichtet?)

1 b. Welche Aufmerksamkeit?

- Platzierung der Suchbegriffe
- Deutlichkeit von Platzierungen im Bild
- Text/Bild-Relation
- Gewichtung (von der exklusiven Beachtung bis zur Randerwähnung)
- Präsenzwert (Kennziffer für die Präsenz von Sponsoren)

2. Analyse des Medienimage

- Analyse nach inhaltlichen Kategorien und Themen
- Themenkarrieren und -lebenszyklen
- Bewertung/Akzeptanzniveau (Kennziffer für die Tendenz der Berichterstattung)
- journalistische Darstellungsformen
- Imagefaktoren
- Meinungen/Kernaussagen
- Bildinhaltsanalyse/Motive
- Akteure/Urheber

3. Analyse der Medienresonanz (Input/Output-Analyse)

- Erfolg einzelner Pressemitteilungen oder einzelner Botschaften
- Grad der Transformation des PR-Materials durch die Redaktionen (z.B. Vollständigkeit, Bewertung)
- Fremd-/Eigeninitiierung (Wie viel Prozent der Berichterstattung ist selbst ausgelöst, wie viel fremdbestimmt?)
- Autorennachweis
- Agenturnachweis

Controlling der Öffentlichkeitsarbeit

Eher nur atmosphärisch kann der Erfolg von PR-Maßnahmen beurteilt werden. Dies geschieht durch subjektive Eindrücke von PR-Praktikern. In die Urteilsbildung können auch Kommentare und Stellungnahmen von Kollegen oder von angesprochenen Zielgruppen einfließen.

Allerdings sollte die Beurteilung von PR-Maßnahmen nicht nur auf subjektiven Eindrücken basieren. Zur richtigen Abschätzung der Reaktionen auf die Botschaften und Aussagen der Public Relations müssen vielmehr objektive Kriterien herangezogen werden. Neben den Reaktionen der Medien sind die Wirkungen bei allen durch die Öffentlichkeitsarbeit angesprochenen Zielpersonen zu ermitteln. Folglich ist eine Wirkungsanalyse bei den Zielgruppen vorzunehmen. Der Bekanntheitsgrad sowie das Image einer Stadt können beispielsweise mit Hilfe von Befragungen ermittelt werden. Weitere Möglichkeiten der Wirkungskontrolle bieten die Zahl der Besucher bei Veranstaltungen, der Touristen im Jahresdurchschnitt, der Bettenauslastung in den Hotels, der Neuansiedlungen etc. Auch ein Feedback bei Meinungsbildnern, die bewusst als Zielgruppen in den Prozess einbezogen wurden, zeigt Tendenzen für PR-Maßnahmen.

Problematisch ist die Zurechenbarkeit der Wirkungen bei den Zielgruppen. Ein Erfolg kann auf den PR-Einsatz zurückzuführen sein, aber auch auf den Einsatz anderer kommunikationspolitischer Maßnahmen, z.B. im Rahmen der Werbung oder durch Verkaufsförderungsaktionen.

In Anbetracht der strategischen Bedeutung der PR und der hohen Kosten für aufwendige PR-Kampagnen wird von den Verantwortlichen im Stadtmarketing in zunehmendem Maße der Erfolg der Aktivitäten auf den Prüfstand gestellt. Aufgrund finanzieller Einschränkungen und begrenzter Kommunikationsbudgets wird deshalb immer häufiger der Nachweis des konkreten Nutzens der Public Relations verlangt.

Controlling von Veranstaltungen

Ein **Veranstaltungscontrolling** bezieht die systematische Überprüfung und Beurteilung der Planung und Realisation ein. Fehler sollen frühzeitig aufgedeckt werden, um eine rechtzeitige Korrektur vorzunehmen. Im Allgemeinen werden zwei Formen des Controlling angewandt. Dies sind zum einen das Controlling während des Prozesses (Planung und Realisation) und zum anderen das des Ergebnisses.

Hierbei werden mehrere Wirkungsdimensionen[222] unterschieden, und zwar

- dic **kognitive** Dimension (Wissen- und Erinnerungswirkungen),

- die **affektiven** Reaktionen (Einstellungs- und Imagewirkungen),

- die **Breitenwirkung**, die sich auf die Zahl der erreichten Personen durch mittelbare Teilnahme bezieht,

- die **Tiefenwirkung**, die sich auf Einstellungen und Bedürfnisse der Besucher bezieht. Dabei wird nach der zeitlichen Wirkung unterschieden. Momentane Wirkungen sind kurzfristige Reaktionen wie Aufmerksamkeit und Akzeptanz. Dauerhalte Wirkungen zeigen sich im Image und im Zufriedenheitsniveau.

Der **Erfolg** einer Veranstaltung sollte direkt nach ihrem Ende festgestellt werden. Es muss analysiert werden, inwieweit die Ziele erreicht wurden bzw. inwieweit es Abweichungen gab. Viecenz stellt fest, »dass die Messung der ausgelösten Wirkungen eine notwendige Voraussetzung für die Beurteilung des erreichten Erfolgs ist und ein bedeutender Input für zukünftige Maßnahmenplanungen im Event-Marketing.«[223]

In der Praxis wird die Erfolgskontrolle, die sehr zeit- und kostenabhängig ist, selten oder sporadisch vorgenommen. Nach den besonderen Belastungen, die eine Veranstaltung zwangsläufig mit sich bringt, kehren die Veranstalter nach dem offiziellen Ende schnell zur Tagesarbeit zurück. Vielfach sind die Besucherzahlen (oft nur Schätzungen) oder Verkehrsstaus das Maß für den Erfolg oder Misserfolg einer Veranstaltung. Zudem werden bei mehrtägigen Veranstaltungen **Besucher**zahlen genannt, die aber nur **Besuche** sein können, da gerade bei kostenfreien Veranstaltungen Personen mehrmals, ja sogar mehrmals am Tag, die Veranstaltungen besuchen (Volksfeste u.ä.). Aus diesem Grund sind in den Besucherzahlen Mehrfachbesuche einzelner Personen enthalten, die ein falsches Bild geben.

Ein weiteres beliebtes Kriterium ist die Auflistung der Kfz-Kennzeichen, um festzustellen, aus welchem Einzugsbereich die Besucher kommen. Auch dies ist eine ungenaue Methode, da sowohl Einzelpersonen als auch mehrere Personen mit einem Pkw anreisen können. Allerdings lässt sich ein Trend erkennen, der aber nur messbar ist, wenn während des gesamten Veranstaltungszeitraums eine Über-

---

[222] Busch, R./Dögl, R./Unger, F., Integriertes Marketing, Wiesbaden 1995, S. 280.
[223] Viecenz, T., Jubiläumsmarketing, Hallstadt 1995, S. 354.

prüfung erfolgt. Probleme dürften die Unüberschaubarkeit mehrerer Parkplätze, Park-and-ride-Möglichkeiten sowie die Anreise mit öffentlichen Verkehrsmitteln verursachen.

Viele Veranstalter sind der Ansicht, dass eine positive Inszenierung schon einen Erfolg bei allen Beteiligten hervorruft und danach eine weitere Analyse nicht mehr nötig ist. Ein Resümee ist oft die einzige Maßnahme, die nach einer Veranstaltung erfolgt. Wurde aber im Vorfeld eine präzise Zieldefinition vorgenommen, so ist es unabdingbar, auch zu prüfen, inwieweit die Ziele mit der Veranstaltung erreicht wurden.

Bewährt hat sich nach einer Veranstaltung, am besten unmittelbar am Tag danach, auch ein Brainstorming-Verfahren, das Positives und Negatives gegenüberstellt. Hierbei sollten möglichst viele der Organisatoren teilnehmen, und zwar auch diejenigen, die im weitesten Sinne für die Umsetzung verantwortlich waren.

Gesamtcontrolling

Ein Erfolgscontrolling des gesamten Stadtmarketingprozesses sollte nach einem bestimmten Zeitraum erfolgen. Dies kann durch eine erneute Imagekampagne geschehen, die auf Vergleichen mit den Ergebnissen der ersten Imageanalyse basiert.

Die Überprüfung der ökonomischen Fakten sollte Hinweise auf Verbesserungen und Erfolge aufzeigen. Dies muss anhand der Zielvorgaben des Handlungskatalogs erfolgen. Durch statistische Erhebungen können so z.B. Steigerungen der Übernachtungszahlen, Neuansiedlungen, Investitionen, Veranstaltungen, neue Baugebiete, kulturelle und sportliche Veranstaltungen verglichen werden.

Da im Stadtmarketing davon ausgegangen wird, dass sich erste Erfolge nach ca. fünf Jahren zeigen, sollten aussagekräftige Untersuchungen erst zehn Jahre nach Beginn der Realisationsphase vorgenommen werden. Unbenommen bleibt es aber, bereits nach fünf Jahren die tendenzielle Entwicklung zu untersuchen.

17. Probleme

Die folgenden Ausführungen beschäftigen sich mit der falschen Interpretation und Anwendung des Stadtmarketings, die zu Problemen führen können. In einer Umfrage des Deutschen Instituts für Urbanistik (DifU) vom Herbst 1995 wurden einige Probleme des Stadtmarketingprozesses deutlich. Vertreter der befragten Städte, in denen ein Stadtmarketingprozess lief bzw. die sich schon in der Realisationsphase befanden, sahen als größtes Problem das unterschiedliche Verständnis.

Beteiligte

Stadtmarketing soll einen möglichst großen Teil der Bevölkerung ansprechen. Es stellt sich aber die Frage, wie groß das Verständnis in der Bevölkerung für einen Marketingprozess ist. Maßstab muss die Anzahl der Interessierten, das Einbringen der Medien und der Rückhalt wichtiger Institutionen und Organisationen sein. Die Zahl der Teilnehmer an einer Impulsveranstaltung (in gut gelaufenen Prozessen nahmen um die 200 Menschen teil), die Bereitschaft an der Zukunftskonferenz teilzunehmen und die allgemeine Stimmungslage (Achtung: subjektiv) geben Hinweise auf eine möglichst große Teilnehmerzahl. Kommt es hierbei zu negativen Ergebnissen, wird sich ein Stadtmarketingprozess schwierig gestalten, wird länger dauern als in anderen Orten oder kann sogar scheitern. Die Ergebnisse einer derartigen Einschätzung helfen, den Verlauf eines Stadtmarketingprozesses realistisch einzuschätzen.

Ziel ist die aktuelle Einschätzung der Lebenssituation in der jeweiligen Stadt. Das Ergebnis gibt Erklärungen für bestimmte Einstellungen und Verhaltensweisen. Ein besonderes Gewicht hat dabei der Aspekt Altruismus, da er für die abschließende Bewertung des Wir-Gefühls von besonderer Bedeutung ist. Je größer die altruistische Einstellung ist, umso größer wird der Erfolg eines Stadtmarketingprozesses sein.

Grundverständnis von Stadtmarketing

Manche Probleme beruhen auf einer falschen Definition des Begriffs Stadtmarketing. Auf diese Fehlerquelle wurde bereits ausführlich in diesem Buch hingewiesen. Wenn bereits die Idee des Stadtmarketings falsch verstanden wird, hat dies in der Regel negative Folgen für den gesamten Prozess. Deshalb müssen alle an dem Stadtmarketing Beteiligten sich zu aller erst mit der Definition des Begriffes auseinandersetzen. Dieses Buch leistet dazu einen Beitrag.

Akteure im Stadtmarketing

Die Akteure müssen ein Teil des Ganzen sein. Sie dürfen keine eigenen Interessen in den Vordergrund stellen, sondern müssen altruistisch denken und handeln. Positiv sind **gesellschaftliches Engagement** und **professionelle Interessenwahrnehmung**. Dies wären Idealvorstellungen für die Akteure in einem Stadtmarketingprozess. Doch oft werden diese Erwartungen nicht erfüllt, denn negative Eigenschaften wie persönliches Statusdenken, der Drang nach Anerkennung und Aufmerksamkeit sowie ökonomische Interessen beeinträchtigen nicht selten den Prozessverlauf. Die Akteure in einem Stadtmarketingprozess sind gleichberechtigt. Die Dominanz einzelner Interessengruppen ist schädlich für den Erfolg. Stadtmarketing will alle Strömungen in einem Ort deutlich machen, will ein Netzwerk aufbauen, in dem jeder Verständnis – oder besser gesagt: ein großes Maß an Verständnis – für andere entwickelt.

Im Mittelpunkt des Stadtmarketingprozesses stehen die Menschen. Aus diesem Grund beteiligt Stadtmarketing **alle relevanten Gruppen**. Es will die Einwohner, Institutionen, Verbände, Vereine usw. zusammenführen und aktivieren. Daher muss Stadtmarketing auch Partei übergreifend praktiziert werden. Es dürfen keine politischen Interessen im Mittelpunkt stehen. Natürlich können auch Parteienvertreter mitarbeiten, um so den jeweiligen Partei internen Rückhalt zu garantieren, allerdings defensiv und nachrangig.

Ungeduld

Stadtmarketing benötigt einen langen Atem. Durch das neue »Modell Zukunft« wurde der Zeitraum erheblich gekürzt, um die Motivation der Beteiligten zu erhalten. Im Gegensatz zu früheren Prozessen konnte die Gesamtdauer des Kernprozesses so von fast drei Jahren auf ein Jahr verringert werden. Trotzdem wird es nach der Leitbildkonferenz bis zu fünf Jahre dauern, bis erste Erfolge sichtbar werden. Weitere fünf Jahre können vergehen, bevor sich größere Erfolge zeigen. Nur im Veranstaltungsbereich können kurzfristigere Erfolge erzielt werden.

Finanzen

Nutznießer eines funktionierenden Stadtmarketings sind **alle**. So ist z.B. jeder zusätzliche auswärtige Besucher ein potentieller Kunde im Einzelhandel, in Museen, Restaurants, Tankstellen, Hotels etc. Aber oft sind es die gleichen Unternehmen, die als finanzielle Partner des Stadtmarketings im Rahmen einer Public Private Partnership auftreten. Sie allein können jedoch die nötige Kontinuität nicht garantieren. Die Verantwortlichen im Stadtmarketing können lange Geschichten erzählen, wenn es um das Akquirieren von finanziellen Mitteln geht. Man habe das Gefühl, sagte der Leiter eines Stadtmarketingbeirates, als ginge es hier um private Geschenke und nicht um die finanzielle Unterstützung gemeinsam entwickelter strategischer Ziele.

Alle am Stadtmarketing Mitwirkenden müssen sich an der Finanzierung beteiligen. Wer gestalten will, muss auch zahlen. Und wer zahlt, der engagiert sich besonders stark, weil er sein Geld sinnvoll, ja vielleicht sogar Gewinn bringend arbeiten sehen will.

In einer größeren Stadt wurde im Rahmen einer Stadtmarketinginitiative eine größere Veranstaltung geplant, die sich über fünf Monate erstreckte. Finanziert wurde sie von einigen wenigen mit einer Bürgschaft der Stadt. Aktionen in jeder Woche und publikumswirksame Events an fast jedem Wochenende sorgten dafür, dass über eine Million Besucher die Stadt zusätzlich besuchten. Hotels, Gastronomie und Einzelhandel freuten sich öffentlich über ausgebuchte Hotels und große Umsatzgewinne. Wäre es nicht selbstverständlich, einen Teil dieser Gewinne, immerhin durch andere mit wirtschaftlichem Risiko finanziert, in eine gemeinsame Kasse zu zahlen? Dies wäre ein Zeichen dafür, dass die Idee des Stadtmarketings verstanden wurde. Gelder, die auch in Zukunft wieder mit Rendite eingesetzt werden können.

Beteiligung

Alle Akteure in dem Stadtmarketing sind bis zum Ende der Konzeptionsphase und auch während der Umsetzung der beschlossenen Maßnahmen gefordert. Dies bedeutet einen großen zeitlichen Aufwand. Stadtmarketing kann es sich nicht leisten, dass während des Prozesses das Interesse erlahmt. Ja sagen zu einem Marketingprozess heißt ja sagen zu vielen Gesprächen, Teilnahme an Arbeitsgruppen und Aktionen – und das über einen langen Zeitraum. Dazu kommt, dass im Lauf des Verfahrens Personen wechseln, die hervorragende Arbeit geleistet haben. Neue Personen müssen sich erst in das Stadtmarketing einarbeiten. Es dauert oft lange, bis neue Funktionsträger ihre Sympathie – und vor allem auch die Vorteile – im Stadtmarketing entdecken. In einer derartigen Phase beweist sich, wie eng die Lenkungsgruppe bzw. die Arbeitsgruppen schon zusammen gewachsen sind, um Schwächungen souverän auszugleichen.

Kann in der Analysephase noch auf wissenschaftliche Untersuchungsmethoden zurückgegriffen werden, so gibt es diese für die Konzeptionsphase nicht. Konzeptionell arbeiten heißt, mit Hilfe moderner Kreativitätstechniken eine Strategie zu entwickeln. Für diese kreative Arbeit gibt es keine Lehrbücher, die zeigen, was in einer Stadt gemacht werden muss.

Kreativität in der Konzeptionsphase heißt »Think big«. Da Kreativität keine singuläre Eigenschaft ist, müssen unter einer professionellen Moderation im Team

Ideen produziert werden. Kommunikationsinstrumente wie Brainstorming.
Brainwriting, Mind Mapping, Zukunftswerkstätten etc. müssen zum Einsatz
kommen, um Kreativität freizusetzen. Das Ziel muss sein, verschiedene Fähigkeiten, vielseitiges Wissen, Neugierde, Offenheit, kritisches Urteilsvermögen und
Flexibilität bei den Mitgliedern der Projekt- und Arbeitsgruppen zu wecken.

Um Kreativität freizusetzen und Killerphasen zu vermeiden, darf keine Sitzung ohne
eine professionelle Moderation erfolgen. Zunächst gilt es Quantität vor Qualität
zu erzeugen. Viele Ideen sind besser als gar keine. Aus mancher – im ersten
Moment – wenig sinnvollen Idee wurde schon oft eine mit großem Erfolg realisierte Maßnahme.

Primäre Problempunkte

Damit das Stadtmarketing zu einem Erfolg wird, muss den folgenden primären
Problempunkten eine besondere Aufmerksamkeit geschenkt werden:

- Das Stadtmarketing wird nicht von den Spitzen der Wirtschaft, Politik, Verwaltung, Kultur usw. getragen,
- die Dominanz von Eliten, Einzelpersonen, Meinungsführern,
- die Nichtbeteiligung gesellschaftlicher Gruppen, von Meinungsführern und Entscheidungsträgern,
- erste Erfolge führen zu einer sekundären Rolle des Marketings,
- falsch ausgewählte Agenturen,
- mangelnde Öffentlichkeitsarbeit,
- nachlassendes Interesse,
- ständig wechselnde Beteiligte in der Steuer- und in den Arbeitsgruppen,
- Zeit- und Kapazitätsprobleme.

Sobald einer dieser Problempunkte erkannt wird, müssen sofort entsprechende
Maßnahmen getroffen werden, damit Stadtmarketing zum Erfolg wird.

18. Stadtmarketing spielerisch

Stadtmarketing hängt von der Mitwirkung des einzelnen Akteurs – Einwohners, Unternehmen, Organisationen, Verwaltung und Politik – ab. Dies bezieht sich sowohl auf die Ausprägung einer gesamtstädtischen Lebensqualität, als auch auf die Praxis im Alltag der nachbarschaftlichen Netzwerke. Wie können Menschen lernen, das Handeln zum eigenen Nutzen zu verbinden mit dem gemeinschaftlichen, gesellschaftlichen Wohl? In welchen Systemen mit gegenseitiger Wechselwirkung steht eigentlich der einzelne Bürger, ist z.B. Ökologie immer schlecht für die Wirtschaft, steigt oder sinkt der Immobilienpreis bei einer Verkehrsberuhigung, wie wichtig ist es, einen Gast in seiner Sprache zu begrüßen?

Die XAGA-Spiele (»XAGA-Das Stadtspiel« und »XAGA-Das Dorfspiel«, Prototyp »Leipziger Messespiel« seit 2000) wurden von Netzwerk Südost e.V., einem Leipziger Fachverein für Gemeinwesenarbeit, Stadtteilmanagement und Regionalentwicklung im Jahr 2003 als Instrument zur Förderung von Motivation und Kommunikation der breiten und differenzierten Einwohner- und Unternehmerschaft entwickelt. Die XAGA-Spiele erfüllen dabei für das Stadtmarketing einen doppelten Zweck: in der Werbung einer Stadt sind sie nach außen als Produkt hervorragend einsetzbar, zugleich aber fördern sie bei Einsatz am eigenen Ort unter den Mitspielern einer Runde die Identitätsbildung und das soziale Lernen und tragen somit zum Innenmarketing bei.

»XAGA-Das Stadtspiel« ist ein strategisches Brettspiel für 4-6 Teilnehmer, das neue Blickwinkel auf Wohnumfeldgestaltung eröffnen und für die Mitwirkung am eigenen Haus, im Quartier und Stadtteil motiviert. Auf der Grundplatte einer (fiktiven) Stadt kneten die Spieler Gebäude, Parks, Mobiliar oder andere Elemente und werben um Gunst und Besuch der Nutzer, der Bewohner bzw. Gäste. Der Sieger wird zum Abschluss der kommunikativen Runde durch die Ehrenbürgerwahl ermittelt. Die 10 Wahl-Kriterien sind dabei einerseits objektiv wie z.B. »Die meisten Baubereiche« und subjektiv wie z.B. »Das schönste Haus« oder »Der passendste Nachbar«. Die genannten Karten zählen als Pluspunkte. Es gibt jedoch auch Minuswertungen zu verteilen wie z.B. durch »Der unangenehmste Nachbar«. So beurteilt jeder Mitspieler rückblickend das Engagement der einzelnen Spieler und das gesamte Beziehungsgefüge des entstanden Stadtteils.

In diesem Rahmen wird Netzwerk Südost e.V. die Anwendung der XAGA-Spiele begleiten, ein Forum für Spieler anbieten und gemeinsam mit Partnern wissenschaftliche Forschung betreiben. Infos und Aktuelles unter: www.xagaspiele.de.

Literaturverzeichnis

Ahrens, Andrea: Die Wertschöpfung im Fremdenverkehr, Limburgerhof 1997

Antonoff, R.: Wie man seine Stadt verkauft – kommunale Werbung und Öffentlichkeitsarbeit, Düsseldorf 1971

Avenarius, H.: Public Relations, Darmstadt 1995

Beyrow, M.: Mut zum Profil, Stuttgart 1998

Birkigt, M. / Funck, H.: Corporate Identity, Landsberg/Lech 1994

Boulding, K. : Die neuen Leitbilder, Düsseldorf 1958

Braun, G.E. / Töpfer, A.: Marketing im kommunalen Bereich – Der Bürger als »Kunde« seiner Stadt, Stuttgart 1989

Bruhn, Manfred: Kommunikationspolitik, München 1997

Bürger, J. H. / Joliet, H.: Die besten Kampagnen, Öffentlichkeitsarbeit, Landsberg/ Lech 1989

Funke, U.: Vom Stadtmarketing zur Stadtkonzeption, Köln 1994

Gardener, B. / Levy, S.: The Product and the Brand, Harvard Review 1955

Grabow, B. / Henckel, D. / Hollbach-Grömig B.: Weiche Standortfaktoren, Stuttgart 1995

Grabow, B. / Hollbach-Grömig, B.: Stadtmarketing – eine kritische Zwischenbilanz, Berlin 1998

Groth., C. / Lenz, I.: Die Messe als Dreh- und Angelpunkt, Landsberg/Lech 1993

Gutjahr, G.: Psychologie des Interviews in Praxis und Theorie, Heidelberg 1985

Hammann, P./Erichson, B., Marktforschung, Stuttgart 1994

Heiderich, K.: Die kleine Aktiengesellschaft als neue Rechtsform im Fremdenverkehr, Limburgerhof 1997

Helbrecht, I.: Stadtmarketing – Konturen einer kommunikativen Stadtentwicklungspolitik, Basel/Boston/Berlin 1994

Huwer, H. / Vomwalde, M. / Koboldt, U. / Nix, N.: Geschichte, Anwendung und Akzeptanz des visuellen Erscheinungsbildes der Kreisstadt Neunkirchen, Neunkirchen 1992

Kalmus, M.: Produktionsfaktor Kommunikation, Göttingen 1995

Kaspar, C.: Management im Tourismus, St. Gallen 1994

König, R.: Die GmbH im deutschen Fremdenverkehr, Bestandsaufnahme und Strukturanalyse von GmbHs in der Fremdenverkehrsförderung, Lüneburg 1997

Konken, Michael: Pressearbeit – Mit den Medien in die Öffentlichkeit, Limburgerhof 1998

Konken, Michael: Pressekonferenz und Medienreise – Informationen professionell präsentieren, Limburgerhof 1999

Kotler, Philip: Grundlagen des Marketings, 2. überarbeitete Auflage, München 1999

Krippendorf, J.: Marketing im Fremdenverkehr, 2. erweiterte und überarbeitete Auflage, Bern 1980

Kroeber-Riehl, W.: Strategie und Technik der Werbung, Stuttgart 1993

Kropf, H. J., Konkrete und abstrakte Bilder in der Werbung, Berlin 1960

Lalli, M. / Plöger, W.: Corporate Identity für Städte – Ergebnisse einer bundesweiten Gesamterhebung, in Marketing, Heft 4/1991

Laux, E.: Teamarbeit, AWV Fachbericht Nr. 24, Frankfurt/Main 1976

Lettau, H.-G.: Grundwissen Marketing, 8. Auflage, München 1989

Luft, H.: Grundlagen der kommunalen Fremdenverkehrsforschung, 2. Auflage, Limburgerhof 1995

Meffert, H.: Marketing, Einführung in die Absatzpolitik, 6. Auflage, Wiesbaden 1982

Meffert, H.: Städtemarketing – Pflicht oder Kür?, in Planung und Analyse, 8/1989

Meyer, R. / Kottisch, A.: Das 'Unternehmen Stadt' im Wettbewerb, Bremen 1995

Niedenhoff, H.-U. / Schuh, H.: Versammlungstechniken, Köln 1991

Nieschlag, R. / Dicht, E. / Hörschgen, H.: Marketing, 18. Auflage, Berlin 1997

Peter, J.: Presse- und Öffentlichkeitsarbeit in der Stadt, München 1992

Pickert, M.: Die Konzeption der Werbung, Heidelberg 1996

Pink, Ruth: Wege aus der Routine – Kreativitätstechniken für Beruf und Alltag, Stuttgart 1996

Raffee, H. / Fritz, W. / Wiedemann, P.: Marketing für öffentliche Betriebe, Stuttgart 1994

Reineke, Wolfgang / Eisele, Hans: Taschenbuch der Öffentlichkeitsarbeit, Heidelberg 1991

Rolke, L. / Rosema, B. / Awenarius, H.: Unternehmen in der ökologischen Diskussion, Frankfurt 1993

Spiegel, B.: Die Struktur der Meinungsverteilung im sozialen Feld, Bern 1961

Töpfer, A. / Mann, A.: Kommunikation als Erfolgsfaktor im Marketing für Städte und Regionen, Hamburg 1995

Töpfer, A.: Stadtmarketing – Herausforderung für Städte, Kassel 1993

Wack, O-G. / Dettinger, G. / Grothoff, H.: Kreativ sein kann jeder, Hamburg 1993

Weis, Hans Christian: Marketing, 8. Auflage, Ludwigshafen 1993

Wellek, A. : Ganzheitspsychologie und Strukturtheorie, Bern 1995

Autorenprofil

Michael Konken ist Dozent für Stadtmarketing und Journalismus, unter anderem an der Fachhochschule Ostfriesland/Oldenburg/Wilhelmshaven. Seine Bücher »Stadtmarketing – Handbuch für Theorie und Praxis«, »Stadtmarketing – Grundlagen für Städte und Gemeinden« sowie »Stadtmarketing – eine Vision wird Realität« wurden zu Standardwerken zu diesem Thema. Er betreut Stadtmarketingprozesse nach den Festlegungen des neuen Modells.

Kontaktadresse:

Michael Konken
Potsdamer Str. 51
D-26387 Wilhelmshaven

Telefon 04421/53679 (privat)
Handy: 0171/4623678

E-Mail: konken@fbw.fh-wilhelmshaven.de
Internet: www.stadtmarketingpraxis.de

Dank

*Mein Dank geht an Franz Linder, Geschäftsführer der
P3 Agentur für Kommunikation und Mobilität in Köln, mit dem ich
das neue, kürzere Verfahren in Troisdorf entwickeln konnte
und der immer wieder mit innovativen Ideen dem Stadtmarketingverfahren neue Impulse gibt.*

Stichwortverzeichnis

Weitere Publikationen aus der Reihe »Fachbuch im Gmeiner-Verlag«
finden Sie auf den nachfolgenden Seiten und im Internet:
www.gmeiner-verlag.de

Informations- und Reservierungssysteme

Einsatzmöglichkeiten, Aufbau und Betrieb

Oliver Becker

Informieren und Reservieren mit System

*Leitfaden für den Incoming-Touristiker.
Erschienen 2001.
128 Seiten. 17 x 23,5 cm. Gebunden.
€ 24,90 [D] / € 25,60 [A] / sFr 42,-.
ISBN 3-926633-35-2.*

Wer sich den vielfältigen Herausforderungen des Incoming-Tourismus erfolgreich stellen möchte, wird heute nicht mehr auf den Einsatz moderner Hilfsmittel verzichten können. Insbesondere die Anwendung touristischer EDV-Lösungen spielt für die effiziente Abwicklung täglicher Arbeitsabläufe sowie für die Optimierung der Vertriebs- und Marketingaktivitäten eine wesentliche Rolle.

Dieser Leitfaden beschreibt die vielfältigen Einsatzmöglichkeiten von Informations- und Reservierungssystemen (IRS) im Incoming-Tourismus auf Orts-, Regional-, Destinations- oder Landesebene. Es werden die touristischen, organisatorischen und technischen Aspekte der Einführung und des Betriebs eines IRS behandelt. Ebenso werden Möglichkeiten der Buchungsabwicklung, Inkassoverfahren und rechtliche Voraussetzungen erörtert. Weitere Schwerpunkte bilden die Integration der Leistungsträger und die Anbindung an moderne Vertriebswege, wie z.B. das Internet, Reisebüros und Info-Terminals.

Oliver Becker studierte Geographie, Kartographie, Städtebau und Kulturtechnik in Bonn. Während seiner beruflichen Laufbahn sammelte er in verschiedenen Tourismusorten und -regionen einschlägige Erfahrungen im IRS-Bereich. Seit 2002 ist er selbständiger Tourismus- und EDV-Berater.

■ **Aus dem Inhalt:** ■

- Akquisition der Leistungsträger
- Erst- und Folgeerfassung der Stammdaten gemäß TIN
- Kontingentvergabe: Kontingentarten, Kontingentstufen, Verfallsfristen
- Rechtsbeziehungen zwischen Leistungsträgern und Tourismusstellen: Vermittlungs- und Kooperationsverträge
- Reservierungsbedingungen (AGB's)
- Frei- und Belegtmeldungen
- Abwicklung lang-, mittel- und kurzfristiger Buchungen
- Erstellung eines örtlichen oder regionalen Gastgeberverzeichnisses
- Aufbau eines Unterkunftsnachweises mit oder ohne Gebühr
- Unterkunftsvermittlung mit Direktinkasso (Provisionsabrechnung), Teilinkasso oder Vollinkasso
- Tätigkeit als Zielortagentur für Reiseveranstalter
- Anbindung des IRS an elektronische Vertriebskanäle: Internet, Reisebüros, Info-Terminals etc.
- OSI – Organisatorische Spielregeln Incoming-Tourismus
- IRS-Glossar
- nützliche Internet-Adressen

Ökotourismus

erfolgreich in der Praxis umgesetzt

Prof. Dr. Kirstges / Michael Lück

Umweltverträglicher Tourismus

....

Fallstudien zur Entwicklung und Umsetzung Sanfter Tourismuskonzepte. Erschienen 2001.
189 Seiten. 17 x 23,5 cm. Gebunden.
€ 24,90 [D] / € 25,60 [A] / sFr 42,-.
ISBN 3-926633-50-6.

Dieses neue Fachbuch ist keine theoretische Abhandlung von negativen Folgen des Tourismus auf ökonomischer, soziokultureller und ökologischer Ebene. Vielmehr werden anhand von Fallstudien aus verschiedenen Tourismusbereichen Probleme aufgezeigt und erfolgreiche Lösungswege vorgestellt.

Die Beispiele aus aller Welt beweisen eindrucksvoll, dass die Entwicklung und Umsetzung »Sanfter Tourismuskonzepte« viel einfacher und wirksamer sein können als häufig angenommen.

Ein Lehr- und Handbuch für alle Tourismus-Praktiker (Reiseveranstalter und Reisemittler, Tourismusorte und -regionen, Kur- und Bäderwesen, Verkehr usw.).

Prof. Dr. Torsten Kirstges ist seit 1992 Professor für Allgemeine BWL und Tourismuswirtschaft an der FH Wilhelmshaven. Zum Thema „Sanfter Tourismus" hat er bereits zahlreiche Publikationen veröffentlicht.

Michael Lück ist Dozent an der Napier University in Edinburgh und verfügt über mehr als 15 Jahre Berufserfahrung bei einem bedeutendem Reiseveranstalter und diversen Reisebüros.

> „...Dieses neue Fachbuch entpuppt sich vor allem für den Praktiker als ein wertvoller Ratgeber, denn gerade im Internationalen Jahr des Ökotourismus (2002) werden Projekte, wie sie hier beschrieben werden, intensiv gefördert und unterstützt."
>
> nachrichten
> (Informationsdienst für Tourismus und Kur in Deutschland)

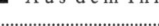 Aus dem Inhalt:

....

Einführung

- Grundzüge d. Tourismuskritik
- Rahmenbedingungen für einen Sanfteren Tourismus
- Sanfte Tourismusförderung: Ziele, Marktsegmente, Organisation, Angebotsgestaltung, Beeinflussung des Reiseverhaltens
- Branchenweite Umweltstrategie
- Sanfte Tourismusprogramme

Fallbeispiele

- Umweltverträgliche Tourismusentwicklung in ländlich geprägten Orten und Gebieten
  (Lesachtal, Österreich)
- Aufgaben, Anforderungskriterien und Kontrollsystem eines Interessenverbandes für Anbieter umweltverträglicher Reisen
  (forum anders reisen, Deutschland)
- Einführung eines Umweltmanagementsystems bei einer Kurverwaltung: Zertifizierung, Input-Output-Tabelle, Umweltprogramm
  (Bad Zwischenahn, Deutschland)
- Etablierung des Ökotourismus in großen Tourismusregionen: Rahmenbedingungen, Organisationsträger, Produkte, Vermarktung
  (Schweden)
- Möglichkeiten des Engagements mittelständischer Reiseveranstalter für einen Sanften Tourismus im Zielgebiet
  (Wikinger Reisen, Ecuador)
- Entwicklung und Umsetzung eines Sanften Tourismus in Naturschutzgebieten
  (NamibRand, Namibia)
- Umweltverträgliche Ausrichtung und Vermarktung einer Großveranstaltung: Veranstaltungsstätten, Transport, Merchandising, Werbung, Hotellerie
  (Olympische Spiele 2000 in Sydney, Australien)
- Umweltverträglicher Reiseverkehr: Energieverbrauch und Energiebilanz verschiedener Verkehrsmittel (Auto, Bus, Bahn, Flugzeug)

FACHBUCH IM GMEINER-VERLAG

Gäste-Card

mit integrierter Kurkarte

Antje Frerichs

Kurabgabe und Gästecard

Anreize zur Erhöhung der Akzeptanz der Kurbeitragsleistung sowie Maßnahmen zur lückenlosen Erfassung der Kurbeitragspflichtigen.
Erschienen 2002.
80 Seiten. 15 x 21 cm. Paperback.
€ 19,90 [D] / € 20,50 [A] / sFr 33,60.
ISBN 3-926633-58-1.

Das Thema »Kurabgabe« gibt seit jeher Anlass zur kritischen Diskussion. Die vorliegende Studie zeigt dem Kur- und Erholungsverkehr praktikable Lösungsvorschläge auf, die die Kritik an der Kurabgabeerhebung entscheidend entschärfen.

Die herkömmliche Kurkarte wird in den Ausführungen durch ein innovatives Gäste-Card-Modell ersetzt, das vielfältige Vorteile für den Gast und dadurch Kundenbindungsmöglichkeiten für die Tourismusorganisationen bietet.

Zur Optimierung der Kurbeitragseinziehung wird als wirksame Lösung die Einrechnung der Kurabgabe in den Unterkunftspreis vorgestellt.

Dieses Fachbuch richtet sich nicht nur an Kur- und Erholungsorte, die einen Kurbeitrag erheben, sondern auch an alle anderen Tourismusorganisationen, die eine Gäste-Card einführen oder optimieren möchten.

> *„... ein wirklich brauchbares und nützliches Buch für alle, die im Kurort-Marketing tätig sind."*
>
> touristik mangagement

Antje Frerichs absolvierte eine Ausbildung zur Reiseverkehrskauffrau. 1998 nahm sie das Studium der „Tourismuswirtschaft" an der Fachhochschule Wilhelmshaven mit den Schwerpunkten „Regionale/Kommunale Tourismusförderung und -organisation" sowie „Marketing" auf. Ihren Abschluss mit der Qualifikation „Diplom-Kauffrau" erlangte sie im Dezember 2001, u.a. durch die vorliegende Studie.

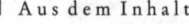

Aus dem Inhalt:

Kurabgabe

- Grundlagen: Rechtscharakter, Erhebungsberechtigung, Beitragspflichtigkeit und -bemessung, Verbreitungsgebiet
- Bedeutung: Einnahmen, Deckungsgrad, Beitragssätze, Kurbeitragsehrlichkeit (Bsp.: Vertretungsgebiet Nordsee GmbH)
- Maßnahmen zur Akzeptanzerhöhung
- Vorteile der Kurkarte für die Gäste

Gäste-Card

- Bedeutung von Gäste-Cards für Tourismusorganisationen, Leistungsträger und Gäste
- Rechtlich-organisatorische Grundlagen für die Konzeption einer Gäste-Card mit integrierter Kurkarte: Rabattgesetz und Zugabeverordnung, Datenschutz, Kartentypen
- Einbeziehung von Zusatzleistungen: Kooperationspartner, Kundenbindungsinstrumente
- Stimulierung und Steigerung von Einnahmen durch Vorauszahlungsrabatte
- regionale Gäste-Cards: Ziele und Marketingmaßnahmen
- gegenseitige Anerkennung örtlicher Gäste-Cards mit integrierten Kurkarten in der Region (Bsp.: Vertretungsgebiet Nordsee GmbH)

Einziehungsverfahren

- Bestehende Verfahren für die Einziehung der Kurabgabe und ihre Effizienz: Tourismusstellen, Vermieter, elektronische Systeme etc. (Bsp.: Vertretungsgebiet Nordsee GmbH)
- Alternatives Einziehungsverfahren: Einrechnung der Kurabgabe in den Unterkunftspreis (Voraussetzungen und Probleme)

Auslaufmodell Kurabgabe?

Argumentations- und Entscheidungshilfen

Stefanie Goldmann

Auslaufmodell Kurabgabe?

....

*Die Sicherstellung der erholungsbezo-
genen Infrastruktureinrichtungen und
-leistungen in staatlich anerkannten Kur-
und Erholungsorten ohne Kurabgabeerhebung.
Erschienen 2003.
140 Seiten. 15 x 21 cm. Paperback.
€ 19,90 [D] / € 20,50 [A] / sFr 33,60.
ISBN 3-89977-103-6.*

Die Kurabgabe als gängiges Finanzierungsmittel zur Abdeckung des örtlichen
Kur- und Erholungsaufwandes steht
zwangsläufig im Spannungsfeld der Prädikatisierung von Kur- und Erholungsorten, da im Wesentlichen die geforderten Qualitätsstandards die Höhe der
Kurabgabe bestimmen. Dabei unterliegt
das mit der Kurabgabefinanzierung er-
laubte Investitionsausmaß keinerlei Einschränkungen.

Die vorliegende Studie geht von dieser
Problematik aus und klärt das Ausmaß
der kurabgabefreien Kur- und Erholungsorte und ihre Bedeutung im Kur-
und Erholungsverkehr. Die Untersuchungen beziehen sich auf den Ange-
botsumfang, die Betriebsweise und die
Inanspruchnahme der Einrichtungen und
Leistungen, die Gründe des Verzichts auf
eine Kurabgabeerhebung, die Finanzie-
rungsweise des Gesamtaufwandes der
Infrastruktureinrichtungen und -leistun-
gen sowie auf die Beurteilung der Aufenthaltsqualität.

Die abschließenden Bewertungen gehen auf die Auswirkungen der Nichterhebung der Kurabgabe ein. Es werden
u.a. der Einfluss auf die Nachfrageentwicklung, das Meinungsbild der Gäste
sowie Profilierungs- und Positionie-
rungsmöglichkeiten im Außenmarketing
erläutert.

*Stefanie Gold-
mann absolvier-
te ein Studium
der Tourismus-
wirtschaft an der
Fachhochschule
Wilhelmshaven.
Ihre Schwer-
punkte setzte sie
in den Bereichen
„Regionale/Kom
munale Tourismusorganisation, Kur- und
Bäderwirtschaft" sowie „Marketing".
2003 hat sie eine Tätigkeit als Marketing-
assistentin bei der Deutschen Zentrale für
Tourismus e.V. in Frankfurt aufgenommen.*

Aus dem Inhalt:

....

Investitionsbezogener Anforderungs-
rahmen
- Bedeutung spezifischer Infrastruktur-
einrichtungen und -leistungen für den
Kur- und Erholungsverkehr
- Staatliche Anerkennung als Kur- und
Erholungsort
- Gemeinwirtschaftliche Funktion der
Tourismusförderung

Kurabgabe als Finanzierungsmittel
- Entstehung und Verbreitung der Kur-
abgabe
- Rechtliche Grundlagen und Rechtferti-
gung für die Kurabgabeerhebung
- Rechtscharakter der Kurabgabe
- Erhebungsberechtigung, Beitrags-
pflichtigkeit und Beitragsbemessung
- Wirtschaftliche Bedeutung der Kurab-
gabe in Niedersachsen
- Kurabgabe in der kritischen Diskussion .

Angebotsbereitstellung in Kur- und Er-
holungsorten ohne Kurabgabeerhebung
- Ausmaß der kurabgabefreien Kur- und
Erholungsorte und ihre Bedeutung
- Wahl der Organisationsform als Träger
des Kur- und Erholungsbetriebes
- Kur- und erholungsbedingte Einrich-
tungen und Leistungen
- Gründe des Verzichts auf die Kurab-
gabeerhebung
- Finanzierung der Infrastruktureinrich-
tungen und -leistungen
- Beurteilung der Aufenthaltsqualität

Auswirkungen der Nichterhebung der
Kurabgabe
- Einfluss auf die Nachfrageentwicklung
- Meinungsbild der Gäste zur Nicht-
erhebung der Kurabgabe
- Einflussgrad auf das Innenmarketing
- Profilierungs- und Positionierungs-
möglichkeiten im Außenmarketing

Training und Management
für den erfolgreichen Gästeführer

Michael Weier
Gäste professionell führen

Ein Leitfaden für die Tourismuspraxis
Erschienen 2003.
158 Seiten. 17 x 23,5 cm. Gebunden.
€ 24,90 [D] / € 25,60 [A] / sFr 42,-.
ISBN 3-89977-101-X.

Dieses neue Fachbuch ist ein Leitfaden für Gästeführer und solche, die es werden wollen, um sich auf die Tätigkeit des Gästeführens professionell und umfassend vorzubereiten.

Im Mittelpunkt der Ausführungen steht das Training der unterschiedlichen Gästeführerkompetenzen (die fachliche, kommunikative, didaktische, animative, organisatorische, juristische, technische, emotionale, interkulturelle und medizinische Kompetenz). Das Gästeführermanagement sowie das Marketing und Management von Gästeführungen runden den Leitfaden ab.

Die sehr praxisorientierten Informationen, Hinweise und Tipps sind nicht nur für Gästeführer von großem Interesse, sondern auch für die Tourismusorganisationen und Incoming-Agenturen, die Gästeführer einsetzen.

Michael Weier ist Dipl.-Geograph mit langjährigen Erfahrungen als Reiseleiter und Gästeführer im In- und Ausland. Als Gründer und Mitinhaber der Fa. ConTour hat er bis heute mehr als 200 Gästeführer erfolgreich geschult. Daneben ist er Lehrbeauftragter für Tourismusplanung, -geographie, -marketing und -management an verschiedenen Institutionen sowie 1. Vorsitzender des Vereins der Gästeführer und Gästeführerinnen im Ruhrgebiet (VGR e.V.).

> *„... In der Art und Weise, wie Weier die Kompetenzen vorstellt und deren Inhalte beschreibt, merkt man deutlich die jahrelange Erfahrung des aktiven Gästeführers ... ein gelungener ‚Leitfaden für die Tourismuspraxis'."*
>
> Cicerone
> (Mitteilungsblatt des Bundesverbandes der Gästeführer in Deutschland e.V.)

Aus dem Inhalt:

Grundlagen
- Der Gast – Kunde und Mensch
- Der Gästeführer – Geschichte und Definitionen
- Der Raum – Codierung und Wahrnehmung
- Die Gästeführung – Zweck und Ziel

Training
- Fachliche Kompetenz (Natur-/Kulturraum, Alltagswelt, Karten, Materialaufbereitung)
- Kommunikative Kompetenz (Mündliche Sprache, Körpersprache)
- Didaktische Kompetenz (Zielgruppe, Darstellung, Handwerkszeug, Didaktische Prinzipien)
- Animative Kompetenz (Bewegung, Geselligkeit, Kreatives Tun, Bildung/Entdecken/Erleben, Abenteuer, Ruhe)
- Organisatorische Kompetenz (Zeitrahmen, Routenführung, Leistungsträger, Handwerkszeug, Bedürfnishierarchie)
- Juristische Kompetenz (Rechtsstellung des Gästeführers, Pflichten von Gast/ Gästeführer/Tourismusagentur)
- Technische Kompetenz (Kommunikations-, Mikrofon-, Transport-, Sicherheits- und Orientierungstechnik)
- Emotionale Kompetenz (Kommunikation, Persönlichkeits-/Gästetypen, Führung, Konflikte)
- Interkulturelle Kompetenz
- Medizinische Kompetenz (Gesunderhaltung, Notfallsituation, Handwerkszeug)

Management
- Tourismus: Hardware und Software
- Management der Gästeführer (Akquise, Auswahl, Training, Einsatz)
- Marketing und Management von Gästeführungen

Städte-, Wellness- und Fahrradtourismus

Über 180 Checklisten, Tipps und Beispiele

Frank Liebsch

Praxis kompakt: Städtetourismus, Wellnesstourismus, Fahrradtourismus

Mit mehr als 180 Checklisten, Tipps und Beispielen für die Tourismusarbeit.
Erschienen 2003.
236 Seiten, ca. 50 Abbildungen.
17 x 23,5 cm. Gebunden.
€ 29,90 [D] / € 30,80 [A] / sFr 50,20.
ISBN 3-89977-102-8.

Welche Marktsegmente sollen wir bearbeiten? Eine Frage, die in den Tourismusorten und -regionen immer wieder gestellt wird – und deren Beantwortung sicher nicht ganz leicht ist.

Im vorliegenden Praxishandbuch werden drei Marktsegmente beschrieben, die seit einigen Jahren hohe Zuwachsraten erzielen und die aufgrund der aktuellen Trends und Tendenzen auch für die Zukunft gute Entwicklungschancen erwarten lassen: Städtetourismus, Wellnesstourismus, Fahrradtourismus.

Neben Informationen über die aktuellen Nachfrage- und Angebotsentwicklungen werden praxisrelevante Fakten zu den Zielgruppen, zur Angebotsgestaltung und zur Kommunikations- und Vertriebspolitik vermittelt.

> „... So erweist sich dieses neue Buch aus der Reihe ‚Fachbuch im Gmeiner-Verlag' als praktischer Leitfaden für Tourismusorte und -regionen, für die Tourismuspolitik sowie interessierte Studierende und Auszubildende. In kurzer und prägnanter Form ist es zugleich Handbuch, Leitfaden, Planungshilfe und Nachschlagewerk."
>
> Heilbad & Kurort

Frank Liebsch absolvierte ein Studium der Tourismusbetriebswirtschaft an der FH Heilbronn mit den Schwerpunkten Fremdenverkehr und Absatzwirtschaft. Nach Abstechern in die Hotellerie und das Kongresswesen war er über fünf Jahre bei einem großen Anbieter von Informations- u. Reservierungssystemen für die Fremdenverkehrsbranche in den Bereichen Produktmanagement, Marketing und Organisation tätig. Seit 2001 betreut er die Reihe „Fachwissen Tourismus" im Gmeiner-Verlag.

Aus dem Inhalt:

1. Städtetourismus
- Marktpotentiale/-trends, Zielgruppen
- Angebotsgestaltung
  - Infrastruktur (äußere Verkehrserschließung, Straßen-/Wegenetz, städtische Wegweisung, Parken, Stadtstruktur/-gestalt)
  - Leistungsträger (Beherbergung, Gastronomie, ÖPNV, Sehenswürdigkeiten, Kultur- und Freizeiteinrichtungen, Shopping)
  - Tourismusorganisation (Tourist-Info, Reiseführer, Stadtplan, Führungen, Souvenirs, City-Card, Pauschalen, Veranstaltungen)
- Kommunikation (Maßnahmen im Überblick, Anzeigen, Imageprospekt/ Stadtmagazin, Flyer/Leporello, Katalog/Gastgeberverzeichnis, Internet-Auftritt, E-Newsletter)
- Vertrieb (Vertriebswege im Überblick, Verkaufsgespräch, Reisebüros, Busreiseveranstalter, Call Center, Städtekooperationen)

2. Wellnesstourismus
- Marktpotentiale/-trends, Zielgruppen
- Angebotsgestaltung
  - Infrastruktur (Wegenetz, Parks, Gärten)
  - Leistungsträger (wellnessgerechte Beherbergung, Gastronomie, Bäderbetriebe, Beauty-, Sport- und Fitnesseinrichtungen)
  - Tourismusorg. (Tourist-Info, Kurse/Beratungen, Bewegungsangebote, Wellness-Card, Pauschalen, Veranstaltungen)
- Kommunikation (Maßnahmen im Überblick, wellnesstouristische Mediaplanung, Messebeteiligung, Pressearbeit, Gewinnspiele)
- Vertrieb (Vertriebswege im Überblick, Wellnessroute, Gesundheitsagentur, Internet-Portale, alternative Vertriebswege)

3. Fahrradtourismus
- Marktpotentiale/-trends, Zielgruppen
- Angebotsgestaltung
  - Infrastruktur (Radroutennetz, fahrradtouristische Wegweisung, Abstellanlagen)
  - Leistungsträger (fahrradfreundliche Beherbergung, Gastronomie, Verkehrsmittel, Fahrrad-Servicestationen)
  - Tourismusorg. (Tourist-Info, Radkarten, Radreiseführer, Radvermietung, geführte Radtouren, Pauschalen, Veranstaltungen)
- Kommunikation (Maßnahmen im Überblick, Spezialprospekt, Magalog, Fahrradzeitschriften/-messen, Anzeigen/Beilagen, Mailings, Werbepartnerschaften)
- Vertrieb (Vertriebswege im Überblick, Radler-Hotline, Reiseveranstaltervertrieb, fahrradtouristische Internet-Portale)

FACHBUCH IM GMEINER-VERLAG

Das ABC des Stammgastmarketing

für Tourismusorganisationen, Hotellerie, Gastronomie, Reiseveranstalter

Jürgen Mensendiek
Stammgastmarketing

....

„... und der Gast gehört dir!"
Mit Sonderteil „Internet und Stammgast-
marketing" von André Rosinski und
Matthias Rothermund.
Erschienen 2004.
249 Seiten. 17 x 23,5 cm. Gebunden.
€ 29,90 [D] / € 30,80 [A] / sFr 50,20.
ISBN 3-89977-104-4.

Nach Spaßgesellschaft, Trendbeschleuni-gung und Zukunftsangst verlangt Tou-rismusmarketing innovative Konzeptio-nen. So rückt nun ein neues Stammgast-marketing bei Orten und Regionen, bei Betrieben und Veranstaltern in den Vor-dergrund der Absatzförderung. Dieses sehr praxisorientierte Handbuch fasst die Grundlagen zusammen und macht die Philosophie des Stammgastmarketing deutlich. Es erklärt die Strukturen von Gästezufriedenheit über Gästeloyalität zum Stammgast, entwickelt die notwen-digen Verfahren der Datenbeschaffung, -auswertung und -analyse, beschreibt das Auffinden der wichtigsten Zielgruppen und gibt darüber hinaus eine Fülle von Hinweisen und Beispielen, Fragebögen und Briefvorschlägen mit zielgruppen-spezifischer Wortwahl.

Ergänzt wird das Buch durch ein aus-führliches Kapitel zur Nutzung des Internet für das Stammgastmarketing.

„...Die Stärke des Buches liegt darin,
dass die Autoren nicht nur sagen, was zu
tun ist, sondern auch zeigen, wie man es
macht: Rund ein Viertel des Buches ist
der Analyse gewidmet, die restlichen
180 Seiten enthalten konkrete
Handlungsanleitungen."
www.destination-deutschland.com

Dipl. Pol. Jürgen Mensendiek kann auf lang-jährige Erfah-rungen im Tou-rismus zurück-blicken – zuletzt als Geschäftsfüh-rer des Landes-verkehrsverban-des Westfalen. Während dieser Tätigkeit hatte er auch Lehraufträge für Tourismusmarketing an der RWTH Aachen und an der FH der Wirtschaft Paderborn. Mehrere Jahre war er Vorsitzender des Kulturausschusses im DTV und Mitglied im Kuratorium des DSFT. Seit Mitte 2003 arbeitet er freibe-ruflich im Bereich Öffentlichkeitsarbeit.

Aus dem Inhalt:

....

- Konzeption und Grundlagen (Gäste-zufriedenheit, Gästeloyalität, Konse-quenzen für das Stammgastmarketing)
- Stammgasttypologien (Stammgast-typologien, Ausgabefreudige Gäste, Gast-Gastgeber-Beziehung)
- Künftige Entwicklungen im Tourismus (Aktuelle Trends, Werte und Motive, Zyklen, thematische Perspektiven, Marketing- und Managementtrends)
- Die neuen Zielgruppen (Zielgruppen-kriterien, Reisemotive, Systematisie-rung, Zielgruppe »Stammgast«)
- Die Reiseentscheidung
- Management des Stammgastmarketing (Grundsätze, Adressen-Management, Kommunikations-Management)
- Internet und Stammgastmarketing (Einfluss des Internet, Online-Kunden-entwicklung, Gestaltung/Aufbau/Be-trieb der Website, Direkt- und Dialog-marketing per E-Mail)
- Produktpolitik im Stammgastmarke-ting (Neue Strukturen für touristische Produkte, Vernetzung von Zielgruppen und Motivstrukturen mit Produkten, Produktbeispiele)
- Datenbeschaffung und Datamining (Datensammlung, Selbstgenerierung von Daten, Beschaffung von Fremd-adressen, Datenbewertung)
- Direktmarketing (System, Konzeption, Instrumente und Medien)
- Service für die Praxis (Briefe, Umfragen zur Gästezufriedenheit, Finanzielle Gästebindungsprogramme, Service-Ideen)
- Fallstudien (Gästekarten, Regionale Umfragen, Geschäftsreisen, Reiseveran-stalter, Campingplatz)
- Dokumentation

FACHBUCH IM GMEINER-VERLAG

Das Einmaleins des Innenmarketing

Innerörtliche und regionale Zusammenarbeit in der Praxis

Renate Linkenbach

Innenmarketing im Tourismus

Ein Leitfaden für die Praxis
Erschienen 2003.
170 Seiten. 17 x 23,5 cm. Gebunden.
€ 29,90 [D] / € 30,80 [A] / sFr 50,20.
ISBN 3-89977-100-1.

Ohne Innenmarketing ist kein erfolgreiches Außenmarketing möglich!

Dieses sehr praxisorientierte Fachbuch schließt eine Lücke für Touristiker, die sich tagtäglich mit dem Themenkomplex der innerörtlichen und/oder regionalen Zusammenarbeit beschäftigen und ist eine ideale Ergänzung zu den Standardwerken im Destination Management. Anregungen zur organisatorischen Einbindung und zum personellen Anforderungsprofil führen in das Thema ein. Anschließend werden umfassende Informationen zu den Zielgruppen vermittelt und auf anschauliche Weise dargestellt, mit welchen Argumenten Partner gewonnen werden können. Anhand von praktischen Beispielen werden Innenmarketingstrategien und Maßnahmen vorgestellt. Checklisten und Praxistipps geben nützliche Anregungen und sinnvolle Lösungsvorschläge.

> „... In übersichtlichen Darstellungen und verständlicher Sprache werden die Hemmnisse dargestellt, die Notwendigkeit einer Netzwerkbildung aufgezeigt und die verschiedenen Phasen eines Innenmarketings von der Konzeption bis zur Realisierung erläutert und mit konkreten Beispielen plastisch gemacht ... Im Interesse des Deutschlandtourismus ist dem Buch eine weite Verbreitung und den Tourismusmanagern vor Ort der notwendige lange Atem zu wünschen."
>
> Der Landkreis

Renate Linkenbach studierte Touristikbetriebswirtschaft an der Fachhochschule Heilbronn. Seit 1987 ist sie selbständige Unternehmensberaterin und Trainerin im Tourismus. Zusätzlich ist Renate Linkenbach seit mehr als 10 Jahren Lehrbeauftragte für die Bereiche Destination Management und Innenmarketing im Fachbereich Touristikbetriebswirtschaft an der FH Heilbronn. Seit 1998 hält sie die Vorlesung „Innenmarketing" auch an der Universität Paderborn im Fachbereich Geographie.

Aus dem Inhalt:

Marktplatz Innenmarketing
- Was ist eigentlich Innenmarketing?
- Was können Sie mit Innenmarketing erreichen?
- Wie funktioniert das Marktsystem?
- Zielgruppen im Innenmarketing

Hemmnisse in der Innenmarketingarbeit
- Psychologische Hemmnisse
- Organisatorische Hemmnisse
- Fachliche und personelle Hemmnisse

Stärken Sie Ihre Beziehungen
- Selbstmarketing
- Netzwerke und Beziehungen
- Teamentwicklung

Die Planungsphasen der Innenmarketingkonzeption
- Konzeptionsaufbau
- Analyse, Konzeption, Gestaltung, Realisierung, Kontrolle und Relaunch

Umsetzungsempfehlungen für die Analysephase
- Beschaffung von Marktinformationen
- Wirtschaftfaktor Tourismus (Ursache-Wirkung-Prinzip, Berechnung)
- Befragungen (Gästebefragung, Innenmarketingbefragung)

Die Konzeptions- und Gestaltungsphase
- Konzeptionsphase (Innenmarketingziele und -strategien)
- Gestaltungsphase (Leistungs-, Kommunikations- und Anreizpolitik)

Die Realisierungsphase
- Maßnahmenplan
- Beispiele für Innenmarketingstrategien
- Seminarveranstaltungen organisieren
- Praxisbeispiele (ausgew. Zielgruppen)
- Initialisierung eines Innenmarketinggremiums

Die Kontroll- und Relaunchphase

FACHBUCH IM GMEINER-VERLAG

Destination Management

Das Einmaleins moderner Tourismusarbeit

Prof. Dr. Hartmut Luft

Organisation und Vermarktung von Tourismusorten und Tourismusregionen

....

Destination Management.
Erschienen 2001.
317 Seiten. 17 x 23,5 cm. Gebunden.
€ 39,90 [D] / € 41,10 [A] / sFr 67,-.
ISBN 3-926633-48-4.

Mit dem Begriff »Destination Management« verbindet sich eine Neugestaltung der Tourismusförderung und -organisation, die allein an den Gästebedürfnissen ausgerichtet ist. Sie zielt darauf ab, aus dem beziehungslosen Nebeneinander von touristischen Anbietern funktional definierte Angebots- und Wettbewerbseinheiten zu entwickeln und berücksichtigt dabei den Zusammenhang zwischen Tourismusort und Tourismusgebiet.

Dieses neue Buch verfolgt im Unterschied zu anderen, eher theoretisch konzipierten Fachbüchern, eine ganzheitliche pragmatische Lösungsstrategie, indem es in systematischer Abfolge auf sämtliche Problemfelder und Wirkungszusammenhänge im Destination Management eingeht und sich dabei an die Entscheidungs- und Arbeitsvorgänge in der Praxis anlehnt.

Anhand einer Vielzahl von Beispielen werden Lösungen zur Organisation, Unternehmensführung und Wirtschaftlichkeitsverbesserung aufgezeigt sowie erfolgversprechende Arbeitsschritte der Marktuntersuchung und des Vermarktungsprozesses beschrieben. Ein besonderes Augenmerk gilt der Existenzsicherung des Kurverkehrs.

> *„... es ist schlichtweg die Neuerscheinung des Jahres in diesem Fachbereich ... daher eine Empfehlung mit Bestnote "*
>
> das rathaus

Prof. Dr. Luft vertritt den Studienschwerpunkt „Destination Management" im Studiengang Tourismuswirtschaft an der Fachhochschule Wilhelmshaven. Darüber hinaus ist er als Gutachter und Berater tätig, führt Seminare für die Praxis durch und übt in verschiedenen Tourismusverbänden und -ausschüssen ehrenamtliche Funktionen aus.

▌ Aus dem Inhalt: ▌

....

Textteil A (Organisation)

- Erschließung von Angebots- und Nachfragepotentialen
- Standorte des Kur- und Erholungsverkehrs (Prädikatisierung, Kurformen)
- Strategien und Organisationskonzepte für Destinationen
- Touristische Interessenvertretungen auf Regional-, Landes- und Bundesebene
- Kurabgabe, Fremdenverkehrsabgabe und Zweitwohnungssteuer
- Organisations- und Rechtsformen
- Gesamtwirtschaftliche Bedeutung des Tourismus (Tourismusbedingte Wertschöpfung)
- Umwelt und Tourismus (Unweltverträglicher Tourismus)
- Kennzeichnung der Tourismusentwicklung und -struktur an Hand der Beherbergungsstatistik

Textteil B (Vermarktung)

- Marketingstrategien
- Marktforschung
- Angebotsanalyse und Angebotsprofilierung
- Öffentlichkeitsarbeit
- Printwerbung / elektronische Werbung
- Direktwerbung, Cross-Promotion und Sponsoring
- Messen und Workshops
- Erstellung und Verkauf von Pauschalangeboten
- Einsatz von IRS und Internet
- Vertrieb über Reisebüros und Reiseveranstalter
- Innenmarketing

FACHBUCH IM GMEINER-VERLAG